생명의 위대한 역사

생명의 위대한 역사

데이비드 애튼버러

홍주연 옮김

까치

LIFE ON EARTH
by David Attenborough

역자 홍주연(洪珠姸)
연세대학교 생명공학과를 졸업하고 서울대학교 대학원에서 미술이론 석사과정을 수료했다. 해외 프로그램 제작 PD와 영상 번역가로 일하면서 영화, 드라마, 다큐멘터리의 번역과 검수 및 제작을 담당했다. 현재 번역에이전시 엔터스코리아에서 출판기획자 및 전문번역가로 활동 중이다. 옮긴 책으로는 『똑똑 과학 씨, 들어가도 될까요?』, 『당신이 알지 못했던 걸작의 비밀』, 『뭉크, 추방된 영혼의 기록』, 『연필의 힘』, 『스티븐 유니버스 Art & Origins』, 『페미 다이어리』 등 다수가 있다.

생명의 위대한 역사

저자/데이비드 애튼버러
역자/홍주연
발행처/까치글방
발행인/박후영
주소/서울시 용산구 서빙고로 67, 파크타워 103동 1003호
전화/02 · 735 · 8998, 736 · 7768
팩시밀리/02 · 723 · 4591
홈페이지/www.kachibooks.co.kr
전자우편/kachibooks@gmail.com
등록번호/1-528
등록일/1977. 8. 5
초판 1쇄 발행일/2019. 8. 20

값/뒤표지에 쓰여 있음

ISBN 978-89-7291-694-9 03470

이 도서의 국립중앙도서관 출판예정도서목록(CIP)은 서지정보유통지원시스템 홈페이지(http://seoji.nl.go.kr)와 국가자료종합목록 구축시스템(http://kolis-net.nl.go.kr)에서 이용하실 수 있습니다.
(CIP제어번호 : CIP2019030345)

차례

생명의 위대한 역사

프롤로그

나는 맨 처음 열대지방에 갔던 날을 아직도 선명하게 기억한다. 비행기에서 내려 후텁지근하면서도 향기로운 서아프리카의 공기 속에 들어서자 나는 마치 찜통 속에 들어온 것 같았다. 대기의 습도가 워낙 높아서 나의 피부와 셔츠가 금방 축축해졌다. 공항 건물들의 주변은 히비스커스 울타리로 둘러싸여 있었다. 빛을 받아 다채롭게 반짝이는 녹색과 파란색의 깃털로 뒤덮인 태양새들이 새빨간 꽃들 사이를 쏜살같이 오가며 꿀을 찾아다니고 있었다. 나는 그 새들을 한동안 바라보다가 문득 울타리 안에서 가지를 움켜쥐고 있는 카멜레온을 발견했다. 녀석은 미동조차 없이 부릅뜬 눈만 이리저리 굴리며 지나가는 모든 곤충의 움직임을 좇고 있었다. 나는 울타리 옆에 난 잔디처럼 보이는 풀 위에 발을 디뎠다. 그러자 놀랍게도 작은 녹색 잎들이 순식간에 오므라들어 줄기에 달라붙으면서 마치 잎이 없는 가지처럼 변했다. 그 식물은 자극에 민감한 미모사였다. 그 너머에는 부유식물(浮游植物)들로 덮인 도랑이 있었다. 검은 물속의 수초들 사이로 물고기들이 헤엄치며 잔물결을 일으키고, 밤색의 새 한 마리가 마치 스노 슈즈를 신은 사람처럼 발가락이 긴 발을 지나칠 정도로 조심스럽게 들어 올려가며 걷고 있었다. 눈길이 닿는 곳마다 상상도 하지 못했던 무늬와 빛깔들의 향연이 펼쳐졌다. 새롭게 발견한 자연의 화려함과 풍부함에 나는 정신을 차릴 수가 없었다.

그후 나는 어떻게든 기회를 만들어서 여러 번 열대지방을 찾았다. 대개 나의 여행 목적은 수없이 다양한 세계의 숨겨진 장소들을 담은 다큐멘터리를 제작하는 것이었다. 덕분에 외지인들은 거의 볼 수 없었던 희귀한 야생 동물들을 발견하여 촬영하고, 사람의 손길이 닿지 않은 곳에서 펼쳐지는 경이로운 장관들을 목격할 수 있었다. 뉴기니의

맞은편
다 자란 피그미태양새 (*Hedydipna platura*) 수컷이 가지 위에 앉아 있다. 서아프리카 감비아.

나무 위에서 구애하는 극락조들, 마다가스카르의 숲속을 이리저리 뛰어다니는 자이언트 여우원숭이, 마치 용처럼 어슬렁거리며 인도네시아에 있는 작은 섬의 밀림을 누비는 세계에서 가장 큰 도마뱀 등등.

처음에 우리의 의도는 특정한 동물들의 삶을 촬영하여 그들이 어떻게 먹이를 찾고, 자신을 방어하고, 구애를 하며, 주변 동식물 사회에 적응해가는지를 보여주려는 것이었다. 그러다가 동물을 조금 다른 방식으로 보여주는 다큐멘터리 시리즈를 만들 수도 있겠다는 생각을 품게 되었다. 우리의 주제는 일반적인 의미의 자연사(natural history)뿐만 아니라 말 그대로 자연의 역사가 될 것이었다. 그리고 동물계 전체를 조망하며, 각 군(群)의 동물들을 그들이 처음 생겨난 때부터 오늘날까지 이어지는 생명이라는 드라마에서 수행한 역할의 측면에서 살펴보려고 했다. 이 책은 그런 다큐멘터리를 만들기 위해서 수행했던 3년간의 여행과 연구로부터 시작되었다.

30억 년의 역사를 380여 쪽으로 압축하고, 수만 종을 포함하는 동물군을 하나의 장(章)에 담다 보니 방대한 내용이 생략될 수밖에 없었다. 내가 선택한 방법은 각 군의 역사에서 가장 중요한 하나의 요소를 파악한 후, 그외의 다른 주제들은 아무리 흥미로워 보이더라도 과감히 생략하며 그 요소를 추적하는 데에만 집중하는 것이었다.

그러나 이 방법은 실제로는 존재하지 않는 목적성이 동물계에 존재하는 것처럼 보이게 만들 위험성이 있다. 다윈은 진화의 동력이 무수한 세대에 걸쳐 엄격한 자연 선택에 의해서 걸러진 유전적 변화의 축적으로부터 온다고 설명했다. 이런 과정을 묘사할 때에 마치 동물들 스스로가 의도적으로 변화를 초래하려고 애써온 것처럼 표현하기가 쉽다. 이를테면 물고기들은 육지로 올라오고 싶어서 지느러미를 다리로 변화시켰으며, 파충류들은 날고 싶어서 비늘을 깃털로 바꾸려고 노력하여 결국 새가 되었다는 식으로 말이다. 이런 생각을 뒷받침하는 객관적인 증거는 존재하지 않는다. 나는 진화의 과정을 간결하게 묘사하면서 그런 식의 표현을 사용하지 않으려고 노력했다.

자연의 역사 속의 거의 모든 주요한 사건들은 현재 존재하는 동물들을 실제 그 사건의 주인공이었던 조상 동물들에 대입하여 설명할 수 있다. 오늘날의 폐어(lungfish)를 보면 폐가 발달해온 방식을 유추할 수 있다. 애기사슴은 5,000만 년 전 숲속에서 풀을 뜯던 첫 유제류(有蹄類)의 모습을 보여준다. 그러나 이때 설명을 확실히 하지 않으면 오해가 생길 수 있다. 드물게는 현생종이 수억 년 전 바위 안에서 화석이 되어버린 종과 동일하게 보이는 경우도 있다. 그 기나긴 시간 동안 변함없이, 존재해온 환경

속에서 적소(適所)를 차지하고 이상적으로 적응하여 굳이 변화할 필요가 없었던 것이다. 하지만 대부분의 경우 현생종은 그들의 조상과 본질적인 특성은 공유하더라도 많은 측면이 서로 다르다. 폐어와 애기사슴도 기본적으로는 그들의 조상과 유사하지만 결코 동일하지는 않다. 매번 "현생종과 매우 유사한 원형" 같은 표현으로 이런 차이를 강조하는 것은 지나치게 번거롭고 고지식한 일일 것이다. 그렇지만 내가 현생종의 이름을 들어 고대의 생물을 설명할 때에는 언제나 이런 구절이 생략되어 있다고 보아야 한다.

이 책을 처음 쓴 이후로 당연하게도 과학계에서는 자연의 역사를 더욱 자세히 알 수 있게 해주는 새로운 발견이 계속 이루어졌다. 서로 다른 군을 연결하는 새로운 종(種)들이, 일부는 살아 있는 종으로 일부는 화석의 형태로 발견되었다. 그중에는 정말 놀라운 발견도 있었다. 아마도 가장 인상적인 예는 중국에서 발견된 작은 공룡 화석들일 것이다. 이들의 몸은 많은 부분이 선명한 깃털의 흔적으로 덮여 있었다. 이 발견으로 인하여 그동안 진화 생물학자들 사이에서 벌어졌던 비행과 새의 기원에 관한 가장 격렬한 논쟁 중의 하나가 종결되었다. 생명의 기원 자체와 관련된 발견들도 있었다. 오스트레일리아를 비롯하여 세계 여러 지역에서 화석이 발견되었는데, 그중 캐나다 북부 아발

아래
사암 위에 나뭇잎 모양으로 남아 있는 스프리기나(Spriggnia) 화석. 에디아카라 시대(5억7,500만 년 전), 오스트레일리아.

론 반도의 해저에서 그때까지 알려진 적이 없었던 온갖 종류의 생물 화석들이 나왔다. 이 화석들은 약 5억6,500만 년 전의 것임에도 불구하고 놀라울 정도로 완벽하게 보존된 상태였다. 이런 지식의 진보에 관해서는 본문에서 적절한 때에 언급할 것이다.

최근에는 분자 유전학(Molecular genetics)이라는 완전히 새로운 과학의 분과가 생명의 역사에 관한 많은 지식을 알려주었다. 자연 선택에 의한 진화를 다룬 다윈의 『종의 기원(*On the Origin of Species*)』이 출판된 지 약 1세기가 지난 후, 크릭과 왓슨은 디옥시리보핵산의 구조를 밝혀냈다. 줄여서 DNA라고 불리는 이 분자에는 또다른 개체를 발달시킬 수 있는 유전적 청사진이 담겨 있었고, 이로써 한 세대에서 다음 세대로 신체적 형질이 전달되는 원리가 설명되었다.

최초로 전체 DNA가 분석된 생물은 작은 벌레였다. 이것이 성공하자 그 다음의 목표는 인간의 DNA 분석이었다. 여기에는 국제적인 경쟁과 협력하에 오랜 시간이 걸렸다. 그러나 요즘은 휴대전화 정도 크기의 장비 하나로 몇 시간이면 한 종의 유전적 정체성을 밝힐 수 있다. 지식과 기술이 갖추어지자 온갖 생물의 계통을 추적할 수 있게 되었다. 각 종 사이의 관계, 진화의 역사에서 특정한 형질이 나타난 시기, 그것이 이루어진 정확한 방법까지도 추적이 가능해졌다. 따라서 우리의 이야기 속에 등장하는 다양한 생물군 사이의 관계와 그 혈통에 관해서도 이제 명확하게 서술할 수 있게 되었다. 이런 새로운 지식들도 이 개정판의 본문 가운데 적절한 부분에서 설명할 것이다.

동물을 언급할 때는 쉽게 알아볼 수 있도록 라틴어 학명보다 익숙한 일반명을 사용했다. 더욱 전문적인 책을 통해서 많은 것을 알고 싶은 독자들은 "찾아보기"에서 학명을 확인하기 바란다. 대부분의 경우 연대를 표시할 때는 전통적으로 지질학 분야에서 사용되어온 명칭보다 몇백만 년 전과 같은 절대적 숫자로 나타냈다. 그리고 이 책의 기초가 된 사실과 이론들을 밝혀낸 수많은 과학자의 이름을 일일이 언급하지는 않았는데, 이는 오직 서술의 명료함을 유지하기 위해서였다. 동물을 보고 동물에 관해서 생각하는 것을 좋아하는 우리 모두가 그들에게 지고 있는 빚을 축소하려는 의도는 없다. 우리가 가장 귀중한 통찰, 즉 모든 현상 속에 드러나는 자연의 연속성을 인지하고 그 속에서 우리의 위치를 인식하는 능력을 가지게 된 것은 그들의 연구 덕분이다.

제1장

무한한 다양성

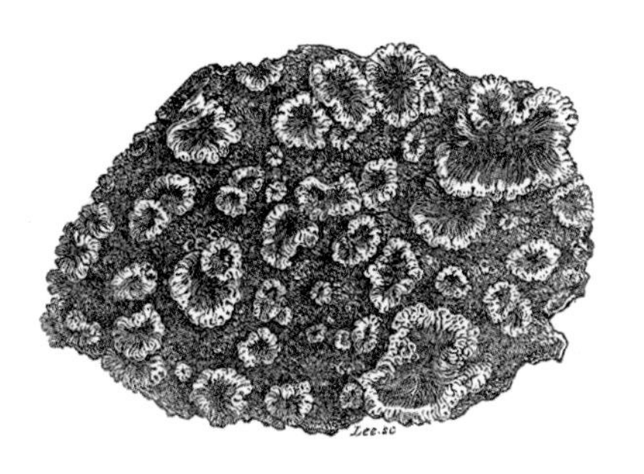

미지의 동물을 발견하는 것은 어려운 일이 아니다. 남아메리카의 열대림에서 쓰러져 있는 나무줄기를 뒤집고, 나무껍질을 들추고, 축축한 나뭇잎 더미 안을 뒤지고, 저녁에는 하얀 천에 수은등을 비추면서 하루를 보내다 보면, 어떤 방법으로든 수백 종의 작은 생물들을 채집할 수 있을 것이다. 나방, 애벌레, 거미, 코가 긴 벌레, 빛을 발하는 딱정벌레, 말벌로 위장하고 있지만 위험하지는 않은 나비, 말벌처럼 생긴 개미, 걸어다니는 막대기, 날개를 펴고 날아가는 나뭇잎 등 그 종류는 어마어마하게 다양할 것이고, 그중 하나쯤은 아직 과학에 의해서 설명되지 않은 종일 가능성이 높다. 새로운 종을 가려낼 수 있을 정도로 그 군(群)들에 대해서 잘 아는 전문가를 찾는 일이 어려울 뿐이다.

이 온실처럼 습하고 어두컴컴한 밀림 안에 얼마나 많은 종의 동물이 있는지는 아무도 모른다. 이곳에는 지구상 어느 곳보다도 다양하고 풍부한 동식물이 모여 있다. 원숭이, 설치류, 거미, 벌새, 나비 등 흔한 종류의 생물도 많지만, 그 대부분은 매우 다양한 형태로 존재한다. 40종 이상의 앵무새와 70종 이상의 원숭이, 약 300종의 벌새와 수만 종의 나비가 있다. 조심하지 않으면 서로 다른 100여 종의 모기에게 물릴 수도 있다.

1832년, 찰스 다윈이라는 24세의 젊은 영국인 박물학자가 런던 해군 본부의 지시로 세계 곳곳을 탐사 중이던 군함 비글 호를 타고 리우데자네이루 외곽의 열대림에 도착

했다. 어느 날 다윈은 좁은 지역 내에서 68종의 서로 다른 작은 딱정벌레들을 채집했다. 그리고 그는 한 가지 동물에 그렇게 다양한 종이 있을 수 있다는 사실에 놀랐다. 그가 특별히 딱정벌레들만 찾아다닌 것도 아니었는데 말이다. 다윈은 자신의 일지에 이렇게 썼다. "완성된 목록이 앞으로 얼마나 길어질지를 생각하는 것만으로도 곤충학자의 평온한 마음을 어지럽히기에는 충분하다." 모든 종은 불변하며 각 종은 신에 의해서 개별적으로 창조되었다는 것이 그 시대의 일반적인 시각이었다. 당시 다윈은 무신론자와는 거리가 멀었다. 어쨌든 그는 케임브리지 대학교에서 신학으로 학위를 받은 사람이었다. 그러나 어마어마하게 다양한 종의 형태 앞에서 그는 깊은 혼란을 느꼈다.

그후 3년간 비글 호는 남아메리카의 동부 해안을 따라 내려가서 혼 곶을 돌아서 다시 북쪽의 칠레 해안까지 올라갔다. 그리고 다시 태평양을 항해하여 본토에서 1,000킬로미터나 떨어진 외딴 갈라파고스 제도에 도착했다. 이곳에서 다윈은 다시 종의 창조에 관한 의문에 사로잡혔다. 이 제도에서도 새롭고 다양한 종들을 발견했기 때문이다. 그는 갈라파고스의 동물들이 본토에서 본 동물들과 전반적으로는 유사하지만 세세한 부분에서 다르다는 사실에 매료되었다. 갈라파고스의 가마우지들은 브라질의 강가를 날아다니는 가마우지처럼 검고, 목이 길고, 잠수하는 습성이 있었지만, 대신에 날개가 작고 깃털이 발달되지 않아서 날지 못했다. 등이 융기된 비늘로 덮인 커다란 도마뱀인 이구아나도 있었다. 대륙의 이구아나들은 나무에 올라가서 잎을 먹었지만 초목이 거의 없는 이 섬의 이구아나 중의 1종은 해초를 먹었으며, 유달리 길고 강한 발톱 덕분에 밀려오는 파도 속에서도 바위에 단단히 붙어 있었다. 거북은 육지의 거북과 매우 비슷했지만 대신 훨씬 더 커서 사람이 올라탈 수 있을 정도였다. 다윈은 갈라파고스의 영국인 부총독으로부터 이 제도 안에서도 동물의 형태가 각기 다르다는 이야기를 들었다. 각 섬의 거북이 모두 조금씩 달라서 모양만 보아도 어느 섬의 거북인지를 알 수 있다는 것이었다. 상대적으로 물이 풍부해서 땅에 난 풀을 뜯을 수 있는 섬에 사는 거북은 목 바로 위 등딱지의 끝이 살짝 아래로 휘어져 있었다. 그러나 건조한 기후 때문에 목을 길게 빼서 선인장이나 나뭇잎을 뜯어야 하는 섬의 거북은 목이 훨씬 길고 등딱지 앞쪽이 위로 솟아올라 있어서, 목을 거의 수직에 가깝게 위로 뻗을 수 있었다.

종은 불변하는 것이 아닐지도 모른다는 의혹이 다윈의 머릿속에서 자라났다. 어쩌

맞은편
바닷속의 바다이구아나(*Amblyrhynchus cristatus*). 에콰도르 갈라파고스 제도 페르난디나 섬.

면 한 종이 다른 종으로 바뀔 수 있는 것일지도 모른다. 어쩌면 수천 년 전에 남아메리카 대륙에 살던 조류와 파충류가 우연히 강에서 바다로 흘러가는 초목을 타고 갈라파고스에 오게 된 것일지도 모른다. 그리고 새로운 보금자리에 적응하기 위해서 여러 세대를 거치면서 변화하다가 결국 현재의 종에 이르게 된 것일지도 모른다.

제도의 종과 본토의 종 사이의 차이는 아주 작았지만 만약 그런 변화가 정말로 일어났다면, 수백만 년 동안 동물계에 누적된 효과로 더 큰 변화가 일어나는 것도 가능하지 않았을까? 어쩌면 물고기의 몸에 근육질의 지느러미가 발달하면서 육지로 올라와서 양서류가 되었을지도 모른다. 어쩌면 양서류의 피부가 물이 침투하지 못하도록 발달하여 파충류가 되었을지도 모른다. 그리고 어쩌면 유인원류의 생물이 일어서서 걷기 시작하면서 인류의 조상이 되었을지도 모른다.

사실 이런 생각 자체가 완전히 새로운 것은 아니었다. 다윈 이전에도 많은 사람들이 지구상의 모든 생물은 서로 밀접하게 연관되어 있다고 주장했다. 다윈의 통찰이 혁명적이었던 이유는 그런 변화를 가져온 원리를 인식했기 때문이었다. 그는 철학적 추측 대신에 진화의 과정을 상세하게 설명하고 검증이 가능한 증거를 풍부하게 제시하여 진화의 사실을 더는 부정할 수 없게 만들었다.

간단히 설명하면 그의 주장은 다음과 같다. 같은 종의 모든 개체는 서로 동일하지 않다. 예를 들면, 코끼리거북이 한 번에 낳은 알에서 태어난 새끼들 중에는 유전적 조성의 차이로 다른 거북보다 목이 조금 더 길게 발달한 거북들이 있을 것이다. 가뭄이 들면 이 거북들은 나뭇잎을 뜯어먹을 수 있기 때문에 살아남을 것이고, 목이 짧은 그들의 형제자매들은 굶어 죽을 것이다. 따라서 주변 환경에 가장 잘 적응한 이 개체들만이 선택되어 자신의 형질을 후손에게 전달할 수 있게 된다. 무수한 세대가 지나고 나면 건조한 섬의 거북은 비가 많이 오는 섬의 거북보다 긴 목을 가지게 된다. 한 종으로부터 또다른 종이 생겨나는 것이다.

다윈의 머릿속에서 이런 개념이 명확해진 것은 갈라파고스를 떠나고 오랜 시간이 지난 후였다. 그는 25년 동안 이를 뒷받침할 증거를 공들여 수집했다. 그리고 1859년, 48세가 되어서야 이 이론을 발표했다. 그마저도 동남아시아에서 연구 중이던 또다른 젊은 박물학자 앨프리드 월리스가 같은 견해를 내놓은 것에 자극을 받아서였다. 다윈이 자신의 이론을 자세히 정리한 책의 제목은 『자연 선택에 의한 종의 기원, 혹은 생존 경쟁에서 유리한 종의 보존에 관하여(*On the Origin of Species by Means of Natural*

맞은편
등딱지가 안장 모양인 갈라파고스땅거북(*Chelonoidis nigrahoodensis*)이 방어 자세를 취하고 있다. 갈라파고스 제도 에스파뇰라 섬.

Selection, or the Preservation of Favoured Races in the Struggle for Life)』였다.

그후 자연 선택설은 논쟁과 시험, 개선, 인정과 수정의 대상이 되었으며, 이후에는 유전학, 분자생물학, 개체군 역학, 행동학 분야의 발견들이 이루어지면서 새로운 관점들이 더해졌다. 여전히 이 이론은 우리가 자연계를 이해하는 열쇠이며, 동식물들이 세계 곳곳에 서식하면서 세대를 거듭하며 변화해온 길고도 연속적인 역사가 존재한다는 사실을 알려준다.

현재 이런 역사의 증거를 직접적으로 얻을 수 있는 곳은 두 군데이다. 모든 생물의 세포 속에 있는 유전 물질, 그리고 지구의 기록 보관소 역할을 하는 퇴적암의 내부이다. 대다수의 동물은 사후에 존재의 흔적을 남기지 않는다. 살은 썩고, 껍질과 뼈는 흩어져 가루가 된다. 그러나 아주 가끔 수천 마리의 동물 중 한두 마리가 다른 운명을 맞이한다. 파충류 한 마리가 늪에 빠져 죽는다. 몸은 썩지만 뼈는 진흙 속에 남는다. 죽은 식물이 늪 아래에 가라앉아 그 뼈를 덮는다. 수 세기가 흐르는 동안 더 많은 식물이 쌓이면서 침전물은 토탄(土炭)이 된다. 해수면의 변화로 인해서 늪에 물이 들어오면 토탄 위에 모래층이 쌓인다. 기나긴 시간 동안 토탄은 압축되어 석탄이 된다. 파충류의 뼈는 여전히 그 안에 남아 있다. 위쪽에 쌓이는 퇴적물의 어마어마한 압력과 그 안을 순환하는 광물 성분이 풍부한 물이 뼈의 인산칼슘에 화학적 변화를 일으킨다. 결국 뼈는 돌이 된다. 그러나 살아 있을 때의 외형은 비록 조금 변형되더라도 그대로 남는다. 때로는 미세한 세포 구조까지 보존되어 현미경으로 단면을 관찰하면 한때 그 주변을 둘러싸고 있던 혈관과 신경의 형태까지 드러나기도 한다. 드물게는 피부나 깃털의 색까지 알 수 있는 경우도 있다.

화석화가 일어나기에 최적의 장소는 바다와 호수이다. 그 안에서는 퇴적물이 천천히 쌓여 사암과 석회암이 된다. 하지만 육지에서는 대개 퇴적물이 쌓여 암석이 되지 못하고 침식 작용으로 깎여나간다. 사구와 같은 퇴적 지형은 매우 드물게 형성되며 보존도 거의 되지 않는다. 따라서 화석화가 될 가능성이 있는 육상 동물은 우연히 물에 빠진 동물뿐이다. 이는 육상 동물에게 극히 예외적인 일이므로, 우리는 화석을 통해서 과거에 존재했던 육상 동식물의 종류를 완전히 파악할 수 없다. 물고기, 연체동물, 성게, 산호 등 물에 사는 동물은 보존될 가능성이 훨씬 높은 후보들이다. 그렇다고 해도 화석화되기에 딱 좋은 물리적, 화학적 조건 아래에서 죽는 경우는 매우 드물다. 그 중에서도 오늘날의 지표면에 노출될 암석 안에 보존되는 경우는 소수에 불과하다. 그

맞은편
쥐라기 초기(1억9,500만–1억7,200만 년 전) 암석 샘플 안의 암모나이트(*Arnioceras semicostatum*) 화석. 영국 요크셔 주 로빈 후드 만.

리고 이 암석 중 대부분은 화석 사냥꾼들에게 발견되기 전에 침식되거나 파괴된다. 이렇게 확률이 희박한데도 수많은 화석들이 발견되어 그토록 상세하고도 일관된 증거를 제공하고 있다는 점이 놀라울 따름이다.

화석의 연대는 어떻게 알 수 있을까? 방사능의 발견 이후 과학자들은 암석 안에 지질학적 시계가 있다는 사실을 알았다. 몇몇 화학 원소는 시간이 지나면 방사선을 방출하면서 붕괴된다. 칼륨은 아르곤이 되고 우라늄은 납이 되고 루비듐은 스트론튬이 된다. 이 반응이 일어나는 속도를 계산한 후에 암석 안의 붕괴 전 원소와 붕괴 후 원소의 비율을 측정하면 원래 광물이 형성된 시기를 추산할 수 있다. 서로 다른 속도로 붕괴되는 몇 가지 원소를 이용해서 대조 검토도 가능하다.

극도로 정교한 분석법이 필요한 이런 기술은 언제나 전문가의 영역이다. 그러나 누구나 좀더 간단하게 암석의 연대를 추정할 수 있는 방법도 있다. 암석이 층층이 쌓여 있다면 심하게 휘어져 있지 않은 이상 아래쪽 층이 위쪽 층보다 오래되었을 것이다. 즉 지층을 따라 지각의 아래쪽으로 더 깊이 들어갈수록 생명의 역사를 거슬러올라가며 동물들의 혈통을 그 기원까지 추적할 수 있다.

지구 표면에 존재하는 가장 깊은 골짜기는 미국 서부의 그랜드 캐니언이다. 콜로라도 강에 의해서 깎여나간 암석들이 여전히 수평에 가까운 방향으로 층층이 쌓인 채 붉은색, 갈색, 노란색, 때로는 아침 햇살 속에서 분홍색, 때로는 어둠 속에서 푸른색으로 빛난다. 워낙 건조한 지역이어서 눈에 띄는 것은 외따로 떨어진 노간주나무와 절벽 표면에 듬성듬성 자란 키 작은 덤불, 부드럽거나 단단한 암석층뿐이다. 암석의 대부분은 북아메리카의 이 지역을 한때 뒤덮고 있던 얕은 바다 아래쪽에 쌓여 만들어진 사암이나 화강암이다. 자세히 살펴보면 지층이 끊어져 있는 부분들이 보인다. 이것은 땅이 융기하고 바닷물이 빠져나가면서 해저가 말라붙어, 거기에 쌓인 퇴적물이 침식되던 시기가 있었음을 나타낸다. 그후에 땅이 다시 가라앉고 바닷물이 밀려들면서 퇴적이 다시 시작된 것이다. 이런 시간적 공백이 있음에도 불구하고 화석 역사의 전반적인 흐름은 명확하게 보인다.

노새를 타면 하루 동안 편하게 계곡의 가장자리부터 맨 아래까지 둘러볼 수 있다. 맨 처음에 보게 되는 암석은 약 2억 년 전에 형성된 것이다. 포유류나 조류의 흔적은 없지만 파충류의 흔적은 남아 있다. 가까이에서 살펴보면 사암 위를 가로지르는 줄무늬들을 볼 수 있다. 이는 도마뱀과 비슷한 파충류임이 거의 확실한 작은 네발동물이 해변을 가로질러 달려간 흔적이다. 같은 높이의 다른 바위에는 양치식물의 잎과 곤충 날개의 흔적이 있다.

계곡을 절반쯤 내려가면 4억 년 된 석회암이 나온다. 파충류의 흔적은 없지만 독특한 갑옷을 두른 물고기의 뼈가 남아 있다. 한 시간쯤 더 가면, 즉 1억 년쯤 더 거슬러 가면 암석 안에 그 어떤 척추동물의 흔적도 보이지 않는다. 한때 해저의 진흙이었던 이 암석에는 몇 종류의 조개껍데기와 벌레가 남긴 무늬가 남아 있을 뿐이다. 계곡의 4분의 3 정도까지 내려가면 여전히 주변은 석회암층이지만 생물의 화석은 없다. 늦은 오후쯤 되면 마침내 높은 절벽 사이로 푸르른 콜로라도 강이 흐르는 협곡의 아래쪽으로 들어가게 된다. 이제 가장자리에서부터 수직으로 1킬로미터 넘게 내려왔다. 주변 암석은 무려 20억 년 전의 것들이다. 이곳에서 최초 생물의 흔적을 찾을 수 있으리라고 기대할지도 모르겠다. 그러나 어떤 생물의 흔적도 보이지 않는다. 어두운 색의 결이 고운 암석들은 위쪽의 암석처럼 수평 방향으로 쌓여 있는 것이 아니라 뒤틀리고 휘어져 있으며, 그 안에는 분홍색의 화강암 암맥들이 뻗어 있다.

이 암석들과 바로 위쪽의 석회암은 너무 오래되어서 모든 생물들의 흔적이 파괴된 것일까? 생존의 흔적을 남겨둔 가장 오래된 생물들도 벌레와 연체동물만큼 복잡한 형태일까? 지질학자들은 오랫동안 이런 의문을 가져왔다. 이렇게 오래된 암석들을 신중하게 조사하여 생물의 흔적을 찾는 작업이 전 세계적으로 이루어졌다. 한두 개의 특이한 형태가 발견되었지만 대부분의 전문가들은 이를 암석이 형성되는 과정에서 만들어진 무늬일 뿐 생물과는 관계없는 것으로 보고 무시했다. 그러다가 1950년대부터 연구자들이 고성능 현미경을 이용해서 특히 의심이 가는 암석들을 관찰하기 시작했다.

그랜드 캐니언에서 북동쪽으로 1,600킬로미터 정도 떨어진 슈피리어 호숫가에도 콜로라도 강가의 암석과 거의 같은 연대의 오래된 암석이 있다. 그중 일부에 입자가 치밀한 부싯돌 같은 물질인 처트(chert) 층이 포함되어 있다. 이 사실이 널리 알려진 것은 19세기인데, 그 당시 개척자들이 화승총에 이 물질을 사용했기 때문이다. 이 처트 층 곳곳에 직경 1미터 정도의 흰색 동심원 고리 무늬가 있다. 이것은 그냥 원시 해저의 진흙 속에 생긴 무늬일까, 아니면 생물이 남긴 흔적일까? 아무도 확신할 수 없었기 때문에 이 무늬에는 '돌로 된 양탄자'라는 뜻의 그리스어에서 유래된 스트로마톨라이트(stromatolite)라는 별 의미 없는 이름이 붙었다. 그러나 조사자들이 이 고리를 투명할 정도로 얇은 박편으로 잘라 현미경으로 관찰하자, 처트 안에 직경 100–200분의 1

뒷면
거의 수평에 가까운 퇴적암의 지층이 콜로라도 강에 침식되어 형성된 그랜드 캐니언.

밀리미터 크기의 단순한 유기체 형태가 보존되어 있었다. 어떤 것은 조류(藻類)의 편모와 비슷했고 어떤 것은 유기체임에는 분명하지만 오늘날의 생물과 비슷한 점이 전혀 없었다. 그리고 일부는 오늘날 존재하는 가장 단순한 형태의 생물인 세균과 동일하게 보였다.

많은 사람들은 미생물처럼 작은 생물이 화석이 되는 것 자체가 거의 불가능한 일이라고 생각했다. 그런 생물의 흔적이 그토록 오랜 시간이 흐른 후에도 남아 있다는 사실은 더 믿기 힘들었다. 죽은 생물을 포함한 채로 굳어져 처트가 된 이산화규소 용액은 입자가 곱고 오래가는 방부제 역할을 했음이 분명하다. 건플린트 처트(Gunflint Chert)라고 불리는 이 지층 안에서 화석이 발견되자 북아메리카뿐만 아니라 전 세계에서도 조사가 활발해졌고, 아프리카와 오스트레일리아의 처트 안에서도 또다른 미화석(微化石)들이 발견되었다. 이중 일부는 놀랍게도 건플린트 화석보다 10억 년이나 더 오래된 것이었다. 최근 일부 과학자들은 지구가 형성된 지 얼마 되지 않은, 약 40억 년 전의 화석을 발견했다고 주장했다. 그러나 생명이 시작된 과정을 알고자 할 때, 화석은 아무 도움이 되지 않는다. 생명의 기원이 된 분자들의 상호 작용은 화석 형태의 흔적을 남기지 않기 때문이다. 과학자들이 추정하는 생명의 기원을 이해하려면 가장 오래된 미화석이 형성된 시기보다 더 오래 전인, 지구상에 생명체가 전혀 없었던 때로 돌아가야 한다.

그때의 지구는 지금 우리가 사는 지구와 여러모로 크게 달랐다. 바다는 있었지만 육지가 배치된 방식은 현재 대륙들의 형태나 배치와 유사한 점이 전혀 없었다. 유독가스와 재, 용암을 분출하는 화산이 아주 많았다. 대기 중에는 수소, 일산화탄소, 암모니아, 메탄이 소용돌이치고 있었다. 산소는 거의 없거나 전무했다. 호흡이 불가능한 대기 조성 때문에 태양에서 온 자외선이 현재의 동물들에게는 치명적일 강도로 지표면에 내리쬐었다. 구름 속에서는 뇌우가 몰아치며 육지와 바다에 번개를 퍼부었다.

1950년대에는 그런 환경에서 특정한 화학적 성분이 어떻게 변화하는지를 밝히려는 실험이 이루어졌다. 위와 같은 성분의 기체에 수증기를 섞어 방전시키고 자외선을 비추는 방법이었다. 그러자 1주일 만에 그 안에서 단백질의 구성요소인 당, 핵산, 아미노산을 포함하는 복잡한 분자들이 만들어졌다. 이제 우리는 혜성 같은 성간 천체를 비롯하여 우주 전체에서 이와 같은 단순한 유기 분자를 발견할 수 있다는 사실을 알고 있다. 그러나 아미노산이 곧 생명체는 아니며, 생명이 존재하기 위해서 반드시 필요한 것도 아니다. 따라서 이 실험은 생명의 기원에 관해서 거의 아무것도 증명하지 못했다고 할 수 있다.

오늘날 존재하는 모든 형태의 생물들은 동일한 방식으로 유전 정보를 전달하고 세포에 할 일을 지시한다. 디옥시리보핵산, 줄여서 DNA라고 불리는 분자가 이 역할을 담당한다. DNA는 특유의 구조 덕분에 두 가지 중요한 특성을 가진다. 첫째, 아미노산 생산의 청사진 역할을 하며 둘째, 자기 복제가 가능하다. 세균과 같은 단순한 생물의 DNA도 위의 두 가지 특성을 공유한다. 세균은 우리가 아는 가장 단순한 형태의 생물일 뿐만 아니라 가장 오래된 화석이 발견된 생물이기도 하다.

DNA의 자기 복제 능력은 2개의 나선이 서로 꼬여 있는 형태의 독특한 구조로부터 온다. 세포 분열이 일어날 때에 각 나선에 붙어 있는 분자들이 차례로 분리되면서 두 개의 가닥으로 나누어진다. 그리고 각 가닥이 주형으로 작용하여 단순한 분자들이 부착되면서 각각의 나선이 다시 하나의 이중 나선이 된다.

DNA의 주요 구성물질인 이 단순한 분자는 네 종류뿐이지만 이것이 3개씩 모여 특정한 순서대로 배열되면서 어마어마하게 긴 DNA 분자를 이룬다. 이 분자의 서열이 단백질 내에서 20여 개의 서로 다른 아미노산이 배열되는 방식, 그리고 아미노산이 어떤 조직에서 언제, 얼마나 만들어질지를 결정한다. DNA에서 단백질의 구조 또는 발현 방식에 관한 정보를 가지고 있는 이런 부분을 유전자(gene)라고 부른다.

그런데 때때로 생식과 관련된 DNA 복제 과정에 문제가 발생한다. 어느 한 지점에서 오류가 발생하기도 하고, 한 구간의 위치가 일시적으로 바뀌었다가 잘못된 곳에 삽입되기도 한다. 그러면 복제가 불완전하게 이루어져서 완전히 다른 단백질이 만들어질 수도 있다. 화학물질이나 방사선이 DNA 서열에 변화를 일으키기도 한다. 지구상 최초의 생명체에 이런 일이 일어났을 때, 진화가 시작되었다. 돌연변이와 오류로 인한 유전적 변이는 형질의 변화를 가져오고 이것이 자연 선택에 의한 진화로 이어지기 때문이다.

모든 생물의 유전 물질은 DNA이기 때문에 각 생물의 DNA 서열을 비교해서 서로의 관계를 밝힐 수도 있다. 기술의 진보로 이제는 휴대전화만 한 크기의 도구를 사용해서 몇 시간만 분석하면 한 생물의 DNA 서열을 알아낼 수 있다. 이미 규명되어 데이터베이스에 저장되어 있는 수백만 개의 DNA 서열들을 비교해보면 다윈이 예측했던 대로 지구상 모든 생명체의 조상이 같다는 사실이 드러난다. DNA에는 마치 시계처럼 일정한 속도로 돌연변이가 축적되기 때문에 DNA 서열을 이용해서 두 개의 종이 분화된 시기를 추정할 수 있다. 유전자를 이용한 연대 추정과 화석을 이용한 연대 추정의 결과는 대체적으로 일치한다. 때로는 유전 정보가 뜻밖의 사실을 알려주기도 하지만 말이다. 이런 방법을 이용하면 지구상 모든 생명체의 최종 공통 조상(Last Universal Common Ancestor)인 한 무리의 단순한 세균이 약 40억 년 전에 살고 있었음을 추정할 수 있다. 우리가 주변에서 보는 모든 생명체의 혈통을 거슬러올라가면 결국 그 세포군에 이른다.

그토록 기나긴 시간을 상상하기란 쉽지 않다. 그러나 생명의 기원에서부터 현재까지의 시간을 1년으로 잡으면, 생명의 역사 속 주요 단계의 상대적인 길이를 가늠할 수 있다. 이때 하루는 약 1,000만 년이 된다. 처음 발견되었을 때 그토록 오래된 것처럼 보였던, 조류와 비슷한 건플린트 화석은 이 달력에서 8월 둘째 주일이 되어서야 나타난다. 생명의 역사에서 꽤 늦게 출현한 편인 셈이다. 그랜드 캐니언에서 가장 오래된 벌레의 흔적이 진흙 속에 남게 된 것은 11월 둘째 주일이며, 최초의 물고기가 바닷속 석회암 안에 남게 된 것은 그로부터 일주일 후이다. 작은 도마뱀이 해변을 종종거리며 돌아다닌 것은 12월 중순이다. 그리고 인간은 12월 31일 저녁이 되어서야 등장했다.

그러나 우리는 1월로 돌아가야 한다. 초기의 세균은 원시 바닷속에 수백만 년에 걸쳐 축적된 다양한 탄소 화합물을 섭취하며 부산물로 메탄을 생산했다. 오늘날에도 지구상 곳곳에 이와 비슷한 세균들이 존재한다. 우리가 만든 달력에서 처음 5개월 내지 6개월 동안에는 이런 세균들이 전부였다. 그러다가 초여름, 즉 20억 년 전쯤에 세균은 놀라운 생화학적 기술을 습득했다. 주변에 이미 존재하는 양분을 섭취하는 대신에 태양으로부터 에너지를 받아 세포벽 내에서 스스로 양분을 만들기 시작한 것이다. 이 과정을 광합성(光合成)이라고 한다. 초기 광합성에는 화산이 폭발할 때 엄청난 양으로 생산되는 수소가 사용되었다.

오늘날 와이오밍 주 옐로스톤과 같은 화산 지대는 초기 광합성 세균이 살았던 환경과 비슷하다. 이곳에서는 지하 약 1,000미터 정도의 깊이에 있는 엄청난 양의 용융(熔融) 암석이 지표면의 암석에 열을 가하고 있다. 지하수의 온도가 끓는점보다 훨씬 높은 곳도 많다. 이 물이 압력이 낮은 암석들 사이로 상승하다가 갑자기 수증기로 변하면서 공중으로 물기둥을 쏘아올리는 간헐천이 된다. 솟아오른 물이 수증기를 뿜는 웅덩이를 이루기도 한다. 이 물이 흘러나가면서 식을 때, 지표면 위로 올라오는 동안 암석으로부터 끌어모은 염분과 지하 깊은 곳의 용융 암석에서 빠져나온 염분이 함께 침전되면서 웅덩이 가장자리를 둘러싸는 계단 모양의 지형을 형성한다. 광물 성분으로 가득한 이 물속에서는 세균이 번성한다. 일부는 가는 실이나 우유가 응고된 것 같은 형태로 자라고, 일부는 두꺼운 가죽 시트 같은 형태로 자란다. 화려한 색을 가진 것이 많으며, 세균 군체의 번성 정도에 따라서 그 색의 진하기가 달라진다. '에메랄드 연못', '유황 가마솥', '녹주석 샘', '불구덩이 폭포', '나팔꽃 연못' 등 이런 웅덩이들에 붙여진 이름을 보면, 세균의 다양함과 이들이 자아내는 화려한 효과를 짐작할 수 있다. 몇 종류의 세균이 특별히 풍부한 한 호수는 '화가의 물감통'이라고 불린다.

이 놀라운 풍경을 둘러보다 보면 계란 썩는 악취와 비슷한 황화수소 냄새를 맡을 수 있다. 이것은 지하수와 지하 깊은 곳에 있는 용융 암석의 반응으로 생성되는 기체이다. 이곳의 많은 세균들이 여기에서 수소를 얻는데, 화산 활동에 의존해서 수소를 얻어야 하는 이 세균들은 더 넓은 지역으로 퍼져 나갈 수가 없었다. 그러나 좀더 널리 퍼져 있는 공급원인 물에서 수소를 추출할 수 있는 형태의 생물이 생겨났다. 이런 발전은 그후의 생물들에게 엄청난 영향을 주었다. 물에서 수소를 추출하면 산소가 남기 때문이다. 세균보다 아주 조금 더 복잡한 구조의 이 생물들은 연못에 흔한 녹조류와 비슷해 보였기 때문에 남조류라고 부르기도 했지만, 이들이 그런 조류(藻類)의 조상에 가깝다는 것을 알게 된 지금은 시아노박테리아(cyanobacteria), 혹은 간단히 남세균(藍細菌)이라고 부른다. 이들이 광합성 과정에서 물을 사용할 수 있게 해주는 물질을 엽록소라고 하며, 조류와 식물도 이것을 가지고 있다.

남세균은 수분이 지속적으로 유지되는 곳이라면 어디에서든 발견된다. 종종 은색 산소 거품들이 맺힌 남세균 덩어리가 연못 바닥을 뒤덮고 있는 것을 볼 수 있다. 열대 지방인 오스트레일리아 북서부 해안의 샤크 만에서는 이 세균들이 특별한 장관을 이루고 있다. 넓은 만(灣)의 한 갈래인 해멀린 풀의 입구는 거머리말로 덮인 모래톱에 의해서 막혀 있다. 드나드는 물의 흐름이 원활하지 않기 때문에 뜨거운 햇빛 아래에서 물이 증발하면서 염도가 매우 높아졌다. 따라서 보통 남세균을 뜯어먹고 사는 연체동물과 같은 해양 생물들은 살 수가 없는 곳이기 때문에, 이곳의 남세균은 마치 자신들이 지구상에서 가장 발달된 생명체였던 시절처럼 번성하고 있다. 이들이 분비한 석회로 인해서 해안 근처에는 쿠션 모양의 지형이 형성되었고, 더욱 깊은 곳에는 불안정한 모양의 기둥들이 만들어졌다. 건플린트 처트의 불가사의한 형태들이 만들어진 것과

뒷면
세균에 의해서 색색으로 물든 온천. 미국 와이오밍 주 옐로스톤 국립공원.

같은 이유이다. 해멀린 풀의 남색 기둥들은 살아 있는 스트로마톨라이트이다. 햇빛이 어른거리는 해저에 서 있는 이 기둥들은 20억 년 전의 세계와 가장 유사한 모습이다.

남세균의 등장은 생명의 역사에서 돌이킬 수 없는 전환점이 되었다. 우리는 그 방식을 완전히 알아내지는 못했지만, 이들이 생산하는 산소가 오랜 세월 축적되면서 오늘날과 같은 산소가 풍부한 대기가 형성되었다. 인간을 비롯한 모든 동물의 삶이 여기에 의존하고 있다. 이 대기는 호흡을 가능하게 해줄 뿐만 아니라 우리를 보호해주기도 한다. 대기 중의 산소가 형성한 오존층이, 태양으로부터 오는 자외선의 대부분을 차단해주기 때문이다.

생명은 오랫동안 이 발달 단계에 머물러 있었다. 그러던 20억 년 전에 순전히 우연에 의해서 하나의 단세포 생물이 또다른 단세포 생물 안에 갇히는 일이 일어났다. 그 결과 오늘날 거의 모든 민물 속에서 볼 수 있는 종류의 생물들이 만들어졌다.

연못의 물 한 방울을 현미경으로 관찰하면, 그 안에 가득한 작은 생물들이 일부는 빙빙 돌고 일부는 기어가고 일부는 로켓처럼 시야를 획획 가로질러 다니는 것을 볼 수 있다. 이런 생물들을 통틀어서 종종 '최초의 동물'이라는 뜻의 원생동물(protozoa)이라고 부르지만, 이제는 이들이 서로 매우 이질적이며, 모두가 동물과 유연관계인 것은 아님을 알고 있다. 이들은 모두 단세포 생물이지만 세포벽 안의 구조는 세균보다 훨씬 더 복잡하다. 중심에 있는 핵이라는 기관 안에는 DNA가 가득 들어 있다. 세포를 조직하는 역할을 하는 것으로 보이는 기관이다. 길쭉한 형태의 미토콘드리아는 많은 세균들과 같은 방식으로 산소를 연소시켜 에너지를 공급한다. 많은 경우 세포에는 이리저리 움직이는 꼬리가 붙어 있는데, 이것은 스피로헤타(spirochete)라는 실 모양의 세균과 유사한 모습이다. 엽록소가 함유된 엽록체를 가진 종류도 있다. 이런 생물은 남세균처럼 태양 에너지를 이용해서 복잡한 분자들을 합성하여 세포의 양분으로 삼는다. 이 작은 생물들은 더 단순한 생물들의 모임처럼 보이는데, 사실 틀린 생각은 아니다. 미토콘드리아는 20억 년 전, 즉 생명의 역사를 1년으로 볼 때, 6월쯤에 다른 단세포 생물 안에 갇힌 단세포 생물의 후손이기 때문이다. 엽록체는 다른 단세포 생물 안에 갇힌 남세균의 후손이다.

원생생물은 세균처럼 둘로 분열하여 생식을 하지만, 그 내부 구조는 훨씬 더 복잡하며 당연하게도 각 기관은 더 정교한 기능을 수행한다. 각각의 기관, 즉 모임의 일원들은 대부분 독립적으로 분열하여 증식할 수 있다. 미토콘드리아와 엽록체는 각자 고유한 DNA를 지니며, 종종 세포 내에서 서로 독립적으로 활동한다. 이는 이들이 애초에 각기 다른 생명체였다는 사실과 맞아떨어진다. 핵 안의 DNA는 특별히 복잡한 방식으로 복제된다. 유전자를 빠짐없이 복제하여 각각의 딸세포가 완전한 유전자 쌍을 가질 수 있도록 하기 위해서이다. 그러나 원생생물의 생식 방법은 여러 가지이다. 세부사항은 각기 다르지만 모든 방법의 핵심적인 특징은 유전자들이 섞이는 과정이 포함된다는 것이다. 어떤 경우에는 두 개의 세포가 만나 유전자가 섞이면서 교환이 이루어진 후에 둘로 나뉘고 얼마 후에 세포 분열이 일어난다. 또다른 경우에는 세포가 두 쌍의 유전자를 가지고 있다가 이것이 섞인 후에 나뉘어서 각각 한 쌍의 유전자를 가지는 새로운 세포들을 만든다. 이런 생식 세포에는 두 종류가 있다. 크기가 크고 비교적 움직임이 적은 세포와 크기가 작고 편모가 달려 있는 움직임이 많은 세포이다. 첫 번째 세포를 난자라고 하고 두 번째 세포를 정자라고 한다. 이것이 성(性)의 시작이다. 두 종류의 세포가 새로운 세포로 합쳐지면 유전자는 다시 두 쌍이 되지만 대신 부모 한쪽이 아닌 양쪽 모두에게서 얻은 새로운 조합의 유전자를 가지게 된다. 이것의 조합이 독특하면 새로운 형질을 가진 조금 다른 생물이 된다. 유성생식으로의 진화 이후부터 유전적 변이의 가능성이 증가했으며, 생물이 새로운 환경을 만났을 때에 진화가 진행되는 속도도 크게 빨라졌다.

원생생물에는 수만 종이 있다. 어떤 종들은 이리저리 움직이는 섬모로 덮여 있는데, 이것은 속도를 조절하며 물속을 이동할 수 있도록 해준다. 아메바와 같은 종은 몸에서 손가락처럼 생긴 기관을 내민 후에 그 방향으로 흘러가는 방식으로 이동한다. 바닷속에 사는 많은 원생생물은 이산화규소 또는 탄산칼슘으로 이루어진 아주 정교한 구조의 껍데기를 만든다. 이것은 현미경을 소유한 탐험가들이 발견할 수 있는 가장 아름다운 물체 중의 하나이다. 어떤 것은 아주 작은 달팽이 껍데기처럼 생겼고, 어떤 것은 화려하게 장식된 꽃병이나 물병과 비슷하다. 이 반투명하게 반짝이는 이산화규소 껍데기 중에는 바늘들이 꽂힌 동심구 모양, 고딕 양식의 투구 모양, 로코코 양식의 종탑 모양, 뾰족한 못들이 박힌 우주 캡슐 모양 등 굉장히 섬세한 형태도 있다. 이런 껍데기 안에 사는 생물들은 뚫려 있는 구멍들로 길쭉한 실 같은 기관을 뻗어 먹이를 잡는다.

다른 방식으로 양분을 섭취하는 원생생물도 있다. 이들은 엽록체를 이용해서 광합성을 한다. 이들을 식물로 보고, 이들을 먹고 사는 나머지는 동물로 볼 수도 있다. 그

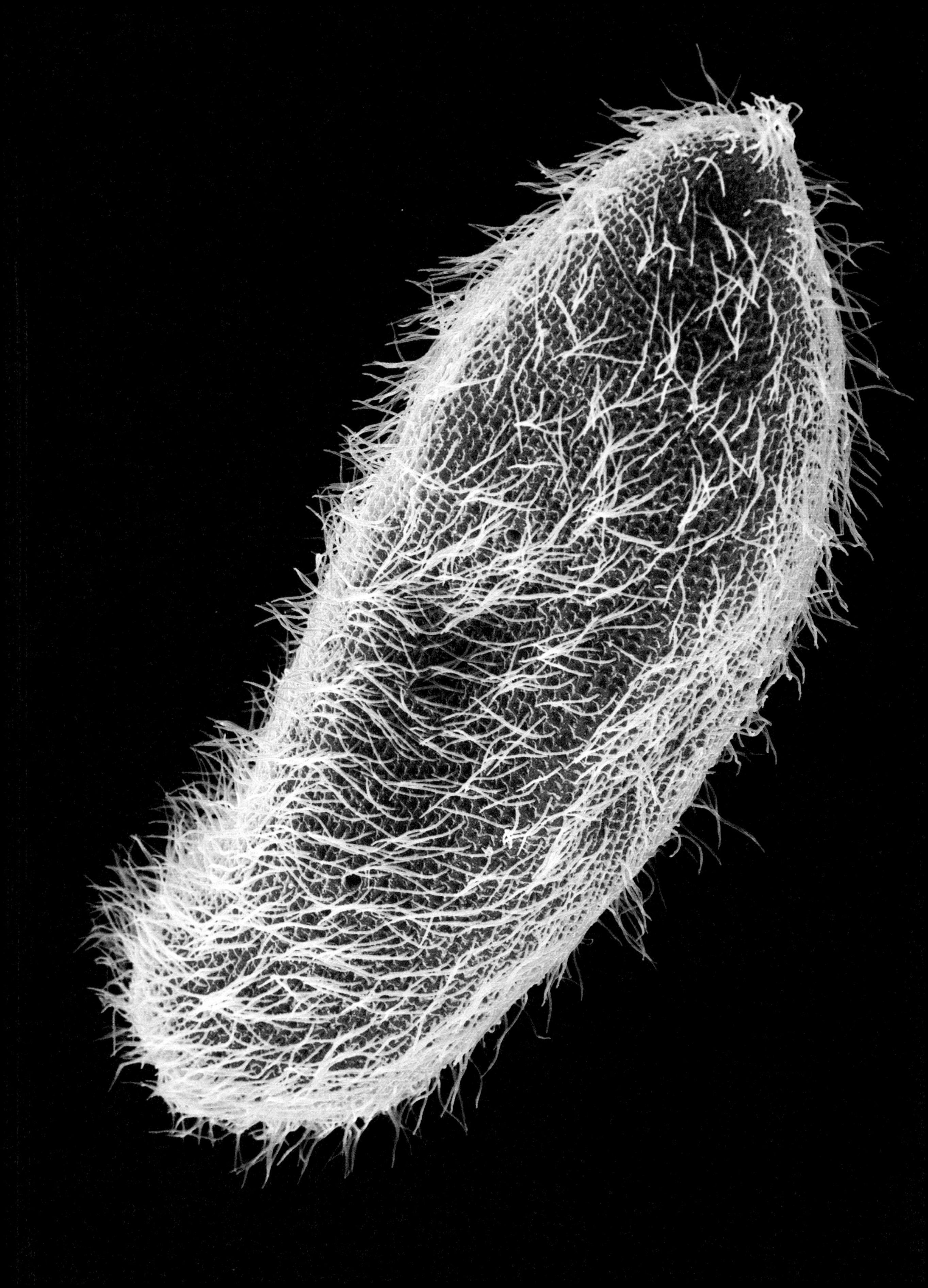

러나 이 두 종류 간의 차이는 그런 이름을 붙일 만큼 크지 않다. 때에 따라서 두 가지 방법 모두를 사용하여 양분을 섭취할 수 있는 종도 많기 때문이다.

어떤 원생생물은 육안으로 볼 수 있을 정도로 크다. 조금만 연습하면 연못의 물 속에서 느릿느릿 움직이는 회색의 젤리 같은 덩어리, 즉 아메바를 찾아낼 수 있을 것이다. 그러나 단세포 생물이 성장하는 데에는 한계가 있다. 크기가 커질수록 세포 내의 화학 작용이 어려워지고 비효율적이 되기 때문이다. 하지만 다른 방식으로 크기를 키울 수도 있다. 바로 세포들이 모여 군체를 이루는 것이다.

이런 방법을 쓰는 종으로는 볼복스(volvox)가 있다. 편모가 달린 수많은 세포들이 모여서 핀의 머리만 한 크기에 속이 빈 구(球) 형태인 군체를 이루는 생물이다. 놀라운 점은 각 개체들이 혼자 헤엄을 치고 독립적으로 존재하는 다른 단세포 생물과 별 다를 바 없는 세포들이라는 것이다. 그러나 볼복스를 이루는 세포들은 조직화되어 있다. 구를 둘러싼 모든 편모들이 조직적으로 움직이며 이 작은 공 모양의 군체를 특정한 방향으로 이동시킨다.

군체를 이루는 세포들의 이런 조직화는 아마도 8억-10억 년 전쯤, 즉 우리의 달력에서 10월 무렵에 한 단계 더 발전했을 것이다. 바로 해면이 출현했을 때이다. 해면은 상당히 커다란 크기까지 자랄 수 있다. 일부 종들은 해저에 직경 2미터쯤 되는 비정형의 부드러운 덩어리를 형성한다. 이들의 표면은 미세한 구멍들로 덮여 있으며 편모를 이용해서 이 구멍들 안으로 물을 끌어들인 후에 좀더 큰 구멍을 통해서 방출한다. 해면은 몸 안을 드나드는 이 물 속의 입자들을 걸러내어 양분을 섭취한다. 각 개체 간의 결합은 매우 느슨하다. 세포 하나하나가 아메바처럼 해면의 표면 위를 기어다니기도 한다. 같은 종의 두 해면이 가까이에서 자라다 보면 하나의 커다란 생물로 합쳐질 수도 있다. 만약 해면을 미세한 거즈로 걸러 세포들을 분리시키면, 이들은 결국 다시 모여 새로운 해면을 이루며, 각 세포들은 그 안에서 적절한 위치를 잡을 것이다. 가장 놀라운 것은 같은 종의 두 해면을 이런 극단적인 방식으로 처리한 후에 한데 다시 섞어도 모여서 하나의 덩어리가 된다는 사실이다.

어떤 해면들은 세포들 주위에 부드럽고 유연한 물질을 생성하여 군체 전체를 지탱한다. 열을 가해서 세포들을 죽이고 씻어낸 후에 남은 이 물질로 우리가 목욕할 때에 쓰는 스펀지를 만든다. 다른 해면들은 골편(骨片)이라고 하는 탄산칼슘 혹은 이산화규소 성분의 미세한 바늘 모양 구조를 생성한다. 이것들이 엮여서 세포들을 고정시키

맞은편
주사 전자 현미경(SEM)으로 본 섬모가 있는 원생 생물(*Paramecium multimicronucleatum*).

뒷면
거대한 항아리해면(*Xestospongia testudinaria*)과 잠수부. 필리핀 팔라완 투바타하 리프 국립 해양공원.

는 뼈대를 이룬다. 하나하나의 세포가 어떻게 전체 구조에 딱 맞는 골편을 만들어내는지는 알려져 있지 않다. 비너스의 꽃바구니라고 불리는 이산화규소 골편으로 이루어진 복잡한 해면 골격을 보고 있으면 그 원리를 도무지 상상할 수가 없다. 어떻게 반독립적인 미세한 세포들이 수백만 개의 투명한 골편을 다 함께 만들어서 그토록 정교하고 아름다운 격자 모양의 뼈대를 이룰 수 있을까? 아직은 수수께끼이다. 그러나 해면이 그렇게 놀랍도록 복잡한 구조를 만들 수 있다고 해도 여전히 다른 동물들과는 다르다. 이들에게는 신경계도 없고 근섬유도 없다. 이런 신체적 특성을 가진 가장 단순한 생물은 해파리 종류이다.

일반적인 해파리는 받침 접시 같은 모양에 독성이 있는 촉수가 달려 있다. 이런 형태를 메두사라고도 부른다. 바다의 신에게 사랑을 받았으나 여신의 질투로 머리카락이 뱀으로 바뀐 그리스 신화 속 불행한 여인의 이름을 딴 것이다. 해파리는 두 개의 세포층으로 구성된다. 그 두 층 사이의 젤리 덕분에 해파리는 바닷속에서 이리저리 흔들리면서도 어느 정도의 강도를 유지하며 버틸 수가 있다. 해파리는 상당히 복잡한 생물이다. 이들의 세포는 해면을 이루는 세포와 달리 독립적인 생존이 불가능하다. 어떤 세포는 전기 충격을 전달할 수 있고, 원시적인 신경계에 해당하는 네트워크에 연결되어 있다. 또한 일부는 길이를 수축시킬 수 있기 때문에 단순한 형태의 근육으로 볼 수도 있다. 어떤 세포의 내부에는 나선형으로 꼬인 실이 들어 있어서 독을 쏠 수 있는데, 이것은 해파리류만의 독특한 특징이다. 이 세포는 먹이 또는 적이 가까이 오면, 작은 작살처럼 생긴 뾰족한 바늘로 무장된 실을 쏜다. 여기에 독성이 있는 경우가 많다. 여러분이 수영을 하다가 운 나쁘게 해파리와 스쳤을 때에 따갑게 쏘는 것이 바로 촉수 속의 이 세포이다.

해파리는 바닷속에 난자와 정자를 방출하여 생식을 한다. 수정된 난자는 곧장 해파리로 발달하지 않고, 부모와는 상당히 다른 형태의 자유 유영하는 생물이 된다. 그러다가 해저에 자리를 잡고 폴립(polyp)이라는 작은 꽃처럼 생긴 생물로 자란다. 일부 종에서는 이런 폴립에서 가지들이 뻗어나오면서 또다른 폴립이 된다. 이들은 이리저리 움직이는 섬모로 먹이를 걸러 양분을 섭취한다. 그러다가 폴립이 또다른 방식으로 자라나서 작은 메두사 형태를 만들면 이것이 떨어져 나가서 다시 한번 바닷속을 헤엄쳐 다니는 삶을 시작한다.

이렇게 세대별로 형태가 바뀌기 때문에 온갖 다양한 변이가 일어날 수 있었다. 원래

맞은편
부레 아래로 촉수를 늘어뜨리고 있는 고깔해파리(*Physalia physalis*). 인도 태평양.

해파리는 대부분의 시간을 유영하는 메두사 형태로 보내고, 바위에 부착되어 지내는 시기는 매우 짧다. 말미잘 같은 종은 반대로 성체 시기의 대부분을 독립된 폴립 형태로 바위에 붙어 지내면서 지나가는 먹이를 잡기 위해서 촉수를 흔든다. 그런데 폴립으로 군체를 이루지만 이상하게도 해저에 부착되지 않고 메두사처럼 자유롭게 떠돌아다니는 종류도 있다. 그중 하나인 고깔해파리는 기체가 꽉 차 있는 부레에 사슬처럼 연결된 폴립들이 매달려 있다. 각 사슬은 서로 다른 기능을 수행한다. 어떤 사슬은 생식세포를 만들고, 또다른 사슬은 사냥한 먹이에서 양분을 흡수한다. 또 어떤 사슬은 특별히 강한 독을 쏘는 세포로 단단히 무장하고 군체 뒤쪽으로 최대 50미터까지 늘어진 채로 그 속으로 잘못 들어온 물고기를 마비시킨다.

이렇게 상대적으로 단순한 형태의 생물이 동물의 역사의 초창기에 나타났다고 추정하는 것이 당연하다고 느껴지겠지만, 실제로 그러했다는 증거는 오랫동안 발견되지 않았다. 확실한 증거가 나올 수 있는 곳은 암석뿐이었다. 미생물이 처트 안에 보존되는 것은 가능할지라도 해파리처럼 크기는 크지만 연약하고 흐늘흐늘한 생물이 화석이 될 만큼 오랫동안 형태를 유지할 수 있었으리라고는 믿기 어렵다. 그런데 1940년대에 몇몇 지질학자들이 오스트레일리아 남부 플린더스 산맥의 에디아카라 사암층에 남아 있는 기이한 형태들에 주목했다. 약 6억5,000만 년 전에 형성된 것으로 추정되는 이 암석들에는 화석이 전혀 없다고 생각되었다. 암석을 구성하는 모래 알갱이의 크기와 지층면 위의 물결 자국으로 미루어볼 때, 한때는 모래사장을 이루고 있었던 것으로 추정되는 이 암석층 안에서 아주 가끔 꽃처럼 생긴 흔적이 발견되었다. 미나리아재비만 한 것도 있었고 장미꽃만큼 큰 것도 있었다. 혹시 해파리가 해변 위로 올라왔다가 햇볕에 바싹 마른 후에 다음 밀물 때에 밀려온 미세한 모래에 덮여서 남은 흔적이 아닐까? 이런 형태들을 수집하여 연구하자 그 가정이 옳았다는 것이 명백해졌다.

그후 이렇게 먼 옛날에 살았던 생물들의 화석 군집이 세계 여러 곳에서 발견되었다. 영국 중심부의 찬우드 숲, 아프리카 남서부의 나미브 사막, 우랄 산맥, 러시아 백해 해안 등이 그 예이다. 그러나 가장 인상적인 화석들이 풍부하게 발견된 곳은 뉴펀들랜드의 애벌론 반도였다. 이곳에는 5억6,500만 년 된 암석이 노출된 장대한 절벽들이 있다. 워낙 오래 전부터 퇴적되어 만들어진 암석인 만큼 지층들은 기울어지고 접혀 있지만, 그 안에 들어 있는 화석이 파괴되거나 심하게 훼손될 정도는 아니다. 화석이 너무 많아서 세계의 어느 박물관이라도 귀중한 보물로 다룰 정도의 것을 하나라도 밟지 않고는 지층의 노출된 표면 위를 걸어갈 수 없을 정도이다. 이 화석들이 놀랍도록 완벽하게 보존될 수 있었던 이유는 죽자마자 바로 근처 화산에서 떨어진 화산재에 묻혀서 소위 데스 마스크(death mask)가 만들어졌기 때문인 것으로 추측된다. 물렛가락, 양치류 잎, 원반, 깔개, 깃털 장식, 빗 등 수없이 다양한 모양의 화석들에 대한 분류가 지금도 진행되고 있다. 이 정도로 오래된 시기에 전 세계 바다에서 번성했던 그 어떤 생물들의 화석 군집보다도 종류가 풍부하다. 많은 화석들이 오늘날의 생물과는 어떤 관련도 없어 보이기 때문에 어쩌면 실패한 진화 실험들로 보일 수도 있다. 그러나 그중 한두 종은 오늘날에도 여전히 흔한 바다조름이라는 해양 생물과 최소한 겉모습은 비슷하다.

바다조름의 영어 이름인 sea pen은 사람들이 깃펜으로 글을 쓰던 시절에 붙여졌다. 깃털처럼 생겼을 뿐만 아니라 그 뼈대가 유연하면서도 단단하기 때문에 매우 적절한 이름으로 여겨졌을 것이다. 모래로 덮인 해저 위에 수직으로 서 있는 이 생물은 길이가 몇 센티미터 정도인 것도 있고, 사람 키의 절반쯤 되는 것도 있다. 밤에는 선명한 보라색으로 빛나면서 특별히 화려한 볼거리를 선사한다. 손으로 건드리면 천천히 꿈틀거리는 줄기를 따라서 희미한 빛의 파동이 진동한다.

바다조름은 연산호(soft coral)라고도 불린다. 이들과 종종 나란히 자라는 동족인 돌산호(stoney coral) 역시 군체 생물이다. 돌산호는 바다조름만큼 역사가 오래되지는 않았지만 일단 출현한 후에는 어마어마한 숫자로 번성했다. 돌로 된 골격을 형성하면서 부드러운 진흙과 모래가 퇴적되는 환경에서 사는 생물은 화석이 되기에 이상적이다. 세계 여러 곳에 거의 대부분이 산호 화석으로만 이루어진 두터운 석회암층이 있고, 이를 통해서 이 종이 발달해온 연대기를 상세하게 알 수 있다.

산호의 폴립은 아래쪽에서부터 골격을 만든다. 이웃한 폴립들은 옆으로 뻗어나간 줄기들에 의해서 서로 연결된다. 군체가 발달하면서 종종 그 연결 부위 위에 새로운 폴립이 형성되고, 그 골격이 먼저 형성된 폴립들을 누르며 그 위로 자란다. 따라서 산호 군체가 형성한 석회암은 한때 폴립이 살았던 작은 구멍들로 가득하다. 살아 있는 폴립들은 표면에 얇은 층만을 형성한다. 산호는 종마다 출아(出芽) 방식이 다르므로 각기 다른 독특한 기념물들을 세운다.

산호는 환경에 매우 민감해서 탁한 물이나 민물에서는 살지 못한다. 그리고 대부분은 몸속에 공생하는 단세포 조류에 의존해서 살아가기 때문에 햇살이 닿지 않는 깊은

물속에서도 살 수 없다. 조류는 광합성을 통해서 양분을 만들고, 그 과정에서 물속의 이산화탄소를 흡수한다. 이것이 산호의 골격 생성을 돕고, 산소를 배출하여 산호가 호흡할 수 있도록 해준다.

산호초 위로의 첫 잠수는 결코 잊을 수 없는 경험이다. 산호가 잘 자라는 바닷속은 햇살이 잘 들고 물이 맑기 때문에 그 속을 자유롭게 헤엄치는 기분은 그 자체만으로도 황홀하고 환상적이다. 그러나 산호의 풍부한 형태와 색채는 육지에 비견할 만한 것이 없을 정도이다. 돔 모양, 나뭇가지 모양, 부채 모양, 끝부분만 섬세하게 파란색으로 물든 사슴 뿔 모양, 핏빛의 가는 관들이 모여 있는 모양 등등. 꽃처럼 생긴 것도 있지만 보기와는 달리 돌처럼 단단해서 긁히기 쉽다. 종종 나란히 자라고 있는 서로 다른 종의 산호들과 그 위에 아치처럼 드리워진 바다조름, 물살 속에서 긴 촉수를 흔드는 말미잘들이 한데 모여 있는 모습을 볼 수 있다. 때로는 단 한 종류의 산호로만 이루어진 드넓은 초원 위를 헤엄치게 되기도 한다. 더 깊은 곳에서는 부채와 스펀지 모양의 산호들이 매달려 있는 산호 탑이 짙푸른 바닷속까지 까마득하게 뻗어 있는 광경을 목격할 수도 있다.

그러나 낮에만 헤엄을 친다면, 이 놀라운 풍경을 만들어낸 생물들은 보기 힘들다. 밤에 손전등을 들고 바다로 들어가면 산호의 달라진 모습을 발견할 수 있다. 군체의 날카로운 윤곽선이 유백색으로 뿌옇게 빛날 때, 석회석 세포에서 나온 수백만 개의 작은 폴립들이 미세한 팔들을 뻗어 먹이를 찾는 것을 볼 수 있을 것이다.

산호 폴립 하나의 직경은 몇 밀리미터 정도에 불과하지만 군체를 이룸으로써 인간이 나타나기 오래 전에 세계 최대의 동물 건축물을 세웠다. 오스트레일리아 동부 해안에 1,600킬로미터 넘게 뻗어 있는 그레이트 배리어 리프는 달에서도 보일 정도이다. 약 5억 년 전, 다른 행성에서 온 우주비행사가 지구 근처를 지나갔다면 푸른 바닷속에서 낯설고도 신비로운 청록색의 형체들을 발견할 수 있었을 것이다. 그리고 그것을 보면서 지구상에 드디어 복잡한 생명체가 탄생했다고 추측했을지도 모른다.

맞은편
해저의 모래에서 자란 바다조름(*Virgularia gustaviana*), 인도네시아 린차 섬.

제2장

생명의 구성단위

그레이트 배리어 리프에는 수많은 생명들이 살고 있다. 산호의 윗부분으로 밀려드는 파도는 물속에 산소를 공급하고, 열대의 태양은 그 물을 따뜻하게 데우고 빛으로 채운다. 이곳은 온갖 바다 동물의 천국처럼 보인다. 껍데기 아래에서 빛을 발하며 밖을 내다보는 보라색 눈, 바늘 같은 가시를 움직이며 천천히 배회하는 검은 성게, 모래 위에서 반짝이는 강렬한 파란색 불가사리, 산호의 매끄러운 표면에 난 구멍에서 피어난 장미꽃 모양의 생물 등등. 이제 투명한 물속으로 잠수하여 바위를 들추어보자. 노란색과 진홍색의 줄무늬가 있는 납작한 끈이 우아하게 춤추며 지나가고, 에메랄드 그린색의 거미불가사리가 새롭게 숨을 곳을 찾아 모래 위를 달려갈 것이다.

처음에는 이런 다양성에 그저 어리둥절해지지만 우리가 이미 설명한 해파리나 산호처럼 원시적인 생물과 그보다 훨씬 더 진화한 형태의 등뼈가 있는 어류를 제외하면, 나머지는 크게 세 가지 유형으로 분류할 수 있다. 첫 번째는 조개, 개오지, 바다달팽이처럼 껍데기가 있는 동물이고, 두 번째는 불가사리와 성게처럼 방사 대칭 형태의 동물, 그리고 세 번째는 꿈틀거리는 갯지렁이나 새우, 바닷가재처럼 몸이 길쭉하고 여러 마디로 나뉘어 있는 동물이다.

이 세 종류의 몸이 만들어지는 원리는 근본적으로 완전히 달라서 이들이 진화 계보의 맨 처음을 제외한 시기에 서로 관련이 있었을 수도 있다는 사실을 믿기 어렵다. 그러나 이 사실을 증명해주는 화석들이 존재한다. 이 세 유형 모두 바닷속에 살면서 풍

맞은편
외딴 산호초 위의 테이블산호(*Acropora spp*). 인도네시아 코모도 국립공원.

부한 화석을 남겼기 때문에, 수억 년 된 암석들을 연구해보면 각 유형의 성쇠를 상세히 추적할 수 있다. 그랜드 캐니언의 암벽을 살펴보면 등뼈가 없는 무척추동물이 물고기 같은 척추동물보다 훨씬 더 이전에 출현했다는 사실을 알 수 있다. 그러나 초기 무척추동물의 화석이 포함되어 있는 완만하게 접힌 석회암층 바로 아래에서부터 지층의 형태가 급격히 변화한다. 이 부분의 암석은 심하게 뒤틀려 있다. 한때 산맥을 이루던 암석이라는 뜻이다. 이 암석이 침식된 후에 바다에 잠기고, 그후 석회암이 퇴적되어 그 위에 쌓인 것이다. 여기에는 수백만 년이 걸렸고 그 시기 동안에는 퇴적물이 없었다. 따라서 이 암석층의 연결 부위는 어마어마한 시간적 공백을 의미한다. 무척추동물을 그 기원까지 거슬러올라가려면 이 중요한 시기 동안에 암석들이 연속적으로 퇴적되었을 뿐만 아니라 상대적으로 훼손이 덜 된 상태로 남아 있는 장소를 찾아야 한다.

드물기는 하지만 그런 장소가 모로코의 아틀라스 산맥에 있다. 모로코 서부 아가디르 뒤편의 낮은 산들을 이루는 푸른 석회암은 워낙 단단해서 화석 사냥꾼들이 망치로 두들기면 그 소리가 사방에 울려 퍼진다. 암석의 아래쪽은 살짝 기울어져 있지만 그외에는 지각 운동으로 뒤틀린 곳이 없다. 산길을 따라 꼭대기로 올라가면 암석 안에 화석들이 나타난다. 많지는 않지만 자세히 들여다보면 상당히 다양한 종류를 발견할 수 있다. 세계 어디에서든지 이 시대의 암석 안에서 발견되는 모든 화석은 우리가 산호초에서 발견했던 세 가지 유형 중의 하나에 해당된다. 바로 손톱 크기의 작은 껍데기에 싸여 있는 완족류, 줄기가 달린 꽃처럼 생긴 방사 대칭형의 바다나리류, 그리고 쥐며느리처럼 몸이 마디로 나뉜 삼엽충이다.

모로코의 지층 꼭대기에 있는 석회암은 약 5억6,000만 년 전에 형성된 것이다. 그 아래로 여러 개의 층이 수천 미터 길이로 뻗어 있다. 연속적으로 쌓인 지층이기 때문에 아래로 내려가다 보면 세 가지 무척추동물의 기원을 보여주는 증거가 있을 것이라고 확신하게 된다.

그런데 실제로는 그렇지 않다. 산비탈을 내려가다 보면 화석이 갑자기 사라진다. 석회암 자체는 꼭대기의 석회암과 똑같아 보인다. 따라서 이 석회암이 퇴적된 바다도 화석이 포함된 석회암을 만들어낸 바다와 유사했을 것이다. 물리적인 조건이 크게 변화한 흔적은 없다. 그저 어느 시점부터 갑자기 해저를 뒤덮은 진흙 안에 전에는 없었던 동물의 껍데기들이 나타난다.

갑작스러운 화석 기록의 출현은 모로코에서만 볼 수 있는 현상이 아니다. 단지 다

맞은편
현생 바다나리류인 서인도 큰바다나리 (*Cenocrinus asterius*). 수심 180–250미터. 카리브 해.

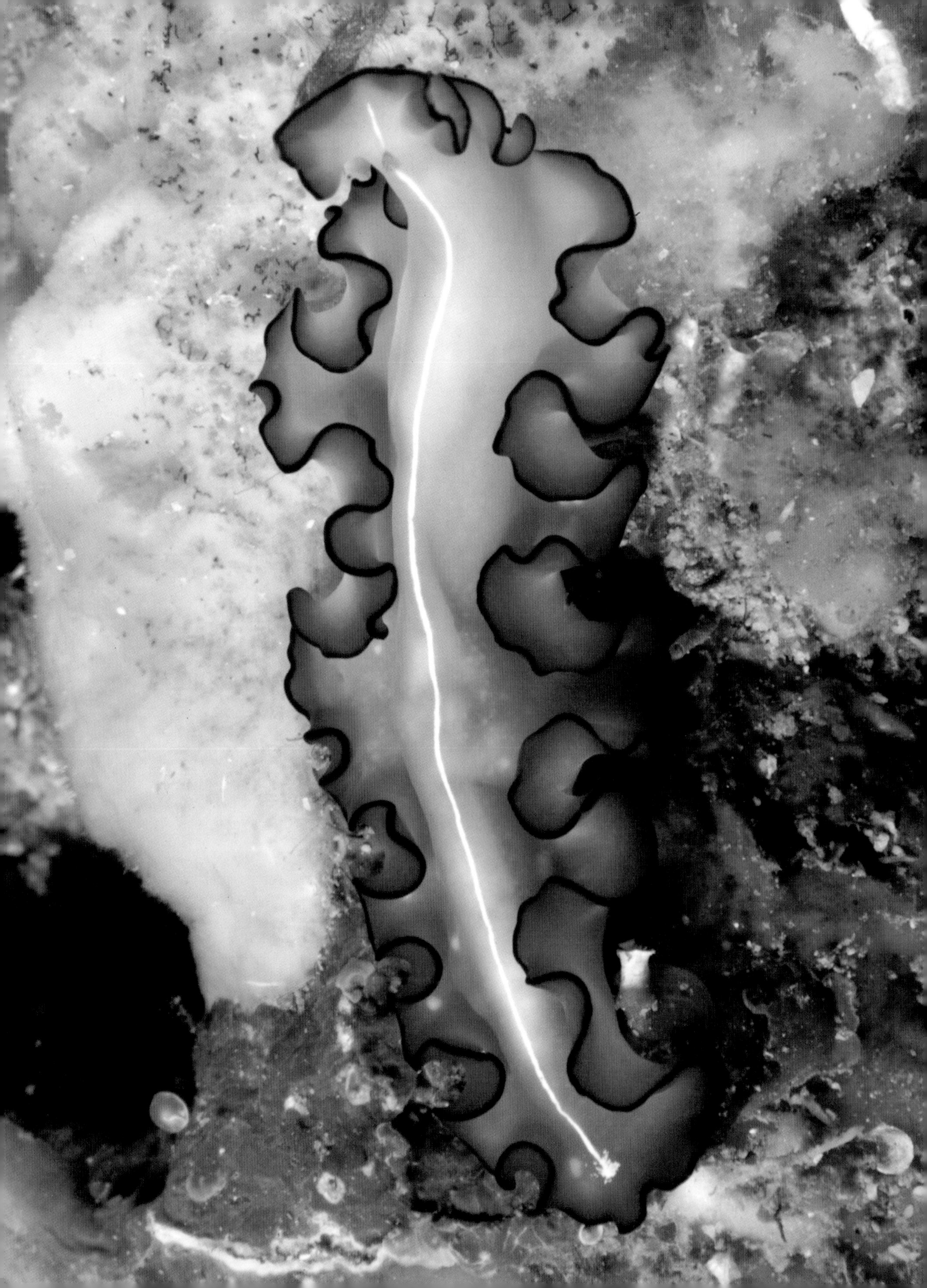

른 곳보다 이곳에서 더 생생하게 볼 수 있을 뿐, 전 세계에 있는 이 시대의 암석 대부분에서 관찰되는 현상이다. 슈피리어 호와 남아프리카의 처트에서 발견된 미화석은 생명의 역사가 훨씬 더 오래 전에 시작되었음을 보여준다. 우리가 가정한 생명의 달력에서 껍데기가 있는 동물은 11월 초에야 나타난다. 따라서 생명의 역사 중 대부분은 암석 안에 기록되어 있지 않다. 그토록 늦게, 약 6억 년 전이 되어서야 껍데기를 가진 몇 종류의 생물들이 풍부한 기록을 남기기 시작했다. 우리는 이런 갑작스러운 변화가 일어난 이유를 모른다. 어쩌면 그 이전까지는 바다의 수온이나 화학 조성이 해양 생물의 껍데기와 골격을 구성하는 탄산칼슘을 축적하는 데에 적합하지 않았을지도 모른다. 이유가 무엇이든 무척추동물의 기원을 보여주는 증거는 다른 곳에서 찾아야 한다.

다시 산호초 위로 돌아가면 살아 있는 단서들을 찾을 수 있다. 바로 산호의 위에서 파닥이거나, 바위의 틈에 숨어 있거나, 바위 아래쪽에 붙어 있는 평평한 나뭇잎 모양의 벌레들이다. 해파리와 마찬가지로 이 벌레들의 몸에도 소화관으로 이어지는 구멍이 하나뿐이어서 그 구멍으로 먹이를 삼키고 노폐물도 내보낸다. 또한 아가미 없이 피부로 직접 호흡을 한다. 몸 아래쪽은 섬모로 덮여 있으며, 이 섬모를 움직이며 여러 표면 위를 천천히 미끄러지듯이 움직인다. 몸 앞쪽에는 입이 있고 그 위에 빛을 감지하는 안점(眼点) 몇 개가 있기 때문에 머리의 초기 형태를 가졌다고 볼 수 있다. 이 편형동물은 머리 발달의 징후를 보이는 생물 중에서 형태가 가장 단순하다.

안점이 쓸모가 있기 위해서는 근육과 연결되어 있어서 감각하는 대상에 반응할 수 있어야 한다. 편형동물의 몸에 존재하는 것은 간단한 신경 섬유망이 전부이다. 그중 굵은 부분이 몇 개 있기는 하지만 뇌라고 하기에는 부족하다. 그럼에도 편형동물도 위험한 장소를 피한다든가 먹이가 있는 곳을 기억하는 등 단순한 형태의 동물이 생존하는 데에 도움이 되는 몇 가지 방법들은 익힐 수 있다.

오늘날 우리가 알고 있는 편형동물은 전 세계에 약 3,000종 정도이다. 대부분은 크기가 작은 수생동물이다. 개울에 가서 물속으로 생고기나 생간 한 조각만 떨어뜨려보면 민물에 사는 편형동물들을 쉽게 찾을 수 있을 것이다. 수생식물이 무성한 곳에서는 편형동물들이 무리를 지어 미끄러지듯이 이동하며 먹이를 찾는 경우가 많다. 습한 열대우림의 지면은 대개 축축하기 때문에 편형동물들도 육지 생활을 할 수 있다. 이들은 대개 몸 아래쪽에서 점액을 분비하여 그 위를 꿈틀거리며 이동한다. 어떤 종은 약 60센티미터 길이까지 자라기도 한다. 기생 생활을 택하여 인간을 비롯한 다른 동물의

맞은편
편형동물의 한 종류 (*Malazoon orsaki*). 인도네시아 이리안자야 라자암팟, 태평양.

몸 안에 숨어 사는 편형동물들도 있다.

간디스토마는 여전히 전형적인 편형동물의 형태를 유지하고 있다. 촌충도 모양은 매우 다르지만 편형동물에 속한다. 촌충이 숙주의 장 내에 머리를 집어넣으면 꼬리 쪽에서 알을 품는 부위가 갈라져 나온다. 이 부분이 몸에 부착된 채로 자라면서 길이가 약 10미터에 달하기도 하는 긴 사슬 형태를 이룬다. 그 결과 몸 전체가 마디마디 나뉘어 있는 것처럼 보이지만 사실은 각기 분리된 알 주머니들일 뿐 지렁이와 같은 동물의 영구적인 체절(體節)과는 많이 다르다.

편형동물은 아주 단순한 생물이다. 그중 물속을 자유롭게 유영하는 한 종류는 소화관이 아예 없으며, 해저에 부착되기 전에 물속을 떠다니는 작은 산호의 형태와 매우 비슷하다. 따라서 과학자들이 성체와 유생 모두의 세부 구조를 연구한 후에 편형동물이 산호와 해파리 같은 더 단순한 생물의 후손이라고 결론을 내린 것은 당연해 보인다.

최초의 해양 무척추동물이 진화하던 시기인 10억 년에서 6억 년 전, 대륙의 침식으로 어마어마한 양의 진흙과 모래가 대륙 가장자리의 해저에 쌓였다. 수면 위를 떠다니던 단세포 생물이 죽으면 아래쪽으로 가라앉기 때문에 해저에는 위에서 떨어지는 유기 분해물 형태의 먹이가 풍부했을 것이다. 바닷속 생물들이 몸을 숨기고 스스로를 보호하기에도 좋은 환경이 조성되었다. 그러나 편형동물의 형태는 땅을 파기에는 적합하지 않다. 결국 땅을 파기에 좀더 효율적인 관 형태의 동물이 출현했다. 그중 일부는 진흙 속에서 굴을 파고 다니며 먹이를 찾았고, 또다른 종류는 침전물 속에 몸을 묻고 앞부분만 밖으로 내놓고 생활했다. 그리고 입 주변의 섬모로 물결을 일으키며 그 안에서 먹이를 걸러내어 섭취했다.

몸을 보호하는 관 안에서 사는 종류도 있었다. 시간이 지나면서 이 관 위쪽의 모양이 변화하여 중간이 갈라진 셔츠 칼라와 같은 형태가 되었다. 이것은 촉수 위쪽의 물 흐름을 원활하게 하는 역할을 했다. 여기서 형태가 더 변화하고 광물화되면서 결국 앞쪽 끝이 두 부분으로 갈라진 껍데기가 만들어졌다. 최초의 완족류(腕足類)였다. 그중 하나인 링굴렐라(*Lingulella*)는 거의 변함없이 수억 년간 존재해왔다.

완족류의 몸 앞부분은 상당히 복잡하다. 껍데기 안에는 입이 있고, 이 입은 촉수에 둘러싸여 있다. 촉수를 덮고 있는 섬모들이 흔들리면서 물결을 일으키면, 그 안에 들어온 먹이 입자를 촉수가 붙잡아 입으로 전달한다. 그러는 동안에 촉수는 또다른 중요한 기능을 수행한다. 먹이와 함께 들어오는 물에는 호흡에 필요한 산소가 용해되어

위
완족류(*Glottidia albida*).

있는데, 촉수는 그 산소를 흡수한다. 즉 아가미 역할을 하는 셈이다. 촉수를 감싸고 있는 껍데기는 이 부드럽고 섬세한 기관을 보호해줄 뿐만 아니라 물의 흐름을 계속 집중시켜 촉수 위에서 좀더 원활하게 흐르도록 한다.

완족류는 이후 약 100만 년 동안 이 구조를 더욱 정교하게 발달시켰다. 그중 한 종류는 껍데기 중 하나의 연결 부위에 구멍을 만들었다. 그 구멍에서 벌레처럼 생긴 줄기가 나와 몸을 진흙 속에 고정시켰고, 그 결과 거꾸로 뒤집힌 알라딘의 램프와 같은 모양이 되었다. 진흙 속으로 뻗은 줄기는 램프의 심지처럼 보였다. 그래서 이 종류는 램프 조개(lamp shell)라고도 불리게 되었다. 껍데기 안의 촉수는 너무 커져서 석회석으로 이루어진 섬세한 나선 형태의 기관으로 지탱해야 했다.

이 시대의 암석에서는 완족류와 함께 또다른 껍데기가 있는 벌레들도 발견되었다. 그중 한 종류는 해저에 몸을 부착시키지 않고 기어다니면서 위험이 닥쳤을 때에 그 아래로 몸을 웅크려 숨을 수 있는 작은 원뿔 모양의 텐트 같은 껍데기를 발달시켰다. 이것은 모든 껍데기가 있는 벌레들 중에서 가장 번성한 동물군인 연체동물의 선조였으며, 이 또한 현생종이 있다. 바로 1952년, 태평양 심해에서 발견된 네오필리나(*Neopilina*)라는 작은 생물이다. 오늘날 연체동물은 약 8만 종에 달하며 화석을 통해서 알려진 종의 수 역시 그와 비슷하게 많다. 여러분의 정원에서 쉽게 볼 수 있는 달팽이와 괄태충도 여기에 속한다.

연체동물의 몸 아래쪽은 발(foot)이라고 부른다. 이들은 껍데기 속에서 발을 내밀어 그 밑면을 물결치듯이 움직이며 이동한다. 많은 종들이 몸의 측면에 작은 원반 형태의 껍데기를 가지고 있어서, 발을 껍데기 안으로 집어넣으면 이것이 입구에 딱 맞는 뚜껑이 되어준다. 몸의 위쪽은 얇은 막으로 이루어져 있다. 이 막이 내장을 외투처럼 감싸주기 때문에 외투막(mantle)이라는 이름이 붙었다. 대부분의 연체동물은 외투막과 몸의 중심부 사이에 있는 빈 공간인 외투강(外套腔) 안에 아가미를 가지고 있다. 외투강의 한쪽 끝에서는 산소가 포함된 물을 계속 빨아들여 아가미를 적시고 다른 한쪽 끝으로 배출한다.

껍데기는 외투막의 위쪽 표면에서 분비되는 물질로 만들어진다. 연체동물 중에는 껍데기가 1개인 종류가 있다. 삿갓조개류는 네오필리나처럼 외투막의 둘레를 따라서 일정한 속도로 껍데기를 분비하여 단순한 피라미드 형태를 형성한다. 어떤 종에서는 외투막 앞부분의 분비 속도가 뒷부분보다 빨라서 시계태엽처럼 납작한 나선형의 껍데기가 만들어진다. 또다른 종에서는 한쪽에만 분비량이 집중되어 껍데기가 빙빙 꼬이면서 탑과 같은 형태를 이룬다. 개오지의 경우는 외투막의 측면을 따라 집중적으로 분비가 이루어지면서 느슨하게 쥔 주먹 같은 형태의 껍데기가 만들어진다. 개오지는 껍데기 아래쪽에 난 틈으로 발뿐만 아니라 외투막의 두 부분을 함께 내민다. 살아 있을 때는 이것이 껍데기의 양 측면으로 뻗어나가서 위쪽에서 만나기도 한다. 그러면 이 외투막이 개오지 특유의 근사한 무늬가 있는 매끄러운 표면을 감싸는 형태가 된다.

껍데기가 하나인 연체동물은 먹이를 먹을 때 완족류처럼 촉수를 쓰는 것이 아니라 뾰족뾰족한 이빨로 뒤덮인 끈 모양의 혀인 치설(齒舌)을 사용한다. 어떤 종은 이 치설을 이용해서 바위에 붙은 조류를 긁어낸다. 쇠고둥은 치설에 줄기가 붙어 있어서 이것을 껍데기 너머로 뻗어 다른 연체동물의 껍데기에 구멍을 뚫는다. 그리고 그 구멍을 통해서 치설의 끝부분을 집어넣어 희생자의 살을 빨아낸다. 청자고둥에도 줄기가 달린 치설이 있지만 이것은 일종의 총으로 변형된다. 이 종은 벌레나 물고기 같은 먹이를 향해서 치설을 뻗은 후에 그 끝에서 작고 매끄러운 작살을 발사한다. 그리고 이것에 맞은 먹이가 발버둥치는 동안에 인간에게도 치명적일 정도의 강한 독을 주입하여 즉사시킨다. 그런 다음 이 먹이를 껍데기 안으로 끌고 들어와서 천천히 삼킨다.

푸른삿갓조개(*Patella coerulea*)의 몸 아래쪽.

적극적으로 사냥을 해야 할 때에는 무거운 껍데기가 불리하게 작용한다. 그래서 육식을 하는 일부 연체동물은 위험하더라도 좀더 빠른 삶을 택했다. 껍데기를 포기하고, 편형동물과 비슷했던 선조들의 생활방식으로 전환한 것이다. 그중 하나인 갯민숭달팽이는 바다의 무척추동물들 중에서 가장 아름답고 다채로운 생물에 속한다. 이들의 길고 부드러운 몸의 위쪽은 섬세한 색채와 각종 무늬로 이루어진 촉수들로 덮여 있다. 껍데기는 없지만 완전히 무방비한 것은 아니다. 일부는 후천적으로 획득한 무기를 가지고 있다. 이들은 깃털 같은 촉수를 뻗은 채로 수면 근처를 떠다니며 해파리를 사냥한다. 이 갯민숭달팽이들이 힘없이 떠다니는 해파리를 천천히 먹어치우는 동안, 해파리의 독을 쏘는 세포들도 통째로 이들의 소화관 속으로 들어가고, 그후 조직 내에서 이동하여 등을 덮은 촉수 안에 축적된다. 이 세포들은 해파리의 몸 안에 있을 때처럼 새로운 주인에게도 몸을 보호하는 무기가 되어준다.

홍합, 대합 같은 연체동물은 완족류처럼 두 조각으로 나뉜 껍데기를 가지고 있다. 이런 종류를 쌍각류(雙殼類)라고 한다. 쌍각류는 기동성이 훨씬 낮다. 작아진 발은 모래 속으로 파고들 때에 사용하는 돌출 부위가 되었다. 이들은 대개 여과 섭식을 하며, 껍데기를 연 채 외투강의 한쪽 끝에서 물을 빨아들이고 다른 한쪽 끝에서는 관 형태의 기관을 통해서 물을 밖으로 내보낸다. 움직일 필요가 없기 때문에 크기가 큰 것

은 약점이 되지 않는다. 대왕조개는 산호초 위에서 최대 1미터 길이까지 자란다. 이들은 산호 속에 들어앉아서 외투막을 완전히 노출하고 있다. 검은 점이 박힌 지그재그 형태의 이 화려한 녹색 살덩이는 물이 안으로 들어올 때마다 부드럽게 진동한다. 잠수부가 발을 집어넣을 수 있을 정도로 큰 대왕조개들도 있지만 웬만큼 부주의하지 않은 이상 그 안에 발이 끼일 일은 없다. 조개의 근육은 강력하지만 껍데기를 빠르게 쾅하고 닫지 못하고 그저 끌어당길 뿐이므로, 그 전에 알아차릴 시간은 충분하다. 게다가 매우 큰 개체의 껍데기가 완전히 닫힌다고 해도 가장자리에 뾰족하게 튀어나온 부분들끼리 맞닿는 수준이다. 그 사이의 간격이 워낙 넓기 때문에 외투막 안으로 팔을 집어넣어도 조개에게 붙잡힐 위험은 없다. 물론 그렇다고 해도 팔보다는 먼저 굵은 막대기를 넣어보는 쪽이 덜 불안할 것이다.

가리비와 같은 일부 여과 섭식 동물은 껍데기를 급하게 여닫는 방법으로 물속에서 도약을 하면서 이동한다. 그러나 대체로 쌍각류 성체는 한곳에 정착하여 산다. 더 먼 곳까지 종을 확산시키는 일은 어린 개체들의 몫이다. 연체동물의 알은 움직이는 공 모양의 유생(幼生)으로 자라난다. 이 유생에는 물결에 이리저리 휩쓸리는 섬모가 띠 모양으로 붙어 있다. 몇 주일이 지나면 유생의 형태가 변하고 껍데기가 생기면서 한곳에 정착하게 된다. 물속을 떠다니는 유생 단계일 때의 그들은 다른 여과 섭식 동물에서부터 물고기까지 온갖 배고픈 동물들의 표적이 된다. 따라서 종이 생존하려면 어마어마한 수의 알을 낳아야 한다. 실제로 한 개체가 무려 4억 개의 알을 낳기도 한다.

연체동물의 역사 초기에 그중의 한 종류가, 높은 기동성을 가지면서도 동시에 몸을 보호해주는 크고 무거운 껍데기를 포기하지 않는 방법을 찾아냈다. 기체로 가득 찬 일종의 부력 탱크를 몸 안에 발달시킨 것이다. 이런 생물이 최초로 나타난 것은 약 5억 년 전이다. 납작한 나선 형태인 이들의 껍데기 안은 달팽이처럼 살로 꽉 차 있지 않고, 뒤쪽에는 벽으로 구분된 기체실이 만들어져 있었다. 그리고 성장할수록 새로운 방이 생겨서 늘어난 무게를 감당하기에 충분한 부력을 확보했다. 이 생물이 바로 앵무조개이다. 우리는 이 종이 어떻게 살았는지를 정확하게 알 수 있다. 링굴렐라와 네오필리나처럼 앵무조개도 몇 종의 현생종이 존재하기 때문이다.

그중의 하나인 진주앵무조개는 직경이 최대 20센티미터까지 자란다. 껍데기 내부 공간의 뒤쪽에서부터 부력 탱크까지 관으로 연결되어 있어서 물을 원하는 만큼 채워넣으면서 부력을 조절할 수 있다. 앵무조개는 죽은 생물뿐만 아니라 게처럼 살아 있는

맞은편
스코틀랜드 해저에서 발견한 갯민숭달팽이 (*Eubranchus tricolor*).

뒷면
밤에 촬영한 태평양 산호초 위의 앵무조개 (*Nautilus pompilius*).

생물도 먹는다. 관을 통해서 물을 분사하여 그 추진력으로 이동하는데, 이는 여과 섭식을 하는 연체동물들이 바닷속에 물결을 일으키는 방식을 변형한 것이다. 먹이를 찾을 때에는 자루에 붙은 작은 눈과 맛에 민감한 촉수의 도움을 받는다. 연체동물 특유의 발은 90여 개의 기다란 촉수들로 나누어져서 먹이를 움켜잡는 역할을 한다. 촉수 가운데에 있는 앵무새 부리처럼 생긴 주둥이는 무는 힘이 매우 강해서 다른 동물의 껍데기를 부술 수 있을 정도이다.

약 1억 년의 진화를 겪은 후인 4억 년 전, 앵무조개와 유사하지만 껍데기 안에 더 많은 부력실을 가진 암모나이트가 출현했다. 암모나이트는 앵무조개보다 더욱 번성하여, 오늘날 그 껍데기의 화석이 암석 안에 빽빽하게 들어찬 채로 발견되기도 한다. 일부 종은 트럭 바퀴만 한 크기로 발달하기도 했다. 이렇게 큰 화석이 영국 중부의 금빛 석회암이나 도싯 지역의 단단하고 푸른 암석 안에 박혀 있는 것을 보게 되면, 이 거대한 생물이 그저 해저에서 느릿느릿 움직이기만 했을 것이라고 상상할지도 모른다. 그러나 침식으로 껍데기가 사라지면서 드러난 우아한 곡선 형태의 부력실 벽의 모습을 보면, 이들이 물속에 가볍게 떠서 마치 앵무조개처럼 분사 추진 방식으로 빠르게 이동했을지도 모른다는 추측을 하게 된다.

그러던 약 1억 년 전, 암모나이트의 수가 줄어들기 시작했다. 어쩌면 알을 낳는 그들의 습성에 영향을 미친 생태학적 변화가 있었을지도 모른다. 어쩌면 새로운 포식자가 등장했을지도 모른다. 원인이 무엇이든 많은 종이 멸종했다. 좀더 완만하게 꼬인 나선형이나 거의 직선에 가까운 형태의 껍데기를 가진 생물들이 출현했다. 어떤 종류는 더 나중에 갯민숭달팽이가 택한 것과 같은 길을 택했다. 껍데기를 아예 가지지 않게 된 것이다. 결국 진주앵무조개를 제외하고는 껍데기를 가진 종들이 모두 사라졌다. 하지만 껍데기가 없는 일부 종은 살아남아서 연체동물 중에서 가장 복잡하고 지능이 높은 오징어, 갑오징어, 문어 등으로 발달했다. 이들을 두족류(頭足類)라고 한다.

갑오징어의 몸속 깊숙한 곳에는 그 조상이 가졌던 껍데기의 흔적이 남아 있다. 잘 부스러지는 석회질로, 종종 해변에 밀려오고는 하는 납작한 나뭇잎 모양의 오징어 뼈가 바로 그것이다. 문어목의 동물은 몸 안에도 껍데기의 흔적이 남아 있지 않다. 그러나 그중 한 종인 조개낙지는 다리에서 앵무조개 껍데기와 매우 비슷하지만 놀라울 정도로 얇고 부력실은 따로 없는 껍데기를 분비한다. 조개낙지는 이 섬세한 잔 모양의 공간을 자신의 보금자리가 아닌 알을 낳는 장소로 사용한다.

맞은편
흰오징어(*Sepioteuthis lessoniana*)가 한밤중에 산호초 위를 떠돌고 있다. 인도네시아 서파푸아 라자암팟 댐피어 해협. 서태평양.

오징어와 갑오징어는 앵무조개보다 촉수의 수가 훨씬 적어서 10개밖에 되지 않는다. 문어의 촉수는 그 이름(octopus)에서도 알 수 있듯이 8개가 전부이다. 오징어는 이 세 종류의 생물 중에서 가장 움직임이 자유로우며, 몸의 측면에 붙은 지느러미로 물결을 일으켜서 그 추진력으로 물속을 이동한다. 모든 두족류는 앵무조개처럼 때에 따라서 분사 추진 방식을 사용할 수 있다.

두족류의 눈은 매우 정교하다. 어떤 측면에서는 인간의 눈보다 더 낫다고 할 수도 있다. 오징어는 인간과 달리 편광을 구분할 수 있고, 망막의 구조도 더욱 섬세해서 인간보다 더욱 미세하게 대상을 구별할 수 있음이 거의 확실하기 때문이다. 뇌도 상당히 발달하여 이런 감각기관이 만드는 신호에 매우 빠르게 반응한다.

일부 오징어들은 어마어마한 크기로 자란다. 남극 주변의 바닷속에 사는 남극하트지느러미오징어는 무게가 약 100킬로그램에 달하고 촉수를 쭉 뻗었을 때의 몸길이가 6미터에 이른다. 크기 면에서 경쟁자라고 할 만한 종은 대왕오징어인데, 사실 지금까지 발견된 가장 큰 대왕오징어는 남극하트지느러미오징어보다 조금 작고 몸무게도 훨씬 더 가벼웠다. 더 큰 개체들에 대한 기록이 남아 있기는 하지만 정확한 기록은 아니었던 것 같다. 그러나 어떤 종이든 우리가 가장 큰 개체를 아직 발견하지 못했을 가능성이 더 많기 때문에 기록은 다시 깨질 수 있다. 이 거대한 두족류들의 눈은 생각보

맞은편
부채뿔산호(빨간색) 위의 바다나리류(갯고사리, 중앙). 뒤에는 수지맨드라미속의 연산호가 보인다. 태국 안다만 해.

아래
붉은쿠션불가사리(*Oreaster reticulatus*)의 관족. 미국 플로리다 주 싱어 섬.

다 훨씬 더 크다. 최대 기록은 가로 길이 27센티미터로, 이는 모든 동물을 통틀어 가장 큰 눈이다. 예를 들면 대왕고래의 눈보다도 다섯 배나 크다. 왜 오징어에게 이토록 큰 눈이 필요했는지는 미스터리이다.

어쩌면 향유고래 같은 커다란 적의 존재를 감지하기 위해서 극도로 민감한 눈이 필요했는지도 모른다. 종종 향유고래의 뱃속에서 오징어의 부리가 발견되고 머리에는 오징어의 빨판과 비슷한 크기의 동그란 상처들이 보이고는 하므로, 오징어와 고래가 바다 깊은 곳에서 자주 싸움을 벌인다는 사실에는 의심의 여지가 없다. 어쩌면 오징어의 큰 눈은 오직 자신을 사냥할 수 있을 만큼 큰 동물을 감지하는 데에 도움이 되는지도 모른다.

문어, 오징어, 갑오징어 등 두족류의 지능이 높은 것은 잘 알려진 사실이다. 문어는 천적을 피하기 위해서 조개껍데기나 코코넛 껍질 안으로 몸을 숨기기도 한다. 두족류 중에는 몸의 색과 모양을 자유자재로 변화시키는 능력을 가진 종들이 많다. 이들은 거의 어떤 환경에서든 눈에 띄지 않게 위장할 수 있으며 몸의 무늬와 모양을 변화시켜 서로에게 신호를 보낸다. 오징어 암컷이 옆에 있는 수컷에게는 짝짓기를 할 준비가 되지 않았다는 신호를 보내는 와중에 자신의 몸 반대쪽에서는 다른 수컷을 부르는 무늬를 만드는 모습이 포착되기도 했다. 바닷속에서 가장 발달된 동물에 속하는 문어와 오징어는 인간과 가장 덜 닮았으면서도 지적인 능력 면에서는 포유류와 견줄 만한 몇 안 되는 동물로 보인다.

무척추동물 중에서 두 번째 유형, 즉 고대의 암석 안에 꽃처럼 생긴 바다나리의 형태로 남아 있는 종류에는 어떤 동물이 있을까? 이들의 형태는 암석의 위쪽으로 올라갈수록 더욱 정교해지고 몸의 구조도 명확해진다. 몸의 중심에는 양귀비의 씨앗주머니처럼 줄기 끝에 달린 악부(顎部)가 있다. 여기에서 5개의 팔이 자라며, 어떤 종은 가지가 계속 갈라져 나오기도 한다. 악부의 표면은 촘촘히 붙은 탄산칼슘 판들로 이루어져 있으며, 이는 줄기와 가지도 마찬가지이다. 암석 속에 남은 이 줄기의 모습은 마치 끊어진 목걸이처럼 보인다. 때로는 구슬들이 흩어져 있는 것도 있고, 느슨하게 이어져 있어서 방금 잡아끊은 것처럼 보이는 것도 있다. 가끔씩 줄기의 길이가 20미터나 되는 거대한 개체가 발견되기도 한다. 이런 생물들은 암모나이트처럼 지금은 멸종했지만, 몇몇 종은 바다나리라고 불리며 여전히 깊은 바닷속에서 살아가고 있다.

현생 바다나리의 탄산칼슘 판은 피부 아래에 묻혀 있다. 그래서 표면을 만지면 특유

맞은편
파나마쿠션불가사리 (*Pentaceraster cumingi*)가 해저에 모여 있다. 갈라파고스 제도.

의 까끌까끌한 느낌이 난다. 바다나리류와 유연관계가 있는 또다른 종류의 동물들은 피부에 가시가 돋아 있어서 '가시가 있는 피부'라는 뜻의 극피동물(棘皮動物)이라고 불린다. 극피동물의 몸은 다섯 부분으로 이루어진 대칭 구조가 기본 단위이다. 악부를 덮고 있는 판의 모양은 오각형이다. 거기에서 다섯 개의 팔이 뻗어나오며, 모든 내부기관도 다섯 개씩 존재한다. 이들의 몸은 유체 정역학적 원칙을 독특하게 활용하여 작동한다. 끝이 빨판으로 된 가는 관 형태의 관족(管足)들은 내부의 수압에 의해서 단단하게 유지되면서 팔을 따라 줄지어 흔들리고 물결친다. 이 시스템을 위한 물은 체강(體腔) 내의 물과는 분리되어 순환한다. 수공을 통해서 들어온 물은 입을 둘러싼 경로를 지나 몸 전체를 순환한 후에 무수히 많은 관족들로 들어간다. 떠다니던 먹이 입자가 팔에 닿으면 관족이 그것을 붙잡아서 다른 관족들로 계속 전달하여 팔의 위쪽 표면에 있는 통로를 통해서 가운데의 입에 도달한다.

화석이 만들어진 시대에는 바다나리류 중에서 줄기가 있는 바다나리가 가장 많았지만 오늘날에는 갯고사리가 가장 흔하다. 갯고사리는 줄기 대신에 돌돌 말리는 뿌리를 이용해서 산호나 바위에 몸을 부착한다. 이들은 여러 마리씩 무리를 지어서 갈색의 거칠고 촘촘한 카펫처럼 그레이트 배리어 리프 곳곳의 조수 웅덩이 바닥을 덮고 있다. 그러다가 무엇인가에 방해를 받으면 갑자기 다섯 개의 팔을 회전 폭죽처럼 꿈틀거리며 헤엄쳐 떠난다.

다섯 부분으로 이루어진 대칭 구조와 유체 정역학적으로 작동하는 관족은 너무 중요한 특징이어서 다른 극피동물들에서도 알아보기 매우 쉽다. 불가사리와 좀더 활기 넘치는 사촌인 거미불가사리도 이런 특징을 가지고 있다. 줄기도 뿌리도 없는 바다나리처럼 보이는 이들은 거꾸로 뒤집힌 것처럼 입을 땅 쪽으로 향하고 다섯 개의 팔을 뻗고 있다. 성게 또한 유사한 종류임을 바로 알아볼 수 있다. 이들은 공처럼 둥근데, 마치 입에서 나온 다섯 개의 팔을 둥글게 구부려서 판으로 연결해놓은 것처럼 보인다.

암초 사이의 모래 위에 누워 있는 소시지 모양의 해삼도 극피동물이다. 하지만 해삼의 대부분은 단단한 내골격 대신 피부 밑의 미세한 골편들로 몸을 지탱한다. 이들은 보통 얼굴을 위나 아래가 아니라 옆으로 향하고 누워 있다. 몸 한쪽에 항문이라고 불리는 구멍이 있는데, 이것은 사실 적절한 명칭이 아니다. 이 구멍은 배설뿐만 아니라 몸 안쪽에 있는 가느다란 관들로 물을 부드럽게 빨아들이고 내보내며 호흡을 하는 데에도 사용되기 때문이다. 항문의 반대쪽에 위치한 입은 관족이 확대된 형태의 짧은 촉수들에 둘러싸여 있다. 해삼은 이 촉수들로 모래나 진흙 속을 뒤지다가 먹이 입자가 달라붙으면 그것을 천천히 감아올려서 입 안에 넣고 입 주변의 살을 이용해서 완전히 빨아들인다.

특수하게 분화된 심해 해삼류 중의 하나인 바다돼지는 최저 5,000미터 깊이의 해저의 진흙 속에서 살아간다. 길이가 약 15센티미터 정도의 작고 통통한 이 생명체는 몸 아래쪽에 있는 굵은 관처럼 생긴 부위로 진흙 속을 밟으며 돌아다닌다. 심해에서 무리지어 있는 모습이 촬영되기도 했는데, 이는 아마도 번식을 위해서이거나 또는 수면에서 떠내려온 새로운 먹이의 냄새에 이끌렸기 때문일 것이다.

해삼을 손으로 잡을 때에는 조심해야 한다. 이들에게는 매우 기발한 호신술이 있기 때문이다. 바로 내장을 밖으로 밀어내는 것이다. 항문에서 끈적거리는 세관(細管)들이 천천히, 그러나 끊임없이 쏟아져 나오면서 여러분의 손가락에 들러붙을 것이다. 호기심이 많은 물고기나 게가 해삼을 자극했다가는 실처럼 엉킨 내장에 감겨 허우적거리게 된다. 그동안 해삼은 몸 아래쪽에서 내민 관족을 사용하여 천천히 멀어져간다. 그리고 그후 몇 주일에 걸쳐서 새로운 내장이 천천히 재생된다.

인간의 관점에서 극피동물은 중요할 것 없는, 진화의 막다른 골목처럼 보일지도 모른다. 우리가 만약 생명에 목적성이 있다고 생각한다면, 즉 모든 것은 계획된 진보의 한 과정으로, 인간 또는 인간과 경쟁자가 될 수도 있는 또다른 생물의 출현이 그 진보의 종착점일 것이라고 상상한다면, 극피동물을 별로 중요하지 않은 존재로 무시해 버릴 수도 있다. 그러나 화석을 살펴보면 우리 생각만큼 그런 흐름이 명확하지 않다. 극피동물은 생명의 역사 초기에 등장했다. 이들의 유체 정역학적 구조는 다양한 형태의 몸을 만드는 데에 유용한 기초가 되었지만 극적인 발달에는 적합하지 않았다. 하지만 자신들에게 적합한 환경에서는 여전히 번성하고 있다. 불가사리는 바위 위를 기어가서 조개의 벌어진 틈을 관족으로 붙잡고 천천히 껍데기를 열어서 그 안의 살을 먹는다. 악마불가사리는 때로 그 수가 너무 늘어나서 넓은 산호 지대를 황폐화시키기도 한다. 바다나리류는 심해에서 한번에 수천 마리씩 저인망에 잡혀 올라온다. 극피동물이 앞으로 중요한 발전을 이룰 가능성이 없어 보인다고 해도, 지난 6억 년간을 돌아볼 때 전 세계 바닷속에 생명체가 남아 있는 한, 이들이 사라질 가능성 또한 희박한 듯하다.

산호초에서 발견된 세 번째 유형은 몸이 마디로 나뉘어 있는 동물들이다. 이 경우에는 모로코의 산에서 발견된 삼엽충보다 더 오래된 화석 증거가 남아 있다. 해파리와 바다조름의 화석이 나온 오스트레일리아의 에디아카라 지역에서 몸이 마디로 나뉜 벌레의 흔적이 발견되었기 때문이다. 그중 처음 에디아카라 동물군을 발견한 레그 스프리그스(Reg Spriggs)의 이름을 따서 스프리기나(*Spriggina*)라고 불리는 종은, 길이는 5센티미터 정도에 머리는 반달 모양이고 몸은 최대 40개의 체절로 나뉘며 몸의 양쪽에는 다리처럼 생긴 돌기들이 있는 생물이다. 이 동물이 무엇인지에 관해서는 의견이 일치되지 않는다. 명확하게 다리라고 확인된 부위가 나오지는 않았지만, 이는 화석화 과정의 한계일 수도 있다. 완전히 멸종된 종류일 것이라고 생각하는 과학자들도 있다. 널리 받아들여지고 있는 또 하나의 가능성은 이들이 산호초에 흔한 갯지렁이나 정원에서 볼 수 있는 지렁이와 유연관계가 있는 일종의 환형동물일지도 모른다는 것이다.

환형동물의 몸에는 몸을 둘러싸는 둥근 홈들이 있는데, 이 홈들의 위치는 몸 안쪽을 나누는 내벽의 위치와 일치한다. 나뉜 구획마다 각각의 장기들이 들어 있다. 외부에는 양쪽으로 다리처럼 생긴 돌기들이 있고, 여기에 빳빳한 털들이 나 있는 경우도 있다. 그리고 산소를 흡수하는 깃털 모양의 부속지들이 한 쌍씩 붙어 있다. 몸 안의 각 구획에는 외부와 연결되는 한 쌍의 관이 있고, 여기로 노폐물이 배출된다. 몸의 끝에서 끝까지 뻗어 있는 내장과 굵은 혈관, 신경삭은 각 체절들을 연결하고 조정하는 역할을 한다.

화석으로 알 수 있는 지식에는 한계가 있다. 특히 잘 보존된 에디아카라 화석도 체절이 있는 벌레와 다른 초기 동물군 사이의 관계를 알려주지는 못한다. 그러나 우리가 유심히 살펴보아야 할 또다른 유형의 화석 증거가 있다. 바로 유생(幼生)이다. 체절이 있는 벌레의 유생은 몸이 동그랗고, 몸 중앙에는 섬모가 띠처럼 둘러져 있으며, 머리 부분에는 털이 나 있다. 이는 일부 연체동물의 유생과 거의 동일한 것으로, 오래 전에 이 두 종류의 동물이 같은 군에 속해 있었음을 짐작하게 한다. 반면에 극피동물의 유생은 상당히 다르다. 울퉁불퉁한 몸 주변에 섬모가 구불구불한 띠를 이루며 붙어 있다. 이 종류는 아주 초기, 즉 연체동물과 체절동물이 나뉘기 오래 전에 편형동물의 조상으로부터 갈라져 나왔음이 분명하다. 유전학자들은 각 군의 DNA를 분석하여 이런 추론이 옳았음을 확인했으며, 좌우 대칭 형태의 동물들을 두 개의 커다란 유형으로 나눌 수 있음을 밝혀냈다. 문어와 게, 편형동물이 하나의 군으로 묶이고 극피동물과 피낭류, 그리고 모든 척추동물이 나머지 군을 이룬다.

체절의 형성은 진흙 속에 굴을 파고들 때의 효율성을 증대시키기 위한 방법이었을

지도 모른다. 체절로 분리된 다리들이 몸 양쪽에 일렬로 늘어선 형태의 몸은 확실히 이런 목적을 수행하는 데에 매우 효율적인 구조이다. 이는 단순한 신체 단위가 반복되어 띠처럼 이어지면서 획득된 형질일 수도 있다. 이런 변화는 에디아카라 시대보다 훨씬 더 이전에 일어났을 것이다. 왜냐하면 이 암석들이 퇴적될 무렵에는 기본적인 무척추동물의 분류군이 이미 확립되어 있었기 때문이다. 오스트레일리아에서 처음 발견된 이후 영국, 뉴펀들랜드, 나미비아, 시베리아에서도 추가로 발견된 에디아카라 화석들이 이런 추론의 증거가 되어준다. 따라서 이들의 역사에서 약 1억 년간은 사실상 공백 상태이다. 그토록 긴 시간이 흐른 후에야 모로코를 비롯한 전 세계에서 발견된 화석들이 만들어진 시기인 6억 년 전에 도달한다. 이 무렵이 되어서야 우리가 본 대로 많은 생물들이 껍질을 발달시켰고, 그 흔적을 통해서 그들의 존재와 형태를 추정할 수 있을 뿐 더 이상은 알 수 있는 것이 없다.

그러나 에디아카라 화석군보다 조금 나중에 형성되었으며, 단순히 껍질에서 알 수 있는 것보다 더욱 자세한 정보를 제공하는 예외적인 화석 지대가 한 군데 있다. 버제스 패스는 캐나다 브리티시컬럼비아 주의 로키 산맥에 있는 길로 두 개의 높은 산꼭대기 사이를 가로지른다. 이 길의 꼭대기 근처에 유난히 미세한 입자의 셰일 층이 노출되어 있는데, 이 안에서 세계에서 가장 완벽하게 보존된 화석 중의 일부가 발견되었다. 이 셰일은 캄브리아기 초기인 5억3,000만 년 전에 약 150미터 깊이의 해저 분지에서 형성된 것이다. 주변은 해저의 산으로 둘러싸여 있었음이 분명하다. 바닷물의 흐름으로 미세한 입자의 퇴적물이 흐트러지지도, 수면 근처에서 산소가 풍부한 물이 유입되지도 않았기 때문이다. 빛이 들지 않는 고인 물속에서 살 수 있는 동물은 거의 없었다. 동물이 지나다닌 자취나 굴의 흔적 같은 것도 없다. 하지만 때때로 산등성이 위에서 진흙이 자욱한 먼지를 일으키며 미끄러져 내려왔고, 그때마다 온갖 작은 동물들이 함께 밀려 내려왔다. 이곳에는 부패 과정을 촉진할 산소도 이들의 사체를 먹어치울 청소부 동물도 없었기 때문에 수많은 작은 사체들이 거의 완벽한 상태로 남았고, 침전된 진흙 입자들이 그 위를 천천히 덮으면서 몸의 가장 부드러운 부위까지도 보존되었다. 그리고 마침내 퇴적물 전체가 굳어져 셰일 층을 이루었다. 그후 로키 산맥이 형성되는 과정에서 지각 운동의 증가로 이 퇴적층의 많은 부분이 뒤틀리고 부서지면서, 그 안에 남아 있던 생명체의 흔적 대부분이 사라졌다. 그러나 기적적으로 이 좁은 지역만이 거의 손상되지 않고 보존되었다.

버제스 셰일에 남아 있는 생물의 종류는 지금까지 다른 장소의 비슷한 시대의 암석에서 나온 것들보다 훨씬 광범위하다. 에디아카라 화석에 포함된 해파리 외에도 극피동물, 완족류, 원시 연체동물, 그리고 대여섯 종의 체절동물이 있다. 이 동물들은 에디아카라의 해변에서 오늘날의 그레이트 배리어 리프까지 이어지는 혈통을 대표한다.

그중에는 정체를 알기 어려운 생물들도 몇 가지 있었다. 가장 많이 보이는 종류는 몸 아래쪽에 다리처럼 보이는 부위가 일렬로 붙어 있는 기이한 체절동물이었다. 새우처럼 보이기도 하지만 이상하게도 모두 머리가 없었다. 이 생물에는 이상한 새우라는 뜻의 아노말로카리스(*Anomalocaris*)라는 이름이 붙었다. 또한 동글납작한 몸의 중앙에서부터 방사형으로 뻗어나가는 선이 새겨져 있어서 마치 작은 파인애플 조각처럼 보이는 화석도 있었다. 처음에는 해파리의 일종이라고 생각되었다. 가장 기묘한 종류는 뾰족한 기둥 모양의 다리처럼 생긴 것이 7쌍 달려 있고, 등에는 끝에 작은 입이 달린 유연한 촉수가 7개 붙어 있는 길쭉한 체절동물이었다. 악몽에 나올 법한 기이한 생김새를 가진 이 생물에게 연구자들은 할루키게니아(*Hallucigenia*)라는 이름을 붙였다.

그러나 그후의 연구를 통해서 이런 기이한 생물들이 전혀 예상치 못했던 동물군의 최초 구성원이 아니었다는 사실을 알게 되었다. 매우 예외적인 아노말로카리스의 표본을 연구한 결과, 이 "이상한 새우"는 완전한 형태의 동물이 아니라 몸집이 훨씬 더 큰 개체가 먹이를 움켜쥐는 데에 사용하던 앞다리였다. 또한 파인애플 조각의 중앙에는 원래 매우 작은 이빨이 있었으며, 이것은 같은 동물의 입이었음이 밝혀졌다. 이런 부위들은 더 단단한 외골격을 가지고 있어서, 쉽게 썩는 다른 부위들과 주기적으로 분리된 것으로 보인다. 할루키게니아의 경우, 다른 표본들을 좀더 연구한 결과, 거꾸로 뒤집힌 자세로 복원된 것임을 알게 되었다. 막대기 같은 다리로 보였던 것은 사실 몸을 보호하는 등의 가시였고, 촉수로 보였던 것이 다리였다. 이 생물은 오늘날 우단벌레라고 불리는 작고 특이한 생물들이 포함된 엽족동물(葉足動物)이라는 기이한 동물군의 최초 구성원이었을 것으로 추측되고 있다.

버제스 셰일의 다양한 생물들은 화석 동물상에 관한 우리의 지식이 얼마나 불완전한지를 상기시킨다. 고대의 바다에는 우리가 알지 못하는 훨씬 더 많은 종류의 동물이 살고 있었다. 환경 덕분에 이 한 지역에 유난히 많은 양의 화석이 보존되기는 했지만, 이 또한 한때 존재했던 동물들의 극히 일부일 뿐이다.

모로코 석회암에서 발견된 것처럼 버제스 셰일에도 훌륭하게 보존된 삼엽충 화석이

맞은편
우단벌레(*Peripatus novaezealandiae*). '살아 있는 화석'으로 불리는 우단벌레는 약 5억7,000만 년 동안 동일한 형태를 유지하고 있다.

있다. 삼엽충이 입고 있는 갑옷은 탄산칼슘과 더불어, 곤충 외골격의 성분이기도 한 키틴이라는 물질까지 포함되어 있어서 매우 단단했다. 그러나 키틴은 피부와 달리 늘어나지 않으므로 키틴 성분의 외골격을 가진 동물은 오늘날의 곤충들이 그러하듯이 성장을 위해서 주기적으로 껍질을 벗어야 한다. 우리가 발견한 많은 삼엽충 화석들은 사실 이렇게 벗어놓은 껍질들이다. 때때로 많은 수가 한꺼번에 해변으로 밀려왔다가 해류에 의해서 껍질만이 남겨졌다. 하지만 버제스 셰일 분지에서 일어났던 해저 산사태는 벗겨진 껍질뿐만 아니라 살아 있는 삼엽충들까지 함께 묻어버렸다. 이때에 진흙 입자가 삼엽충의 몸속으로 스며들면서 세세한 골격까지 보존될 수 있었다. 그래서 지금도 우리가 각 체절에 한 쌍씩 붙어 있는 관절로 이어진 다리들과 각 다리에 연결된 깃털 같은 아가미, 머리 앞쪽에 붙은 두 개의 더듬이, 그리고 몸 전체에 뻗어 있는 소화관 등을 볼 수 있는 것이다. 심지어 삼엽충이 몸을 공처럼 둥글게 말 수 있도록 해주는 등 위의 근섬유까지 볼 수 있는 표본들도 있다.

우리가 아는 한, 삼엽충은 고해상도의 눈을 발달시킨 최초의 생물이었다. 삼엽충의 눈은 분리된 단위들이 모여서 구성된 겹눈으로, 각 단위마다 방해석 결정으로 이루어진 렌즈가 있었으며 이 렌즈들은 각각 빛을 가장 효과적으로 전달하는 방향을 향하고 있었다. 이는 오늘날 곤충들의 눈과 비슷하다. 눈 하나에 15,000개의 단위가 포함되어 있어서 거의 반구형의 시야를 확보할 수 있었을 것이다. 삼엽충 시대 후기의 일부 종은 그 어떤 동물도 가지지 못했던 매우 정교한 눈을 발달시켰다. 구성단위의 수는 적었지만 크기는 더 크고, 렌즈도 훨씬 두꺼웠다. 이들은 빛이 거의 없는 곳에서 살았기 때문에 얼마 되지 않는 빛을 모아 집중시키기 위해서 두꺼운 렌즈가 필요했던 것으로 보인다. 그러나 단순한 형태의 방해석 렌즈는 물속에서 빛을 분산시켜 전달할 뿐, 한 점으로 정확히 집중시키지 못한다. 이것이 가능하려면 두 개의 단위가 굴곡진 면으로 연결되어 있는 이중 렌즈가 필요하다. 삼엽충의 눈이 바로 이렇게 진화했다. 이중 렌즈의 아래쪽은 키틴으로 이루어져 있었다. 지금으로부터 300년 전, 과학자들은 새로 발명된 망원경 렌즈의 구면 수차 문제를 해결할 수 있는 수학적 원리를 밝혀냈는데, 삼엽충 눈의 두 렌즈를 연결하는 면의 형태는 이미 이 원리를 따르고 있었다.

삼엽충은 전 세계의 바다로 퍼져 나가면서 수많은 종으로 갈라졌다. 많은 종들이 해저의 진흙 속에서 먹이를 찾으며 살았던 듯하다. 일부는 빛이 거의 들어오지 않는 심해에 살면서 시력을 잃었다. 다리의 모양으로 미루어볼 때, 다리를 위쪽으로 향한

맞은편
눈이 높이 솟아 있는 삼엽충(*Erbenochile erbeni*). 모로코 팀라흐라르트 층.

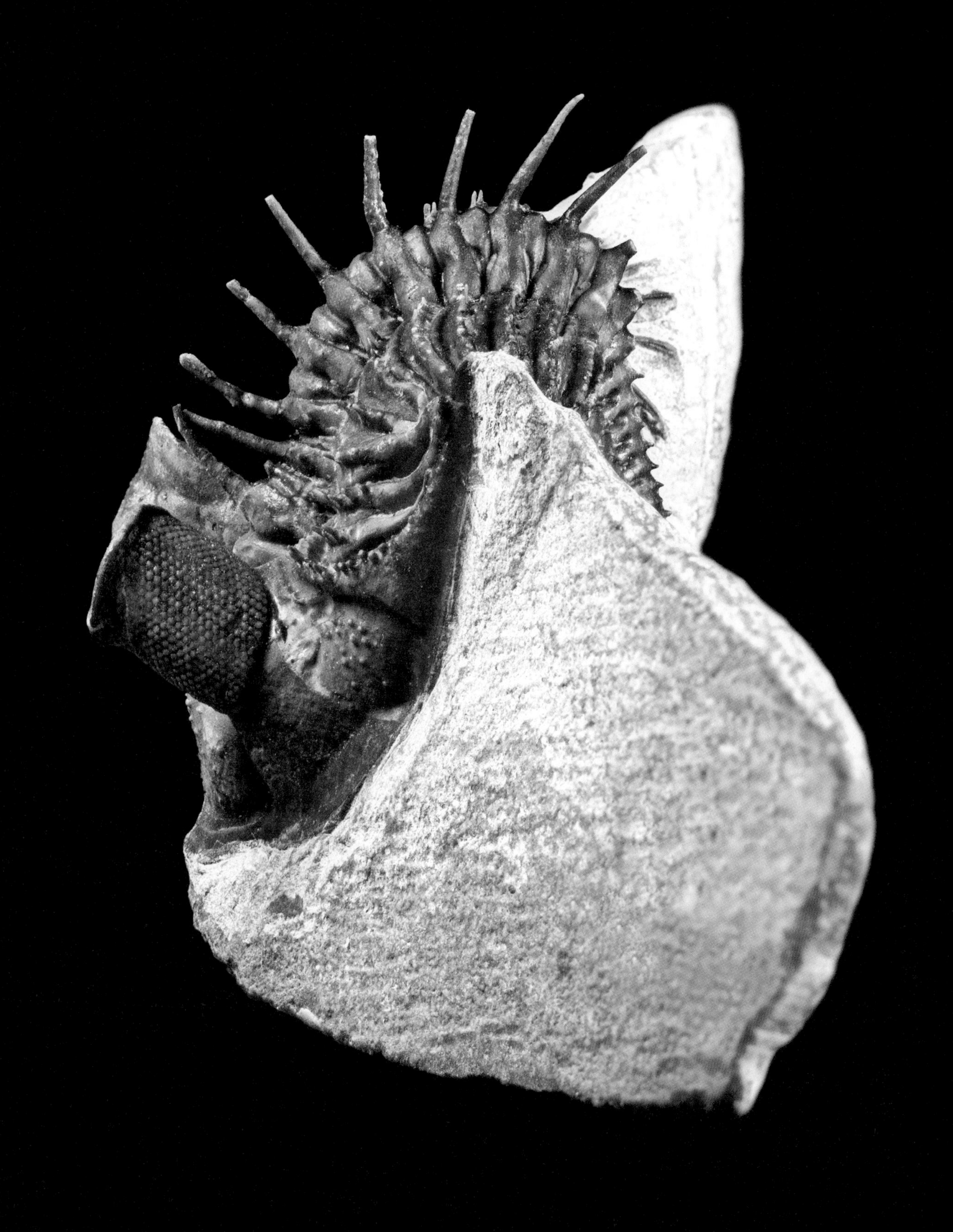

채 물을 휘저으면서 큰 눈으로 해저를 훑었을 것으로 보이는 종들도 있다.

시간이 흐르고 다양한 종류의 생물들이 해저에서 살게 되면서 삼엽충은 지배자의 자리를 잃었다. 그리고 2억5,000만 년 전, 그들의 시대는 끝났다. 삼엽충의 친척 가운데 1종만이 살아남았는데, 바로 투구게(horseshoe crab)이다. 사실 이들의 영어 이름에는 오해의 소지가 있는데, 이 동물은 게가 아닐뿐더러 말편자(horseshoe)를 닮은 부분은 껍질의 절반뿐이기 때문이다. 투구게의 지름은 약 30센티미터 정도로 지금까지 알려진 삼엽충들보다 훨씬 크며 껍질에는 체절의 흔적이 전혀 남아 있지 않다. 껍질의 앞부분은 커다란 반구형의 방패 모양으로, 그 앞에는 콩 모양의 겹눈 두 개가 달려 있다. 껍질의 뒷부분은 직사각형에 가까운 판으로 날카로운 못 같은 꼬리가 달려 있다. 그러나 껍질 아래쪽은 체절이 명확히 나뉘어 있다. 끝에 집게가 달리고 관절로 연결된 몇 쌍의 다리가 붙어 있고 그 뒤에는 종잇장처럼 납작하고 커다란 아가미가 있다.

투구게는 상당히 깊은 바닷속에 살기 때문에 우리의 눈에 잘 띄지 않는다. 일부는 동남아시아, 일부는 아메리카의 북대서양 바닷속에서 발견된다. 이들은 매년 봄이면 해안으로 향한다. 보름달이 뜨고 바닷물이 만조일 때, 사흘 밤에 걸쳐서 수십만 마리가 바다로부터 모습을 드러낸다. 암컷들은 달빛 아래에서 커다란 껍질을 빛내며 더 작은 수컷들을 이끌고 해변으로 향한다. 때로는 네다섯 마리의 수컷이 암컷에게 먼저 닿으려고 서로 달라붙어 있는 모습도 볼 수 있다. 암컷은 해변에 도착하면 모래 속에 몸을 묻고 알을 낳는다. 그리고 수컷들은 거기에 정자를 뿌린다. 어두운 해변을 덮은, 살아 있는 투구게들의 물결은 마치 커다란 자갈로 만들어진 둑길처럼 몇 킬로미터씩 끊임없이 이어진다. 가끔 밀려오는 파도에 몸이 뒤집히면 이들은 모래에 누운 채 다리를 흔들고 빳빳한 꼬리를 천천히 돌리면서 다시 일어서려고 애쓴다. 그러나 많은 투구게들이 결국 일어서지 못하고 바닷물이 빠져나간 자리에 죽은 채 남겨진다. 그와 동시에 다시 수천 마리의 투구게들이 번식을 위해서 헤엄쳐온다.

수억 년 동안 매년 봄마다 이런 광경이 연출되었을 것이다. 육지에 생물이 살지 않았던 초기에, 해변은 바다의 약탈자들로부터 알을 지킬 수 있는 안전한 장소였다. 그래서 투구게가 이런 번식 습성을 발달시키게 되었을지도 모른다. 그러나 오늘날의 해변은 그다지 안전하지 못하다. 갈매기 떼와 작은 물새들이 이 풍성한 잔치를 즐기기 위해서 모여들기 때문이다. 하지만 수정된 알들의 대부분은 한 달 동안 모래 속에 깊이 묻혀 있다가 다시 한번 바닷물이 해변 안쪽까지 올라와 모래를 휘저을 때, 부화된 유

맞은편
만조가 된 해질녘 바닷가에 모여 있는 투구게(*Limulus polyphemus*). 무리. 미국 뉴저지 주 케이프 메이.

생들을 바다로 돌려보낸다.

삼엽충이 그토록 번성하기는 했지만, 체절이 있는 벌레로부터 발달한 유일한 갑옷을 두른 생물은 아니었다. 가장 무시무시한 바닷속 괴물 중의 하나였던 바다전갈도 그런 종류에 속했다. 바다전갈의 과학적 명칭은 광익류(廣翼類)로 그중 일부는 길이가 2미터에 달했으며 지금까지 존재한 절지동물 가운데 가장 컸다. 그러나 이런 외모와 커다란 발톱을 가지고 있었지만, 이들 중 다수는 여과 섭식을 했다. 아마도 그들의 무시무시한 발톱은 먹이 사냥보다는 서로 싸우는 데에 사용되었을 것이다. 이들도 삼엽충처럼 페름기 말기에 멸종했다.

그러나 삼엽충과 관계가 있는 한 종류는 생존하여 오늘날까지 번성하고 있다. 이들의 머리에는 한 쌍이 아니라 두 쌍의 더듬이가 달려 있는데, 이것은 사소해 보이지만 중요한 차이점이다. 이들은 수억 년간 비교적 눈에 띄지 않고 삼엽충과 더불어 살았다. 그러다가 삼엽충의 시대가 끝나자 그들의 자리를 물려받았다. 이들이 바로 갑각류이다. 오늘날에는 약 3만5,000종의 갑각류가 살고 있다. 조류보다 7배나 많은 수이다. 게, 새우, 참새우, 바닷가재 등 대부분의 갑각류는 바위와 산호초 사이를 돌아다니며 산다. 따개비처럼 한자리에 붙어사는 삶을 택한 종도 있다. 고래의 먹이가 되는 크릴은 어마어마한 수가 무리를 지어 헤엄쳐 다닌다.

갑각류의 외골격은 매우 다재다능해서 조그만 물벼룩부터, 집게발에서 집게발까지의 길이가 3미터가 넘는 일본거미게에 이르기까지 다양한 형태의 몸을 지탱한다. 각 종마다 여러 개의 다리를 특정한 용도에 맞춰서 변화시켰다. 앞쪽에 있는 다리는 집게나 발톱이 되고, 중간에 있는 다리는 물속을 걸어다니거나 먹이를 집어 올리는 역할을 하기도 한다. 물속의 산소를 흡수하는 깃털 같은 아가미가 달린 것도 있고 알을 옮길 수 있는 부속지가 있는 것도 있다.

관절로 연결된 관 형태의 다리는 내부의 근육으로 움직인다. 이 근육은 한 마디의 끝에서부터 시작되어 관절 위쪽으로 뻗어 있는 그 다음 마디의 끝부분까지 이어진다. 이 두 지점 사이의 근육이 수축하면 다리가 구부러진다. 이런 관절은 한 평면 위에서만 움직일 수 있지만, 갑각류는 다리 하나에 두세 개의 관절을 결합시킴으로써 한계를 극복했다. 이 관절들이 서로 다른 평면에서 작동함으로써 다리가 완벽한 원을 그리며 움직일 수 있게 되었다.

맞은편
야자집게(*Birgus latro*)가 코코넛 나무를 올라가고 있다. 세이셸 알다브라.

그러나 갑각류의 껍질은 삼엽충의 껍질과 똑같은 문제점을 가지고 있다. 늘어나지

않는 껍질이 몸을 완전히 감싸고 있기 때문에 성장을 하려면 주기적으로 껍질을 벗어야 한다는 것이다. 탈피를 해야 할 때가 오면, 갑각류는 껍질의 탄산칼슘 성분을 혈액 속으로 흡수한다. 그리고 껍질 아래에서 부드럽고 주름진 새 피부를 만든다. 몸에 맞지 않게 된 갑옷이 등 쪽에서 쪼개지면 그 주인은 빠져나가고, 그런 다음에는 마치 전 주인의 투명한 유령과도 같은 거의 완전한 형태의 껍질만이 남는다. 껍질을 벗은 갑각류는 취약하기 때문에 몸을 숨겨야 한다. 하지만 새로 얻은 껍질이 물을 흡수하여 빠르게 팽창하면서 주름이 펴지고 단단해지면, 다시 위험한 세상으로 나갈 수 있게 된다.

집게들은 이런 복잡하고 위험한 과정을 겪지 않는다. 이들의 몸 뒷부분에는 껍질이 없지만, 대신에 다른 연체동물의 버려진 껍질을 사용하여 몸을 보호하며 언제든 필요할 때마다 재빨리 새로운 껍질로 갈아입는다.

외골격이 가진 한 가지 부수적인 성질은 중대한 결과를 초래했다. 물리적으로는 물 속에서나 육지 위에서나 똑같이 작동하기 때문에 호흡할 수 있는 방법만 찾는다면 바다에서 나와 해변으로 올라오는 데에 아무 문제가 없었던 것이다. 그리고 많은 갑각류들이 실제로 그렇게 했다. 모래새우와 갯쥐며느리는 바다와 아주 가까운 곳에 머물렀다. 공벌레와 쥐며느리는 육지 곳곳의 습한 땅들을 차지했다.

육지에서 사는 갑각류 가운데 가장 놀라운 볼거리는 인도양의 섬들과 태평양 서쪽에서 발견되는 야자집게이다. 이들의 등껍질 뒤쪽에 있는, 복부의 첫 번째 체절과 연결되는 부위에는 내부가 축축하고 주름진 피부로 이루어진 공기실의 입구가 있고, 여기로 산소를 흡수한다. 괴물처럼 보이는 이 동물은 크기가 워낙 커서 다리를 뻗으면 야자수 줄기를 끌어안을 수 있을 정도이다. 나무도 쉽게 타고 올라가며, 꼭대기에 다다르면 거대한 집게로 어린 코코넛을 잘라 먹는다. 산란기에는 바다로 돌아오지만 그외에는 항상 육지에서 산다.

해양 무척추동물의 또다른 후손들도 떠났다. 연체동물 중에서 달팽이와 껍질이 없는 괄태충이 여기에 해당되지만 이들은 이 동물군의 역사에서 비교적 최근에 물을 떠났다. 가장 먼저 육지로 올라온 종류는 아마도 체절이 있는 벌레들의 후손인 노래기였을 것이다. 이들의 배설물 화석이 슈롭셔의 암석에서 화석이 된 채 발견되기도 했다. 최근의 DNA 연구 결과 이들의 뒤를 따른 것은 갑각류였다. 그리고 그중 일부가 새로운 환경에서 번성하여 마침내 모든 육상 동물 중에서 가장 수가 많고 다양한 동물군을 이루었다. 바로 곤충이다.

제3장

최초의 숲

폭발이 모두 끝난 후의 화산 지대만큼이나 황량한 장소는 지구상에 몇 군데 되지 않는다. 검은 용암은 용광로에서 나온 찌꺼기처럼 죽죽 갈라져서 흐른다. 기세는 꺾였지만 조금씩 계속 나아가는 용암을 따라 바위들이 무너져 내린다. 용암 덩어리 사이에서는 증기가 쉭쉭거리며 빠져나와 분출구를 노란색 유황으로 뒤덮는다. 회색, 노란색 또는 푸른색을 띤 진흙 웅덩이들은 지하 깊은 곳이 식어가면서 올라오는 열기로 끓어오르며 크림 같은 거품을 일으킨다. 그외에는 모든 것이 멈추어 있다. 혹독한 바람을 막아줄 수풀도 자라지 않고, 재로 덮인 텅 빈 평원의 시커먼 표면에는 녹색이라고는 한 점도 보이지 않는다.

지구는 그 역사의 대부분에 이런 황량한 풍경으로 덮여 있었다. 식어가는 지구의 표면에 나타난 최초의 화산들은 오늘날의 그 어떤 화산보다도 훨씬 더 큰 규모로 폭발하여 용암과 재로 이루어진 산맥들을 형성했다. 그리고 오랜 세월 동안 바람과 비가 이 산들을 파괴했다. 암석은 풍화되어 점토와 진흙으로 변했다. 개울은 암석의 부스러기들을 실어나르며 육지를 넘어 해저에도 그 입자들을 흩뿌렸다. 이렇게 쌓인 퇴적물은 굳어져서 셰일과 사암이 되었다.

대륙들은 고정되어 있지 않았고, 맨틀에서 일어나는 대류를 따라서 지구 표면을 천천히 이동했다. 대륙들이 서로 충돌하자 대륙 가장자리의 퇴적층들이 압축되고 휘어지면서 새로운 산맥이 형성되었다. 약 30억 년간 지질학적 순환이 반복되고 화산이 폭

뒷면
용암 지대에서 자라는 용암 선인장(*Brachycereus nesioticus*). 갈라파고스 제도 페르난디나 해변.

발하고 힘을 잃는 동안 육지는 계속 황량한 상태로 남아 있었다. 그러나 바닷속에서는 생명이 싹을 틔웠다.

일부 해양 조류는 바닷가에서도 생존이 가능해서 해변과 바위를 녹색으로 물들였지만 그래도 물이 닿지 않는 곳까지 올라가지 못했다. 만약 그랬다면 말라 죽었을 것이다. 그러던 5억-4억5,000만 년 전에 몇몇 종이 큐티클(cuticle)이라는 왁스 같은 질감의 막을 발달시켜 건조를 막을 수 있게 되었다. 그러나 생식 과정을 물에 의존했기 때문에 물로부터 완전히 벗어나지는 못했다.

조류는 무성과 유성의 두 가지 방식으로 생식을 하는데, 이중 유성생식은 진화 과정에서 매우 중요하다. 성세포(sex cell)는 서로 만나서 합쳐져야 발달이 진행된다. 그리고 이들이 이동하여 만남이 성사되려면 물이 필요하다.

오늘날에도 가장 원시적인 육상 식물들은 여전히 이런 문제를 겪고 있다. 우산이끼라고 불리는 납작하고 축축한 식물과 녹색 실 모양의 이끼 모두 마찬가지이다. 이들은 무성생식 방법과 유성생식 방법을 세대별로 번갈아가며 사용한다. 우리에게 익숙한 녹색 이끼는 성세포를 생산하는 세대이다. 커다란 난자가 줄기 위쪽에 붙어 있는 동안 미세한 크기의 정자들은 물로 방출되어 수정을 위해서 꿈틀거리며 위로 올라간다. 수정이 이루어지면 난자는 여전히 부모 식물에 부착된 채로 다음 무성 세대를 생산한다. 무성 세대는 가느다란 줄기 끝에 속이 빈 주머니가 달린 형태이며, 이 주머니 안에서 낟알처럼 생긴 수많은 포자가 만들어진다. 대기가 건조해지면 포자낭의 벽이 팽창하다가 갑자기 터져서 포자를 배출한다. 이 포자들은 바람을 타고 이동하고, 적절히 습한 지역에 내려앉아서 새로운 식물로 자란다.

이끼의 실 같은 줄기는 힘이 없다. 어떤 종은 여러 개체들이 빽빽하게 모여 서로를 지지하며 적당한 높이까지 자란다. 그러나 부드럽고 투과성이 있고 안이 물로 가득 차 있는 이들의 세포는 줄기 하나가 똑바로 설 수 있도록 지탱하지는 못한다. 육지의 습한 가장자리에서 서식했던 초기 생물들 중에 이런 식물이 포함되어 있었을 가능성이 높다. 그러나 그 정도로 오래된 시기의 화석 중에서 이끼임이 명확하게 밝혀진 것은 아직 없다.

맞은편
포자낭이 있는 사과이끼(*Bartrimia pomiformis*). 영국 스코틀랜드 인버네스셔.

우리가 확인한 최초의 육상 식물은 약 4억 년 전의 것으로, 영국 웨일스 중부의 암석과 스코틀랜드의 처트 속에서 잎이 없이 가지를 뻗은 줄기만 있는 형태의 화석이 발견되었다. 이끼처럼 이 식물에도 뿌리가 없었지만, 줄기를 신중하게 현미경으로 관찰한

위
우산이끼(*Marchantia polymorpha*)들 사이를 뚫고 자란 물우산대이끼(*Pellia endiviifolia*, 중앙). 우산이끼는 무성생식에 사용되는 무성아(無性芽)가 든 잔 모양의 무성아기(無性芽器)를 지니고 있다. 영국 더비셔 피크 디스트릭트 국립공원 래스킬 데일.

결과 이끼에게는 없는 구조가 발견되었다. 그것은 줄기 위쪽으로 물을 전달하는 역할을 하던 길고 두꺼운 벽을 가진 세포였다. 이런 구조 덕분에 줄기가 단단해져 몇 센티미터 높이까지 똑바로 서서 자랄 수 있게 되었다. 별로 대단하지 않은 사실처럼 들리지만, 이는 육상 생물이 새로운 터전을 개척하는 데에 중대한 영향을 미친 진보였다.

이런 식물들이 초기의 이끼, 우산이끼 등과 함께 녹색으로 뒤엉킨 카펫을 형성했다. 이 자그마한 숲들은 강과 강어귀에서부터 내륙 쪽으로 퍼져 나갔다. 그리고 바다에서 온 최초의 동물 이주민들이 이 숲속으로 기어들었다. 이들은 오늘날 노래기의 선조인 체절동물로 육지에서 이동하기에 적합한 키틴질의 갑옷을 두르고 있었다. 처음에 이들은 물론 물가 근처에서 살았다. 그러나 이끼가 있는 습한 곳이라면 어느 곳이든 이들이 먹이로 삼을 수 있는 식물의 잔해와 포자들이 있었다. 육지에 다른 동물이 없었기 때문에 이 개척자들은 번성했다. 노래기의 영어 이름인 millipede는 "천 개의 다리"라는 뜻인데 조금 과장된 표현이다. 오늘날에도 200개 이상인 종은 없으며, 겨우 8개밖에 없는 종도 있다. 그럼에도 불구하고 일부 종은 엄청난 크기로 자랐으며, 길이가 2

미터에 달하기도 했다. 축축한 녹색 습지를 누비고 다니던 이들은 식물들에게 대단한 위협이었을 것이다. 몸길이가 젖소만 했으니 말이다.

물에서 살던 조상으로부터 물려받은 노래기의 외골격은 별 다른 변화 없이도 육지 생활에 적응할 수 있었지만 호흡 방식은 달라져야 했다. 다리와 나란히 달린 자루에 붙은 깃털 같은 아가미는 물속에 사는 갑각류에게는 유용했지만, 육지에서는 소용이 없었다. 그 대신에 노래기는 호흡을 위한 관들이 연결된 시스템인 기관(氣管)을 발달시켰다. 각 관은 몸 측면에 있는 입구에서 시작되고 내부에서 가지를 뻗어 복잡한 망을 이루면서 몸의 모든 기관과 조직으로 연결된다. 기관의 말단은 기관세지라는 특수화된 세포들과 연결되며, 이 세포들은 산소를 주변 조직으로 운반하고 노폐물을 흡수한다.

그러나 문제는 물 밖에서의 생식이었다. 물에서 살던 노래기의 조상들은 조류처럼 물에 의존하여 정자와 난자가 만나도록 했다. 육지에서의 해결책은 명백했다. 암컷과 수컷이 각자 돌아다니다가 만나서 정자를 직접 전달하는 것이다. 노래기도 이 방법을 택했다. 노래기의 암컷과 수컷 모두는 두 번째 쌍의 다리 아래쪽에 생식세포가 들어 있는 생식샘을 가지고 있다. 짝짓기 철에 수컷과 암컷이 만나면 수컷은 일곱 번째 다리를 뻗어 생식샘에서 정자들을 모은 후에 암컷이 생식낭 안에 정자 덩어리를 받아들일 때까지 함께 뒤엉켜 움직인다. 번거로운 과정처럼 보이지만 위험하지는 않다. 노래기는 완전한 초식동물이다. 노래기들을 잡아먹으러 이끼 밀림으로 왔던 더욱 사나운 무척추동물들은 이렇게 서로를 신뢰하는 관계를 쌓지 못했다.

이 포식 동물들 가운데 세 종류가 오늘날까지도 살아남았는데, 그들이 바로 지네, 전갈, 거미이다. 이들 역시 자신들의 먹이처럼 체절동물에 속하지만 분절화의 정도는 저마다 매우 다르다. 지네는 가까운 친척인 노래기처럼 뚜렷하고 광범위하게 체절이 나뉘어 있다. 전갈은 긴 꼬리 부분만 마디로 나뉘어 있다. 대부분의 거미는 분절화의 흔적을 모두 잃었으며, 동남아시아의 몇몇 종만이 과거 체절의 흔적을 뚜렷하게 간직하고 있다.

오늘날의 전갈은 무시무시하게 생긴 발톱뿐만 아니라 가늘고 긴 꼬리 끝에 둥글게 휘어지고 끝이 날카로운 커다란 독샘까지 가지고 있다. 이들은 노래기처럼 아무렇게나 서로 몸을 문지르며 교미할 수 없다. 이렇게 강하고 공격적인 생물에게 접근하는 것은 아무리 같은 종의 다른 개체가 순전히 성적인 의도로 다가가는 것이라고 해도

위험할 수밖에 없기 때문이다. 짝이 아니라 먹잇감으로 인식될 위험이 크다. 따라서 지금까지 출현한 동물들 중에서 최초로 전갈의 짝짓기에는 의례화된 안전장치와 회유책이 필요해졌다.

먼저 전갈 수컷이 대단히 신중하게 암컷에게 접근한다. 그리고 갑자기 자신의 집게발로 상대의 집게발을 움켜쥔다. 암컷을 붙들어서 무기를 쓸 수 없는 상태로 만든 다음에 둘이 함께 춤을 추기 시작한다. 꼬리를 위로 들어올린 채 앞뒤로 왔다 갔다 하면서 때로는 몸이 서로 뒤얽히기도 한다. 시간이 어느 정도 흐르면 이들이 춤을 춘 땅 위가 깨끗해진다. 그러면 수컷은 흉부 아래에 있는 생식구에서 정자가 든 주머니를 배출하여 땅에 떨어뜨린다. 그리고 여전히 집게발로 암컷을 잡은 채 이리저리 밀고 끌면서 암컷의 몸 아래쪽에 있는 생식구가 정자낭 바로 위에 오도록 한다. 암컷이 그것을 몸 안에 넣으면 비로소 떨어져서 각자의 길을 간다. 이렇게 수정된 알이 암컷 몸의 주머니 속에서 부화하면 새끼는 밖으로 기어나와서 어미의 등 위로 올라간다. 그리고 거기서 2주일 정도 지내다가 첫 번째 탈피가 끝나면 독립할 수 있게 된다.

거미들도 구애를 할 때에는 극도로 조심해야 한다. 수컷은 거의 언제나 암컷보다 덩치가 작기 때문에 훨씬 더 위험하다. 수컷은 암컷을 만나기 오래 전부터 짝짓기를 준비한다. 몇 밀리미터 길이의 실을 작은 삼각형 형태로 만들고, 여기에 몸 아래쪽의 샘에서 분비한 정자를 떨어뜨린다. 그런 다음 몸 앞쪽에 있는 특별한 기관인 더듬이다리의 속이 비어 있는 첫 번째 관절 안으로 빨아들인다. 이제 준비가 끝났다.

거미의 구애는 놀라울 정도로 다양하고 기발하다. 주로 시각에 의존해서 사냥을 하는 깡충거미와 늑대거미는 시력이 매우 좋다. 그래서 구애를 하는 수컷도 시각적인 신호를 이용해서 암컷에게 자신의 존재와 목적을 알린다. 이들은 암컷을 발견하자마자 선명한 색에 무늬가 있는 더듬이다리를 정신없이 흔들어 일종의 수기 신호를 보낸다. 반면 야행성인 거미들은 매우 섬세한 촉각에 의존해서 먹이를 찾는다. 이들은 만나면 서로의 긴 다리를 조심스럽게 더듬으며 한참을 망설인 후에야 가까이 다가간다. 거미줄을 만드는 거미들은 먹잇감이 거미줄에 걸렸음을 알려주는 실의 진동에 민감하다. 이런 종의 수컷은, 자신의 거미줄에 매달려 있거나 혹은 그 뒤에 숨어 있는 크고 위협적인 암컷에게 다가갈 때면, 암컷이 눈치챌 수 있을 만한 특별한 방식으로 거미줄의 한쪽을 튕겨 신호를 보낸다. 뇌물의 힘을 믿는 종들도 있다. 이들의 수컷은 먼저 곤충을 잡아서 거미줄로 정성껏 싼 다음, 그것을 앞세워 암컷에게 조심스럽게 다가가 선물

맞은편
랑그도크전갈(*Buthus occitanus*)이 거미(*Amourobius sp.*)에게 독침을 쏘고 있다.

위
늑대거미(*Pardosa sp.*) 수컷(오른쪽)이 더듬이 다리를 흔들며 구애하고 있다. 영국 더비셔.

한다. 그리고 암컷이 선물을 뜯어보느라 정신이 팔린 동안에 거미줄로 재빨리 암컷을 묶는다. 그런 후에야 비로소 위험을 무릅쓰고 교미를 시작한다.

이런 방법들은 결국 한 가지 결말로 이어진다. 모든 위험에서 살아남은 수컷은 더듬이다리를 암컷의 생식구에 가까이 대고 정자를 배출한 후에 재빨리 자리를 뜬다. 다만 이렇게 조심하더라도 때로는 제때에 빠져나가지 못해서 암컷에게 잡아먹힌다. 하지만 유전자의 전달이라는 측면에서는 수컷의 재앙도 의미를 가진다. 짝짓기 전이 아니라 후에 목숨을 잃었으니 목표는 완수한 셈이다.

초기 체절동물이 물을 떠나 육지에서의 생활에 적응하는 동안, 식물 역시 변화하고 있었다. 이끼를 비롯한 초기 식물들에는 제대로 된 뿌리가 없었다. 수직으로 서 있는 짧은 줄기는 땅 위에 누워 있거나 혹은 땅 속에 있는 비슷한 종류의 줄기들 중에서 솟아오른 것이었다. 습한 환경에는 이런 구조가 적합했지만 대부분의 지역에는 영구적인 물 공급원이 지하에만 있었다. 이 물을 이용하려면 토양 입자 사이로 깊숙이 파고 들어가서 아주 척박한 환경이 아닌 이상 어디에서나 접할 수 있는 수분층을 흡수할 뿌리가 필요했다. 이런 구조를 가진 세 종류의 식물이 출현했는데, 이들의 후손은 모

두 큰 변화 없이 현재까지 살아남았다. 이들은 이끼와 비슷하지만 좀더 단단한 줄기를 지닌 석송, 버려진 땅과 도랑에서 자라며 줄기에 일정한 간격으로 바늘 같은 잎이 빙 둘러 나 있는 쇠뜨기, 그리고 양치식물이다.

초기의 양치식물은 자외선에 의한 손상을 막기 위해서 특별한 단백질을 발달시켰는데, 자외선이 닿지 못하는 물속에 살던 조상들에게는 필요하지 않던 것이었다. 이 단백질은 천천히 변화하여 리그닌(lignin)이라는 물질이 되었다. 이것은 목질의 주성분이며, 줄기를 단단하게 만들어 식물이 높이 자랄 수 있게 해주었다. 이로써 식물들 사이에 새로운 종류의 경쟁이 시작되었다.

모든 녹색 식물은 단순한 물질을 재료로, 빛을 이용한 화학 작용을 통해서 몸에 필요한 물질을 합성한다. 그러므로 식물이 높이 자라지 못하면 이웃한 식물들에게 가려져서 빛을 받지 못할 위험이 있고, 자칫하면 죽을 수도 있다. 따라서 초기의 식물들은 단단해진 줄기를 이용해서 매우 높게 자랐고, 결국 나무가 되었다. 석송과 쇠뜨기는 대부분 계속 습지에서 살면서 빽빽하게 줄을 지어 30미터 높이까지 자랐다. 일부는 목질의 줄기 직경이 2미터에 달하기도 했다. 이들의 줄기와 잎이 압축되어 오늘날의 석탄

을 만들었다. 두터운 석탄층은 초기 숲의 풍부함과 지속성을 보여주는 놀라운 증거이다. 이 두 종류에 속하는 또다른 종들은 내륙으로 퍼져 나가 양치식물들과 섞였다. 이들은 최대한 많은 빛을 받아들일 수 있도록 넓게 펼쳐진 구조의 잎을 발달시켰다. 그리고 오늘날에도 열대우림에서 번성하고 있는 나무고사리처럼 곡선 형태의 줄기로 높게 자랐다.

최초의 숲의 높이는 그곳에 사는 동물들에게 상당히 큰 문제였을 것이다. 한때는 지면 근처에 잎과 포자들이 풍부했는데 나무들의 키가 자라면서 먹이 공급원도 높은 곳에 빽빽하게 우거져 빛을 차단하게 되었기 때문이다. 땅 위에는 기껏해야 드문드문 흩어져 자라는 풀들만 남았고, 살아 있는 잎이 하나도 남지 않은 지역도 많았을지도 모른다. 다리가 많은 채식주의자들은 나무줄기를 기어올라서 먹이를 구하기도 했다.

어쩌면 또다른 요인이 이 생물들로 하여금 육지를 떠나게 만들었을지도 모른다. 이 무렵 완전히 새로운 종류의 동물이 육상 무척추동물군에 합류했다. 등뼈와 4개의 다리, 축축한 피부를 지닌 이들은 최초의 양서류였으며, 또한 육식동물이기도 했다. 이들의 기원과 운명에 대한 설명은 무척추동물의 발달이 절정에 달했던 시대가 올 때까지 미루어야겠지만, 초기 숲의 모습을 정확히 전달하려면 이들의 존재를 언급하지 않을 수 없다.

새로운 유형의 무척추동물들은 사실상 전부 현재까지 살아남아 있다. 가장 수가 많은 것은 좀류와 톡토기류이다. 이들은 잘 알려져 있지도 않고 눈에도 거의 띄지 않지만 그 수는 어마어마하게 많다. 세계 어느 곳에서든 흙이나 낙엽을 한 삽 뜨면, 그 안에 반드시 이들이 있기 마련이다. 사실 톡토기류는 아마도 지구상에서 가장 수가 많은 절지동물일 것이다. 몸길이는 대부분 몇 밀리미터 정도이며, 이들 중에서 흔히 눈에 띄는 것은 한 종뿐이다. 바로 지하실 바닥을 미끄러지듯 기어다니거나 책 표지의 말라버린 접착제를 먹고 있는 좀이다. 좀의 몸은 확실히 분절화되어 있지만, 노래기보다는 체절이 훨씬 적으며 명확한 형태의 머리와 겹눈, 더듬이를 가지고 있다. 3개의 체절이 합쳐진 흉부에는 3쌍의 다리가 붙어 있고, 복부에는 체절마다 한때 다리가 있었음을 보여주는 작은 돌기들만이 남아 있다. 몸 뒤쪽으로는 가느다란 수염 3개가 뻗어 있다. 이들은 노래기처럼 기관을 이용해서 숨을 쉬고 초기 육상 무척추동물인 전갈과 비슷한 방식으로 생식을 한다. 수컷이 땅에 정자낭을 떨어뜨린 후에 어떤 식으로든 암컷을 유인해서 그 위로 걸어가게 하는 것이다. 암컷은 이 정자를 자신의 생식낭 안으

맞은편
능수쇠뜨기(*Equistetum sylvaticum*), 미국 오리건 주 컬럼비아 강 협곡 국립 경관 지역.

바닷가에 사는 좀 (*Petrobius maritimus*) 성체가 돌 위에서 쉬고 있다. 아일랜드 클레어 카운티 뮤리 호.

로 흡수한다.

좀류와 톡토기류는 수천 종에 달한다. 해부학적 구조도 서로 많이 다르고, 규모가 더 큰 동물군 중에서 좀더 단순한 종을 관찰할 때에 흔히 있는 일이지만, 때로는 어떤 특성이 원시 그대로의 것인지 혹은 특정한 생활방식에 적응하기 위해서 퇴화한 결과인지 구별하기가 어렵다. 예를 들면, 좀은 겹눈이 있지만 좀류 중에서 다른 종들은 앞을 보지 못한다. 이들은 모두 날개가 없다. 일부는 기관조차 없어서 매우 얇고, 투과성이 있는 키틴질의 골격을 통해서 호흡을 한다. 원래 없었던 것일까? 혹은 잃어버린 것일까?

이 생물들의 구조로 인하여 제기된 여러 논란의 여지가 있는 의문들에 대해서는 지금도 여전히 보편적으로 인정받는 해답을 얻지 못하고 있다. 그러나 이들 모두는 6개의 다리와 세 부분으로 나뉜 몸을 가지고 있으며, 이런 특성들은 분명히 다양하고 수가 많은 육상 무척추동물군인 곤충과 관련되어 있다. 곤충은 초기 동물군이 자리를 잡은 지 수백만 년 후에 출현했다. 유전학자들은 좀을 포함한 곤충들과 톡토기류가 모두 요지류(remipedia)라는 수생 갑각류와 가까운 관계임을 밝혀냈다. 요지류는 오늘날 동굴의 웅덩이와 시냇물에서만 발견된다.

원시 곤충은 초기 나무고사리와 쇠뜨기의 줄기를 기어올라서 먹이를 구했을 것이다. 위로 올라가는 것은 상대적으로 쉽다. 위로 솟아오른 잎들의 아래쪽을 둘러가며 내려오는 일은 훨씬 더 번거롭고 시간이 오래 걸렸을 것이다. 그런 장애 요소의 존재가 다음 단계의 발달과 관계가 있는지는 확실하지 않다. 확실한 것은 이런 원시 곤충의 일부가 더 빠르고 덜 힘들게 내려오는 방법을 발달시켰다는 사실이다. 그것은 바로 비행이었다.

이들이 어떻게 날 수 있게 되었는지를 알려주는 직접적인 증거는 없다. 그러나 현생 좀에서 단서를 얻을 수 있다. 이들의 흉부 뒤쪽에는 덮개처럼 생긴 키틴질의 껍질 두 개가 옆으로 뻗어 있다. 이것은 마치 날개의 흔적처럼 보인다. 초기의 날개는 비행에 쓰이지 않았을지도 모른다. 곤충은 다른 동물들과 마찬가지로 체온의 영향을 크게 받는다. 몸이 따뜻할수록 에너지를 생산하는 화학 반응이 빨라져서 신체 활동이 활발해진다. 만약 혈액이 등에서 옆으로 뻗어나온 얇은 덮개를 통해서 순환한다면 햇빛 속에서 더 빠르고 효과적으로 몸을 데울 수 있다. 그리고 이 덮개 아래쪽에 근육이 있다면 햇빛을 정면으로 받을 수 있도록 기울일 수도 있다. 실제로 곤충의 날개는 등의 덮개로부터 발달한 것이고 초기부터 그 혈관 안에 혈액이 흐르고 있었으니 이런 가설은 매우 그럴듯하게 보인다.

그러나 날개가 있는 곤충이 출현한 것은 약 3억5,000만 년 전의 일이다. 지금까지 발견된 최초의 날개 달린 곤충은 잠자리이다. 몇 종의 잠자리가 있었는데, 대부분은 오늘날 현생종과 비슷한 크기였다. 하지만 잠자리 역시 새로운 환경을 개척했던 노래기 등의 여러 종과 마찬가지로 경쟁자가 없었기 때문에 초기의 일부 형태는 거대한 크기로 자랐고, 결국에는 날개폭이 70센티미터에 달하는 지구 역사에서 가장 큰 곤충이 출현했다. 공중을 나는 생물들이 늘어나자 이렇게 요란한 형태도 사라졌다.

현생 잠자리는 간단한 관절이 붙어 있는 두 쌍의 날개를 가진다. 이 날개는 위아래로만 움직일 수 있고 뒤로 접히지는 않는다. 그래도 상당히 쓸모가 있어서 얇은 날개를 펼치고 연못의 수면 위를 최대 시속 30킬로미터로 날아갈 수 있다. 이런 속도에서 위험한 충돌을 피하려면 정확한 감각기관이 필요하다. 몸 앞쪽에 달린 털은 공기 중에서 일직선으로 날아갈 수 있도록 도와준다. 그러나 비행할 때에 주로 도움을 주는 것은 머리 양쪽에 달린 커다란 겹눈으로, 이것이 대단히 정밀하고 섬세한 시력을 제공한다.

이렇게 시각에 주로 의존하기 때문에 대부분의 잠자리는 밤에 날지 않는다. 대양을 건너고 중간중간 몰디브의 섬들에서 쉬어가면서 인도에서 아프리카까지 어마어마한 거리를 이동하는 잠자리들도 있기는 하지만 말이다. 이들은 모두 낮에 사냥을 하며, 6개의 다리를 구부린 채 날아다니다가, 이 다리를 바구니 형태로 만들어서 작은 곤충들을 잡는다. 이 사실만으로도 그들보다 먼저 하늘을 날았던 다른 초식동물들이 있었음이 확실해진다. 해부학적 구조로 추정해볼 때, 아마도 바퀴벌레, 베짱이, 메뚜기, 귀뚜라미와 관련된 종류였을 것이다.

원시 숲속의 하늘을 윙윙거리며 날아다니던 이런 수많은 곤충들은 식물들 사이에서 일어나고 있던 혁명에서 굉장히 중요한 역할을 담당했다.

초기의 나무들은 그들보다 먼저 등장한 이끼와 우산이끼처럼 유성 세대와 무성 세대를 번갈아가며 생존했다. 큰 키 덕분에 포자를 퍼뜨리는 데에는 문제가 없었다. 오히려 나무 꼭대기의 포자는 바람에 더욱 쉽게 날아갈 수 있었다. 그러나 성세포의 분산은 다른 문제였다. 그때까지는 수세포가 물속을 헤엄쳐가는 방식으로 이루어졌는데, 그렇게 하려면 유성 세대는 크기가 작고 땅과 가까이에 살아야 했다. 양치식물과 석송, 쇠뜨기는 지금도 그렇다. 이 식물들의 포자가 우산이끼와 비슷한 엽상체(葉狀體)라는 얇은 막 같은 형태의 식물이 되고, 항상 수분이 유지되는 이 엽상체의 아래쪽에서 성세포를 배출한다. 그리고 난자가 수정이 된 이후에는 포자를 생산하는 이전 세대와 같은 큰 식물로 자란다.

땅 위의 엽상체는 매우 연약하다. 동물들에게 뜯어먹히기 쉽고 수분이 마르면 죽는다. 그리고 둥글게 말리는 기다란 잎을 가진 무성 세대가 번성하면 생명의 근원인 햇빛이 차단된다. 엽상체 또한 높이 자란다면 많은 장점을 누릴 수 있겠지만, 그러기 위해서는 수세포가 암세포와 만나는 새로운 방법이 필요했다.

두 가지 방법이 가능했다. 하나는 포자를 퍼뜨리는, 역사가 깊지만 다소 위험하고 변덕스러운 방법인 바람이었다. 다른 하나는 새롭게 등장한, 정기적으로 나무와 나무 사이를 날아다니며 잎과 포자를 먹는 곤충들이었다. 식물들은 두 가지 방법 모두를

맞은편
별박이왕잠자리 (*Aeshna juncea*). 북아일랜드 아마 카운티, 브래키시 모스 국립 자연보호 구역.

이용했다. 약 3억5,000만 년 전, 유성 세대가 더 이상 지표면 근처가 아닌, 높은 나무 위에서 자라는 식물이 등장했다. 그중 하나인 소철은 오늘날까지 살아남아 특별히 극적인 발달 단계를 보여준다.

거친 깃털 같은 기다란 잎을 가진 소철은 겉보기에는 양치식물처럼 보인다. 일부 개체는 바람에 의해서 퍼져 나가는 원시적인 형태의 작은 포자를 생산한다. 또다른 개체들은 이보다 더 큰 포자를 생산하는데 이 포자들은 바람에 날아가지 않고 부모 식물에 붙어 있다. 그리고 이것이 엽상체와 같은 역할을 하는 원뿔 모양의 독특한 구과(毬果, cone)로 발달하며, 이 안에서 난자가 만들어진다. 바람에 날리는 포자, 즉 꽃가루가 난자가 들어 있는 구과 위에 앉으면 발아하여 이제는 필요가 없어진 얇은 엽상체가 아니라 긴 관형의 구조로 자라고 이것이 암구과 안으로 파고든다. 이 과정은 몇 달이 걸린다. 관이 다 자라면 그 끝에서 정자가 생산된다. 섬모가 있는 이 구형의 세포는 동식물을 통틀어 모든 생물의 정자 중에서 가장 커서 육안으로도 볼 수 있을 정도이다. 이것이 천천히 관을 따라 아래로 내려간다. 그리고 바닥에 닿으면 구과를 둘러싼 조직에서 분비된 소량의 물 안으로 들어간다. 그 안에서 섬모의 힘으로 천천히 회전하면서 헤엄치며 조류 조상들의 정자가 원시의 바다를 헤엄쳐가던 여정의 축소판을 재현한다. 며칠 후에는 난자와 결합하면서 기나긴 수정 과정이 완료된다.

소철과 비슷한 전략을 취하는 또다른 식물들도 비슷한 시기에 출현했다. 소나무, 잎갈나무, 삼나무, 전나무 등의 구과식물이다. 이들 또한 바람에 의존해서 꽃가루를 퍼뜨린다. 소철과 달리 이들은 난자가 들어 있는 구과와 꽃가루를 같은 나무에서 생산한다. 소나무의 수정은 시간이 더 오래 걸린다. 꽃가루관이 아래쪽으로 자라서 난자에 닿는 데에만 꼬박 1년이 걸리기 때문이다. 그러나 일단 닿으면 곧장 난자와 접촉하며, 관을 타고 내려간 수세포는 물속에서 시간을 지체하지 않고 바로 난자와 결합한다. 이로써 구과식물은 마침내 생식 과정의 이동 매체로서 물을 사용하지 않게 되었다.

개선된 점이 한 가지 더 있었다. 수정된 난자가 1년을 더 구과 속에 남아 있게 된 것이다. 이 세포 안에 풍부한 양분이 축적되고, 그 주변은 물이 통과할 수 없는 보호막에 싸여 있다. 수정이 시작된 지 2년 이상이 지나면, 구과는 말라서 목질화된다. 그리고 한쪽이 열리면서 충분한 양분을 갖춘 수정된 난자, 즉 씨앗이 밖으로 떨어진다. 이 씨앗은 필요하다면 수분이 침투하여 생명을 싹 틔울 수 있을 때까지 몇 년을 더 기다릴 수도 있다.

맞은편
빵나무라고도 불리는 이스턴케이프 자이언트 소철(*Encephalartos altensteinii*)의 구과. 현재의 소철은 약 3억 년 전에 살았던 식물들이 지금까지 살아남은 것이다. 같은 과의 대부분은 8,000만 년 전인 백악기에 멸종되었다. 소철은 그 생식 체계 때문에 진화적으로 매우 흥미로운 존재이며, 꽃을 피우는 식물의 전신으로 간주된다. 생식기관인 구과는 수구과나 암구과가 될 수 있으며, 새로운 식물을 만들기 위한 씨앗을 생산한다.

어떻게 보아도 구과식물은 대단한 성공을 거두었다. 오늘날 이들은 세계 삼림의 약 3분의 1을 차지한다. 살아 있는 생물 가운데 가장 큰 개체도 구과식물이다. 바로 높이가 최대 100미터에 달하는 캘리포니아의 거대한 미국삼나무이다. 또다른 구과식물인 강털소나무는 미국 남서부의 건조한 산지에서 자라며 수명이 가장 긴 생물 중의 하나이다. 계절이 구분되는 환경에서 자라는 나무일 경우 나이를 쉽게 계산할 수 있다. 햇빛과 수분이 풍부한 여름에는 나무가 빠르게 자라기 때문에 부피가 큰 세포가 형성된다. 반면 겨울에는 성장이 느려져서 세포의 부피가 작아지고 조직이 더욱 치밀해진다. 그 결과, 줄기에 나이테가 생긴다. 강털소나무의 나이테를 세어보면 이 울퉁불퉁하고 뒤틀린 나무들 중의 일부가 약 5,000년 전에 싹을 틔웠음을 알 수 있다. 중동에서 사람들이 처음 문자를 발명하던 시대이다. 문명이 시작되던 시절부터 지금까지 살아온 것이다.

구과식물은 수지(resin)라는 끈끈한 물질을 이용해서 물리적 손상과 곤충의 공격으로부터 줄기를 보호한다. 수지는 나무의 흠집이 생긴 부위에서 나오는데, 처음 흐를 때는 묽지만 액체 성분인 테레빈유가 빠르게 증발하면 끈적끈적한 덩어리가 되어 손상 부위를 효과적으로 메운다. 수지는 의도하지 않게 덫의 역할을 하기도 한다. 곤충이 이것을 건드리면 어쩔 수 없이 달라붙게 되고, 종종 그 주변으로 더 많은 수지가 흐르면서 그 상태로 묻히는 일이 발생한다. 이런 덩어리는 가장 완벽한 화석화의 매개체이다. 이렇게 굳어서 투명한 황금색 호박(amber)이 된 수지 안에 갇혀 있는 원시의 곤충들을 볼 수 있다. 호박을 얇은 조각으로 주의 깊게 잘라서 현미경으로 관찰하면 마치 하루 전에 갇히기라도 한 것처럼 선명하게 보존되어 있는 곤충의 주둥이와 비늘, 털 등을 볼 수 있다. 과학자들은 이런 곤충의 다리에 붙어 있는 더 작은 크기의 기생 곤충과 진드기도 발견했다. 그러나 피를 빠는 절지동물의 DNA를 추출하는 일은 과학 소설의 영역으로 남을 가능성이 높아 보인다. 현대의 호박이라고 할 수 있는 몇십 년 된 코펄(copal) 안에 갇힌 곤충에서 DNA를 추출하려는 시도조차 실패했기 때문이다.

지금까지 발견된 가장 오래된 호박은 약 2억3,000만 년 전의 것으로 구과식물과 날아다니는 곤충이 처음 출현하고 한참 후에 형성된 것이다. 그러나 이 안에는 우리가 오늘날 알고 있는 주요 곤충의 대표를 포함한 엄청나게 다양한 생물이 들어 있다. 가장 초기의 표본에서도 이미 각 유형별로 곤충의 발명품인 비행을 활용하는 서로 다른 방식들을 발달시킨 것을 볼 수 있다.

맞은편
겨울을 보내고 있는 고령의 강털소나무. 미국 네바다 주 그레이트 베이슨 국립공원 내 휠러 피크 근처.

잠자리는 두 쌍의 날개 중 앞날개는 위로 올리고 뒷날개는 아래로 내린 채 동시에 파닥인다. 그러나 이 방법은 상당히 큰 생리학적 불편을 초래한다. 평소에는 날개가 서로 접촉하지 않지만 잠자리가 급회전을 할 때에 문제가 발생한다. 이때 앞날개와 뒷날개가 압력을 받아서 휘어지면서 서로 부딪치는 것이다. 이때 타닥거리는 소리가 나는데, 연못가에 앉아 수면 위를 도는 잠자리를 지켜보고 있으면 이 소리를 쉽게 들을 수 있다.

나중에 등장한 곤충들은 한 쌍의 얇은 날개를 펄럭이며 나는 것이 더 효과적이라는 사실을 알아차린 것 같다. 꿀벌, 말벌, 고동털개미, 잎벌은 모두 앞날개와 뒷날개가 한 평면상에 위치하도록 갈고리로 연결되어 있다. 나비의 날개는 서로 포개진다. 시속 50킬로미터로 날아다니는 곤충들 중에서 가장 빠른 축에 속하는 박각시는 크기가 상당히 줄어든 뒷날개를, 둥글게 휘어진 빳빳한 털로 길고 좁은 앞날개에 연결시켰다. 딱정벌레는 앞날개를 완전히 다른 목적으로 이용한다. 곤충계의 중장갑차라고 할 수 있는 이들은 땅에서 많은 시간을 보낸다. 주로 식물 찌꺼기들을 헤치고 다니거나 땅속을 뒤지거나 나무를 갉아먹는데, 이런 행동은 연약한 날개를 손상시키기가 쉽다. 그래서 딱정벌레는 날개를 보호하기 위해서 앞날개를 등에 딱 맞게 덮이는 두껍고 뻣뻣한 덮개로 변화시켰다. 그리고 뒷날개는 신중하면서도 교묘하게 접어 그 아래에 감추었다. 날개의 시맥 안에는 용수철 같은 연결 장치가 있어서, 겉날개를 들어올리면 이것이 열리면서 뒷날개가 펴진다. 하늘을 날 때는 딱딱한 겉날개가 옆으로 펼쳐져서 어쩔 수 없이 효율적인 비행에 방해가 된다. 그러나 꽃무지는 이 문제의 해결책을 찾아냈다. 이들의 겉날개 측면의 연결 부위 근처에는 홈이 파여 있어서 뒷날개 대신 겉날개로 등을 덮고 뒷날개를 옆으로 펼쳐 펄럭일 수 있다.

곤충들 가운데 가장 뛰어난 비행사는 파리이다. 이들은 앞날개만을 사용해서 비행을 한다. 뒷날개는 퇴화되어 작은 돌기가 되었다. 이 돌기는 모든 파리가 가지고 있지만 특별히 각다귀에게서 두드러진다. 이들의 돌기는 자루 끝에 달려 있어서 마치 드럼스틱의 머리 부분처럼 보인다. 비행 중에는, 날개와 동일한 방식으로 흉부와 연결되어 있는 이 기관이 초당 100회 이상의 속도로 위아래로 진동한다. 이것은 자이로스코프와 같은 안정 장치 역할도 하고, 공중에서의 자세와 날아가는 방향을 알려주는 감각기관 역할도 하는 것으로 추정된다. 속력에 관한 정보는 공기의 흐름에 따라 진동하는 더듬이가 알려준다.

위
7월의 하늘을 날고 있는 하늘소(*Cerambycidae*). 영국 서식스 주 루커리 숲.

파리는 초당 최대 1,000회의 놀라운 속도로 날개를 펄럭일 수 있다. 어떤 파리들은 더 이상 날개 아래쪽에 붙어 있는 근육을 사용하지 않는다. 그 대신에 단단하면서도 유연한 키틴질로 이루어진 원통형의 흉부 전체를 진동시킨다. 날개 아래쪽에는 흉부와 날개를 연결하는 독특한 부위가 있고, 이 부위가 수축하면서 날개가 위아래로 펄럭인다.

곤충들은 공중을 점령한 최초의 생물이었으며, 그후 1억 년 이상 하늘은 그들만의 영역이었다. 그러나 곤충의 삶도 위험하지 않은 것은 아니었다. 그들의 오랜 적인 거미는 날개가 없었지만 곤충들이 안심하도록 놔두지 않았다. 거미들은 곤충들이 날아다니는 나뭇가지 사이에 실로 짠 덫을 놓아 사냥을 했다.

식물들은 곤충의 비행 기술을 이용해서 이득을 얻기 시작했다. 생식세포를 바람에 의존하여 퍼뜨리는 것은 생물학적 측면에서 언제나 임의적이고 위험이 큰 방식이었다. 수정이 필요 없는 포자는 어디에 떨어지든 수분과 영양이 풍부하기만 하면 발아한다. 그러나 양치류와 같은 식물의 포자들 중 대다수는 적절한 환경을 찾아내지 못하고

위
솔란지목련(*Magnolia x soulangeana*) 꽃이 4월의 푸른 하늘을 배경으로 만개해 있다. 영국 윌트셔 스타우어헤드 정원.

맞은편
굴참나무(*Quercus suber*)를 배경으로 꽃들이 만발해 있는 초원. 포르투갈 베자.

죽는다. 바람을 타고 이동하는 꽃가루의 생존 확률은 훨씬 더 낮다. 필요한 조건들이 훨씬 더 엄격하고 제한적이기 때문이다. 이들은 암구과 위에 내려앉아야만 발아할 수 있다. 따라서 소나무는 어마어마한 양의 꽃가루를 생산해야 한다. 수구과 하나가 수백만 개를 만들기 때문에 봄에 소나무를 한 번 건드리면 떨어진 꽃가루들이 황금색 구름을 일으킬 정도이다. 소나무 숲 전체가 만드는 꽃가루는 연못을 전부 뒤덮을 정도이지만 이 꽃가루들은 모두 무용지물이 된다.

곤충은 훨씬 더 효과적인 이동 수단이 되어줄 수 있다. 적절하게 안내만 해준다면 수정에 필요한 소량의 꽃가루를 가지고 식물의 난세포가 있는 부분에 정확히 내려앉을 수 있기 때문이다. 이런 운반 서비스는 꽃가루와 난세포가 가까운 위치에 있을 경우에 곤충이 배달과 채집을 동시에 할 수 있으므로 훨씬 더 효율적일 것이다. 이런 이유로 꽃이 발달하게 되었다.

목련의 꽃은 이 근사한 도구들 가운데 지금까지 알려진 가장 원시적이고 단순한 형태에 속한다. 이들이 최초로 출현한 것은 약 1억 년 전이다. 꽃 중앙에 모여 있는 난세

포는 녹색의 보호막에 싸여 있으며, 그 위에는 암술머리라는 기관이 있다. 암술머리는 꽃가루를 받는 역할을 하며, 난세포가 수정되려면 이 위에 꽃가루가 앉아야 한다. 난세포 주위에는 꽃가루를 만드는 수술들 여러 개가 모여 있다. 그리고 곤충의 주의를 끌기 위해서, 이 기관들 전체를 잎이 변형되어 만들어진 선명한 색의 꽃잎이 둘러싸고 있다.

소철의 꽃가루를 먹고 살던 딱정벌레는 목련이나 수련 같은 초기 꽃들로 주의를 돌린 곤충 중의 하나였다. 이들은 꽃들을 오가며 꽃가루를 모으고, 그 대가로 몸에 꽃가루를 온통 묻혀서 자기도 모르게 다음에 방문하는 꽃으로 전달하는 역할을 했다.

그런데 난세포와 꽃가루가 같은 구조 안에 있을 경우에 자가 수분이 이루어질 위험이 있다. 그렇게 되면 이 모든 복잡한 구조의 목적인 타가 수정을 할 수가 없게 된다. 목련을 비롯한 많은 식물은 이런 가능성을 차단하기 위해서 난세포와 꽃가루를 서로 다른 시기에 성숙시킨다. 목련의 암술머리는 꽃이 피자마자 꽃가루를 받아들인다. 그러나 수술은, 난세포가 곤충에 의해서 타가 수정되었을 가능성이 높은 시기가 되기 전까지는 꽃가루를 만들지 않는다.

꽃의 출현은 세계의 외관을 변화시켰다. 식물들이 곤충을 위해서 준비해둔 기쁨과 보상을 광고하기 시작하면서 녹색의 숲은 이제 화려한 색으로 넘쳐나게 되었다. 최초의 꽃들은 모든 방문객에게 개방적이었다. 목련이나 수련 꽃의 중앙에 닿는 데에는 어떤 특별한 기관도 필요하지 않았으며, 수술로부터 꽃가루를 모으는 데에도 특별한 기술이 필요하지 않았다. 이런 꽃들에는 딱정벌레와 꿀벌 등 여러 종류의 곤충들이 찾아왔다. 그러나 방문객이 다양하다는 것이 장점만은 아니었다. 곤충들 역시 방문객을 가리지 않는 여러 종류의 꽃들에 방문할 확률이 높기 때문이다. 꽃가루가 다른 종의 꽃에 들어가면 아무 소용이 없다. 따라서 꽃을 피우는 식물들이 진화하는 내내, 특정한 꽃과 특정한 곤충이 서로 다른 한쪽의 조건과 취향에 맞도록 함께 발달하는 경향이 생기게 되었다.

거대한 쇠뜨기와 양치식물이 살던 시절부터 곤충들은 나무 위에서 먹이인 포자를 모으는 데에 익숙해져 있었다. 포자와 거의 동일한 먹이인 꽃가루 또한 곤충에게는 여전히 중요한 보상이 된다. 꿀벌은 꽃가루를 뒷다리에 달린 커다란 주머니에 모아 벌집으로 가져가서 바로 먹거나 혹은 어린 애벌레들에게 먹일 꽃가루 경단을 만든다. 도금양 같은 식물들은 두 종류의 꽃가루를 생산한다. 한 종류는 꽃을 수정시키지만 특별히 맛이 좋은 다른 한 종류는 먹이로서의 가치밖에 없다.

다른 어떤 꽃들은 완전히 새로운 뇌물인 꿀을 만들어냈다. 이 달콤한 액체의 유일한 목적은 곤충들에게 커다란 즐거움을 선사하여 꽃이 피는 계절에 이들이 가능한 모든 시간을 투자해서 꿀을 모으도록 만드는 것이다. 식물들은 이 꿀을 이용해서 꿀벌, 파리, 나비 등 완전히 새로운 전달자들을 얻게 되었다.

꽃은 곤충들에게 꽃가루와 꿀이라는 보상을 줄 수 있음을 홍보해야 한다. 화려한 색의 꽃은 먼 거리에서도 눈에 잘 띈다. 꽃잎의 무늬는 곤충이 가까이 왔을 때에 그들이 찾는 보상의 정확한 위치를 알려주는 역할을 한다. 물망초, 접시꽃, 메꽃 등은 중앙으로 갈수록 색이 진해지거나 혹은 아예 다른 색을 띤다. 디기탈리스, 바이올렛, 진달래 등의 꽃잎에는 점과 선으로 이루어진 무늬가 있어서 마치 비행장처럼 곤충이 어디에 착륙해서 어디로 이동해야 할지를 알려준다. 꽃들이 보내는 신호는 우리가 생각하는 것보다 더 많다. 많은 곤충들은 우리가 보지 못하는 스펙트럼의 색을 인지할 수 있다. 무늬가 없는 것처럼 보이는 꽃들도 자외선으로 촬영해보면 꽃잎에 많은 무늬가 있는 것을 볼 수 있다.

향기도 중요한 유혹의 수단이다. 대부분의 경우 곤충들이 매력적으로 느끼는 냄새는 라벤더, 장미, 인동덩굴의 향기처럼 우리에게도 향기롭다. 그러나 항상 그런 것은 아니다. 어떤 파리들은 자신들과 유충인 구더기들의 먹이인 썩은 고기 냄새에 끌린다. 파리에게 꽃가루 전달을 맡기는 꽃들은 이들의 취향에 맞춰서 그와 비슷한 냄새를 풍겨야 하기 때문에 종종 사람은 도저히 견딜 수 없을 정도의 자극적인 악취를 낸다. 남아프리카의 스타펠리아 꽃은 썩은 고기 냄새를 지독하게 풍길 뿐만 아니라 마치 죽은 동물의 썩어가는 피부처럼 보이는 털이 수북하고 주름진 갈색 꽃잎으로 파리들을 유혹한다. 게다가 정말로 부패해가는 시체처럼 열까지 발산한다. 이 모든 효과가 워낙 그럴듯해서 파리들은 스타펠리아 꽃들을 오가며 꽃가루를 이동시킬 뿐만 아니라 진짜 썩은 고기를 만났을 때처럼 꽃 위에 알을 낳기까지 한다. 이 알에서 나온 구더기들에게 주어지는 것은 썩은 고기가 아니라 먹을 수 없는 꽃잎뿐이기 때문에 결국 굶어 죽고 만다. 하지만 스타펠리아는 수정에 성공한다.

아마도 가장 기이한 변장을 하는 꽃은 곤충을 성적으로 유혹하는 일부 난초일 것이다. 어떤 난초는 눈과 더듬이, 날개가 달린 말벌 암컷과 매우 유사한 모양의 꽃을 피운다. 심지어 짝짓기 철의 말벌 암컷과 비슷한 냄새까지 풍긴다. 말벌 수컷은 여기에

속아 꽃과 교미를 시도한다. 그러면서 난초 꽃 안에 다량의 꽃가루를 떨어뜨리고 그 즉시 또다른 가짜 암컷에게 옮길 새로운 꽃가루를 받는다. 이 꽃들은 단지 말벌 암컷과 겉모습만 비슷한 것이 아니다. 말벌 암컷이 분비하는 성 페로몬과 놀라울 정도로 유사한 왁스에 덮여 있어서, 이 또한 수컷을 유혹하는 요소가 된다. 이런 난초들은 꿀을 만들지 않는다. 이들이 꽃가루 매개자인 곤충들에게 제공하는 보상은 섹스가 아니라 섹스의 환상이다.

때로는 곤충이 꽃가루보다 꿀을 선호해서, 식물의 전략에 넘어가지 않고 꿀만 훔쳐가는 경우도 있다. 꽃가루를 몸에 묻히지 않은 채 꽃의 바깥쪽에서 긴 주둥이만 꿀 속에 집어넣는 것이다. 따라서 꽃들에게는 꽃가루를 강제로 곤충에게 묻힐 방법이 필요했다. 어떤 꽃들은 방문자들이 떠나기 전에 수술이 곤충을 공격하여 꽃가루를 뒤집어쓰게 하는 장애물 코스를 만들었다. 예를 들면, 금작화는 꿀벌이 꽃에 내려앉으면 닫혀 있던 꽃잎 안에 들어 있던 수술들이 튀어나와, 벌의 몸 아래쪽을 쳐서 그 털투성이의 복부를 꽃가루 범벅으로 만든다. 중앙아메리카의 코리안테스는 방문자들을 취하게 만든다. 이 난초의 목 부분으로 기어들어가 꿀을 조금이라도 맛본 벌은 바로 비틀거리기 시작한다. 꽃의 표면이 매우 미끄럽기 때문에 결국 꿀벌은 중심을 잃고 액체가 들어 있는 작은 양동이 모양의 꽃 속으로 빠지고 만다. 나올 수 있는 통로는 하나뿐이다. 취한 곤충이 비틀거리며 올라올 때에 그 위로 튀어나와 있는 막대 모양의 구조가 꽃가루를 쏟아붓는다.

때로는 식물과 곤충이 서로에게 완전히 의존하기도 한다. 중앙아메리카에서 자라는 유카는 창처럼 뾰족한 잎들이 방사상으로 뻗어 있는 형태로, 그 가운데에서 크림색 꽃을 피우는 긴 줄기가 올라온다. 이 꽃에 작은 나방들이 찾아온다. 유카의 수술로부터 꽃가루를 모을 수 있게 해주는, 독특한 곡선형의 주둥이를 가진 이 나방은 꽃가루를 공 모양으로 빚어 다른 유카 꽃으로 옮긴다. 그리고 먼저 꽃의 아래쪽으로 내려가서 자신의 산란관으로 씨방 아래쪽에 구멍을 뚫고, 그 안에 든 밑씨 위에 몇 개의 알을 낳는다. 그 다음 씨방에서 뻗어나온 암술머리 위로 기어올라가서 그 안에 꽃가루 공을 밀어넣는다. 이제 유카의 수정이 이루어지고, 아래쪽 씨방 안에 있던 밑씨들은 부풀어서 씨앗이 된다. 나방의 알을 지닌 밑씨는 특별히 크게 자라서 알에서 나온 애벌레들의 먹이가 된다. 나머지 씨앗은 유카를 번식시킨다. 나방이 멸종하면 유카는 씨앗을 맺지 못할 것이다. 또한 유카가 사라지면 나방의 애벌레도 성체로 자라나지 못할 것

맞은편
꿀벌난초(*Ophrys apifera*)의 꽃. 6월, 영국 도싯.

뒷면
라플레시아(*Rafflesia keithii*) 꽃. 보르네오 섬 군농 게딩 국립공원, 말레이시아 사라왁.

이다. 이 두 종은 떼려야 뗄 수 없는 관계로 서로에게 빚을 지고 있다.

우리도 이들에게 빚을 졌다. 수많은 색과 형태, 아름다운 향기를 가진 꽃들은 인간이 지구상에 출현하기 오래 전부터 존재해왔다. 꽃들은 인간이 아니라 곤충을 유혹하기 위해서 진화했다. 나비가 색맹이고 꿀벌에게 민감한 후각이 없었다면, 우리는 자연이 선사하는 가장 큰 기쁨 중의 하나를 누리지 못했을 것이다.

제4장

무리의 형성

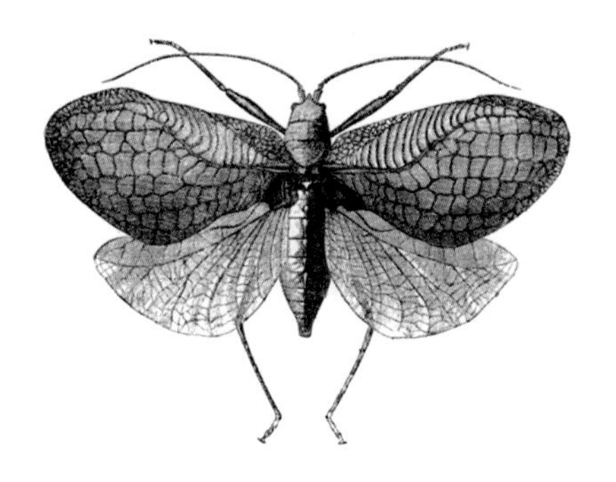

어떤 기준으로 판단해도 곤충의 몸은 지구상에서 살아갈 때에 발생하는 문제들에 대한 가장 성공적인 해결책이라고 볼 수 있다. 곤충은 숲뿐만 아니라 사막에서도 많은 수가 무리를 지어 살고 있다. 물속에서 헤엄을 치기도 하고 빛이 들지 않는 깊은 동굴 속을 기어다니기도 한다. 히말라야의 높은 산꼭대기 위를 날아다니는 곤충도 있고, 극지방의 빙원(氷原) 위에도 놀라울 정도로 많은 수의 곤충들이 살고 있다. 어떤 파리는 땅에서 솟아나는 원유 웅덩이에서 살고, 또 어떤 곤충은 수증기가 피어오르는 뜨거운 화산 샘에서 산다. 일부러 고농도의 염분이 함유된 물을 찾아가는 곤충도 있고, 주기적으로 몸이 얼어붙는 것을 견디며 생존하는 곤충도 있다. 동물의 피부 속에 보금자리를 만들기도 하고, 두꺼운 나뭇잎 속에 길고 구불구불한 터널을 파기도 한다.

전 세계 곤충의 개체 수는 우리의 추정 범위를 넘어서는 듯하지만, 추정을 시도한 사람들이 내린 결론은 어느 때든지 지구상에 존재하는 곤충의 수가 1,000만조 단위에 달한다는 것이다. 바꿔 말하면 인간 1명당 10억 마리가 넘는 곤충이 있다는 뜻이고, 이 곤충들의 무게를 합하면 인간의 평균 몸무게의 약 70배에 달한다는 것이다.

곤충 종의 수는 다른 모든 생물 종의 수를 전부 합한 것의 약 4배는 될 것이라고 추측된다. 지금까지 우리가 이름을 붙인 종이 약 90만 종 정도이므로 아직 이름도 없는 종이 서너 배는 된다는 의미이다. 어쩌면 더 많은 종들이 시간과 지식과 인내심을 투자하여 체계적인 조사를 해줄 누군가의 관심을 기다리고 있을지도 모른다.

앞면
딱정벌레(*Carabus hispanus*)가 수국(*Hydrangea sp.*) 잎에 앉아 있다. 프랑스 세벤 산맥, 랑그도크 루시용 로제르.

그러나 이 곤충들의 몸은 모두 한 가지 기본적인 해부학적 구조, 즉 세 부분으로 뚜렷이 나뉜 몸이 각기 다르게 변형된 형태를 가지고 있다. 세 부분이란 입과 대부분의 감각기관이 있는 머리, 아래쪽에 붙은 세 쌍의 다리와 대개 위쪽에 한두 쌍이 붙어 있는 날개를 조정하는 역할을 하는 근육질의 가슴, 그리고 소화와 생식에 필요한 기관이 있는 배를 말한다. 이 세 부분은 모두 주성분이 키틴인 외골격에 싸여 있다. 앞에서 살펴보았듯이, 이 섬유 형태의 갈색 물질은 약 5억5,000만 년 전에 초기 체절동물, 갑각류, 그리고 아마도 삼엽충에 의해서 처음 발달했다. 키틴은 화학적으로는 셀룰로오스와 비슷하고 순수한 형태일 때에는 유연하고 투과성이 있다. 그러나 곤충은 이것을 스클레로틴(sclerotin)이라는 단백질로 감싸서 훨씬 단단하게 만들었다. 묵직하고 잘 휘어지지 않는 딱정벌레의 껍질과, 나무를 갉아먹고 구리와 은과 같은 금속도 자를 수 있을 정도로 날카롭고 단단한 구기(口器)가 바로 이런 성분으로 이루어져 있다.

키틴질의 외골격은 진화의 필요성에 빠르게 대응할 수 있다. 외골격 표면은 그 아래에 감싸인 해부학적 구조에 영향을 미치지 않고도 모양이 바뀔 수 있다. 비율이 달라져서 새로운 형태가 되기도 한다. 이런 식으로 초기의 바퀴벌레와 유사한 곤충들이 가지고 있던 구기는 그 후손들에 의해서 빨대, 뾰족한 칼, 톱, 끌, 그리고 완전히 펼치면 몸 전체 길이만큼 길어지는 탐침 등의 형태로 바뀌었다. 다리도 길어져서 몸길이의 200배 거리까지 도약할 수 있게 해주는 새총, 물을 헤치고 나아갈 수 있게 해주는 넓적한 노, 수면 위를 성큼성큼 걸을 수 있게 해주는 털 달린 가느다란 죽마 등의 형태가 되었다. 다리에 꽃가루를 보관하는 주머니, 겹눈을 청소해주는 빗, 갈고리 닻 역할을 하는 뾰족한 못, 그리고 음악을 연주할 수 있는 홈 등 키틴으로 이루어진 여러 가지 특별한 도구를 가진 경우도 많다.

그러나 외골격은 더 커질 수 없는 감옥이기도 하다. 원시 바다에 살던 삼엽충은 탈피를 통해서 이런 한계를 벗어났다. 곤충들은 지금도 이 방법을 쓴다. 낭비가 심해 보이지만 상당히 경제적인 방법이다. 먼저 오래된 껍질 아래에서 주름지고 압축된 새로운 키틴질의 껍질이 만들어진다. 이 두 껍질 사이에 있는 액체층이 오래된 껍질로부터 키틴을 흡수하여 나중에는 단단한 스클레로틴 부분들만을 남는다. 이 부분들은 아주 얇은 조직으로 연결되어 있다. 키틴이 풍부한 용액은 아직 투과성이 있는 새 외골격을 통해서 다시 체내로 흡수된다. 그후 오래된 껍질이 등에 있는 선을 따라 쪼개지면 곤충이 바깥으로 나온다. 그리고 밖으로 나온 몸이 부풀어오르면서 주름져 있던 새 피부도 팽팽해진다. 얼마 지나지 않아 키틴은 굳고 새로 공급된 스클레로틴으로 단단해진다.

좀류와 톡토기류 같은 원시적인 곤충들은 성장하는 동안에 형태를 그다지 많이 바꾸지 않는다. 단지 몸이 커지면 탈피를 할 뿐이다. 번식을 시작한 후에도 탈피를 계속할 수 있다. 날개 달린 원시 곤충인 바퀴벌레, 매미, 귀뚜라미 또한 비슷한 방식으로 성장한다. 이들의 유충은 날개가 없는 것만 빼면 성체와 비슷하다. 성체와 전혀 다른 형태의 삶을 사는 생애 초기에도 겉모습은 크게 다르지 않다. 나무 위에서 시끄럽게 울어대는 매미들은 생애의 대부분을 땅 속에서 유충 상태로 나무뿌리의 수액을 빨아먹으며 산다. 잠자리 유충은 물속에서 길게 돌출된 구기로 벌레와 다른 작은 동물들을 잡아먹는다. 하지만 매미와 잠자리의 유충 모두 성충의 모습과 비슷하다.

그러나 좀더 발달된 곤충은 자라면서 몸의 형태가 완전히 바뀌어서 그 곤충의 변화 과정을 목격하지 않는 이상 유충과 성충을 연결시키는 것이 불가능하다. 구더기가 파리가 되고, 땅벌레가 풍뎅이가 되고 애벌레가 나비가 되기 때문이다.

구더기, 땅벌레, 애벌레가 하는 일은 먹는 행위뿐이며 이들의 몸은 오직 이 목적에만 쓰인다. 유충 형태로는 번식을 하지 않기 때문에 생식기관도 없다. 짝을 유혹할 필요가 없기 때문에 시각, 후각, 청각 신호를 보내는 메커니즘도 없고, 그런 신호를 감지할 감각기관도 없다. 알에서 나왔을 때 주변에 먹이가 풍부하도록 부모가 공들여 준비해 놓았기 때문에 날개도 필요 없다. 한 가지 필수적인 도구는 효율적인 턱뿐이다. 그밖에 필요한 것은 속이 빈 자루 형태의 몸뿐이다. 빠르게 늘어나는 조직에 맞춰서 몸이 부풀어오르려면 스클레로틴의 무거운 골격이 아니라 얇고 어느 정도 신축성이 있는 큐티클에 감싸여 있어야 한다. 이것이 더 이상 팽창할 수 없게 되면 갈라져서 마치 나일론 스타킹이 벗겨지듯이 떨어져 나간다.

껍질이 없기 때문에 근육이 붙을 기반도, 지렛대 역할을 할 단단한 부분도 없는 이 유충들은 움직임이 서투르다. 깡충거리며 뛸 수도 도약할 수도 없다. 다리 역할을 하는 부드러운 풍선 형태의 관밖에 없기 때문에 뛰는 것조차 힘들다. 그러나 먹는 기계나 다름없는 이들이 한입 한입 먹이를 베어 물며 이동하는 데에는 이런 뭉툭한 다리도 충분히 효율적이다.

껍질이 없다는 것은 위험에도 취약하다는 의미이지만, 땅벌레와 구더기에게는 이것이 별로 중요하지 않다. 사과 속이나 나무 안에 터널을 뚫고 돌아다니며 끝없이 계속

되는 이들의 식사는 다른 동물들의 눈에 띄지 않기 때문이다. 그러나 대부분 눈에 잘 띄는 곳에서 성찬을 벌이는 애벌레들에게는 방어 수단이 필요하다.

위장 기술에서는 이 애벌레들과 견줄 생물이 없다. 자나방의 애벌레는 색과 무늬가 나뭇가지와 흡사하며, 나무줄기 위에 붙은 다른 나뭇가지들과 정확히 같은 각도로 몸의 한쪽을 치켜들고 있기 때문에 알아보기가 거의 불가능하다. 녹색 몸에 불규칙한 흰색 반점이 있는 호랑나비 애벌레는 나뭇잎 위에서 눈에 잘 띄지만, 꼭 새똥처럼 보이기 때문에 좀처럼 들키지 않는다. 위장을 들킬 경우를 대비해서 차선의 방어책을 준비한 애벌레도 많다. 나무결재주나방의 애벌레는 머리를 숙인 채로 나뭇잎 위를 돌아다닌다. 이 애벌레는 자신이 먹는 식물과 몸의 색이 똑같지만, 침입자가 가지를 흔들어 놀라게 하면 갑자기 머리를 들어서 진홍색 얼굴을 드러낸다. 그리고 동시에 꼬리에서 새빨간 가는 실 한 쌍이 튀어나오면서 포름산을 발사한다. 남아메리카에 사는 또 다른 나방의 애벌레는 훨씬 더 무시무시하다. 머리 양쪽에 둥글고 커다란 무늬가 있는 이 애벌레는 방해를 받으면 몸의 앞쪽을 좌우로 흔들어 마치 큰 눈을 가진 뱀처럼 보이는 위협적인 형상을 취한다.

일부 애벌레들은 먹기 불편한 존재가 되는 쪽을 택했다. 이들의 몸은 독성이 있는 털로 덮여 있거나 몸 안에 톡 쏘는 맛을 내는 물질을 가지고 있다. 이들에게는 눈에 잘 띄는 것이 오히려 득이 된다. 털이 많은 애벌레는 매우 요란한 모양의 콧수염이나 구레나룻을 기르고 있고, 불쾌한 맛이 나는 애벌레는 빨간색, 노란색, 검은색, 보라색 등 화려한 색의 피부를 가지고 있다. 모두 포식자들에게 이 작은 벌레가 이런저런 이유로 먹을 가치가 없다는 사실을 경고하는 역할을 한다.

유충 또는 성충이 위험하지는 않지만 다소 복잡한 도박을 감행함으로써 좀처럼 잡아먹히지 않는 곤충도 있다. 독성이 있는 애벌레나 독을 쏘는 성충의 색을 흉내내서 거기에 속은 포식자가 알아서 피하게 만드는 것이다. 배 부분에 검은색과 노란색 줄무늬가 있는 꽃등에는 이들의 포식자뿐만 아니라 사람들조차 말벌로 착각하고는 한다. 전혀 위험하지 않은 파리목의 곤충이지만, 진짜 말벌처럼 배를 떨거나 말벌과 비슷한 냄새를 낼 정도이다.

많은 곤충들은 유충의 상태로 계속 양분을 비축하고 성장하면서 생애의 대부분을 보낸다. 풍뎅이 유충은 나무에 구멍을 뚫고 소화하기 까다로운 물질인 셀룰로오스에서 영양분을 섭취하며 약 7년을 보낸다. 다른 곤충의 애벌레들도 몇 달 동안 가장 좋

맞은편
산누에나방(*Antheraea pernyl*)의 애벌레가 참나무 잎을 먹고 있다.

아하는 나뭇잎을 포식하며 지낸다. 그리고 시간이 지나면 모두 완전히 성장하여 유충 시기를 끝맺는다.

그런 후에 이들이 겪는 두 번의 매우 극적인 변화 중의 첫 번째가 일어난다. 이 변화는 보이지 않는 곳에서 일어나기도 한다. 견사샘(silk gland)은 곤충 유생들만이 가지는 기관이다. 이들은 이미 유충 시기에 이것을 이용해서 공용 천막을 짓고, 식물 위에서 이동할 때에 구명 밧줄이나 혹은 다른 나뭇가지로 내려갈 때에 사용할 줄 등을 만들어왔다. 그러나 이제부터는 많은 유충들이 여기에서 실을 뽑아내서 자신의 몸을 감추기 시작한다. 누에나방의 애벌레는 몸을 보송보송한 실 뭉치로 감싼다. 옥색긴꼬리산누에나방은 금속 같은 광택이 나는 은색 고치를 짓는다. 집나방은 레이스 형태의 그물로 이루어진 우아한 보금자리를 만든다. 나비의 애벌레들은 몸을 덮을 것을 전혀 만들지 않는 경우가 많다. 이들은 그저 실을 뽑아내어 자신의 몸을 나뭇가지에 고정시킨다.

안정적으로 자리를 잡으면 곧장 애벌레 시기의 옷을 벗는다. 피부가 갈라져서 벗겨지면 갈색의 단단한 껍질에 싸인 부드러운 번데기가 드러난다. 번데기의 유일한 움직임이라고는 가끔 뾰족한 끝부분을 꿈틀거리는 것뿐이다. 몸의 측면을 따라 난 기문을 통해서 호흡을 할 뿐 먹지도 배설을 하지도 않는다. 마치 삶을 잠시 멈춘 것처럼 보인다. 그러나 그 내부에서는 엄청난 변화가 일어나고 있다. 유충의 몸 대부분이 해체되었다가 재조합되고 있는 것이다.

처음 알 속에서 자라기 시작할 때에 유충의 세포는 두 개의 집단으로 나뉜다. 일부는 몇 시간 후에 분열을 멈추고 밀집된 무리를 이룬 상태로 남는다. 그리고 나머지는 계속 유충의 몸을 만들어간다. 알에서 나와 먹이를 먹기 시작하면서 유충의 세포들은 분열을 멈춘다. 대신 크기가 커져서 애벌레가 완전히 성숙할 무렵에는 원래 크기의 수천 배가 된다. 이때까지 또다른 세포 집단은 여전히 작고 비활성화된 상태로 남아 있다. 그러나 유충 시기가 끝날 무렵이 되면 이들이 깨어난다. 활동을 쉬고 있던 세포 집단이 갑자기 빠르게 분열하기 시작하여 완전히 다른 형태의 새로운 몸을 천천히 만든다. 17세기의 박물학자들은, 번데기가 되기 직전의 애벌레를 해부하여 장차 나비의 날개와 머리, 다리가 될 부분의 희미한 윤곽을 확인함으로써 그 전까지 흔히 생각하던 것처럼, 나비가 애벌레의 부패한 사체에서 생겨나는 것이 아니라 애벌레와 나비가 동일한 생물임을 알게 되었다. 갈색의 번데기가 단단해지면 바깥에서도 이런 윤곽이 보

맞은편
우화(羽化)한 두꼬리파샤나비(*Charaxes jasuis*)가 날개를 펼치고 있다. 이탈리아 움브리아.

인다. 마치 천에 싸인 미라의 윤곽이 밖에서도 희미하게 보이는 것과 비슷하다. 사실 번데기를 뜻하는 영어 단어인 pupa는 라틴어로 '인형'을 뜻하는 단어에서 유래했다.

변태(變態)의 정확한 방법은 아직 완전히 밝혀지지 않았다. 곤충들은 종류별로 변화의 정도가 각기 다르다. 가장 급격한 변화를 겪는 것은 파리이다. 번데기가 형성되기 전까지 파리 성충의 기관이 될 부분은 구더기의 몸속의 피부 중 일부에 불과하다. 하지만 그 안에 뇌와 중앙 신경계를 포함한 핵심적인 부분들이 포함되어 있어서 이것을 기초로 파리의 몸이 만들어진다. 심지어 변태를 겪고 성충이 된 후에도 유충일 때에 학습한 사실들을 기억하고 있음을 보여주는 단서가 미약하게나마 존재한다.

나비의 번데기가 성충이 되는 것을 뜻하는 우화(羽化)는 대개 어둠 속에서 일어난다. 먼저 나뭇가지에 매달린 번데기가 흔들리기 시작한다. 두 개의 커다란 눈과 더듬이가 달린 머리가 몸에 바짝 붙은 채로 번데기 한쪽 끝을 밀고 나온다. 다리가 자유로워지면 앞다리를 정신없이 움직이기 시작한다. 그리고 천천히, 힘겹게, 자주 쉬면서 힘을 보충해가며 번데기 밖으로 몸을 밀어낸다. 가슴 부분까지 나왔을 때, 등에는 납작한 날개 한 쌍이 마치 호두알처럼 주름진 상태로 붙어 있다. 마침내 번데기를 완전히 떨치고 나온 나비는 빈 껍질에 매달린 채 발작적으로 몸을 떨면서 늘어진 날개 안의 혈관들에 혈액을 보내기 시작한다.

그리고 천천히 몸을 편다. 날개 바깥쪽의 흐릿한 무늬가 커지고 또렷해진다. 반점들은 커져서 놀랍도록 섬세한 눈 모양의 무늬가 된다. 30분 안에 날개는 완전히 팽창한다. 늘어져 있던 양 날개가 바싹 붙어 그 사이의 혈관을 감싼다. 혈관 자체는 여전히 부드럽다. 이 단계에서 날개 끝이 손상되면 피를 흘리게 된다. 하지만 혈액은 서서히 몸 안으로 다시 흡수되고 혈관은 굳어져서 날개를 튼튼하게 받쳐주는 버팀대가 된다. 이때까지 마치 책장처럼 겹쳐져 있던 날개가 마르고 단단해지면 나비는 천천히 양 날개를 떼어낸다. 그리고 마침내 화려한 색의 완벽한 날개를 최초로 세상에 드러내고, 성충으로서 맞을 첫날의 새벽을 기다린다.

이제 곤충은 유충 시절에 그토록 부지런히 모으고 저장한 양분을 사용할 수 있다. 성충에게는 먹는 것이 최우선 과제가 아니다. 짧은 생애 동안 꿀을 먹으며 에너지를 보충하고 알을 만드는 데에 필요한 양분을 섭취하는 개체들도 있지만 몸을 키우려고 먹을 필요는 없다. 성장은 이미 끝났기 때문이다. 하루살이와 일부 나방은 구기조차 없다. 그들의 삶에서 가장 시급한 과제는 짝을 찾는 일이다.

맞은편
혜성꼬리나방(*Argema mittrei*), 아프리카 마다가스카르 동부 해안 안다시베의 우림.

나비는 놀랍도록 정교한 무늬의 날개를 과시하면서 짝을 구한다. 날개에는 종적(種的), 성적(性的) 정체성이 담겨 있기 때문에, 짝짓기를 통해서 번식이 가능한 개체들끼리 서로 알아볼 수 있게 해준다. 유충과 달리 나비 성충은 훌륭한 겹눈을 가지고 있다. 수컷이 암컷보다 눈이 더 큰데, 일반적으로 짝을 찾는 일은 수컷의 몫이기 때문이다. 나비들은 우리가 보지 못하는 스펙트럼의 빛도 감지할 수 있다. 따라서 나비의 날개도 마치 꽃이 그렇듯이 자외선을 감지하지 못하는 인간의 눈에 보이는 것보다 훨씬 더 무늬가 복잡하다. 지붕의 타일들처럼 작은 비늘들이 서로 겹쳐져서 만들어진 색과 무늬는 색소로 이루어지기도 하지만, 내리쬐는 빛을 분리하여 일부만 반사시키는 미세한 구조의 결과물인 경우가 더욱 많다. 휘발성이 매우 강한 액체를 이런 날개 위에 한 방울 떨어뜨리면 액체가 그 구조를 가려서 색이 잠시 사라졌다가 액체가 증발하고 빛이 다시 분리되기 시작하면 비로소 나타난다.

다채로운 색으로 빛나고, 보송보송하며, 좁다란 깃발들을 늘어뜨리고, 투명한 창문으로 장식된, 시맥이 뻗어 있고 가장자리가 톱니처럼 들쭉날쭉하고, 아름다운 색의 점무늬들이 박힌 이 화려한 날개들은 곤충의 세계에서 가장 정교한 시각적 소환장이다. 다른 곤충들은 다른 수단을 사용해서 똑같이 복잡하고 강력한 신호를 멀리까지 보낸다. 매미, 귀뚜라미, 메뚜기는 소리에 의존한다. 대부분의 곤충은 소리를 듣지 못하므로 이런 곤충들은 소리뿐만 아니라 귀도 발달시켜야 했다. 매미는 흉부 양쪽에 동그란 고막이 있다. 메뚜기는 첫 번째 넓적다리 마디에 깊은 주머니와 연결되는 두 개의 구멍이 있으며 이 사이에 고막과 같은 역할을 하는 막이 있다. 소리가 이 구멍에 부딪치는 각도는 소리가 고막에 닿는 강도에 크게 영향을 미치기 때문에 메뚜기는 공중에서 다리를 흔들어 신호가 오는 방향을 알아낼 수 있다.

일부 메뚜기들은 뒷다리의 톱니 모양 가장자리를 날개의 튼튼한 시맥에 톱질하듯이 문질러서 소리를 낸다. 노래하는 곤충들 가운데 가장 시끄러운 매미는 훨씬 복잡한 기관을 가지고 있다. 매미들의 복부 양쪽에는 방이 하나씩 있다. 각 방의 내벽은 단단해서, 안팎으로 움직일 때마다 깡통 뚜껑처럼 딸깍이는 소리가 난다. 복부 뒤쪽에는 이 벽을 앞뒤로 초당 600회의 속도로 밀고 당길 수 있는 근육이 있다. 이렇게 해서 만들어지는 소리는 어마어마하게 증폭된다. 이 진동판 뒤쪽의 복부 대부분이 텅 비어 있고, 복부 벽에 공명기 역할을 하는 커다란 직사각형의 구역이 두 개 있기 때문이다. 이 공명기는 흉부의 아래쪽 끝에서 튀어나온 덮개에 덮여 있으며 이것이 열고 닫히면서 마치 오르간의 개폐기처럼 소리를 증폭시키거나 감소시킨다. 매미들은 종마다 특징적인 소리를 낸다. 어떤 소리는 기계톱으로 못을 때리는 소리처럼 들리고, 바퀴에 칼을 가는 소리나 가열된 판 위에 기름을 떨어뜨리는 것 같은 소리도 있다. 이 소리들은 워낙 커서 매미 한 마리의 소리를 약 500미터 거리에서도 들을 수 있으며, 매미들이 다 함께 노래를 부르면 숲 전체가 울릴 정도이다.

이 시끄러운 노래에는 우리의 귀가 들을 수 있는 것보다 더 많은 정보가 담겨 있다. 인간은 소리의 간격이 10분의 1초보다 작은 소리는 듣지 못한다. 매미는 100분의 1초 간격의 소리도 구별할 수 있다. 예를 들면 매미들은 노랫소리의 주파수를 1초에 200회부터 500회까지 변화시키면서, 이것을 규칙적인 리듬으로 반복한다. 우리에게는 이런 변화와 리듬이 들리지 않지만 같은 종의 개체들은 알아들을 수 있다. 그렇기 때문에 수컷은 다른 수컷의 영역을 침범하지 않을 수 있고, 암컷은 수컷이 있는 방향으로 날아갈 수 있다.

모기 또한 짝짓기 신호로 소리를 이용하지만 자신들만의 방식으로 신호를 감지한다. 모기 암컷은 날개를 1초에 500회씩 퍼덕여서 높은 톤의 소리를 낸다. 여러분이 야영지에서 모기장을 치지 않고 잠을 청할 때에 여러분의 신경을 몹시도 거슬리게 하는 소리가 바로 이 소리이다. 수컷은 이 소리와 같은 주파수로 진동하는 더듬이 아래쪽의 고막으로 이 소리를 감지하여 암컷이 있는 방향으로 날아간다.

또다른 감각인 후각을 활용해서 짝을 유혹하는 곤충들도 있다. 일부 나방들의 암컷은 수컷이 커다란 깃털 같은 더듬이로 감지할 수 있는 냄새를 풍긴다. 수컷의 후각기관도 예민하지만, 암컷의 냄새 또한 매우 독특하고 강렬해서 11킬로미터 밖에 있는 수컷도 부를 수 있다고 알려져 있다. 이렇게 먼 거리에 공기 1제곱미터당 냄새 분자가 1개만 있어도 수컷은 그 발원지를 찾아 날아갈 수 있다. 냄새를 맡으려면 더듬이 2개가 모두 필요하다. 하나만 있으면 방향을 확실히 알 수 없지만 2개를 모두 이용하면 강한 냄새가 나는 쪽을 판단하여 그쪽으로 계속 날아갈 수 있다. 제왕나방 암컷은 나무 위의 새장에 갇힌 상태에서 인간의 코로는 감지할 수 없는 향기를 발산하여 3시간 만에 주변 지역에 있는 커다란 수컷들을 100마리 넘게 불러 모으기도 했다.

이렇듯 다 자란 곤충들은 시각, 청각, 후각에 의존하여 짝을 유혹한다. 수컷은 암컷을 때로는 아주 잠깐, 때로는 몇 시간씩 붙잡고 있다. 한 쌍이 부자연스럽게 달라붙은 자세로 공중을 날아다니기도 한다. 그런 후에 암컷은 수정된 알을 낳고 먹이를 비축한다. 나비는 애벌레들이 먹는 유일한 먹이인 잎을 공급해줄 식물을 찾는다. 딱정벌레는 배설물을 동그랗게 뭉쳐 그 안에 알을 낳는다. 파리는 썩은 동물의 사체 안에 알을 놓아둔다. 단독 생활을 하는 말벌은 거미를 잡아 독으로 마비시킨 후에 알 주변에 쌓아두어, 부화한 유충이 신선한 거미 고기를 먹을 수 있도록 한다. 맵시벌 암컷은 딱정벌레 유충이 들어 있는 나무를 찾아낸 후에 단검처럼 생긴 산란관으로 유충이 있는 지점에 구멍을 뚫는다. 그리고 딱정벌레 유충의 몸을 뚫어 그 부드러운 몸 안에 알을 낳는다. 알에서 나온 맵시벌의 유충은 딱정벌레 유충을 산 채로 잡아먹는다. 이렇게 해서 알-애벌레-번데기-성충의 과정이 다시 한번 시작되는 것이다.

곤충의 몸은 거의 무한히 다양한 형태로 발달했다. 한계가 있는 것처럼 보이는 특징은 단 한 가지, 크기뿐이다. 오늘날 가장 큰 곤충도 약 30센티미터를 넘지 않는다. 특별히 큰 종인 아틀라스나방의 날개폭과 가장 큰 대벌레의 몸길이가 그 정도이다. 딱정벌레 중에서 가장 큰 큰딱정벌레도 그 정도의 크기에 몸무게는 100그램 정도이다. 기껏해야 쥐 한 마리 정도인 셈이다. 왜 오소리만 한 딱정벌레나 매처럼 큰 나방은 없을까?

곤충이 더 커지지 못하는 요인은 호흡 방식에 있다. 가까운 친척인 초기 노래기처럼 곤충들도 기관에 의존하여 호흡을 한다. 몸 전체에 뻗어 있는 기관은 몸의 측면에 난 숨구멍들을 통해서 바깥과 연결되어 있다. 기관은 기체의 확산을 이용해서 작동한다. 기관 안으로 들어온 공기 중의 산소는 말단 부위의 벽으로 흡수되고, 조직에서 배출된 이산화탄소는 공기 중으로 확산되어 나간다. 이런 시스템은 짧은 거리 안에서는 훌륭하게 작동하지만, 관의 길이가 길어질수록 효율이 점점 떨어진다. 일부 곤충들은 근육의 수축과 이완으로 복부를 팽창, 수축시키면서 공기의 순환을 증진시킨다. 미세한 기관의 벽 안은 고리 형태의 구조로 보강되어 있어서 납작해지지는 않지만, 아코디언처럼 길이가 늘어나거나 줄어들 수도 있다. 몇몇 곤충들은 얇은 풍선처럼 부풀어오른 형태의 기관을 가지고 있다. 이 기관은 복부의 팽창, 수축에 따라서 크기가 줄어들거나 늘어난다. 그러나 여러 가지 방법들로 개선하더라도 이런 시스템은 여전히 특정 크기 이상이 되면 비효율적이다. 악몽에 등장하는 거대한 바퀴벌레나 사람을 잡아먹는 말벌 같은 것은 생리학적으로 불가능한 존재이다.

그러나 곤충은 크기의 한계를 다른 방법으로 뛰어넘었다. 열대지방에 가면 흰개미들이 진흙을 굳혀 만든 둔덕들이 사방에 즐비하다. 어느 지역에는 수백 개씩 모여 있기

도 하다. 거의 풀을 뜯는 영양 무리만큼 높은 밀도이다. 이것을 아주 얼토당토않은 비교라고 할 수는 없다. 둔덕 하나당 수백만 마리의 흰개미가 군집을 이루고 있기 때문이다. 이들은 드높은 고층 건물에 모여 사는 인간들처럼 단순히 공동 주거를 하는 것이 아니다. 일단 이들은 한 쌍의 성충이 낳은 한 가족이며, 모두 독립적인 생활을 할 수 없는 불완전한 생물들이다. 덤불 사이로 난 길을 따라 빠르게 이동하는 일개미들은 대부분 앞을 보지 못하며, 생식을 하지 못한다. 둥지 입구 옆을 지키다가 벽에 틈이 생기면 달려가서 방어하는 병정개미들은 커다란 턱으로 무장하고 있기 때문에 스스로 먹이를 먹지 못하고 일개미들의 도움을 받아야 한다. 군체의 중심에는 여왕개미가 있다. 여왕은 결코 빠져나갈 수 없는 거대한 흙벽 안에 갇혀 있다. 몸이 너무 커서 방 안으로 이어지는 통로를 통과할 수 없기 때문이다. 여왕개미의 복부는 12센티미터 길이의 하얗고 통통한 소시지 형태로 부풀어 있으며, 여기에서 하루에 3만 개라는 믿기 어려운 속도로 알을 생산한다. 여왕 또한 다른 개미들이 없으면 죽는다. 일개미들이 팀을 이루어서 여왕의 몸 앞쪽으로는 먹이를 전달하고 뒤쪽에서는 알을 모은다. 왕개미는 유일하게 생식 능력이 있는 수컷으로, 말벌 정도 크기이며 여왕 옆에 머무르면서 역시 일개미들이 가져다주는 먹이를 먹는다.

위
흰개미(*Macrotermes gilvus*), 군체의 여왕이 일개미들에 둘러싸여 있다. 아프리카.

이 모든 개체들을 하나의 초개체로 묶어주는 연결 고리는 매우 효율적인 의사소통 체계이다. 병정개미는 커다랗고 단단한 머리를 통로 벽에 부딪쳐 소리를 냄으로써 동료들에게 경고를 보낸다. 일개미는 새로운 먹이 공급원을 발견하면 앞을 보지 못하는 자기 동료들이 쉽게 찾아올 수 있도록 냄새로 흔적을 남긴다. 그러나 가장 중요하고 많이 쓰이는 방법은 페로몬(pheromone)이라는 화학 물질에 기초하고 있다. 이 물질은 매우 빠른 속도로 군집 전체에 돌면서 지시를 전달한다. 군집의 모든 구성원은 끊임없이 서로 먹이와 타액을 교환한다. 일개미는 이것을 입에서 입으로 전달하거나 혹은 다른 개미가 배설한 것을 받는다. 소화가 덜 된 먹이를 재처리하여 마지막 양분까지 모두 뽑아내기 위해서이다. 그리고 유충과 병정개미에게 먹이를 준다. 또한 방 안에 누워 있는 여왕을 찾아가 꿈틀거리는 옆구리를 계속 핥으며 항문에서 분비되는 액체를 모은다. 그 과정에서 여왕개미가 분비하는 페로몬을 모아서 군집 전체에 빠르게 퍼뜨리기도 한다. 여왕이 낳은 알에서 나온 어린 유충은 수컷과 암컷 모두가 될 잠재력이 있지만, 일개미들이 전달하는 여왕의 페로몬이 발달을 억제하여 생식 기능도 날개도 눈도 없는 상태로 남게 된다. 병정개미 또한 페로몬을 생산하여 군집 안에 도는 화학적 의사소통에 기여하며, 여왕의 페로몬과 비슷한 방식으로 유충이 병정개미로 자라는 것을 억제한다.

1년 중에 특정한 시기에는 여왕이 생산하는 페로몬의 혼합물과 그에 대한 유충의 반응이 약간 변화한다. 페로몬 혼합물의 억제 능력이 사라지면서, 둥지의 어두운 통로들은 젊고 날개가 달린 성충들의 움직임으로 부산해진다. 어떤 종의 일개미들은 둥지 옆쪽에 특별한 구멍을 내고, 그 앞에 이륙용 경사로를 만든다. 출구 앞은 병정개미들이 지킨다. 그리고 비가 내리기 시작하면 병정개미들이 지키는 가운데 날개 달린 흰개미들이 구멍에서 쏟아져 나와서 피어오르는 연기처럼 소용돌이치며 하늘로 올라간다.

덤불 속 동물들에게 이 특별한 행사는 잔치나 다름없다. 개구리와 파충류들은 흰개미 둥지의 출구 옆에 모여 경사로로 몰려 나오는 개미들을 낚아챈다. 대이동이 시작되면 하늘은 같은 자리를 빙빙 도는 수많은 새들로 가득 찬다. 흰개미들은 대체로 멀리 가지 못한다. 흉부 가까이에 붙은 날개는 땅에 내려오자마자 떨어져 나간다. 제 기능을 다했기 때문이다. 이제 수컷은 땅 위에서 암컷의 뒤를 쫓는다. 잡아먹히지 않고 살아남은 소수는 짝을 이루어서 땅이나 나무의 갈라진 틈과 같이 둥지를 짓기에 알맞은 장소를 찾아서 함께 떠난다. 그런 장소를 찾아내면 작은 왕실을 짓고, 그 안에서 교미

맞은편
6미터 높이의 냉방용 굴뚝을 갖춘 흰개미(*Isoptera*)들의 둥지, 케냐 보고리아.

하고 알을 낳는다. 알에서 나오는 첫 유충은 부모가 먹이를 먹여주어야 하지만 일단 혼자 먹이를 구하고 진흙으로 벽을 쌓을 수 있을 정도로 자라면 부모는 온전히 알의 생산과 군집의 건설에만 힘을 쓰게 된다.

흰개미는 원시 곤충인 바퀴벌레와 매우 가까운 관계이다. 흰개미도 바퀴벌레처럼 허리가 없으며, 어린 유충과 날개 달린 성충의 형태가 매우 비슷하다. 이들은 여러 번의 탈피를 통해서 성장하지만 번데기 시기나 변태를 겪지 않는다. 그리고 바퀴벌레처럼 흰개미 또한 대부분 식물성 물질만을 먹고 산다. 흰개미는 약 2,000종이 있는데 보통 나뭇가지, 나뭇잎, 풀을 먹는다. 목재를 주로 먹는 일부 종은 나무 기둥과 통나무 안쪽을 전부 갉아먹고는 손가락으로 툭 건드리기만 해도 무너질 것 같은 텅 빈 껍질만 남겨놓기도 한다.

흰개미들은 가장 커다란 건축물을 짓는 곤충에 속한다. 10톤의 진흙을 들여 벽과 부벽과 성곽을 갖춘 요새를 사람 키의 약 서너 배 높이까지 짓기도 한다. 수백만 마리의 주민들이 그 안에서 바쁘게 자기 할 일을 하며 돌아다니다 보면 온도가 지나치게 높게 올라가고 공기 중에 산소가 부족해질 수 있기 때문에, 환기의 중요성이 매우 크다. 그래서 흰개미들은 둔덕의 가장자리에 마치 갈비뼈처럼 튀어나와 있는, 벽이 얇고 높다란 굴뚝을 만든다. 이 거대하고 매끈한 관 안에는 흰개미가 살지 않는다. 이 굴뚝의 용도는 오직 환기이다. 햇빛이 굴뚝의 벽을 데우면, 그 안의 공기가 둥지의 중심보다 뜨거워진다. 뜨거워진 공기는 상승하면서 중앙의 통로들과 둔덕 깊은 곳의 오래된 공기를 끌어올려 순환시킨다. 굴뚝의 얇은 외벽에는 수많은 구멍이 뚫려 있고 이 구멍으로 바깥 공기의 산소가 확산해서 들어온다. 신선해진 공기는 둥지 위쪽으로 올라가 순환하면서 다시 아래쪽의 통로들로 내려온다. 날이 아주 더울 때에는 일개미들이 땅속 깊은 곳의 지하 수면까지 뻗어 있는 터널로 내려간다. 그리고 각자 물을 가득 싣고 돌아와서 둥지의 주요 벽들을 적신다. 그러면 열기 때문에 물이 증발하면서 온도가 내려간다. 일개미들은 이런 방법들로 둥지 안의 온도를 거의 일정하게 유지한다.

오스트레일리아의 나침반흰개미는 거대하고 납작한 끌의 날 같은 형태의 성을 짓는다. 이 성의 긴 축은 언제나 남북 방향을 가리킨다. 이런 형태 덕분에 한낮의 뜨거운 태양에는 최소한의 영역만 노출되고, 이른 아침과 특히 추운 계절의 저녁에는 희미한 햇빛을 최대한 끌어들여서 흰개미들이 따뜻하게 지낼 수 있다. 서아프리카를 비롯한 비가 많이 오는 지역의 흰개미들은 지붕이 납작한 버섯 형태의 둥지를 지어서 빗방울을 아래로 떨어뜨린다. 흰개미 연구자들은, 페로몬을 통한 의사 전달 시스템이 군집의 행동을 통제하고 조정하는 방식에 관한 연구에서는 큰 성과를 얻었지만, 어떻게 앞을 보지 못하는 수백만 마리의 일개미들이 각자 작은 진흙 덩어리를 옮겨서 이토록 기발하고도 효율적이고 규모가 큰 건축물들 짓는지는 아직 밝히지 못했다.

흰개미와 비슷한 규모의 군집 생활을 하는 또다른 곤충들이 있다. 가는 허리와 두 쌍의 투명한 날개, 강력한 침을 가진 말벌과 꿀벌, 개미들이다. 말벌은 군집 생활의 발달 단계들을 오늘날까지도 보여준다. 일부 사냥 말벌은 완전히 단독 생활을 한다. 짝짓기가 끝나면 암컷은 진흙으로 된 둥지를 만들어 각 방에 알을 낳고 침으로 마비시킨 거미들을 비축한 다음에 떠난다. 암컷이 둥지 곁에 머물다가 유충이 알에서 나오면 매일 먹이를 가져다주는 종도 있다. 또 어떤 종의 암컷들은 가까운 거리에 각자 둥지들을 짓지만 몇 주일이 지나면 그중 일부가 자신이 짓던 둥지를 버리고 다른 암컷의 둥지 짓는 일을 돕는다. 그러다가 결국 한 암컷이 우두머리가 되어 모든 알을 낳고 나머지 암컷들은 둥지를 짓고 먹이를 구하는 데에만 집중한다.

꿀벌은 이런 기본 형태를 좀더 극단적으로 정교화해서 수천 마리씩 군집을 이루어 산다. 벌집 안에 단 한 마리뿐인 여왕벌은 일벌들이 만들어놓은 방들 안에 알을 낳는다. 흰개미들과 마찬가지로 이들의 군집도 화학적 의사 전달 체계인 페로몬으로 연결된다. 이 페로몬이 끊임없이 벌집 안을 돌면서 모든 주민들에게 무리의 상태와 여왕의 부재 혹은 존재를 알린다. 만약 여왕이 죽거나 여왕의 페로몬을 통해서 알 생산량이 줄어들었음을 알게 되면 일벌들은 새로운 여왕을 길러내기 시작한다. 또한 자신들도 직접 알을 낳는다. 그러나 일벌은 짝짓기를 하지 못하기 때문에 이 알들은 당연히 무정란이다. 그럼에도 불구하고 일벌들은 알을 낳아 수벌들을 길러낸다. 수벌들은 벌집 안에서 아무 쓸모가 없다. 단지 여왕이 없어져서 군집이 멸망하기 전에 일벌들의 유전자를 다른 벌집으로 옮길 수 있는, 날아다니는 정자 덩어리일 뿐이다.

꿀벌은 군집 생활을 하는 곤충들 중에서도 흔하지 않은 방식으로 의사소통을 한다. 공중을 날아다니며 먹이를 찾는 꿀벌들은 땅에서만 지내는 흰개미들처럼 냄새로 흔적을 남겨서 다른 군집 구성원들에게 길을 안내할 수가 없다. 대신에 이들이 택한 방법은 춤이다. 새롭게 피어나서 꿀로 가득한 꽃을 찾아낸 일벌은 벌집으로 돌아오면 입구 앞의 착륙장 위에서 특별한 춤을 춘다. 먼저 원을 그리면서 돈다. 그러다가 이 원의 가운데를 가로지르는데, 이때 배를 흔들면서 특별히 요란하게 윙윙거리는 소리

를 내어 이 동작을 강조한다. 이 춤의 경로는 먹이가 있는 방향을 곧장 가리킨다. 다른 일벌들은 이 신호를 알아보고 자신들도 먹이를 찾기 위해서 지시된 방향으로 곧장 날아간다. 그러면 춤을 추던 벌은 벌집 안으로 들어가 다시 춤을 춘다. 안쪽으로 들어갈수록 새로 발견한 꽃과는 멀어진다. 벌집은 야생이든 양봉이든 수직 방향으로 매달려 있기 때문에 이 안에서는 배를 상하좌우로 흔들어 방향을 지시할 수 없다. 그래서 벌은 태양을 이용한다. 만약 벌이 원의 가운데를 수직으로 가로지르며 춤을 춘다면, 먹이가 있는 방향이 태양의 방향과 일치한다는 것이다. 만약 먹이가 태양을 기준으로 오른쪽 20도 방향에 있다면, 벌은 원의 가운데를 수직에서 오른쪽으로 20도 기울어진 방향으로 가로지르며 춤을 춘다. 이 벌을 둘러싼 일벌들은 춤을 자세히 관찰하고 그 메시지를 기억한 다음 꽃을 찾아서 날아간다. 이들이 꿀을 가지고 돌아오면 똑같이 춤을 출 것이고, 이로써 짧은 시간 내에 벌집 안에 있는 일벌들 대부분이 새로 발견한 꽃에서 꿀을 모아오게 된다.

과학자들은 1940년대부터 벌을 연구하여 이런 사실들을 알아냈지만 몸을 상하좌우로 흔드는 춤의 원리는 아직도 완전히 밝혀내지 못했다. 어쨌든 춤을 추는 장소는 어두운 벌집 안이기 때문에 일벌들은 춤의 각도를 볼 수 없다. 따라서 춤을 추는 벌이 내는 소리나 냄새를 통해서 감지하는 것이 분명하다. 작은 로봇 벌을 이용한 기발한 실험을 통해서 윙윙거리는 소리가 이 춤의 필수 요소임이 드러났다. 이 소리가 없으면 일벌들은 춤을 이해하기가 훨씬 어려워질 것이다.

곤충의 세계에서 가장 복잡하고 세련된 사회의 형태는 말벌, 꿀벌, 개미들의 관계에 의해서 만들어진다. 어떤 종은 식물 안에 살면서 숙주의 조직을 자극하여, 독특한 혹이나 속이 빈 줄기 또는 아래쪽이 부풀어오른 가시 등이 자라게 함으로써 일종의 주문 제작형 둥지를 확보한다. 남아메리카의 가위개미는 땅속에 대규모의 둥지를 지어놓고는 밤낮으로 긴 행렬을 이루며 밖으로 나와서 나무의 싹, 잎, 줄기를 조금씩 남김없이 잘라내어 지하의 방들로 옮긴다. 이들은 이것을 먹지 않고 씹어서 균류를 키우는 데에 사용할 퇴비를 만든다. 그리고 균류의 작고 하얀 자실체를 먹이로 삼는다.

동남아시아의 푸른베짜기개미는 나뭇잎을 바느질해서 둥지를 짓는다. 일개미 무리가 두 개의 나뭇잎 끝을 모아서 한쪽은 턱으로, 다른 한쪽은 발로 붙든다. 그러면 안쪽에서 다른 일개미들이 바느질을 시작한다. 개미 성충은 실을 생산할 수가 없다. 그래서 이 개미들은 자신의 유충들을 데려와서 이들을 입으로 물어 붙잡아놓고 조금씩

맞은편
푸른베짜기개미(*Oecophylla smaragdina*) 무리가 나뭇잎을 연결해서 둥지를 만들고 있다. 오스트레일리아 카카두 국립공원 북부.

눌러서 실을 생산하도록 자극한다. 그리고 이 살아 있는 접착제를 물고서는 잎의 연결 부위의 위에서 앞뒤로 움직이면서 두 잎의 가장자리가 부드러운 직물로 연결되도록 한다. 오스트레일리아의 꿀단지개미는 꿀을 모아서 특수한 계층의 일개미들에게 먹인다. 이것을 받아먹은 일개미들의 복부는 완두콩 크기로 부풀어오르고 피부는 얇게 늘어나서 투명하게 비칠 정도가 된다. 그러면 다른 일개미들이 이들을 마치 살아 있는 저장고처럼 지하 통로 안에 매달아둔다.

그러나 대부분의 개미들은 육식을 한다. 많은 개미들이 흰개미들의 커다란 둔덕을 습격하여 병정들과 전투를 벌이고는 한다. 그리고 이 전투에서 이기면 무방비 상태의 일개미들과 유충을 먹어치운다. 믿을 수 없을 정도로 놀라운 사회적 행동을 보이는 개미들도 있다. 바로 다른 종의 개미들을 노예로 삼는 것이다. 이들은 주로 가까운 관계의 종의 개미 둥지를 습격하여, 그 안의 번데기들을 자신들의 둥지로 가지고 온다. 이 번데기에서 나온, 어린 개미들은 주변의 개미들을 자매로 여긴다. 자신을 부리는 개미들의 페로몬도 자신들의 페로몬과 비슷하기 때문이다. 이들이 가족도, 심지어 같은 종도 아니라는 사실을 알지 못하는 노예들은 자신들을 납치한 개미들을 위해서 먹이를 구하고 새끼를 돌본다. 납치가 되지 않았더라면 자신들의 둥지에서 했을 일을 하는 것이다. 그 결과 노예를 사육하는 개미들은 사회적 기생체가 되어 노예들에게 먹이까지 받아먹는다. 이들은 턱이 너무 커서 혼자서는 먹이를 먹지 못하기 때문이다.

가장 무시무시한 개미 종은 둥지를 만들지 않고 돌아다니며 먹이를 찾는 군대개미이다. 이들은 남아메리카에서는 군대개미, 아프리카에서는 운전사개미라고 불린다. 군대개미들은 줄을 지어 행진하는데, 이 줄이 워낙 길어서 한 지점을 지나가는 데에 몇 시간이 걸릴 정도이다. 선두에서는 병정개미들이 넓게 흩어져서 먹이를 찾는다. 그 뒤로 일개미들이 10여 마리씩 나란히 서서 걸어간다. 이중 많은 수는 유충을 나른다. 주변이 트여 있어서 공격을 받기 쉬운 지역을 지나갈 때에는 턱이 크고 앞을 보지 못하는 병정개미들이 행렬의 측면을 방어한다. 몸을 꼿꼿이 세우고, 턱을 벌린 이 병정들은 방해하면 누구든지 물어죽일 준비가 되어 있다. 행렬 선두의 사냥꾼들이 먹이를 발견하면 무리 전체가 그 위를 휩쓸고 지나가며 학살을 벌인다. 메뚜기, 전갈, 도마뱀, 둥지에 있는 어린 새 등 미처 몸을 피하지 못한 어느 것이든지 간에 공격의 대상이 된다. 서아프리카에서는 동물을 묶어놓거나 도망가지 못하도록 가둬놓을 경우, 이 군대개미의 공격을 받을 가능성을 각오해야 한다. 나는 한때 그 지역에서 여러 마리의 뱀을 채집한 적이 있었다. 나무뱀, 비단뱀 등 독이 없는 종뿐만 아니라 가봉북살무사, 빼끔살무사, 독물총코브라도 있었다. 우리는 이 뱀들을 벽이 진흙으로 된 오두막 안에 넣어두고 등유 통으로 무장한 보초를 세웠다. 등유를 땅에 붓고 불을 붙여야만 개미들의 습격을 막을 수 있기 때문이다. 그렇게 주의를 기울였지만 결국 한 무리의 군대개미가 뒤쪽 벽에 난 구멍을 통해서 오두막 안으로 들어오고 말았다. 우리가 발견했을 무렵에는 개미들이 거즈에 싸인 상자에 들어 있던 뱀들을 온통 뒤덮고 있었다. 물어뜯기는 고통에 화가 난 뱀들은 정신없이 저항했지만 이 조그만 공격자들 앞에서는 소용이 없었다. 우리는 뱀들을 전부 밖으로 데리고 나가 비늘 사이에 턱을 박고 있는 개미들을 일일이 떼어내야 했다. 최선을 다했지만 결국 뱀 몇 마리는 개미에 물려죽었다.

군대개미는 몇 주일 동안 매일같이 행진하며 먹이를 구한다. 유충이 분비하는 페로몬이 군대 안을 순환하면서 이들을 자극하여 계속 이동하게 만든다. 유충이 번데기화되기 시작하면 더 이상 화학적 신호를 보내지 않는다. 그러면 군대도 이동을 멈추고 숙영을 한다. 약 15만 마리에 달하는 개미 개체가 나무뿌리 사이나 튀어나온 바위 밑에 거대한 공 모양으로 뭉친다. 그리고 서로 달라붙은 채 자신들의 몸으로 여왕이 이동할 통로와 번데기를 보관할 방들을 갖춘, 살아 있는 둥지를 만든다. 여왕은 난소가 발달하면서 몸이 크게 부풀어오르고, 약 일주일 후부터 알을 낳기 시작한다. 그후 며칠에 걸쳐 여왕은 약 2만5,000개의 알을 낳는다. 이 알들은 매우 빠르게 부화되고 동시에 저장되어 있던 번데기에서도 새로운 세대의 일개미와 병정개미들이 밖으로 나온다. 이들이 특유의 페로몬을 분비하기 시작하면 신병의 보충으로 규모가 커진 군대가 다시 한번 전쟁터를 향해서 행진하기 시작한다.

흰개미 군체를 영양 무리에 비교한다면 공격적이고 규율이 잘 잡힌 군대개미 행렬은 맹수라고 할 수 있을 것이다. 끊임없이 먹이를 찾아다니는 굶주린 군대개미 무리는 미처 피하지 못한 동물들을 가리지 않고 죽이면서 숲을 공포로 몰아넣는다. 개체의 작은 크기는 중요하지 않다. 수천 마리가 죽더라도 군대 전체의 힘과 활기에는 큰 영향을 미치지 않는다. 이들은 이렇게 군대를 이룸으로써 숲속에 사는 동물들 가운데 가장 강력하고 무시무시하고 장수하는 초개체(超個體)가 되었다.

제5장

물의 정복자

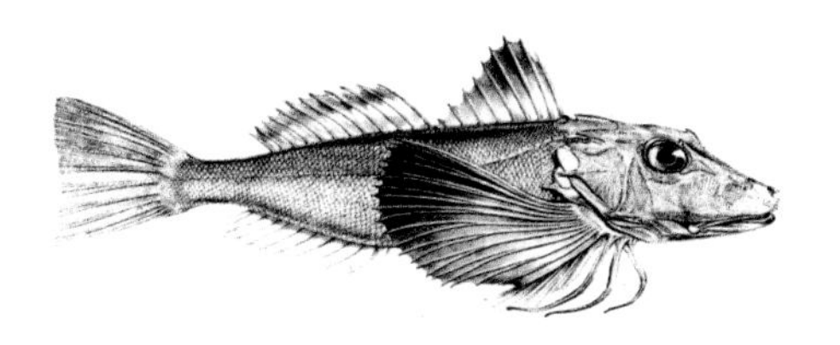

전 세계의 거의 어느 곳을 가든, 썰물 때면 바위에 붙어 흐느적거리는 말미잘들 사이에서 조금 다른 종류의 젤리 같은 덩어리를 볼 수 있다. 말미잘을 손으로 누르면 가운데에서 약간의 물이 흘러나온다. 그러나 이 젤리는 누군가가 발로 밟기라도 하면 그 사람의 다리로 물줄기를 찍 하고 쏘아올린다. 이들 멍게의 영어 이름이 sea squirt(squirt는 영어로 '분출하다'라는 뜻이다/옮긴이)인 것은 그런 이유 때문이다. 물속에서는 멍게와 말미잘을 쉽게 구분할 수 있다. 말미잘은 중앙에 있는 입을 꽃처럼 생긴 촉수들이 둘러싸고 있는 형태이다. 멍게는 촉수가 없고 두 개의 입이 두터운 젤리에 감싸인 U자형의 관으로 연결되어 있다. 투박한 자루처럼 생겼지만 이것이 물속에서 부풀어오르면 아름다워진다. 유럽산 멍게 중의 1종은 거의 속이 비칠 정도로 투명하며, 두 개의 입 주변에는 흐릿한 파란색 왕관이 씌워진 채 흔들리고, 이 입들을 연결하는 관 내부에는 가는 고리 형태의 근육들이 붙어 있는 모습이 마치 섬세하기 그지없는 베네치아 유리를 연상시킨다. 불투명한 분홍색이나 금색의 젤리로 감싸인 종들도 있다. 어떤 종은 포도송이처럼 무리를 지어서 자라고, 다른 어떤 종은 좀더 크고 길쭉하며 단독 생활을 한다.

이들은 모두 여과 섭식자이다. 한쪽 구멍으로 물을 빨아들여서, 벽에 가늘고 긴 구멍들이 있는 자루를 통과시킨 후, 다른 한쪽 구멍으로 배출한다. 자루의 벽에 달라붙은 먹이 입자들은 섬모에 의해서 아래로 쓸려 내려가서 자루의 바닥과 이어지는 짧은

맞은편
전구멍게(*Clavelina lepadiformis*). 영국 채널 제도.

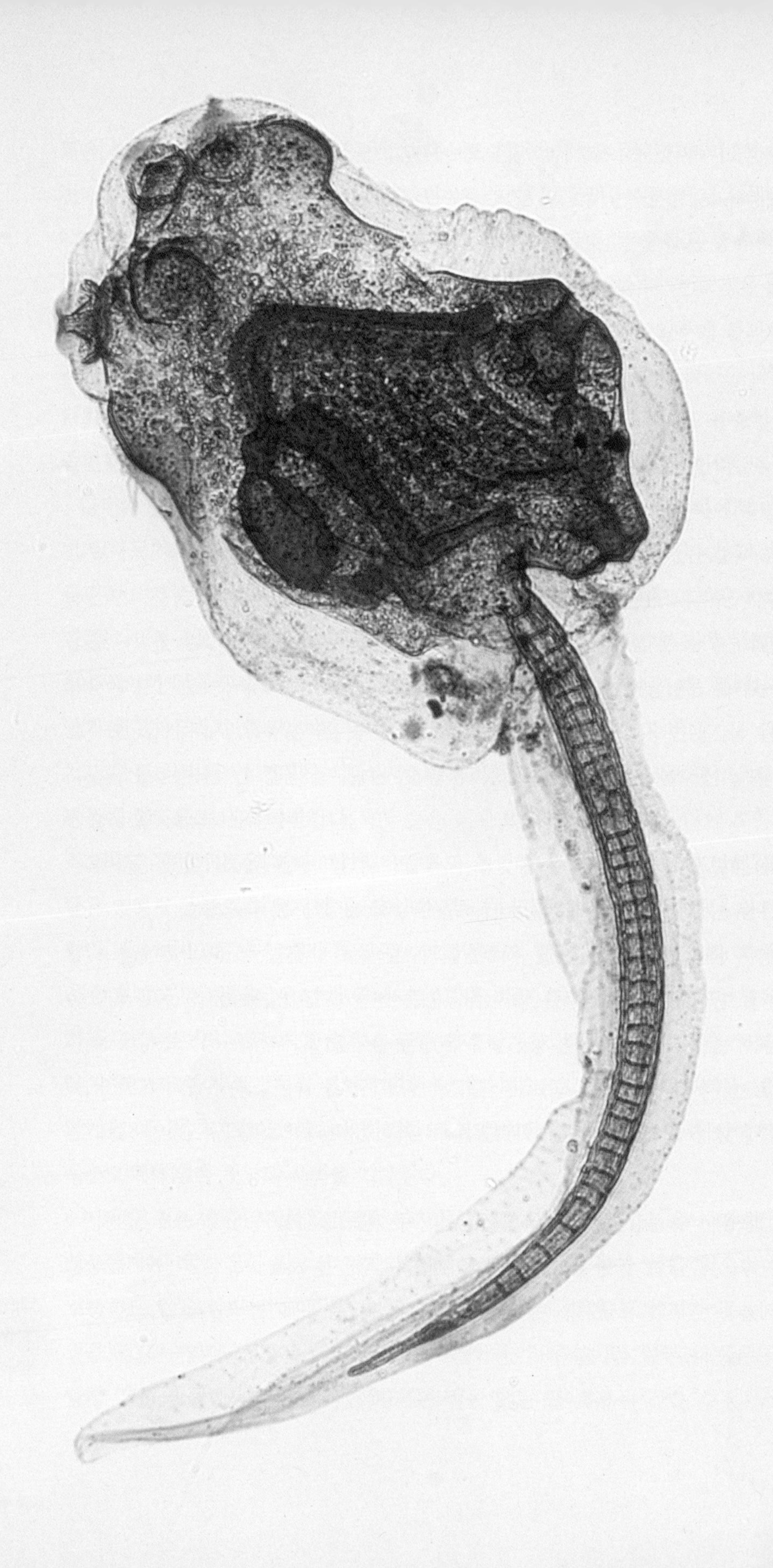

장을 통과한 후에 위쪽으로 방향을 틀어 물을 배출하는 관 안으로 들어간다.

이렇게 간단한 구조와 단순한 삶을 사는 생명체이지만 이들에게는 고도로 발달한 친척이 있다. 이들의 가장 먼 조상이 초기 척추동물의 조상이 되었기 때문이다. 멍게 성체의 몸에서는 이런 놀라운 주장의 증거를 찾기 힘들지만 멍게 유생에게서는 찾을 수 있다. 멍게 유생은 조그만 올챙이처럼 생겼다. 몸의 둥근 앞부분에는 U자형의 관과 장의 시작 부분이 있다. 이들은 꼬리를 흔들며 헤엄치는데, 꼬리 안에는 몸의 맨 끝에서 가운데까지 뻗어 있는 가느다란 막대 모양의 척삭(脊索)이라는 구조가 있다. 이것은 희미하게나마 척추를 연상시킨다. 다만 이것을 오래 지니고 있지는 않는다. 며칠이 지나면 이 작은 유생은 꼬리를 잃고 바위 위에 코를 붙인 채 한곳에 머물러 여과 섭식을 하는 삶을 살게 된다.

등에 이렇게 눈에 띄는 막대를 가진 여과 섭식자가 멍게 유생만은 아니다. 몸집이 더 욱 큰 창고기도 이런 구조를 가지고 있다. 약 6센티미터 길이의 가느다란 나뭇잎처럼 생긴 이 생물은 해저의 모래 속에 몸을 반쯤 묻고 생활한다. 지면 위로 내밀고 있는 몸의 앞부분에는 물을 빨아들이는 입이 있고 그 주변을 작은 촉수들이 둘러싸고 있다. 역시 아주 단순한 몸이다. 머리라고 부를 만한 것도 없고 그저 빛을 감지하는 작은 점만 존재한다. 심장도 없고 규칙적으로 뛰는 혈관들뿐이다. 지느러미도, 다리도 없고 꼬리 부분이 화살의 날개깃처럼 살짝 확장되어 있을 뿐이다. 그러나 이 단순한 생물의 몸에서 어류 발생의 첫 전조를 볼 수 있다. 몸 전체에 뻗어 있는 유연한 막대기를 근육 띠들이 등배 방향으로 가로지르고 있는데, 이 근육을 리드미컬하게 수축시키면 물결이 연속적으로 발생하여 몸을 훑고 지나간다. 이것이 물을 뒤쪽으로 밀어내고 그 결과 창고기는 앞으로 나아가게 된다. 즉, 헤엄을 치는 것이다.

유연관계를 따질 때, 유생의 해부학적 구조도 성체의 구조만큼 타당한 증거가 된다. 사실 대부분의 경우에 훨씬 더 중요한 의미가 있다. 놀랍게도 동물들 중에는 개체가 발달하는 동안 그들의 조상이 진화의 역사에서 거쳤던 단계들을 반복하는 경향을 보이는 것들이 많기 때문이다. 흰개미 애벌레는 가장 원시적인 곤충인 좀처럼 보인다. 투구게 유생의 몸에는 뚜렷한 체절이 있어서 성체에서는 찾아보기 힘든 삼엽충과의 유사성을 볼 수 있다. 자유 유영을 하는 연체동물의 유생은 체절이 있는 벌레와 비슷하여 두 동물군 사이의 관계를 짐작하게 한다. 따라서 창고기와 멍게 유충의 유사성을 증거로 둘의 관계를 추측하는 것도 지나친 일은 아니다. 그렇다면 어떤 형태가 먼

맞은편
멍게 유생의 몸 안에 있는 척삭이 보인다.

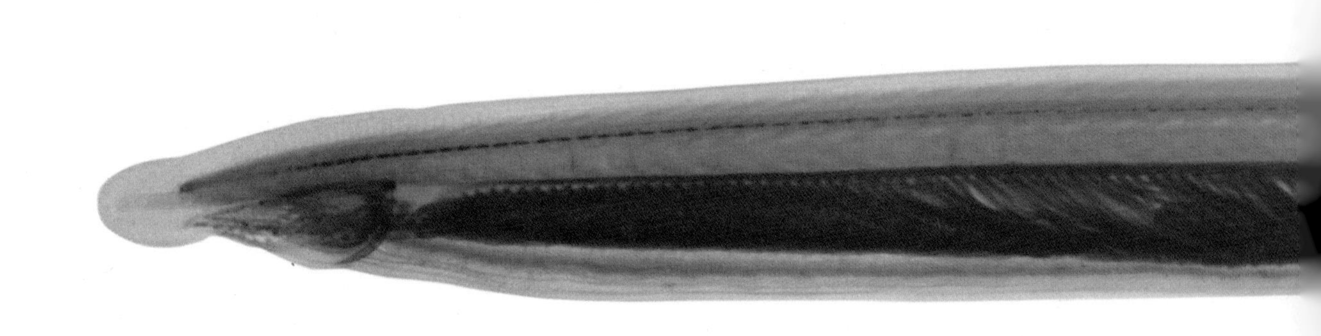

저였을까? 멍게와 유사한 생물의 후손들이 한곳에 머물러 사는 삶을 버리고 유생 단계에서 생식을 하게 됨으로써 좀더 기동성이 있는 창고기 같은 형태를 발생시켰을까? 혹은 창고기 같은 형태가 더 오래 전부터 존재했으며, 이들이 바위에 머리를 붙이고, 근육을 버리고, 바다가 주는 대로 욕심 없이 받아먹는 삶을 택하면서 멍게 같은 생물로 발달한 것일까?

오랫동안 첫 번째 가설이 맞는 것으로 간주되었다. 그러나 오늘날 비교 연구, 그리고 무엇보다 이 생물들의 유전자 분석을 통해서 두 번째 가설이 옳다는 것이 밝혀졌다. 그리고 캐나다 로키 산맥의 버지스 셰일 안에 숨겨져 있던 귀중한 초기 화석들이 발견되면서 더욱 확실해졌다. 지느러미나 등뼈를 가지고 헤엄을 치는 동물들을 아직 볼 수 없었던 5억5,000만 년 전의 바닷속 진흙에 묻힌 삼엽충, 완족류, 갯지렁이들 사이에서 현생 창고기와 매우 유사한 동물의 흔적이 발견된 것이다.

또다른 생물의 유생은 척추동물의 역사에서 다음 단계의 흔적을 보여준다. 유럽과 미국의 강에는 창고기와 비슷하게 생겼지만 크기가 조금 더 커서 최대 길이가 20센티미터에 달하는 생물이 살고 있다. 이들 또한 진흙 속에 구멍을 뚫고 살면서 여과 섭식을 한다. 턱도 눈도 지느러미도 없고 꼬리 주변에 술 모양의 털이 있을 뿐이다. 오랫동안 이들은 성체로 간주되어 따로 이름이 붙여졌고 창고기의 친족으로 분류되었다. 그러다가 이들이 실은 아주 잘 알려진 동물의 유생이라는 사실이 밝혀졌다. 결국 이들

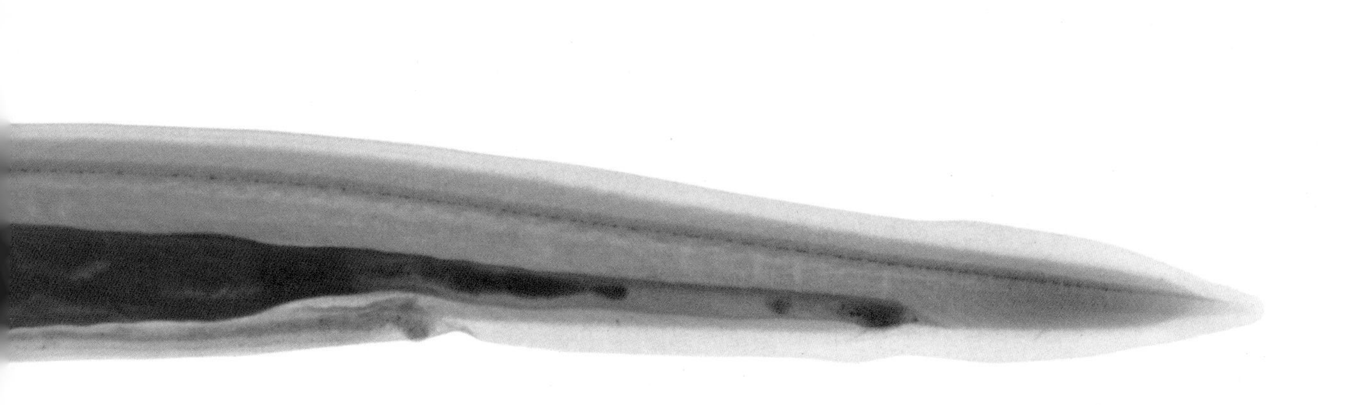

위
광학 현미경으로 찍은 창고기(*Branchiostoma lanceolatum amphioxus*).

은 진흙 속의 구멍을 떠나서, 눈이 생기고, 등에 물결 모양의 지느러미가 나고, 장어 크기로 자라서 칠성장어가 된다.

칠성장어를 처음 보면 물고기라고 생각하기 쉽지만 그렇지 않다. 유연한 막대 형태의 등뼈가 있기는 하지만 턱은 없다. 머리의 끝부분은 큼직한 원판 모양이고, 그 중심에 날카로운 가시로 덮인 혀가 있다. 두 개의 작은 눈이 있고 그 사이에 있는 콧구멍 하나가 맹낭(盲囊)과 연결되며, 목 양쪽에 아가미구멍이 일렬로 열려 있다. 칠성장어는 이 원판으로 물고기의 몸에 달라붙은 후에 날카로운 혀로 살을 갉아내어 산 채로 잡아먹는다. 칠성장어와 바다에서만 사는 이들의 친척인 먹장어는 여전히 번성하고 있다. 때로는 미국의 강들에서 칠성장어의 개체 수가 너무 늘어나서 위험한 수준에 도달하기도 한다. 칠성장어 무리는 죽거나 병든 물고기뿐만 아니라 건강한 물고기까지 공격하기 때문이다. 이들의 작은 눈, 고무 같은 빨판 입과 꿈틀거리는 몸은 인간의 눈에 결코 매력적으로 보이지 않는다. 그럼에도 이들에게 주목해야 하는 이유는 이들의 조상이 한때 바닷속에서 가장 발달한 획기적인 생물이었기 때문이다. 버지스 셰일 가운데에서 비교적 나중에 형성된 약 5억 년 전의 지층과 중국에 있는 비슷한 연대의 화석 매장지 안에서 이들의 흔적이 풍부하게 발견되었다.

이 턱이 없는 원시 어류의 대부분은 커다란 피라미 정도로 크기는 상당히 작았지만 눈과 코, 그리고 아가미를 지탱하는 아치형 구조를 가지고 있었다. 일부는 마치 갑옷을 두른 것처럼 머리와 몸 전체가 골판에 감싸여 있었다. 몸 앞쪽에는 칠성장어처럼 두 개의 눈과 한 개의 콧구멍이 있었다. 갑옷을 입은 부분의 뒤쪽으로는 지느러미가 달린 근육질의 꼬리가 뻗어 있었다. 이 꼬리를 휘저으면서 물속에서 앞으로 나아갈 수 있었지만, 몸의 앞부분이 무겁기 때문에 높이 올라가지 못하고 해저 가까이로만 다녀야 했을 것이다. 한두 종은 나중에 머리 아래쪽에 간단한 덮개 형태의 구조를 발달시켰지만 대부분의 종에게는 방향 조종이나 정확한 움직임에 도움이 되는 부분이 꼬리밖에 없었다. 그래서 처음에는 해저보다 높이 올라가서 헤엄치기가 힘들었을지도 모른다. 물 위쪽은 여전히 해파리와 유영하는 무척추동물들의 영역이었다. 턱이 없는 원시 어류는 껍질이 있는 연체동물을 먹을 수 없었지만 대신 새로운 섭식 방법을 발달시켰다. 해저를 뒤지고 다니면서 단순한 원형의 주둥이로 진흙을 강하게 빨아들여서 먹을 수 있는 입자는 걸러내고 나머지는 목 양쪽에 있는 구멍으로 배출하는 방법이다.

일부 원시 어류의 머리 부분을 이루는 무거운 뼈는 이들의 해부학적 구조를 좀더 자세히 연구할 수 있게 해주었다. 화석화된 두개골을 얇은 조각들로 잘라서 관찰함으로써 신경과 혈관이 들어 있는 공간들의 형태를 기록할 수 있었다. 이런 연구를 통해서 이 생물들 중의 한 종류가 현생 칠성장어와 매우 비슷한 뇌를 가졌음을 알게 되었다. 또한 수직 방향으로 연결된 두 개의 아치형 관을 이용해서 평형을 유지하는 구조도 있었다. 그 안에 든 액체가, 민감한 내벽의 표면 위를 움직이는 원시 어류가 물속에서 자신이 취하는 자세를 인식할 수 있게 해주었을 것이다. 현생 칠성장어에게도 매우 유사한 구조가 있다.

이 생물들 중의 일부는 상당한 크기로 자라서 길이가 약 60센티미터에 달했다. 대부분이 기동성이 뛰어나고, 비늘 옷에 감싸여 있었다. 아마도 이들은 해저보다 훨씬 더 높이까지 올라갈 수 있었을 것이다. 그러나 헤엄치는 솜씨가 뛰어나다고는 할 수 없었다. 등의 중앙선이나 배쪽의 정중지느러미가 물속에서 몸이 회전하는 것을 막아줌으로써 어느 정도의 안정성을 확보할 수 있었지만, 몸의 측면에 지느러미 쌍이 붙어 있는 종은 없었다.

따라서 수백만 년간 상황은 그대로였다. 그 어마어마한 세월 동안 산호가 출현했고, 체절동물들은 곧 바다를 떠나 육지 진출의 교두보를 확보할 수 있는 형태로 발달했다. 그동안 원시 어류들에게도 중요한 변화가 일어나고 있었다. 이들의 목 옆에 있는 구멍은 원래 여과 기관이었지만 얇은 혈관들로 둘러싸여 있어서 아가미 역할도 했다. 이 구멍들 사이에 있던 기둥 형태의 살이 막대기 모양의 뼈로 굳어졌고 이 뼈의 첫 번째 쌍이, 수천 년 동안 천천히, 세대를 거듭할수록 점점 앞쪽으로 구부러졌다. 그리고 그 주위에 근육이 발달하여 뼈의 앞부분을 위아래로 움직일 수 있게 되었다. 턱이 생긴 것이다. 이 부분을 덮고 있던 피부 속의 단단한 비늘은 점점 커지고 날카로워져서 이빨이 되었다. 이들은 더 이상 깊은 바다에서 진흙을 빨아들이고 물을 걸러내는 척추동물이 아니라 먹이를 물어뜯을 수 있는 동물이 되었다. 몸 아래 양쪽에서는 덮개 형태의 피부가 자라나 물속에서의 이동을 도와주었다. 이것이 결국 지느러미가 되었다. 이제 헤엄도 칠 수 있게 되었다. 이렇게 해서 최초로 척추가 있는 사냥꾼들이 능숙하고 정확하게 바닷속을 누비고 다니기 시작했다.

우리는 지금도 그런 일들이 일어났던 4억 년 전의 해저 위를 걸어볼 수 있다. 오스트레일리아 북서부, 원주민들이 '고고'라고 부르는 장소 근처에 있는 한 목장의 메마른 평지 안에 300미터 높이의 기이하고 가파른 바위 절벽들이 솟아 있다. 지질학자들은 어떻게 평범한 침식의 힘으로 이런 지형이 형성될 수 있었는지를 의아하게 생각했다. 도랑들이 파인 절벽면을 자세히 조사하러 온 이들은 바위 안에 가득 들어 있는 산호의 화석을 발견했다. 한때 이 지역은 바다였으며, 이 절벽들은 당시 물고기가 번성하던 깊은 석호를 둘러싼 산호초였던 것이다. 산호는 탁한 물에서 자라지 못하기 때문에 육지의 퇴적물이 섞인 강물이 들어오자 산호초 안에 계속 빈틈이 생겼다. 석호 안에 퇴적물이 서서히 들어차면서 바닷물이 빠져나갔고, 종국에는 오스트레일리아 대륙 전체의 높이가 높아졌다. 그후 석호 안을 채우고 있던 부드러운 사암이 빗물과 강물에 깎이면서, 오늘날 산호초는 바다가 아니라 스피니펙스 덤불과 키 작은 멀가 나무로 덮인 사막을 마주하게 되었다. 이 식물들의 아래에 있는, 한때 해저였던 땅에는 유난히 단단한 암석 덩어리들이 있다. 그중 일부는 끝부분에 얇은 칼날 같은 뼈들이 튀어나와 있었는데, 지질학자들은 이 덩어리들을 실험실로 가져와서 몇 달 동안 아세트산에 담가두었다. 그러자 암석이 서서히 탈락되면서 지구 역사상 최초로 등장했던 진짜 어류의 뼈가 놀랍도록 완벽한 상태로 보존된 채 드러났다.

이렇게 오래된 초기 어류의 화석들이 오스트레일리아뿐만 아니라 전 세계에서 발견되었다. 현대의 스캐닝 기술을 이용해서 암석의 내부를 들여다보고 바깥의 돌을 녹일 필요 없이 화석을 관찰할 수 있게 되었다. 이로써 많은 다양한 종들이 밝혀졌다. 대부분은 조상들처럼 어떤 식으로든 갑옷을 입고 있었다. 피부의 골판에 무거운 비늘들이 붙어 있거나 턱에 무시무시한 이빨이 달려 있었다. 일부는 몸 전체를 길게 가로지르는 척주(脊柱)에 가까운 구조와 이를 둘러싼 유연한 막대 구조를 포함하는 내골격의 초기 형태를 갖추고 있었다. 이들 모두에게는 잘 발달한 옆지느러미가 보통 두 쌍씩 있었고 목 뒤에는 가슴지느러미, 항문 근처에는 배지느러미가 있었다. 그러나 변종도 많았다. 어떤 종은 일렬로 붙어 있는 여러 개의 옆지느러미가 있었다. 또다른 종의 가슴지느러미는 관 형태의 뼈에 싸여 있어서 탐침이나 지지대처럼 보였다. 일부는 해저에서 살았고, 일부는 자유 유영을 했으며, 한두 종은 길이가 6, 7미터에 달할 정도로 거대했다. 이런 경쟁자들 속에서 턱이 없는 원시 어류는 거의 모두 멸종했다.

약 4억5,000만 년 전, 어류의 혈통이 둘로 나뉘었다. 현생종의 관찰을 통해서 그 과정을 알아낼 수 있었다. 이유는 알 수 없지만 한 어류군의 유전자 복제 결과, 골격 안에 뼈가 생성되었다. 이들의 후손은 오늘날 인간을 포함한 모든 척추동물의 조상이 되었다. 다른 한 군은 좀더 부드럽고 가볍고 탄력 있는 물질인 연골로 골격을 지탱했다. 이들의 후손은 상어와 가오리이다. 어류 조상들의 이런 분화는 대구가 같은 물고기인 상어보다 우리와 더 가까운 관계라는 뜻이다.

초기 상어의 몸속 뼈들이 줄어들면서 당연히 조상들보다 크기당 무게가 훨씬 가벼워졌다. 그러나 근육과 연골만 해도 물보다 무겁기 때문에 물속에서 뜨려면 계속 헤엄을 쳐야 한다. 이들은 조상들처럼 몸의 뒤쪽을 물결치듯이 움직이는 동시에 꼬리로 물을 치면서 물속에서 이동한다. 하지만 뒤쪽에서 발생하는 추진력이 있어도 머리가 무겁기 때문에 아래로 가라앉기 쉽다. 이 문제를 해결하기 위해서 상어는 마치 잠수함이나 후방 엔진 비행기의 날개처럼 두 개의 가슴지느러미를 수평 방향으로 펼친다. 그러나 이 지느러미는 상대적으로 덜 유연하기 때문에 갑자기 지느러미를 수직 방향으로 꺾어서 속도를 줄일 수가 없다. 사실 앞으로 빠르게 나아가는 상어는 중간에 멈추지는 못하고 방향만 틀 수 있을 뿐이며, 뒤로도 헤엄치지 못한다. 게다가 꼬리를 움직이지 않으면 가라앉는다. 실제로 일부 종은 밤에 쉬거나 잠을 잘 때에 해저로 내려간다.

연골어류 중의 한 종류는 이런 자세를 영구적으로 활용하는 쪽을 택하면서, 물속에 떠 있기 위해서 계속 꼬리를 쳐야 하는 에너지 소모적인 노동을 그만두었다. 가오리와 홍어가 여기에 해당한다. 이들의 몸은 납작해졌고, 가슴지느러미는 옆으로 뻗어나가서 물결치듯이 움직이는 커다란 삼각형 모양으로 바뀌어 운동 기능을 담당하게 되었다. 따라서 더 이상 꼬리를 칠 필요가 없다. 대부분의 근육을 상실한 꼬리는 가느다란 채찍처럼 변했으며, 때로는 그 끝에 독이 있는 가시가 있는 경우도 있다. 이런 방식은 매우 효과적이지만 자유 유영하는 상어들처럼 빠르게 헤엄치지는 못한다. 그러나 가오리들에게는 빠른 속도가 필요하지 않다. 이들은 활발하게 사냥을 하기보다는 주로 연체동물과 갑각류를 먹고 산다. 해저에서 먹이를 발견하면 몸 아래쪽에 있는 입안으로 밀어넣는데, 입이 아래쪽에 있으면 이런 형태의 섭식에는 편리하지만 대신 호흡이 어려워진다. 상어는 입으로 물을 빨아들여서 아가미를 통과시킨 후에 아가미구멍으로 배출한다. 가오리가 이런 식으로 물을 빨아들인다면 진흙과 모래가 잔뜩 들어갈 것이다. 그래서 가오리는 물을 곧장 아가미로 보내는 두 개의 구멍이 머리 위쪽에 나 있다. 물은 아가미구멍을 통해서 몸 아래쪽으로 배출된다.

대왕쥐가오리는 상층수에서 헤엄을 치는 삶으로 돌아갔다. 옆으로 넓게 펼쳐진 몸은 글라이더가 공기를 활용하는 것과 같은 방식으로 물을 활용함으로써 에너지를 많이 소모하지 않으면서도 물에 떠 있게 해준다. 그러나 물결치는 옆 날개는 꼬리만큼 강력한 추진력을 발생시키지 못한다. 따라서 대왕쥐가오리는 사촌인 상어만큼 빠르게 헤엄칠 수 없고 사냥꾼으로서 경쟁 상대가 되지 못한다. 대신 너비가 최대 7미터에 달하는 날개를 퍼덕이며 바닷속을 천천히 유영하면서 거대한 구멍 같은 입을 크게 벌려 작은 갑각류와 소형 어류 무리를 여과해서 먹는다.

단단한 뼈로 골격을 강화한 어류군의 후손들은 오늘날 전 세계의 물을 지배하고 있다. 이들은 무게의 문제를 우회적이면서도 효과적인 방식으로 해결했다. 몇몇 과(科)의 어류는 외해에서 연안 해역으로, 더 나아가 얕은 석호와 습지대로까지 진출했다. 이런 곳에서는 어류가 호흡하기 힘들다. 물이 따뜻해질수록 그 안에 포함된 산소의 양이 줄어들기 때문이다. 외해와 달리 얕은 물은 따뜻해지기 쉽고 그러면 산소가 부족해진다. 따라서 이런 지역에서 살기 위해서는 산소를 얻을 새로운 방식들을 발달시켜야 했다. 길쭉하고 독특한 생김새에 등에는 최대 18개의 지느러미가 달려 있는 폴립테루스는 조상들이 사용했던 방법을 그대로 유지하고 있다. 아프리카의 강과 습지에서 사는 이들은 주기적으로 수면에 올라와서 공기를 들이마신다. 공기는 목을 통과해서 장 위쪽 벽에 열려 있는 주머니로 들어가고, 이 주머니의 벽에 가득한 모세혈관들이 기체 형태의 산소를 흡수한다. 사실 폴립테루스는 다른 물고기들에게도 있는 아가미뿐 아니라 폐도 가지고 있다.

그런데 공기로 가득 찬 주머니에는 부수적인 이득이 있다. 바로 부력을 제공한다는

것이다. 이것은 공기 호흡을 하던 이 개척자들의 후손들에게 더욱 중요한 능력이 되었다. 몸 안에 공기 주머니가 있으면 꼬리를 계속 움직이지 않고도 물속에 떠 있을 수 있기 때문이다. 얼마 후에는 수면으로 올라가서 공기를 들이마시지 않고도 혈액 속의 기체를 확산시켜서 공기 주머니를 채우는 종들이 출현했다. 공기주머니와 장이 실 같은 관 하나로 연결된 경우도 있었다. 이로써 어류는 부레를 획득했고, 이런 구조를 갖춘 많은 종들이 고고 산호초 안쪽의 석호에서 헤엄을 칠 수 있게 되었다.

이제 수영 기술의 혁신화가 일어났다. 부레 안 또는 밖으로 기체를 확산시키거나 연결관을 통해서 곧장 배출하는 방법으로 물고기는 수중에서도 심도를 정확히 조절할 수 있게 되었다. 양력을 제공하는 일에서 해방된 가슴지느러미는 움직임의 제어와 수영 실력을 거의 완벽에 가깝게 향상시키는 데에 사용되었다.

물은 공기보다 밀도가 800배나 높기 때문에 몸에 조그만 혹이나 돌기만 있어도 하늘을 나는 새나 비행기보다 훨씬 더 큰 저항을 받을 수 있다. 따라서 가차 없는 자연 선택의 압박하에서 빠른 속도로 추적해서 먹이를 잡는 외해의 물고기들, 즉 참다랑어, 가다랑어, 청새치, 고등어 등은 근사한 유선형의 몸으로 진화했다. 머리 쪽은 뾰족하고 그 뒤쪽부터 너비가 급격하게 넓어졌다가 다시 우아하게 가늘어지면서, 프로펠러 역할을 하는 두 갈래의 꼬리지느러미와 연결되는 형태이다. 몸의 뒷부분이 이 프로펠러의 엔진 역할을 한다. 등뼈에 붙어 있는 근육은 물고기가 생애 내내 지칠 줄 모르는 힘으로 꼬리를 좌우로 흔들 수 있게 해준다. 초기에 매우 무겁고 거칠었던 비늘은 얇고 매끈하게 몸에 붙거나 혹은 완전히 사라졌다. 표면은 점액으로 미끈거린다. 아가미를 덮은 판은 몸에 딱 맞게 붙어 있고 눈도 매끄러운 윤곽선 위로 아주 살짝 튀어나와 있을 뿐이다. 가슴지느러미, 배지느러미, 등지느러미는 추진력을 얻는 데에 아무 기여도 하지 않으며 오로지 방향타, 안정 장치, 또는 제동 장치의 역할만 한다. 물고기가 빠르게 이동하고 있어서 이 지느러미들이 필요 없을 때에는 표면의 움푹 파인 부분에 딱 맞게 붙어 있다. 몸의 위쪽과 아래쪽 끝, 꼬리 양쪽에 줄지어 붙어 있는 삼각형 모양의 작은 지느러미들은 비행기의 스포일러처럼 난류를 방지하는 역할을 한다.

이런 형태가 얼마나 탁월한지는 서로 다른 과에 속하는 어류들이 모두 이 형태를 획득하게 되었다는 사실로써 증명된다. 어떤 종이든 먼 바다로 진출하여, 먹기 위해서든 먹히지 않기 위해서든 빠른 속도가 필요해지면, 가차 없는 진화의 선택에 의해서 이런 형태로 변화하게 된다. 가장 효율적이고, 수학적으로 속력을 내기 가장 좋은 형태이기

맞은편
암초대왕쥐가오리 (*Manta birostris/alfredi*)가 플랑크톤을 연쇄적으로 섭취하고 있다. 인도양 몰디브 바아 환초 하니파루 만.

때문이다.

상층수에 사는 몇몇 종은 사냥꾼에게 따라잡히는 위험을 피하기 위해서 가슴지느러미를 특정한 목적에 맞춰서 변형시켰다. 이들은 추격을 당하면 물 밖으로 튀어나와서 몸에 바짝 붙이고 다니던 넓고 길쭉한 가슴지느러미를 활짝 펼친다. 그리고 지느러미 막으로 바람을 맞으면서 파도 위에서 수백 미터를 활공하며 추적자들을 따돌린다. 가끔은 날아가면서 몸을 뒤로 젖혀서 꼬리로 물을 몇 번 더 침으로써 새롭게 추진력을 얻어서 비행 거리를 늘리기도 한다.

모든 물고기가 빠른 속도를 택한 것은 아니다. 중층수나 해안 근처에서 사는 물고기들에게는 또다른 문제점과 필요조건들이 있다. 그러나 부레의 획득은 이들의 몸 구조에도 커다란 영향을 미쳤다. 지느러미가 온갖 다른 목적에 쓰일 수 있게 되었기 때문이다. 강꼬치고기의 지느러미는 몸 안의 관절에 의해서 천천히 앞뒤로 회전하는 얇고 근사한 노가 되었다. 덕분에 강꼬치고기는 해류의 미세한 변화도 이겨내며 마치 보이지 않는 줄에 매달린 것처럼 바위 위에 떠 있을 수 있다. 구라미들의 배지느러미는 긴 실처럼 생긴 더듬이가 되어서 이것을 이용하여 물속을 뒤지고 번식기에는 짝을 쓰다듬을 수 있다. 만다린피시는 지느러미에 독이 있는 가시를 갖추어서 훌륭한 방어무기로 만들었다.

몸무게가 더 이상 문제가 되지 않게 되자, 몇몇 종은 다시 한번 갑옷을 입었다. 생물의 개체 수가 많아서 늘 위험한 산호초에 사는 거북복은 상자 형태의 뼈로 감싸인 채 가슴지느러미와 꼬리지느러미를 흔들며 산호를 헤엄쳐 다닌다. 해마도 단단한 갑옷을 입고 있다. 해마의 꼬리에는 지느러미가 없지만 대신 이 꼬리를 갈고리처럼 사용해서 수초나 산호에 몸을 고정시킨다. 물결치듯이 움직이는 등지느러미가 후방 엔진 역할을 하고, 양쪽에 있는 가슴지느러미가 이를 보조함으로써 해마는 산호와 수초 속에서 몸을 똑바로 세운 채 우아하게 이동할 수 있다. 쥐치복은 산호의 단단한 가지를 부수고 작은 폴립들을 빼먹는다. 이들의 지느러미는 몸의 뒤쪽에 집중되어 있는데, 꼬리 바로 앞에 커다란 등지느러미가 있고, 아래쪽에도 같은 모양의 지느러미가 있다. 이런 구조 덕분에 머리가 자유로워져서 산호 가지들 사이로 깊숙이 들어가서 특별히 맛있는 조각들을 골라낼 수 있다. 쥐치복의 영어 이름인 trigger fish의 trigger는 방아쇠라는 뜻으로, 이들의 매우 단단한 첫 번째 등지느러미살을 가리킨다. 그 뒤의 지느러미살 두 개가 이 첫 번째 지느러미살 아래쪽에 있는 관절의 잠금 장치 역할을 한다.

맞은편
대서양돛새치(*Istiophrous albicans*)가 정어리와 밴댕이(*Sardinella aurita*) 무리를 공격하고 있다. 멕시코 유카탄 반도의 연안.

산호초 위로 파도가 칠 때에 자유 유영하는 생물들은 바위나 산호에 부딪치기 쉽다. 이때 쥐치복은 좁은 틈으로 헤엄쳐 들어가서 딱딱한 방아쇠를 세워서 해류도, 굶주린 포식자도, 호기심 많은 잠수부도 떼어내지 못하도록 몸을 단단히 고정한다.

일부 경골어류는 과거 자신들의 번영의 원천이었던 부레를 버리고, 연골어류인 홍어와 가오리를 모방하여 해저 생활을 한다. 이들의 가슴지느러미의 용도는 더욱 넓어졌다. 성대(gurnard)는 몸 앞쪽의 지느러미에는 피막이 없이 지느러미살만 있어서 거미 다리처럼 독립적으로 움직일 수 있다. 이것은 돌들을 뒤집어서 먹이를 찾는 데에 쓰인다. 가자미는 해저 생활에 놀라운 수준으로 적응한 물고기이다. 이들 또한 개체 발생의 과정에서 진화의 역사를 되풀이하는 경향을 보여준다. 알에서 부화한 가자미의 치어는 조상들이 그랬던 것처럼 몰속을 헤엄쳐 다니다가 몇 달이 지나면 변태를 거친다. 변태 과정 전까지 가지고 있던 부레가 사라진다. 머리가 돌아가고 입이 옆으로 이동한다. 한쪽 눈이 몸 반대편으로 돌아가서 다른 쪽의 눈 옆에 붙는다. 그러고 나면 가자미는 해저로 내려가서 옆으로 눕는다. 가슴지느러미는 여전히 있지만 이제 거의 사용하지 않으며 훨씬 커진 등지느러미와 그 옆에 붙은 뒷지느러미를 물결치듯이 움직여서 헤엄을 친다.

이렇듯 물고기들은 꼬리지느러미를 쳐서 추진력을 얻고 가슴지느러미로 노를 젓고 배지느러미로 방향을 잡으면서, 복잡하고 섬세한 구조의 산호초에서부터 해저의 산지와 평원에 이르기까지, 이리저리 흔들리는 켈프 숲에서부터 햇살이 비치는 먼바다의 푸른 물속에 이르기까지 온갖 다양한 바닷속 서식지들을 빠르고 정확하게 헤엄쳐 다닌다. 그러나 이동에는 예민한 감각이 요구된다. 이동을 하려면 어떤 방식으로든지 방향을 알아야 하기 때문이다.

모든 어류는 우리에게는 없는 감각을 가지고 있다. 어류의 몸 양옆과 머리 위쪽에는 몸의 나머지 부분과 감촉이 약간 다른 선이 가로지르고 있다. 이 선은 여러 개의 구멍으로 이루어져 있으며, 이 구멍들은 체표면 바로 아래에 위치한 관으로 연결된다. 이 측선계(側線系)는 물고기가 수압의 차이를 감지할 수 있게 해준다. 물고기가 헤엄을 칠 때면 전방으로 퍼져 나가는 압력파가 발생하는데, 측선은 이 압력파가 다른 물체에 부딪쳤을 때의 변화를 감지한다. 먼 거리에서도 이것을 느낄 수 있기 때문에 함께 헤엄치는 다른 물고기의 움직임을 감지할 수 있다. 무리를 지어 생활하는 종에게는 중요한 능력이다.

맞은편
그물 안에 있는 빅벨리해마(*Hippocampus abdominalis*). 오스트레일리아 뉴사우스웨일스 주 시드니 맨리.

어류는 후각이 예민하다. 컵 모양으로 열려 있는 콧구멍은 물속 화학조성의 아주 작은 변화도 감지할 수 있다. 상어는 2,500만 분의 1로 희석된 맛도 감지할 수 있으며, 해류의 방향만 맞으면 약 500미터 떨어진 곳에 있는 시체의 피 냄새까지 맡을 수 있다. 먹이를 찾을 때에 후각에 크게 의존한다는 점은 상어 중에서도 가장 기이한 상어인 귀상어의 형태를 설명해줄 수 있을지도 모른다. 귀상어의 콧구멍은 머리 양쪽으로 뻗어나온 부위의 양 끝에 위치하고 있다. 귀상어는 먹이 냄새를 맡으면 머리를 좌우로 흔들어 냄새가 나는 방향을 알아낸다. 만약 양쪽 콧구멍이 맡는 냄새의 강도가 똑같으면 앞으로 직진한다. 이들은 이런 식으로 먹이가 있는 현장에 가장 먼저 도착하는 경우가 많다.

어류는 발달 초기부터 소리를 감지할 수 있었던 것으로 보인다. 원생 어류와 칠성장어의 두개골 양쪽에는 두 개의 반고리 관이 든 소낭이 있었는데, 턱이 있는 어류는 이 구조를 더욱 발전시켰다. 이들은 수평면상에 관이 하나 더 있고 그 아래에 커다란 주머니가 있다. 이 세 개의 관과 주머니는 모두 민감한 내벽을 가지고 있고, 그 안에는 이리저리 움직이며 진동하는 작고 끈적끈적한 입자들이 들어 있다. 소리는 공기 중보다 수중에서 더욱 빨리 이동한다. 물고기의 몸에는 수분이 많기 때문에 육지에 사는 척추동물들처럼 특별한 이동 경로를 거치지 않아도 음파가 두개골을 뚫고 들어가서 반고리관에 닿는다. 이런 식으로 물고기들은 다른 물고기가 물속에서 빠르게 이동할 때에 나는 찰랑거리거나 철썩이는 소리, 갑각류가 단단한 껍질을 딸깍하고 닫는 소리, 물고기가 산호 위를 스치고 지나갈 때에 나는 소리를 모두 들을 수 있다.

부레의 획득은 소리를 받아들이고 전달하는 방식의 발전 가능성으로 이어졌다. 수천 종의 어류가 부레와 내이를 연결하는 뼈를 발달시킴으로써 부레의 공명을 통해서 진동을 포착하고 증폭시켜 반고리관으로 전달할 수 있게 되었다. 일부 물고기들은 부레를 진동시켜 커다란 북소리를 낼 수 있는 특별한 근육을 발달시켰다. 몇몇 종의 메기들이 탁한 물속에서 이동할 때에 이런 방법으로 서로를 부르는 것으로 보인다. 구애를 할 때에 소리를 이용해서 의사소통을 하는 물고기들도 많다.

시각 또한 초기에 획득된 능력이다. 창고기의 안점은 빛과 어둠의 차이를 구별할 수 있다. 턱이 없는 어류는 머리 부분이 무거운 골판에 덮여 있었지만 그 갑옷 안에도 눈이 들어갈 공간이 있었다. 빛의 움직임을 좌우하는 법칙은 어디에서나 동일하므로 효율적인 눈의 기초 구조가 몇 종류밖에 되지 않는 것도 그다지 놀라운 일은 아니다. 삼

맞은편
얕은 물속의 큰귀상어
(*Sphyrna mokarran*).
바하마 사우스비미니.

엽충이 진화시킨 겹눈은 오늘날의 곤충들도 가지고 있다. 이외에도 상을 맺는 눈은 어떤 생물이 발달시키든 기본 구조가 비슷하다. 투명한 창이 달린 폐쇄된 방이 있고 이 방의 앞쪽에는 렌즈가, 뒤쪽에는 빛에 민감한 내벽이 있다. 오징어와 문어의 눈도, 인간이 만든 기계적 눈인 카메라도 모두 이런 구조이다. 이것은 어류가 발달시켜서 모든 육상 척추동물에게 물려준 눈의 기초이기도 하다. 눈의 내벽에는 서로 다른 형태의 두 가지 세포, 즉 간상세포(桿狀細胞)와 원추세포(圓錐細胞)가 있다. 간상세포는 빛과 어둠을 구별하고 원추세포는 색상을 감지한다.

거의 모든 상어와 가오리의 눈에는 원추세포가 없어서 그들은 색을 감지하지 못한다. 그러니 이들이 갈색, 회색, 황록색, 어두운 청회색 같은 칙칙한 색의 옷을 입고 있는 것도 놀라운 일은 아니다. 무늬가 있다고 해도 단순한 점이나 얼룩무늬가 많다. 반면 경골어류는 현저히 다르다. 이들의 눈에는 간상세포와 원추세포가 모두 있어서 대부분 색을 식별하는 능력이 뛰어나며, 그에 따라서 몸의 색도 선명하고 다양하다. 사파이어색 몸에 유황색 지느러미가 붙어 있기도 하고, 회록색 옆구리에 주황색 점들이 박혀 있기도 하고, 초콜릿색 비늘들 하나하나에 짙은 청록색 테두리가 둘러져 있기도 하고, 양궁 과녁처럼 가운데에 있는 금색을 진홍색, 검은색, 흰색이 겹겹이 둘러싼 무늬가 꼬리 위에 그려져 있기도 하다. 경골어류가 몸을 장식하기 위해서 사용하지 않은 무늬나 색을 찾는 것이 어려워 보일 정도이다.

무늬가 가장 화려한 물고기들은 자신들의 몸이 잘 보이는 맑고 환한 물속, 즉 열대지방의 호수와 강, 그리고 특히 산호초 주변에 많이 산다. 온갖 다양한 생물들이 많아서 먹이가 풍부한 산호초는 수많은 주민들로 붐빈다. 이런 상황에서는 종의 구별이 무척 중요하기 때문에 물고기들도 강렬한 색상으로 몸을 꾸미게 되었다.

아름다운 색깔 때문에 나비고기라고 불리는 어류는 같은 과 안에서도 무늬가 얼마나 다양할 수 있는지를 보여준다. 이 과에 속하는 물고기들은 모두 몇 센티미터 길이의 크기에 형태도 거의 비슷한데, 대체로 직사각형에 가까운 날씬한 몸에 높은 이마와 살짝 튀어나온 입을 가지고 있다. 각 종마다 선호하는 수심과 먹이 공급원에 따라서 산호초에서 각자의 위치를 점하고 있다. 어떤 종은 산호 줄기 사이사이를 뜯어먹을 수 있도록 긴 턱을 가졌고 또 어떤 종은 작은 갑각류들을 잘라먹는 데에 특화되어 있다. 그러므로 수많은 물고기들이 어지럽게 뒤섞인 가운데에서 각 개체가 고유의 외양을 과시하는 것은 특정한 자리를 점하고 같은 종의 다른 개체가 그 영역을 침범하지 못하도록 하기 위해서이다. 또한 색을 통해서 암컷이 수정 가능한 종의 수컷에게만 관심을 가지도록 한다. 많은 환경에서 이런 식으로 자신을 알리면 포식자의 눈에 띌 위험도 높아지는데, 나비고기의 경우는 그런 위험이 낮다. 산호 위를 맴돌다가도 순식간에 단단한 잎 사이로 안전하게 몸을 숨길 수 있기 때문이다. 따라서 같은 과의 각 종들은 거의 동일한 형태의 몸에 줄무늬, 얼룩무늬, 점무늬, 눈 모양 무늬, 지그재그 무늬 등 강렬하면서도 개성 있는 무늬들을 지닌다.

산란기가 가까워지면 짝을 식별해야 할 필요성이 높아진다. 그래서 경쟁자를 위협하고 암컷의 관심을 끌기 위해서 산호초와 멀리 떨어진, 좀더 노출된 수역에서도 포식자의 눈에 띌 위험을 무릅쓰고 화려한 색을 뽐내는 수컷들이 많다. 이들이 흥분하면 피부 안쪽에 있는 색소 입자들이 확산된다. 그리고 서로의 주위를 돌면서 색으로 대결을 벌이고, 투우사의 망토처럼 지느러미를 흔든다. 꼬리를 퍼덕여서 경쟁자의 측선을 따라 압력파를 보내기도 하고, 상대방 지느러미의 무늬를 물어뜯기도 한다. 결국 한쪽이 지치면 한 세포 집합의 색소는 수축시키고 다른 세포 집합의 색소는 확장시키는 방법으로 몸의 무늬를 변화시킴으로써 백기를 든다. 이제 승자는 점찍은 암컷에게 자유롭게 구애할 수 있다. 이때도 경쟁자를 공격할 때와 같은 색과 무늬, 지느러미 동작을 사용하지만 이것이 암컷에게서는 전혀 다른 반응들을 이끌어내어 결국 수정을 하고 알을 낳게 된다.

일부 어류의 눈은 자신의 주변 물속에서 일어나는 일뿐만 아니라 수면 위에서 일어나는 일들도 볼 수 있다. 물총고기는 물가에서 자라는 식물 위에 앉은 파리 등의 곤충을 즐겨 먹는다. 이들은 빛이 수중에서 공기 중으로 나갈 때에 굴절되는 각도를 보정하여 목표를 조준한 후에 물줄기를 쏘아올리고, 이것을 맞은 곤충이 물로 떨어지면 잡아먹는다. 중앙아메리카에는 더욱 특수화된 작은 물고기들이 살고 있다. 이 물고기는 동공이 수평 방향으로 나뉘어 있어서 사실상 네 개의 눈을 가진 셈이다. 그중 아래쪽의 두 개는 물속을 보고 위쪽의 두 개는 수면 위를 본다. 따라서 수면 위와 아래에서 동시에 먹이를 찾으면서 헤엄칠 수 있다.

어류의 서식지 가운데 또다른 극단에는 수심 750미터 이하의 심해가 있다. 빛이 들지 않아서 다른 물고기가 보내는 신호를 볼 수 없는 이곳에 사는 많은 물고기들은 고유의 신호를 만들어냈다. 일부 종은 발광 물질을 생산하는 세포를 진화시켰다. 다른 일부 종은 발광 세균을 배양하는 특별한 기관을 지니고 있어서 이 기관을 덮고 있는

뒷면
엠페러 에인절피시 (*Pomacanthus imperator*)가 연산호 (*Dendronephthya sp.*) 옆을 헤엄쳐 지나가고 있다. 이집트 홍해.

덮개 형태의 피부를 움직여서 세균을 노출시키거나 숨김으로써 빛이 연속적으로 깜박이게 만든다. 이런 물고기들 때문에 심해는 리드미컬하게 움직이며 지속적으로 점멸하는 빛으로 가득하다. 이것이 무리의 다른 개체들에게 지시를 내리거나 짝을 부르는 일종의 사회적 신호임은 명백해 보이지만, 정확한 기능들을 제대로 알려면 더욱 많은 연구가 필요하다. 그러나 그 목적이 의심의 여지가 없을 정도로 확실한 빛도 있다. 심해아귀는 등지느러미 앞쪽에 난 기다란 실 형태의 가시를 입 앞으로 늘어뜨리고 다닌다. 그 끝에는 빛나는 녹색 전구가 매달려 있다. 이 흔들리는 빛에 다른 물고기들이 이끌려오면 아귀는 재빨리 동굴 같은 입을 벌려서 먹어치운다.

캄캄한 물속은 다른 곳에도 있다. 일부 열대지방의 강은 물 위에 뜬 식물들로 덮여 있고, 썩어가는 잎들로 꽉 차서 시커멓고 탁하다. 이런 곳에서 사는 물고기들은 다른 생물들이 아직 흉내내지 못한 독특한 방식으로 길을 찾는다. 바로 체내에서 전기를 일으키는 것이다. 남아메리카의 칼고기, 서아프리카의 코끼리고기 등 많은 소형 경골어류들이 이런 방식을 사용한다. 코끼리고기라는 이름은 코끼리 코처럼 길쭉한 주둥이 때문에 붙여진 것이다. 이 물고기들을 찾으려면 먼저 소용량 배터리와 작은 확성기를 부착한 증폭기를 준비한다. 그런 다음 증폭기의 전극에 두 개의 전선을 연결하면 된다. 그리고 전선의 끝을 이 물고기들이 먹이를 찾으러 다니는 탁한 물속에 담그면 연속적으로 딱딱거리는 소리를 들을 수 있다. 전기신호가 소리로 바뀌어서 인간의 귀로 들을 수 있게 되는 것이다.

이 물고기들은 몸 측면의 근육을 변화시켜 방전을 일으키고 전달할 수 있게 되었다. 어떤 종은 거의 연속적으로 신호를 보내고, 어떤 종들은 짧고 집중적으로 방출한다. 각 신호마다 식별 가능한 암호가 들어 있는 것으로 보인다. 이런 신호의 전달은 주변 물에 일정한 패턴으로 흐르는 전류를 형성한다. 그 경로에 전도성이 물과 다른 사물이 있으면 이 흐름이 왜곡된다. 물고기는 몸 전체에 흩어져 있는 감각기관을 통해서 이 변화를 감지하기 때문에 매우 어둡고 탁한 물속에서도 주변에 있는 물체의 모양과 위치를 알 수 있다.

이런 종류의 물고기 중에서 크기가 가장 큰 것은 남아메리카의 전기뱀장어이다. 뱀장어와는 관계가 없지만 외형이 비슷하기 때문에 이런 일반명이 붙었다. 이 물고기는 길이가 1.5미터까지 자라고 굵기는 사람 팔뚝만 하며, 강둑 아래나 바위 사이에 구멍을 뚫고 그 안에서 사는 경우가 많다. 전기뱀장어처럼 길쭉한 생물이 방향을 잘 조정

맞은편
대서양의 수심 700–3,000미터에서 발견되는 심해어류인 심해아귀 (*Caulophryne jordani*)의 암컷.

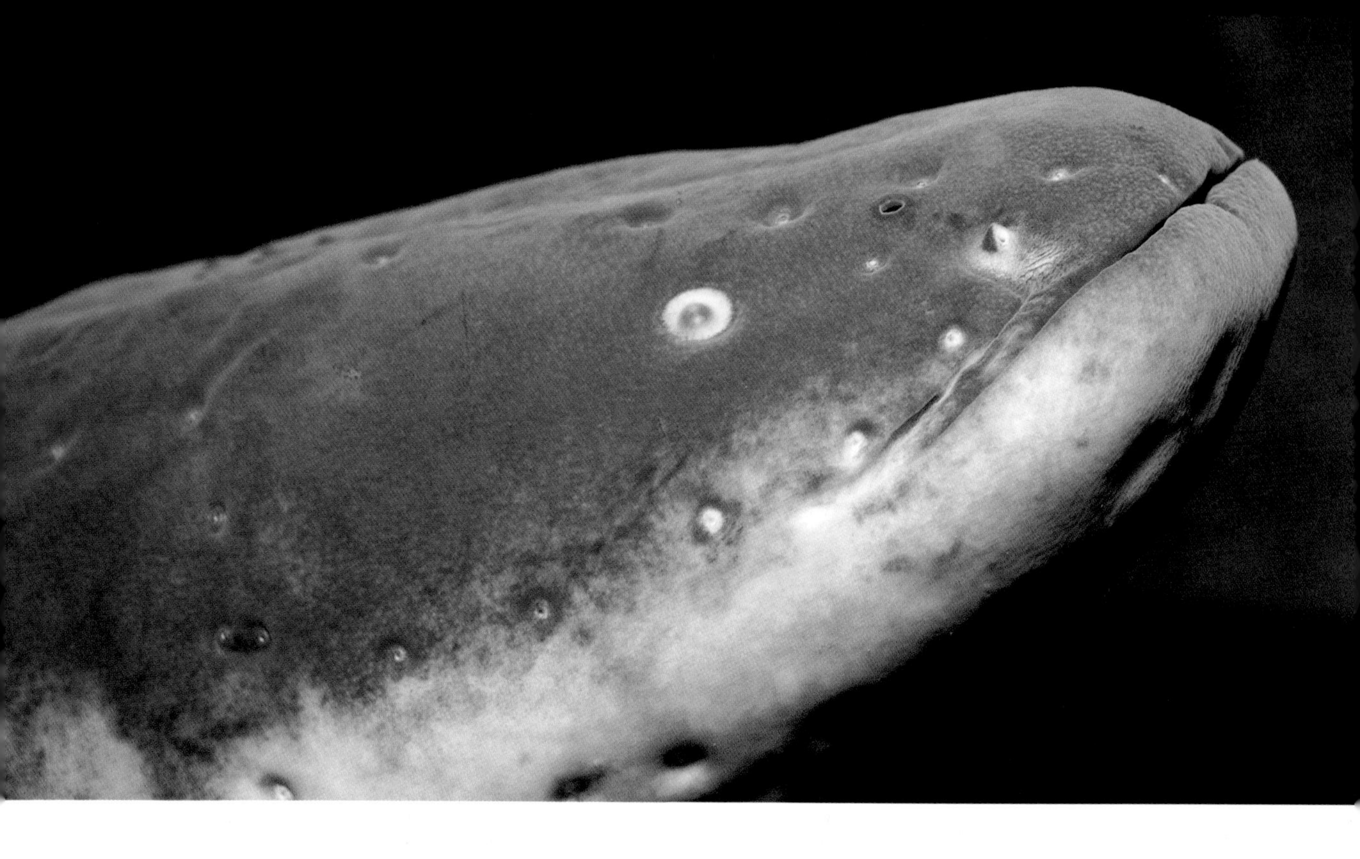

위
전기뱀장어(*Electrophorus electricus*), 베네수엘라.

해가면서 이런 구멍 안으로 거꾸로 들어가는 것은 만만한 일이 아니다. 그래서 전기뱀장어는 전기의 도움을 받는다. 이런 문제와 씨름 중인 전기뱀장어를 관찰해보면, 자신이 거꾸로 들어갈 굴의 형태를 파악한 후에 긴 몸을 천천히 움직여서 옆쪽에 한번도 부딪치지 않고 들어가는데, 이때 방전으로 인한 소리의 빈도가 높아지는 것을 알 수 있다. 그러나 전기뱀장어에게는 또다른 배터리가 있어서 방향 탐지를 위한 저전압의 전기를 일정하게 발생시키는 것 외에 순간적으로 강한 전기 충격을 일으킬 수도 있다. 그러므로 고무장갑이나 장화 등 절연 장비를 착용하지 않고 전기뱀장어를 집었다가는 그 자리에서 기절할 수도 있다. 이런 종류의 전기는 사냥에 사용된다. 최근에 한 무모한 과학자가 영상 분석을 통해서 전기뱀장어가 먹이를 공격하는 방법을 연구하면서 자기 자신을 미끼로 활용한 적이 있다. 전기뱀장어는 물 밖으로 튀어나와서 먹이가 있는 방향을 감지하여 충격파를 방출하는 것으로 보였다. 그 과학자는 이 충격이 매우 고통스러웠다고 설명했지만 그래도 연구 대상으로 어린 뱀장어를 택할 정도의 분별력은 있었다. 다 자란 전기뱀장어는 사람을 감전사하게 할 수 있는 얼마 되지 않는 생물 중의 하나이다.

턱이 없고 갑옷을 입은 물고기들이 꼬리를 흔들며 고대의 탁한 바다를 헤엄치기 시작한 후에 5억 년이 지난 오늘날, 어류는 3만여 종으로 진화했다. 그 오랜 세월 동안 어류는 지구상의 모든 바다와 호수, 강을 점령했다. 어류가 물의 지배자임을 보여주는 전형적인 예는 가장 놀랍고도 용맹하고 능률적인 물고기인 연어에게서 찾을 수 있다.

북아메리카의 강을 찾아오는 연어는 5종이다. 이들은 생애의 대부분을 태평양에서 보내며, 어릴 때는 플랑크톤을 먹다가, 성장하면 다른 물고기를 먹는다. 매년 8월이면 이제 막 성체가 된 연어들이 아메리카 해안을 향해서 이동한다. 그리고 연안에서 집결한 후에 빠른 물살을 헤치며 상류로 올라가기 시작한다. 수압을 감지하는 측선 구멍의 도움으로 물의 흐름이 조금이나마 느린 유역을 골라서 힘겹게 올라가다가 잔잔한 웅덩이가 나오면 쉬면서 다시 힘을 보충한 다음 또다시 급류와 싸우며 나아간다.

이 강들은 무작위로 선택된 것이 아니다. 연어들은 자신이 태어난 물의 정확한 맛과 냄새, 진흙 속 광물 성분과 그 안에 사는 동식물로부터 비롯된 감각들을 기억한다. 이들은 자신이 태어난 물이 바다에서 수백만 분의 1로 희석되더라도 그 맛을 감지할 수 있다. 그러나 수백 킬로미터 떨어진 바다에서 특정한 강어귀를 찾아내려면 일종의 지도가 필요하다. 이들이 사용하는 대축척 지도의 표지는 물리적, 화학적 성질이 아닌 자기적 성질에 기초한 것으로 보인다. 연어는 위치에 따라 변화하는 지구 자기장의 세기를 이용해서 자신이 돌아가야 할 특정한 만을 찾아내며, 그곳에 도착하면 그때부터 후각을 사용한다. 점점 강해지는 냄새를 따라 하나의 특정한 강을 찾아내고, 다시 하나의 특정한 개울이 나올 때까지 헤엄친다. 이 단계에서는 냄새에 의존하기 때문에 콧구멍이 막힌 연어는 길을 잃는다. 연어의 기억력과 길 찾기 능력은 놀라울 정도이다. 여러 연구들에 따르면, 방금 알에서 태어난 수천 마리의 치어에게 표시를 하고 그들의 이동 경로를 관찰한 결과, 자신들이 처음 헤엄쳤던 곳이 아닌 다른 강으로 돌아간 개체는 겨우 한두 마리뿐이었다.

회귀본능도 강하지만 장애물 또한 엄청나다. 바닷물에서 민물로 이동하려면 체내의 화학 조성이 크게 변화해야 한다. 그러나 연어는 어떻게든지 그것을 해낸다. 상류로 올라가는 도중에 폭포를 만날 수도 있다. 연어는 예리한 눈으로 폭포 가장자리의 가장 낮은 부분을 선택한 다음, 강한 근육을 지닌 은색의 몸을 수축시키면서 꼬리를 휘저어서 물 밖으로 튀어오른다. 그리고 몇 번이고 점프를 계속해서 마침내 폭포 꼭대기에 있는 웅덩이에 닿으면 그때부터 다시 여정을 이어간다.

그리하여 마침내 자신의 부모가 알을 낳았던 얕은 수역에 도달하면 상류 쪽으로 머

리를 두고 휴식을 취한다. 이때는 연어들이 너무 빽빽하게 들어차서 강바닥의 모래가 이들의 등에 가려서 보이지 않을 정도가 된다. 그리고 며칠 동안 수컷의 몸은 형태가 놀라운 속도로 변한다. 등에 높은 혹이 생기고 위턱은 갈고리 모양으로 바뀌며 이빨은 자라서 길쭉한 송곳니가 된다. 이 이빨은 먹이를 먹는 데에는 쓸모가 없다. 그러나 먹이는 이미 오래 전에 중요하지 않게 되었다. 이들의 이빨은 싸움을 위한 것이다. 수컷들은 맞붙어서 서로 턱을 물고, 벌어진 이빨로 상대를 공격하며 싸운다. 물이 너무 얕아서 몸부림치는 연어들의 혹이 난 등이 수면 위로 드러난다. 마침내 싸움에서 이긴 쪽은 강바닥에 있는 자갈들에서 한자리를 차지한다. 그리고 암컷과 만나면, 그들은 자갈 아래로 신속하게 알과 정자를 배출한다.

이제 연어는 완전히 녹초가 된다. 싸움으로 상처 입은 몸을 치유할 에너지조차 없다. 비늘은 벗겨지고 한때 단단했던 근육도 힘을 잃어서 결국 죽음을 맞이한다. 강을 따라 힘겹게 올라온 수백만 마리의 연어 중에서 단 한 마리도 바다로 돌아가지 못한다. 너덜너덜해진 사체들은 수면에 떠올라서 썩어가다가 모래톱으로 밀려가 쌓인다. 이곳저곳에서 마지막 생존자들이 자포자기한 채 퍼덕거린다. 갈매기 떼가 모여들어서 이들의 눈을 쪼고 노랗게 변한 살점을 뜯어낸다.

그러나 자갈 속에는 암컷 한 마리당 1,000여 개씩 낳은 알들이 남아 있다. 이 알들은 혹독한 겨울을 안전하게 보내고 다음 해 봄에 부화된다. 치어들은 몇 주일 동안 강에 남아서 따뜻해진 물속에 넘쳐나는 곤충과 갑각류를 잡아먹는다. 그리고 좀더 자라면 강의 흐름을 따라 바다로 향한다. 바다에서 두 계절을 보내는 종도 있고, 다섯 계절까지 보내는 종도 있다. 많은 수들이 바다의 다른 물고기에게 잡아먹히지만 결국 살아남은 연어들은 자신의 고향인 강으로 다시 힘겹게 돌아와서 번식을 하고, 자신이 부화한 바로 그 장소에서 죽는다.

지표면의 4분의 3은 물로 덮여 있다. 즉, 지구상의 4분의 3은 물고기들의 것이다.

맞은편
산란을 위해서 이동 중인 붉은연어(*Oncorhynchus nerka*) 무리, 캐나다 브리티시컬럼비아 주 애덤스 강.

제6장

육지로의 침공

생명의 역사에서 가장 중대한 사건 중의 하나가 약 3억7,500만 년 전에 열대지방의 담수 늪에서 일어났다. 물고기가 물 밖으로 나와서 육지에서 서식하는 최초의 척추동물이 된 것이다. 새로운 터전으로 올라오기 위해서 이들도 최초의 육상 무척추동물이 그랬던 것처럼 두 가지 문제를 먼저 해결해야 했다. 첫째, 물 밖에서 어떻게 이동할 것인가. 둘째, 어떻게 공기 중에서 산소를 얻을 것인가.

오늘날 이 두 가지에 모두 성공한 어류가 있다. 바로 말뚝망둑어이다. 육지를 처음 개척했던 어류와 가까운 관계는 아니기 때문에 비교에 신중을 기해야 겠지만, 그래도 이들에게서 이런 중대한 변화가 이루어진 과정에 관한 힌트 정도는 얻을 수 있다. 몸길이가 몇 센티미터에 불과한 말뚝망둑어는 열대지방의 맹그로브 늪지대와 진흙으로 이루어진 강어귀에서 많이 볼 수 있다. 물가 너머의 미끈한 진흙 속에 파인 구멍 위로 모습을 보이기도 하고, 맹그로브의 둥글게 휜 기근(氣根)에 매달리거나 줄기를 기어오르기도 한다. 그러다가 갑작스러운 움직임이 포착되거나 소리가 나면 잽싸게 안전한 물속으로 들어간다. 이들이 물 밖으로 나오는 것은 부드럽고 질퍽질퍽한 진흙 표면에 있는 풍부한 곤충과 다른 무척추동물들을 잡아먹기 위해서이다. 이동할 때에는 몸 뒷부분을 빠르게 구부렸다가 펴서 팔짝팔짝 점프를 한다. 그러나 좀더 평범하고 안정적인, 즉 앞지느러미를 사용해서 조금씩 나아가는 방법을 쓰기도 한다. 지느러미 아래쪽이 육질이고, 그 안쪽을 뼈가 지탱하고 있어서 이것을 단단한 목발로 삼아 짚으면서

맞은편
푸른점말뚝망둑어 (*Boleophthalmus boddarti*)가 썰물로 드러난 개펄 위를 가슴지느러미로 걸어가며 흔적을 남기고 있다. 말레이시아 슬랑오르 주 쿠알라슬랑오르 자연공원.

위
학계에 두 번째로 알려진 인도네아 실러캔스. 이후에 새로운 종인 라티메리아 메나도엔시스(*Latimeria menadoensis*)의 완모식표본이 된다.

앞으로 이동할 수 있다.

그런데 이런 중대한 변화를 처음 이루어낸 척추동물은 무엇이었을까? 말뚝망둑어가 진화의 역사에서 아주 최근에야 발달시킨 근육질의 지느러미를 4억5,000만–7,500만 년 전에 번성했던 다양한 화석 어류들도 가지고 있었다. 그중 가장 흔한 종류 중의 하나가 실러캔스라고 불리는 물고기였다. 1938년, 남아프리카의 해안에서 현생 실러캔스가 잡혔을 때에 진화과학자들은 흥분에 사로잡혔다. 화석으로는 알아낼 수 없었던 고대 물고기의 몸과 내부 구조를 자세히 알 수 있는 기회였기 때문이다. 그러나 불행히도 어부가 이미 이 물고기의 중요한 내장들을 전부 제거해버린 뒤였다. 그후 또다른 표본을 찾기 위해서 남아프리카와 동아프리카 해안을 전부 수색했고, 상당한 보상금까지 걸렸지만 결국 아무것도 나오지 않았다. 두 번째 실러캔스가 발견된 것은 1952년의 일이었다. 이번에는 마다가스카르 북부 코모로 제도의 해안에서 잡혔다. 지역 주민들은 이 이상한 물고기의 가치를 그리 높이 평가하지 않았다. 고기도 별 맛이 없었고, 잡히면 거세게 저항했기 때문이다. 그러나 매년 한두 마리씩은 잡혔고, 곧 과학자들이 자세히 연구하기에 충분한 수의 표본이 확보되었다. 그러던 와중에 인도네시아에서 또다른 실러캔스의 무리가 발견되었다. 잠수정에 탄 수중 카메라맨이 이들의 헤엄치는 모습을 촬영했다. 이 물고기들은 천천히, 우아하게 이동하면서 가끔씩 독특한 육질의 지느러미로 바닥을 짚고 다녔다. 그러나 유전자 분석과 상세한 해부학적 연구를 진행한 결과, 과학자들은 실러캔스가 굉장히 오래된 고대 생물인 것은 분명하지만 기존에 생각했던 것만큼 최초의 육상 척추동물과 가까운 관계는 아니라는 결론을 내렸다.

그리하여 육상 척추동물의 공통 조상을 찾는 수색이 재개되었고 마침내 2004년, 이번에는 고생물학자들이 더욱 유력한 후보를 발견했다. 캐나다 북동부 엘즈미어 섬에서 조사 중이던 팀이 크고 육중한 어류처럼 보이는 생물의 화석화된 뼈를 발굴한 것이다. 이 지역의 이누이트들은 이 화석을 틱타알릭(Tiktaalik)이라고 불렀다. 이들이 자주 잡는 커다란 민물고기인 모캐를 뜻하는 말이었는데, 이것이 이 생물의 학명이 되었다. 그러나 사실 틱타알릭은 오늘날 살아 있는 그 어떤 어류, 그 어떤 생물과도 비슷하지 않다.

틱타알릭은 길이가 2미터 정도 되고, 악어의 머리와 비슷한 커다랗고 납작한 머리 위쪽에는 한 쌍의 눈이 달려 있었다. 물고기처럼 몸이 비늘로 덮여 있었으며, 목의 초기 형태를 가지고 있었다. 그러나 진화의 역사에서 중요한 부분은 이 생물의 다리이다. 틱타알릭의 앞부분에는 물고기에게서 볼 수 있는 지느러미가 달려 있었다. 하지만 육질의 지느러미 내부에는 뼈가 있었으며, 이 뼈가 팔꿈치와 손목에 연결되어 있었다. 이것은 분명히 물 밖에서의 이동에 도움을 주는 다리였음이 분명하다. 그런데 왜 그렇게 해야 했을까? 어쩌면 먹이를 구하기 위해서, 즉 해변으로 밀려온 바다 생물의 사체나 혹은 그 무렵 육지에서 확실히 자리를 잡고 살던 무척추동물들을 잡아먹기 위해서였을지도 모른다.

물 밖에서 숨은 어떻게 쉬었을까? 말뚝망둑어는 물을 입에 머금고 머리를 흔들어서 그 물을 입안의 내벽으로 흘려보내면서 산소를 추출한다. 또한 축축한 피부를 통해서 공기 중의 산소를 직접 흡수하기도 한다. 하지만 이런 방법으로는 물 밖에서 아주 짧은 시간만 버틸 수 있을 뿐이다. 몇 분 안에 물속으로 돌아가서 피부를 적시고 신선한 물을 들이마셔야 한다. 현생 실러캔스는 이런 의문에 답을 줄 수 없다. 오늘날 이들은 결코 깊은 물속을 벗어나지 않기 때문이다. 그러나 해답을 보여주는 또다른 현생 생물이 있다.

아프리카 하천의 범람원 주변 습지는 건기가 되면 햇빛에 바싹 말라 단단한 진흙

위
폐어의 화석(*Fleurantia sp.*). 데본기 후기(3억 8,500만–3억5,900만 년 전), 캐나다 퀘벡.

바닥이 되는 경우가 많다. 오직 폐어만이 1년 내내 그 안에서 살면서 건기가 와도 공기 호흡을 통해서 생존한다. 폐어는 웅덩이의 크기가 줄어들면 바닥의 진흙 속으로 파고 들어간다. 그리고 그 안에서 꼬리로 머리를 감싸 몸을 둥글게 말고 점액을 분비하여 굴 내부에 막을 형성한다. 태양이 진흙에 남아 있던 마지막 수분까지 증발시키면 이 점액이 양피지처럼 굳는다. 폴립테루스와 같은 원시 민물고기는 장에서 돌출된 주머니 형태의 기관으로 공기 호흡을 한다. 폐어에게도 이런 주머니가 한 쌍 있어서 물에서 벗어나면 완전히 여기에만 의존한다. 굴을 파고 들어가면서 폐어는 진흙 속에 직경 1, 2센티미터 정도의 통로를 만든다. 이 통로를 타고 내려간 공기가 양피지 같은 고치의 작은 입구를 통해서 폐어의 입안으로 들어간다. 그러면 폐어는 목 근육의 수축, 이완을 반복하여 목에서 주머니 안으로 공기를 이동시킨다. 주머니의 내벽은 기체 형태의 산소를 흡수하는 혈관들로 가득하다. 간단한 폐의 기능을 하는 이 주머니 덕분에 폐어는 물 밖에서도 몇 달, 심지어 몇 년까지 살 수 있다.

마침내 비가 다시 내리기 시작하여 웅덩이에 물이 차면 폐어는 몇 시간 만에 생기를 되찾고, 부드러워진 진흙 속의 고치에서 꿈틀거리며 나와서 헤엄쳐 떠난다. 물속에서는 보통의 물고기들처럼 아가미로 호흡을 한다. 그러나 폴립테루스처럼 가끔씩 수면 위로 올라와서 폐로 공기를 들이마시도 한다. 이것은 웅덩이 물이 미지근해져서 산소가 부족해졌을 때에 특히 유용한 기술이다.

폐어는 아프리카에서 4종, 오스트레일리아와 남아메리카에서 각각 1종씩 발견되었다. 그러나 3억5,000만 년 전에는 수가 훨씬 더 많았으며, 그 화석이 종종 실러캔스 화석의 매장지에서 함께 발견된다. 폐어, 실러캔스와 육상 네발동물과의 관계는 오랜 논쟁의 주제였다. 여기에 다시 한번 분자 유전학이 결정적인 해답을 제공했다. 폐어의 유전체는 그 크기가 인간의 10배 이상으로 지금까지 알려진 척추동물 가운데 가장 크기 때문에 염기 서열을 알아내기가 매우 어렵다. 하지만 폐어의 단백질 생성 유전자를 연구한 결과, 실러캔스보다는 네발동물과 더욱 가까운 관계임이 밝혀졌다. 또한 이런 연구를 통해서 이 세 종류의 혈통이 틱타알릭이 살았던 시절 직후인 3억8,000만 년 전에 매우 빠르게 갈라졌음을 알아냈다.

과학자들은 여전히 틱타알릭이 우리의 조상이었는지, 단지 먼 친척이었는지를 알아내지 못했다. 어느 쪽이든 틱타알릭이 갯벌 위를 뒤뚱거리며 돌아다니던 시대로부터 수백만 년도 지나지 않아 네발동물이 진정한 육상 생물이 되었다. 그들이 살던 습지를 가득 메운 쇠뜨기와 석송은 모두 나무만 한 크기로 자랐다. 이 식물들의 줄기가 쓰러져 습지에 쌓이고, 결국 화석화되어서 석탄이 되었다. 따라서 과학자들이 최초의 육상 척추동물인 양서류의 뼈를 처음 발견한 곳이 석탄 광산이었다는 사실도 놀라운 일은 아니다.

양서류 중에서 일부는 상당히 무시무시해 보였을 것이다. 몸길이가 3, 4미터에 달했으며 턱에는 원추형의 이빨이 뾰족뾰족하게 자라나 있었다. 이들은 그후 약 1억 년 동안 육지를 지배했다. 그러나 약 2억 년 전, 이 땅의 생명은 전 지구적인 재난을 겪게 되었다. 공룡을 멸종시킨 훗날의 더 유명한 재난과 비슷한 규모였다. 지구상 모든 생물종의 절반가량이 사라졌다. 마지막 거대한 양서류는 현재 오스트레일리아가 된 지역에서 약 1억1,000만 년 전에 살았던 몸길이 5미터의 괴물이었던 것으로 추측된다.

오늘날의 장수도롱뇽은 양서류의 초기 형태를 조금이나마 상상할 수 있게 해준다. 장수도롱뇽은 중국에 1종, 일본에 1종이 서식하는데 2종 모두 조상들과는 달리 물속에서 일생을 보낸다. 삽처럼 생긴 납작한 머리와 단추 같은 작은 눈, 긴 꼬리를 가졌으며, 몸은 늘어져서 접힌 주름지고 우툴두툴한 피부에 감싸여 있다. 일본장수도롱뇽

의 최대 크기는 약 1.5미터로 조상의 4분의 1 정도밖에 되지 않지만 오늘날의 양서류로서는 예외적인 크기이다. 대부분의 도롱뇽과 그 사촌인 영원은 크기가 비교적 작아서 가장 큰 것이 10센티미터 정도에 불과하다. 이들을 한데 묶어서 "꼬리가 있다"는 뜻의 유미류(有尾類)라고 부른다.

영원의 다리는 실러캔스나 말뚝망둑어의 지느러미에 비하면 발전된 형태이지만 그렇다고 아주 효율적이지는 않다. 뒷다리에 맞는 보폭으로 성큼성큼 앞으로 나아가기에는 그 길이가 너무 짧아서 몸을 좌우로 구부렸다 폈다 하며 걸어야 한다. 이들은 육지에서 머무는 시간의 대부분을 주로 돌 아래나 축축하고 이끼가 많은 은신처에 숨어서 그 위에 사는 벌레, 괄태충, 곤충 등을 찾으며 보낸다. 그러나 물에서 아주 오래 벗어나 있지는 못한다. 일단 피부가 투과성이어서 건조한 공기 중에서는 체내 수분이 매우 빠르게 손실되어 죽는다. 게다가 다른 양서류처럼 입으로 물을 마시지 못하기 때문에 필요한 모든 수분을 피부로 흡수해야 한다. 호흡을 위해서도 몸의 수분을 유지해야 한다. 이들의 폐는 비교적 단순해서 필요한 산소를 완전히 얻을 수 없기 때문에 말뚝망둑어처럼 축축한 피부로 산소를 흡수하여 보충해야 한다. 그리고 물을 떠나지 못하는 이유가 한 가지 더 있다. 영원의 알도 물고기의 알처럼 방수가 되는 껍질이 없다. 따라서 번식기가 되면 물을 찾아야 한다.

번식기에 수중 생활을 하는 동안에 영원은 어류와 매우 비슷해진다. 다리는 방해가 되지 않도록 몸 옆에 붙인 채 몸통을 물결치듯이 흔들고 꼬리를 치면서 헤엄친다. 몇몇 종의 수컷은 등에 지느러미 같은 등마루가 생기고, 이것이 마치 구애 중인 물고기들처럼 선명한 색채를 띤다. 구애할 때에는 꼬리로 물을 치고 등마루를 움직여서 암컷 또는 경쟁자 쪽으로 강한 물결을 일으켜서 보낸다. 머리와 몸의 측면을 따라 줄지어 나 있는 감각기관이 이 물결을 감지한다. 이 기관은 어류에게서 물려받은 것으로 어류가 고대부터 지니고 있었던 측선과 같은 역할을 한다.

암컷은 많은 수의 알을 낳아 수생식물의 잎에 하나씩 붙인다. 알에서 부화한 새끼는 부모보다 물고기를 훨씬 더 닮았다. 다리가 없고, 나중에 발달하게 될 폐 대신에 깃털 모양의 겉아가미로 숨을 쉬기 때문이다. 바로 우리가 아는 올챙이의 형태이다.

중앙아메리카의 일부 도롱뇽은 유생의 수중 생활을 성체로서의 삶의 대안으로 활용한다. 멕시코의 한 호수에 사는 종은 성체가 되면 일반적으로 육상 생활을 한다. 그러나 우기에 특별히 습해서 호수의 물이 마르지 않으면, 유생은 깃털 같은 아가미를

맞은편
일본장수도롱뇽 (*Andrias japonicus*) 수컷이 숨을 쉬려고 굴 밖으로 나오고 있다. 8월, 일본.

그대로 유지한 채, 보통 때 같으면 변태를 했을 크기를 훨씬 뛰어넘어서 육상 생활을 하는 성체만큼, 혹은 그 이상으로 자란다. 그리고 올챙이 같은 외형을 유지한 채 성적으로 성숙하여 번식을 한다.

영원과 매우 가까운 관계의 한 종은 물속에서 살았던 조상들의 삶으로 완전히 되돌아갔다. 멕시코에 사는 이 종은 언제나 목 양쪽에 풍성한 수풀 같은 겉아가미가 자라난 유생의 형태로 번식을 한다. 고대 아즈텍인들은 이 생물을 어찌나 기이하게 여겼는지 "물에 사는 괴물"이라는 뜻의 아홀로틀(axolotl)이라는 이름을 붙였다. 오늘날 야생에서는 거의 멸종했지만 알비노(albino) 형태의 아홀로틀은 동물학 실험실에 상당한 수가 생존하고 있다. 아홀로틀이 사실 도롱뇽이라는 사실은 갑상선 추출물을 먹여 보면 알 수 있다. 그러면 겉아가미가 없어지고 폐가 생겨나서 미국 플로리다에서 굴을 파고 사는 도롱뇽과 다를 바 없는 생김새가 된다.

멕시코 북쪽에 있는 미국에서도 양서류의 한 종이 수중 생활로 영원히 돌아갔다. 머드퍼피라는 생물이다. 아가미와 폐를 모두 가진 머드퍼피는 냇물 바닥의 보금자리 안에 알을 낳고 평생 물속에서 산다. 이 종은 변태를 하지 못한다. 이들의 몸은 갑상선 호르몬을 감지할 수 있지만 무슨 이유에서인지 이 물질을 주입해도 변태를 제어하는 유전자에는 영향을 미치지 않는다. 슬로베니아 지하의 강물에서 사는 또다른 눈 먼 도롱뇽인 동굴영원도 마찬가지이다. 이 지역에서는 용의 새끼라고 전해져 내려오던 생물이다.

일부 도롱뇽은 물고기와 더욱 비슷한 삶으로 돌아갔다. 이들은 폐뿐만 아니라 다리도 잃어가고 있는 듯하다. 미국 남부에 사는 몸길이 약 1미터의 사이렌은 뒷다리가 완전히 없어졌고, 앞다리 역시 매우 짧아졌을 뿐만 아니라 내부는 뼈 없이 연골로만 되어 있어서 보행에 아무 도움이 되지 않는다. 같은 지역에 사는 암피우마도롱뇽은 다리 네 개가 모두 남아 있지만 너무 작아서 자세히 들여다보지 않으면 놓치기 쉽다. 겉모습도 어류와 너무 비슷해서 지역 주민들에게는 콩고장어라고 불린다.

수중 생활을 택한 도롱뇽뿐만 아니라 거의 평생을 육지에서만 사는 도롱뇽들도 척추동물이 육지로 이주하면서 이루어낸 두 가지 중대한 혁신을 모두 포기했다. 아메리카 대륙의 많은 도롱뇽들은 폐를 잃었지만 축축한 피부와 입의 내막으로 호흡을 한다. 그러나 여기에는 몸 크기의 제한이라는 대가가 따른다. 이런 방식의 호흡을 효율적으로 하려면 피부의 면적은 최대화하면서 몸의 부피는 최소화할 수 있는 크기와 형

맞은편
아홀로틀(*Siredon/ Ambystoma mexicanum*), 알비노 종.

태여야 하기 때문이다. 폐가 없는 도롱뇽들에게서 바로 이런 특징을 발견할 수 있다. 이들의 몸은 길고 가늘며, 몸길이는 몇 센티미터 정도밖에 되지 않는다.

양서류의 한 종류인 무족영원은 다리가 없으며, 부드러운 흙이나 진흙 속에 굴을 파고 들어가서 산다. 이들의 몸 구조는 매우 특수하고 유미류와도 전혀 달라서 이들은 무족영원목으로 따로 분류된다. 따뜻하고 습한 지역에서만 사는 무족영원은 대부분 열대지방에서 발견된다. 다리가 없을 뿐만 아니라 어깨나 허리 안쪽을 둘러싸는 뼈의 흔적도 없다. 몸도 굉장히 길다. 유미류의 척추는 보통 10여 개 정도이지만 무족영원은 최대 270개에 달한다. 눈은 땅속에서 굴을 파는 데에 거의 쓸모가 없기 때문에 피부나 심지어 뼈로 덮여 있는 경우가 많다. 시각을 잃은 대신 일부 종의 턱에는 길게 늘일 수 있는 작은 촉수가 달려 있어서 이것이 민감한 더듬이 역할을 한다.

무족영원은 독특한 방식으로 번식을 한다. 이들은 물로 돌아가지도 않고 체내수정을 하지도 않는다. 대신 암컷과 수컷이 축축한 굴 안에서 만난다. 수컷은 생식구에서 긴 관 같은 기관을 내밀어 암컷의 배설강에 집어넣어서 난자를 수정시킨다. 그후 일부 종의 암컷은 부드러운 껍질에 싸인 알을 줄줄이 낳아서 땅속에 있는 방 안에서 정성들여 지킨다. 그 외의 종은 새끼가 어미의 몸 안에서 부화하여 밖으로 나온다. 이들의 어미는 기이할 정도로 친밀한 방식으로 새끼를 먹인다. 지방이 풍부한 자신의 피부를 새끼들이 뜯어먹게 하는 것이다.

무족영원은 우리 눈에 잘 띄지 않는다. 밤이 아니면 지면 위로 올라오는 일이 없고, 땅을 파다가 우연히 발견한다고 해도 밝은색의 커다란 지렁이로 오인하기 쉽다. 그러나 썩은 식물을 먹는 지렁이와 달리 무족영원은 곤충을 비롯한 무척추동물을 잡아먹는 육식동물이다. 사냥에 적합한 턱을 가지고 있기 때문에, 그냥 무해한 벌레라고 생각했다가 갑자기 커다랗게 입을 벌린 모습을 보면 상당히 놀랄 수도 있다.

현재 알려진 무족영원은 약 200종, 유미류는 약 500종이다. 그러나 오늘날 가장 많은 수의 양서류는 "꼬리가 없다"는 뜻의 무미류(無尾類)이다. 무미류는 약 5,500종이 있다. 일반적으로 온대지방의 무미류는 두 종류로 구분된다. 피부가 매끄럽고 축축한 개구리와 좀더 건조하고 우툴두툴한 두꺼비이다. 하지만 그 둘의 차이는 말 그대로 피부뿐이다. 무미류의 대부분이 살고 있는 열대지방에서는 이 두 종류가 명확하게 구분되지 않는다. 따라서 어떤 종을 개구리로 부르든 두꺼비로 부르든 둘 다 틀린 말은 아니다.

무족영원이 몸길이를 연장시켰다면 이들은 축소시켰다. 척추는 하나로 합쳐지고 다리는 없어지는 대신 오히려 강력하게 발달해서 일부 종은 엄청난 점프 능력을 갖추게 되었다. 몸집이 가장 큰 무미류인 서아프리카의 골리앗개구리는 약 3미터를 뛰어오를 수 있다. 이것도 놀라운 일이기는 하지만 몸집이 더 작은 개구리들 중에서는 단위 크기당 점프 높이가 이보다 더욱 높은 종도 많다. 나무에 사는 몇몇 종은 자신의 몸길이의 100배에 달하는 약 15미터 거리를 글라이더처럼 날아갈 수 있다. 유난히 길쭉한 이들의 발가락은 넓은 물갈퀴로 연결되어 있어서 작은 낙하산 역할을 한다. 나뭇가지에서 뛰어오를 때에 이 발가락을 펼침으로써 떨어지지 않고 아래쪽으로 부드럽게 활공한다.

개구리의 도약은 단지 땅의 한 지점에서 다른 지점으로 이동하는 수단이 아니라 적으로부터 탈출하는 매우 효과적인 방법이기도 하다. 워낙 순식간에 뛰어오르기 때문에 인간에게든 굶주린 새나 파충류에게든 개구리를 잡는 것은 쉽지 않은 일이다. 몸이 부드럽고 연약한 무미류는 많은 동물이 선호하는 먹잇감이기 때문에 가능한 모든 방어 수단을 동원해야 한다. 많은 무미류가 은닉술을 이용한다. 자신들이 붙어 지내는

위
낙엽 무더기에 있는 무족영원(*Siphonops annulata*). 아마존 우림, 에콰도르.

뒷면
비행 중인 월리스날개구리(*Rhacophorus nigropalmatus*).

윤기 나는 나뭇잎의 녹색과 몸의 색이 똑같은 종도 있고, 갈색과 회색의 얼룩무늬로 위장하고 있어서 숲속에 떨어진 낙엽 사이에 숨으면 거의 눈에 띄지 않는 종도 있다.

그러나 일부 무미류는 좀더 적극적으로 자신을 방어한다. 유럽의 두꺼비는 뱀을 만나면 몸을 부풀린 채 발끝을 딛고 서서 갑자기 몸이 커진 것처럼 보이게 한다. 이 방법은 대부분의 뱀들을 당황하게 만든다. 무당개구리는 위협을 받으면 갑자기 드러누워서 노란색과 검은색의 화려한 무늬가 있는 배를 드러낸다. 이는 동물의 세계에서 경고의 의미로 널리 인식되는 색 조합이다. 이것이 그저 허세만은 아니다. 모든 양서류의 피부에는 수분 유지에 필요한 점액을 분비하는 점액선이 있는데, 무당개구리의 점액선 중 일부는 쓴맛이 나는 독을 분비한다. 중앙아메리카와 남아메리카에는 이런 방어 수단을 더욱 발달시킨 개구리가 20종 이상 된다. 이들의 피부에서 분비되는 독은 워낙 치명적이어서 새나 원숭이를 그 자리에서 마비시킬 수 있을 정도이다. 개구리의 입장에서는 자신이 이미 잡아먹힌 후에 상대방이 죽는 것은 아무 의미가 없다. 그래서 이들은 노란색, 검은색뿐만 아니라 새빨간색, 강렬한 녹색과 보라색 등 화려하고 눈에 잘 띄는 색을 가지게 되었다. 방어 수단을 제대로 홍보하려면 일단 눈에 보여야 한다. 그래서 이 개구리들은 다른 개구리들과 달리 밤이 아니라 낮에 나와서 화려한 색상의 보호를 받으며 숲속을 대담하게 돌아다닌다.

양서류는 진화 초기부터 사냥꾼들이어서, 자신들보다 먼저 육지에 살고 있던 벌레, 곤충 등의 무척추동물을 잡아먹었다. 대부분의 양서류는 오늘날에도 마찬가지이다. 이들을 잡아먹는 더 크고 강력한 사냥꾼들의 출현으로, 더욱 조심해서 행동을 해야 하지만 몇몇 양서류 종은 여전히 꽤 무시무시하다. 남아메리카의 뿔개구리는 입을 크게 벌리면 어린 새와 쥐를 손쉽게 삼킬 수 있을 정도이다. 그러나 어떤 양서류도 정말 민첩하다고 할 수는 없다. 이들이 사냥을 할 때에 의존하는 것은 민첩함이 아니라 혀이다.

길게 뻗을 수 있는 혀는 양서류의 발명품이다. 어떤 물고기도 이런 혀를 가진 적은 없었다. 양서류의 혀는 입 뒤쪽에 붙어 있는 인간의 혀와 달리 입 앞쪽에 붙어 있다. 그래서 그냥 휙 뻗기만 해도 인간보다 훨씬 더 길게 혀를 내밀 수 있다. 목이 없고 비교적 움직임이 느린 사냥꾼에게 유용한 재능이다. 혀의 끝은 끈적거리는 근육질이어서 두꺼비는 이 혀를 이용해서 벌레나 괄태충을 먼저 붙잡은 다음 입안으로 끌어들일 수 있다. 그러나 대부분은 곤충이나 벌레가 움직일 때에만 먹는다. 주변에 아무리 맛있는

맞은편
딸기독화살개구리 (*Oophaga pumilio*), 코스타리카. 이 개구리는 피부를 통해서 신경독을 분비한다. 화려한 색상은 포식자에게 보내는 경고의 의미이다.

먹잇감이 많아도 그것이 죽은 먹잇감이면 두꺼비는 그냥 앉아서 굶어 죽을 것이다.

뿔개구리를 비롯한 많은 양서류는 조상들이 그랬던 것처럼 턱에 매우 유용한 이빨들이 줄줄이 나 있다. 그러나 이 이빨은 방어를 하거나 먹이를 무는 용도로만 쓰인다. 삼키기 좋게 조각으로 먹이를 자르거나 먹기 힘든 단단한 조각을 걸러내는 데에는 쓸모가 없다. 양서류는 씹지 못한다. 두꺼비가 벌레의 한쪽 끝을 붙잡고 앞발로 꼼꼼히 훑어서 혹시 붙어 있을 수도 있는 나뭇가지나 흙을 털어내는 것은 그래서이다. 혀에서 분비되는 다량의 점액은 먹이를 미끈하게 만드는 윤활유 역할을 해서, 삼킬 때에 목 안쪽의 연약한 막이 긁히지 않도록 해준다. 혀는 입 뒤쪽으로 먹이를 넘기는 것도 도와준다. 여기에는 눈도 한몫하는 듯하다. 모든 개구리와 두꺼비는 먹이를 삼킬 때에 눈을 깜박인다. 이들의 눈구멍 아래쪽에는 뼈가 없어서 눈을 깜박일 때, 안구가 두개골 안으로 내려가서 입천장을 불룩하게 만드는데, 이것이 먹이를 목 뒤로 밀어넣는 것을 돕는다.

양서류의 눈은 자신들의 조상인 어류의 눈과 기본 구조가 같다. 광학적으로 이 눈은 물 안팎에서 똑같이 작동한다. 육지에서 효과적으로 사용하기 위해서 유일하게 필요한 것은 눈의 표면을 깨끗하고 매끄럽게 유지하는 방법뿐이었다. 그래서 양서류는 눈을 깜박이는 능력과 안구 앞쪽을 가릴 수 있는 막을 발달시켰다.

그러나 양서류가 공기 중에서 음파를 감지하는 데에 사용하는 도구는 전에 볼 수 없었던 것이다. 많은 어류는 기체로 가득 찬 부레의 공명을 이용해서 몸에 도달하는 소리를 증폭시킬 수 있다. 그런데 공기 중에서는 이 방법이 효율적이지 않다. 양서류는 발달 초기의 1억 년 동안 피부의 움직임을 통해서 소리의 진동을 감지할 수 있게 되었다. 그후의 중요한 진화적 단계는 팽팽한 피부로 이루어진 외부 기관이자 소리에 훨씬 더 민감하게 진동하는 고막을 발달시킨 것이었다. 고막의 움직임은 두 가지 서로 다른 구조에 의해서 신경 충격으로 변환된다. 한 가지는 고막이 없는 다른 양서류도 가지고 있는 구조로 고주파수를 감지하며, 다른 한 가지는 무미류에게만 있는 구조로 저주파수를 감지한다. 인간의 고막도 구조적으로 비슷해 보이지만, 약 2억5,000만 년 전에 발달한 무미류의 고막과는 완전히 다른 방향으로 진화했다.

오늘날의 개구리와 두꺼비는 가장 인상적인 가수들이다. 성대로 공기를 불어넣는 폐는 여전히 단순하고 약하지만 많은 개구리들은 커다랗게 부풀어오르는 목이나 턱의 한구석에 튀어나와 있는 주머니의 공명을 통해서 목소리를 증폭시킨다. 열대지방의

맞은편
빨간눈청개구리
(*Agalychnis callidryas*)
가 거미를 삼키고 있다.
코스타리카 엘 아레날.

위
모래시계청개구리 (*Dendropsophus ebraccatus*) 수컷이 밤에 울음주머니를 부풀려 울고 있다. 카리브 제도 중부 구릉지대, 코스타리카.

늪에서 개구리들이 함께 모여서 내는 소리는 워낙 요란해서 그 속에서 사람이 대화를 하려면 소리를 질러야 할 정도이다. 온대지방의 개구리 소리만 들어본 사람이라면 끙끙거리는 소리, 금속성으로 찰칵거리는 소리, 가냘프게 우는 소리, 울부짖는 소리, 트림하는 소리, 칭얼거리는 소리 등 서로 다른 종이 내는 다양한 소리들에 놀라고 압도될 것이다. 최초의 양서류가 나타난 후에 수많은 세월이 흐르면서 많은 것들이 변하기는 했다. 그래도 늪지대에 서서 귀를 먹먹하게 만드는 놀라운 합창을 들으면서, 그 전까지는 곤충이 찍찍거리고 윙윙거리며 날아다니는 소리밖에 들리지 않던 육지에 처음으로 울려퍼졌던 양서류의 소리가 저렇지 않았을까 상상해보면 흥미롭다.

웅덩이나 늪에서 들려오는 양서류의 합창은 짝짓기의 전주곡이자 같은 종의 다른 개체들을 모두 모아서 번식을 하기 위한 호출이다. 양서류의 대부분은 여전히 물속에서 짝짓기를 한다. 보통 수컷이 암컷을 붙들고 짝짓기를 하지만 그래도 수정 자체는 거의 예외 없이 체외에서 이루어진다. 그후에 어류와 마찬가지로 정자가 알을 향해서 헤엄쳐가는데 이 과정에 물이 필요하다. 일단 수정이 이루어지면 성체는 대개 육지로 돌아간다.

이제 남겨진 알은 위험에 노출된다. 보호해줄 껍질이 없는 알은 곤충의 유생과 편형동물들의 만만한 먹잇감이다. 살아남아서 부화하더라도 수생곤충과 잠자리 유충, 여러 물고기들의 공격을 받는다. 결국 어마어마한 수가 죽는다. 그러나 알의 숫자도 어마어마하다. 두꺼비 암컷은 번식기마다 2만여 개의 알을 낳는다. 평생 낳는 알의 수는 25만 개쯤 될 것이다. 이 알들 중에서 2개만 살아남아 성체로 자라나도 개체 수를 유지할 수 있다. 이것은 아주 오래된 전략이다. 어류도 이 전략을 사용했고, 지금도 사용하고 있다. 하지만 너무 많은 생체 조직을 만들어야 한다는 단점이 있다. 그리고 이것이 유일한 방법은 아니다.

다른 방법을 택한 개구리들도 있다. 이들은 상대적으로 적은 수의 알을 낳아서 정성 들여 돌보면서 포식자들로부터 알을 지킨다. 피파두꺼비는 수중 생활에 가장 익숙한 무미류 중의 하나로 평생을 물속에서 보낸다. 납작한 몸에, 짓눌린 듯한 머리를 가진 기이한 생김새의 동물이다. 이들은 짝짓기를 할 때, 물속에서 번식을 하는 대부분의 무미류와 마찬가지로 수컷이 암컷을 앞다리로 끌어안는다. 그러나 그다음에는 대단히 독특하고도 우아한 발레가 펼쳐진다. 암컷이 뒷발로 물을 차면서 수컷과 함께 천천히, 우아하게 위로 솟아오르는 것이다. 그리고 다시 내려오면서 암컷이 알 몇 개를 낳으면 그와 동시에 물속으로 배출된 수컷의 정자와 만나서 곧장 수정이 이루어진다. 수컷은 물갈퀴가 달린 뒷발가락을 부채처럼 펼친 채 섬세한 동작으로 알을 모아서 암컷의 등에 조심스럽게 펴 바른다. 그러면 알들이 거기에 달라붙는다. 이와 같은 도약을 몇 번이고 반복하면 마침내 암컷의 등에는 100여 개의 알들이 카펫처럼 고르게 부착된다. 등의 피부가 부풀어오르기 시작하고, 곧 알들이 그 안에 박힌 형태가 된다. 그 위에 빠른 속도로 막이 형성되어, 알들은 30시간 안에 보이지 않게 되고 암컷의 등은 다시 매끄러워진다. 그리고 피부 아래에서 알들이 성장한다. 2주일이 지나면 암컷의 등 전체가 그 안에서 부화한 올챙이들의 움직임으로 꿈틀거린다. 그후 다시 24일이 지나면 새끼 개구리들이 어미의 피부에 구멍을 뚫고 밖으로 나와서 안전한 은신처를 찾아 빠르게 헤엄쳐간다.

연못에 사는 다른 무미류들은 덜 극단적인 방식으로 새끼들의 은신처를 찾는다. 몇몇 종은 전용 수영장을 찾거나 만든다. 워낙 강한 비가 1년 내내 고르게 내려서 많은 식물의 안쪽이 언제나 물로 가득 차 있는 열대우림에서는 그다지 어려운 일이 아니다.

파인애플과 식물들은 커다란 로제트(rosette) 형태로 그 깊숙한 안쪽에 물이 가득 고여 있다. 어떤 종은 줄기가 땅 위로 높이 솟아 있고, 또 어떤 종은 숲속 나뭇가지 위에 자리를 잡고 습한 공기 중으로 뿌리를 늘어뜨리고 산다. 이런 식물들의 안쪽은 높은 나무 위에 있는 작은 연못이나 다름없다. 거기까지 올라갈 수 있는 물고기는 없다. 그러나 개구리라면 가능하다. 남아메리카의 몇몇 종은 아예 나무 위에서 산다. 술잔같이 생긴 웅덩이 안에 알을 낳으면 올챙이들은 그 안에서 몇몇 호기심 많은 유충 외에는 그다지 큰 위험과 마주치지 않고 성체로 성장한다. 브라질에 사는 작은 개구리는 숲속 웅덩이의 가장자리에 자신만의 연못을 만든다. 구멍을 파고 그 둘레에 약 10센티미터 높이의 야트막한 진흙 벽을 세우는 것이다. 그 안에 알을 낳으면 거기서 태어난 올챙이들은 비가 와서 웅덩이 전체의 수위가 높아지는 바람에 그들의 영역 안까지 물이 들어오거나 벽이 무너지기 전까지는 전용 수영장을 이용할 수 있는 특권을 누린다.

최초의 양서류가 출현했을 때에는 물론 육지가 알과 새끼를 기르기에 비교적 안전한 장소였다. 그 시절에는 육지에 알을 훔치거나 새끼를 꿀꺽 삼킬 다른 척추동물들이 없었다. 따라서 굶주린 물고기 떼나 먹이를 찾는 데에 혈안이 된 절지동물들이 있는 물속에 비하면 위험하지 않은 편이었다. 양서류가 물 밖에 알을 낳을 수 있다면, 새끼들의 생존 확률이 크게 높아질 것은 분명했다. 그러나 문제가 있었다. 알이 말라버리는 것을 어떻게 막을 것인가? 그리고 올챙이가 어떻게 물 밖에서 자랄 수 있을까? 최초의 양서류 중에 이런 문제를 극복한 종이 있었는지는 알 수 없다. 그랬다면 그들의 화석은 분명히 호수, 늪, 강, 연못의 흔적과 멀리 떨어진 곳에서 발견되었을 것이다. 오늘날 육지는 번식 장소로서 과거만큼 매력적이지는 않다. 더 이상 양서류들만의 땅이 아니기 때문이다. 파충류, 조류, 심지어 눈에 띄기만 한다면 양서류의 알과 올챙이를 맛있게 먹어치울 포유류까지 있다. 그럼에도 여전히 많은 개구리와 두꺼비들이 위험을 무릅쓰고 이런 전략을 따르고 있다.

유럽의 산파두꺼비는 일생의 대부분을 물과 멀리 떨어져 있지 않은 굴 속에서 지낸다. 이들은 육지에서 짝짓기를 한다. 수컷은 굴의 가장자리에서 높은 소리를 반복적으로 내어 암컷을 부르는데, 이 소리가 지하에서 돌아오는 메아리에 의해서 증폭되어 늦은 봄밤에 으스스하게 울려 퍼진다. 이에 암컷이 합류하여 알을 낳으면 수컷이 수정을 시킨다. 15분 정도 후에 수컷은 줄줄이 이어진 알을 자신의 뒷다리에 휘감기 시작한다. 그후 몇 주일 동안 수컷은 어디를 가든지 알을 지닌 채 절뚝거리며 돌아다닌

맞은편
포접 중인 두꺼비(*Bufo bufo*) 한 쌍이 끈처럼 길게 이어진 알을 낳고 있다. 프랑스 앵, 알프스 산맥.

위
알을 몸에 부착하고 다니는 산파두꺼비 (*Alytes obstericans*) 수컷. 영국 요크셔 주 남부.

맞은편
세줄무늬독개구리 (*Ameerega trivittata*) 수컷이 올챙이를 등에 업고 다니고 있다. 페루 아마존 강 유역의 우아누코 주 팡과나 보호구역.

다. 만약 주변이 위험할 정도로 건조해지면 습한 곳으로 이동한다. 그러다가 알이 부화할 때가 되면 웅덩이 가장자리로 내려가서 알들이 붙어 있는 다리를 물속에 담근다. 그 상태에서 올챙이들이 전부 밖으로 나올 때까지 한 시간 정도 기다렸다가 자기 굴로 돌아간다. 이름은 산파두꺼비이지만 사실 새끼들이 안전하게 세상에 나오도록 하는 것은 수컷의 몫인 셈이다.

남아메리카의 독개구리도 같은 방법을 조금 변형시켜 사용한다. 이들은 습한 땅에 알을 낳고, 수컷이 그 곁에 쭈그리고 앉아 지킨다. 부화한 올챙이들은 곧장 꿈틀거리며 수컷의 등 위로 기어오른다. 수컷의 피부에서 다량의 점액이 분비되어 올챙이들이 등에 붙어 있을 수 있게 해주고, 몸이 마르지 않게 막아준다. 올챙이들에게는 아가미가 없지만 피부와 커다란 꼬리를 통해서 산소를 흡수한다.

아프리카에는 나뭇가지 위에서 번식을 하는 개구리들이 있다. 이들은 물 위에 드리워진 나뭇가지를 선택한다. 짝짓기 후에 암컷은 배설강에서 액체를 분비하기 시작하고 이것을 암컷과 수컷이 함께 뒷다리로 쳐서 거품을 낸다. 그리고 이렇게 만들어진

둥근 거품 덩어리 안에 알을 낳는다. 어떤 종은 이 거품 바깥쪽이 굳으면서 만들어진 껍질로 안쪽의 수분을 유지한다. 또 어떤 종은 암컷이 주기적으로 아래쪽의 연못이나 개울로 내려가서 피부로 물을 흡수한 다음 돌아와서 소변으로 알들을 적신다. 알에서 나온 올챙이들은 거품 속에서 자라다가, 적절한 시기가 되어 거품의 아래쪽이 액화되면 밖으로 나와서 아래쪽의 물로 떨어진다.

새끼들이 난막 안에서 성장을 완전히 마치기 때문에 올챙이들에게 물을 공급할 필요가 없는 개구리들도 있다. 그러나 이 경우 올챙이들이 자유롭게 헤엄칠 수 있을 때와는 달리 유생 단계에서 먹이를 주는 것이 불가능하다. 따라서 스스로 양분을 얻을 수 있도록 특별히 많은 양의 난황(卵黃)을 제공해야 한다. 그러다 보니 암컷은 한 번에 상대적으로 적은 수의 알을 낳을 수밖에 없다. 이런 방법을 사용하는 카리브 해 지역의 휘파람개구리는 땅에 겨우 10여 개의 알을 낳는다. 발달 속도는 매우 빨라서 외부에서 물을 공급하지 않아도 20일 안에 알 속에서 작은 새끼 개구리들이 자라나서 주둥이 끝에 달린 작은 가시로 난막을 뚫고 밖으로 나온다.

가장 극단적이면서도 물리적으로 복잡한 번식 방법은 알과 유생을 부모의 몸 속에서 키움으로써 수분을 유지하는 것이다. 가스트로테카라는 남아메리카의 개구리는 등에 기다란 홈처럼 생긴 입구가 있는 새끼 주머니가 있다. 산란이 시작되면, 암컷보다 덩치가 작은 수컷이 암컷의 등에 올라가서 목을 움켜쥔다. 그러면 암컷은 뒷다리를 들어서 코를 아래로 향하게 하고 등을 기울여서 몸을 앞으로 숙인다. 그리고 하나씩 알을 낳는다. 수컷이 수정을 시킨 알들은 축축한 홈을 따라 굴러 내려가서 새끼 주머니 안으로 들어간다. 그리고 그 안에서 발달하여 부화한다. 가스트로테카 중의 1종은 한 번에 약 200개의 알을 낳는다. 새끼들은 부화하여 올챙이 상태로 물속에 방출된다. 또다른 종은 약 20개의 알을 낳지만 난황의 양이 더 많아서 새끼 개구리가 될 때까지 주머니 안에서 지낼 수 있다. 암컷은 뒷다리를 뻗어서 가장 긴 발가락을 주머니 입구에 집어넣고 벌려서 새끼들이 밖으로 나올 수 있게 해준다.

이런 다양한 방법들 중에서 포유류의 번식에 익숙한 우리 눈에 가장 기이하게 보이는 것은 다윈이 칠레 남부에서 발견했던 코개구리라는 작은 개구리의 번식법이다. 이 개구리의 암컷이 축축한 땅에 알을 낳으면 수컷 무리가 그 주위에 둘러앉아서 알을 지킨다. 그리고 둥근 젤리에 감싸인 알이 움직이기 시작하면 수컷들이 곧바로 몸을 숙여서 알들을 삼킨다. 마치 알을 먹는 것처럼 보이지만 사실은 몸 아래쪽에 튀어나와 있는 유난히 큰 성대 안에 집어넣는 것이다. 알은 그 안에서 발달하는데, 어느 날 수컷이 숨을 한두 번 크게 들이마신 다음 갑자기 입을 쩍 벌리면 새끼 개구리들이 입안에서 튀어나온다.

그러나 양서류 양육법의 정점은 서아프리카의 보모두꺼비에게서 볼 수 있다. 이 종의 암컷은 태반이 있는 포유류와 매우 유사한 방식으로 몸 안에 새끼들을 품는다. 길이가 약 2센티미터밖에 되지 않는 이 두꺼비는 1년 중 대부분을 바위틈에서 숨어 지내다가 비가 오면 짝짓기를 하기 위해서 무리를 지어 밖으로 나온다. 그리고 수컷이 암컷의 사타구니 주변을 붙들고 배설강을 맞대어 정자를 암컷의 몸으로 들여보낸다. 하지만 수정란은 산란되지 않고 암컷의 수란관 안에 남는다. 여기서 자란 올챙이들은 입과 겉아가미를 갖추고 있으며, 수란관 벽에서 분비되는 작고 하얀 조각들을 뜯어먹으며 마치 작은 연못 속에 사는 독립된 개체처럼 생활한다. 그러다가 9개월이 지나서 마침내 다시 비가 오면 암컷은 출산을 한다. 이들의 복부와 수란관에는 포유류의 자궁처럼 새끼를 밀어낼 수 있는 근육이 없다. 대신 앞다리를 땅에 짚고 몸을 지탱하면서 폐를 팽창시켜 복부를 불룩하게 부풀린 후에 공기압으로 새끼를 밀어 내보낸다.

이런 여러 가지 기발한 방법들을 이용해서 무미류는 짝짓기와 부화, 양육 과정에서 물에 대한 의존도를 최소화했다. 그러나 투과성이 있는 피부 때문에 여전히 주변 환경이 습하지 않으면 말라 죽을 수밖에 없다. 그런데 한두 종의 양서류는 이런 필요조건조차 최소화하는 데에 성공했다.

때로는 몇 년씩 비가 내리지 않는 오스트레일리아 중부의 사막보다 양서류에게 불리한 환경은 거의 없을 것이다. 그러나 이런 곳에도 몇 종의 개구리가 살고 있다. 물저장개구리는 드물게 잠깐 폭우가 내릴 때에만 지상에 모습을 드러낸다. 이때에는 사막의 바위들 위에 물기가 며칠, 혹은 일주일 넘게까지 남아 있다. 개구리들은 비와 함께 나타난 수많은 곤충들을 정신없이 빠르게 포식한다. 그리고 짝짓기를 해서 얕고 미지근한 웅덩이 속에 알을 낳는다. 알에서 부화한 올챙이들은 놀라운 속도로 성장한다. 빗물이 다 마르고 사막이 다시 건조해질 무렵 개구리들은 새끼, 성체 할 것 없이 피부로 물을 흡수하여 몸이 거의 구형에 가깝게 팽팽하게 부풀어오른다. 그런 다음 아직 부드러운 모래 속에 깊이 파고들어서 작은 방을 만들고 피부에서 막을 분비하는데, 이렇게 하면 마치 슈퍼마켓에서 파는 랩에 싸인 과일 같은 모양이 된다. 이 막은 피부를 통한 수분의 증발을 효과적으로 막아준다. 물론 호흡으로 일정량의 수분을 잃는 것은 어쩔 수 없다. 호흡은 콧구멍에 연결된 작은 관과 막에 뚫린 구멍을 통해서 이루어진다. 물저장개구리는 이 상태에서 2년 넘게 활동을 하지 않고 지낼 수 있다. 양서류의 아주 멀고도 오래된 친척인 폐어를 연상시키는 생활방식이다.

그러나 이 개구리조차 가끔 내리는 비에 의존한다는 사실은 변함이 없다. 실질적으로 이들의 활동적인 삶은 사막이 비에 젖는 그 짧은 시간 동안이 전부이다. 비가 거의 내리지 않거나 물이 없는 지역에서 생존하고 번식하려면 수분을 보존해주는 피부와 수분을 보존해주는 알이 필요하다. 이 두 가지 형질의 획득이 진화의 역사에서 다음 단계의 약진을 이루어냈다.

제7장

방수성 피부

지구상에 여전히 파충류가 지배하고 있는 땅이 있다면, 그곳은 남아메리카 해안에서 1,000킬로미터 떨어진 태평양 한가운데에 고립되어 있는 갈라파고스 제도일 것이다. 파충류들은 인간과 다른 포유류가 4세기 전에 나타나기 훨씬 전부터 이곳에서 살고 있었다. 이들은 의도하지 않게 남아메리카의 강에서 바다로 흘러가는 초목을 타고 떠내려가다가 이곳까지 오게 되었음이 분명하다. 그후 인간이 많은 포유류들을 들여왔지만 지금도 외따로 떨어진 작은 섬들에 가면 도마뱀 무리가 바위를 뒤덮고 있고, 거대한 거북들이 선인장 사이를 느릿느릿 돌아다닌다. 마치 이런 동물들이 지구를 지배했던 2억 년 전으로 돌아간 듯한 기분을 느끼게 해주는 곳이다.

갈라파고스 제도는 태양이 이글거리는 적도에 걸쳐 있으며 모두 화산섬이다. 큰 섬은 높이 3,000미터까지 솟아 있어서 구름이 만들어지고 따로 비가 내린다. 그 결과, 섬의 측면에 선인장과 칙칙한 색의 덤불이 드문드문 나 있다. 그러나 작은 섬들에는 대개 물이 부족하다. 활동을 멈춘 분화구들은 굳어버린 용암에 둘러싸여 있고, 그 표면은 용암이 진득한 당밀처럼 흘러나올 때에 형성된, 줄줄이 파인 소용돌이 무늬와 거품 무늬로 물결친다. 드물게 비가 내려도 바위 위로 흘러내려 곧장 증발한다. 그늘을 드리울 만한 나무도 수풀도 없으며 가시로 덮인 몇 줄기의 선인장만이 있을 뿐이다. 이글거리는 태양 아래에서 달아오른 검은 용암은 너무 뜨거워서 맨손

으로 만지면 고통스러울 정도이다. 이곳에 양서류가 있다면 몇 분 안에 말라죽을 것이다. 하지만 이구아나는 번성하고 있다. 이들은 양서류와 달리 피부가 방수성이기 때문이다.

갈라파고스 제도에는 두 종류의 이구아나가 살아가고 있다. 덤불 속에서 사는 육지이구아나와 해변의 용암지대에서 무리를 지어 사는 바다이구아나이다. 햇볕을 쬐는 일은 이구아나들에게 견뎌야 할 시련이 아니라 반드시 필요한 행동인 경우가 많다. 모든 화학작용이 그러하듯이, 동물의 몸의 생리작용 또한 열의 영향이 크게 작용한다. 정해진 한도 내에서는 온도가 높을수록 반응 속도가 빨라져서 더욱 많은 에너지가 생성된다. 파충류도 양서류도 체내에서 열을 생성하지 못하기 때문에 주변 환경에서 직접 얻어야 한다. 피부가 투과성인 양서류는 햇빛에 직접 몸을 노출시키지 못한다. 그래서 상대적으로 체온이 낮고 활동 속도도 느리다. 그러나 파충류에게는 그런 문제가 없다.

바다이구아나는 가장 효율적으로 체온을 유지할 수 있는 일과를 보낸다. 이들은 새벽이면 용암지대의 산등성이 꼭대기에 서로 모이거나 동쪽을 향하고 있는 바위로 기어올라가서 몸의 측면이 떠오르는 태양 쪽을 향하도록 누워서 최대한 많은 열을 흡수한다. 그리고 한 시간 정도가 지나서 최적의 체온이 맞춰지면 태양을 향해서 몸을 돌린다. 이제 몸의 측면에 그늘이 지고 햇빛은 가슴으로만 내리쬔다. 태양이 점점 높아질수록 체온이 지나치게 올라갈 위험도 높아진다. 파충류의 피부는 상대적 불투과성이라는 중요한 특성을 가지고 있지만, 땀샘이 없기 때문에 땀을 증발시켜서 체온을 낮출 수가 없다. 사실 그럴 수 있다고 해도 물이 그토록 부족한 환경에서 유용한 방법은 되지 못할 것이다. 그러나 피부 안쪽이 부글부글 끓지 않도록 막을 수 있는 방법은 필요하다.

편안히 쉬기란 쉽지 않다. 바다이구아나는 검은 바위가 햇빛에 달궈지면 몸을 일으켜 다리로 지탱하면서 열을 최대한 적게 흡수하고, 바람이 몸의 위아래로 지나가도록 한다. 그늘이 있는 몇 안 되는 장소에 빽빽이 모여 있기도 한다. 바위 아래의 틈 혹은 밀려오는 파도로 낮은 온도가 유지되는 골짜기 같은 장소들이다. 바다 자체의 온도는 지나치게 낮다. 갈라파고스 제도 부근에는 남극에서 곧장 흘러오는 훔볼트 해류가 지나가기 때문이다. 그러나 바다이구아나는 하루에 한 번은 먹이를 찾아 바다에 들어가야만 한다. 남아메리카 본토에 사는 여러 친척들처럼 이들도 초식동물이다. 용

맞은편
바다이구아나 (*Amblyrhynchus cristatus*)가 화산암 위에서 햇볕을 쬐고 있다. 갈라파고스 제도 페르난디나 섬 푼타 에스피노사.

암 위에는 먹을 만한 식물이 자라지 않지만 바닷물이 들어오는 높이부터는 녹조류가 풍부하게 자란다. 그래서 견디기 힘들 만큼 피가 뜨거워져서 일사병의 위험이 있는 한낮에는 위험을 무릅쓰고 바다로 나간다. 그리고 파도 속으로 뛰어들어서 거대한 영원처럼 꼬리를 치며 이동한다. 얕은 바닷속 바위에 붙어서 해초를 뜯어먹기도 하고, 더욱 먼 바다로 나가서 해저를 훑으며 먹이를 찾기도 한다.

이때부터는 필요조건이 바뀐다. 열을 분산시키는 대신에 최대한 오래 유지해야 한다. 바다이구아나에게는 이런 일을 도와줄 정교한 생리학적 메커니즘이 있다. 체표면 근처의 동맥을 수축시켜서 몸의 중심으로 향하는 혈류를 일시적으로 제한함으로써 체온을 더 오래 유지하는 것이다. 체온이 너무 내려가면 파도를 뚫고 헤엄쳐 돌아갈 힘이나 바위에 붙어 있을 때에 파도를 이겨낼 힘이 없어서 암초에 부딪치고 만다. 이 상태로 몇 분만 지나도 위험하다. 체온이 10도 정도 떨어지면 이구아나는 육지로 돌아가야 한다.

육지의 바위로 돌아오면 차가운 물에서 수영을 즐긴 후에 녹초가 된 사람처럼 네 다리를 쫙 펴고 엎드린다. 체온이 다시 올라갈 때까지는 위 안의 음식물을 소화시킬 수 없다. 늦은 오후가 되어 태양의 높이가 낮아지기 시작하면 체온이 다시 하락할 위험이 있기 때문에 다시 산마루에 모여서 밤이 오기 전까지 지는 태양열을 최대한 흡수한다.

이런 방법들로 이구아나는 대체로 섭씨 37도에 가까운 체온을 유지한다. 인간의 체온과 거의 비슷하다. 어떤 도마뱀들은 혈액의 온도를 이보다 2, 3도 더 높게 유지하기도 한다. 따라서 파충류를 종종 "냉혈동물"이라고 부르는 것은 오해의 소지가 크다. 외온동물이라는 표현이 좀더 적절하다. 체내에서 열이 생성되는 포유류나 조류 등의 내온동물과 달리 외부 환경에서 열을 얻는다는 뜻이다.

내온동물에게는 많은 장점이 있다. 체온이 오르내릴 경우에 손상될 수 있는 섬세하고 복잡한 기관의 발달이 가능해진다. 따뜻한 햇빛이 사라진 밤에도 활동할 수 있고, 파충류는 살 수 없는 추운 지역에서도 영구적으로 살 수 있다. 그러나 이런 특권에 따르는 대가가 매우 크다. 예를 들면, 우리가 섭취하는 칼로리의 80퍼센트는 체온을 일정하게 유지하는 데에 사용된다. 외온성인 파충류는 그렇게 많은 양의 에너지를 체온 유지에 쓸 필요가 없기 때문에 같은 크기의 포유류가 섭취하는 영양분의 10퍼센트만으로도 생존할 수 있다. 따라서 파충류는 포유류라면 굶어 죽을 사막에서도 살아갈 수 있다. 바다이구아나는 토끼 한 마리에게도 부족할 양의 식물만 먹고도 잘 산다.

파충류는 물이 없는 곳에서 생존할 수 있을 뿐만 아니라 번식도 할 수 있다. 이들의 몸처럼 알 또한 방수성이기 때문이다. 방수성 알을 만드는 과정은 그다지 복잡하지 않다. 알이 수란관을 따라 내려갈 때에 수란관 아래쪽의 분비선에서 양피지 같은 껍질이 분비된다. 배아가 호흡을 해야 하기 때문에 껍질에는 산소가 들어오고 이산화탄소가 나갈 미세한 구멍들이 있다. 그러나 이런 껍질에는 장점만큼 단점도 있다. 수분이 마르지 않을 정도로 알 껍질의 밀도가 높으면 그만큼 정자가 뚫고 들어오기 어렵기 때문이다. 그러므로 껍질이 생성되기 전에 암컷의 체내에서 수정이 이루어져야 한다. 이 문제를 해결하기 위해서 수컷은 성기를 가지게 되었다. 그 형태는 파충류의 종류별로 매우 다양하다. 오늘날 이런 기관이 없는 파충류는 뉴질랜드의 작은 섬들에 살고 있는, 기이한 도마뱀 같은 생김새의 투아타라뿐이다.

투아타라는 도롱뇽과 개구리를 연상시키는 방식으로 체내수정을 한다. 암컷과 수컷이 만나면 서로의 생식구를 맞대어 수컷의 정자가 암컷의 수란관 안으로 헤엄쳐 들어갈 수 있도록 하는 것이다. 흥미롭게도 투아타라에게는 양서류를 연상시키는 또 하나의 특징이 있다. 이들은 도마뱀이나 뱀에게 적당한 온도보다 훨씬 낮은 섭씨 7도 이하에서도 활발히 움직인다. 따라서 아주 원시적인 종류의 파충류로 보이는데, 두개골 구조가 현재까지 확인된 가장 오래된 파충류의 화석 속 구조와 여러 중요한 측면에서 유사하다는 점이 그 사실을 증명한다. 2억 년 전 암석에서 사실상 동일한 생물의 뼈가 발견된 바 있다. 따라서 투아타라는 파충류가 처음 양서류에서 분리되던 시절, 혹은 적어도 파충류 역사의 초기, 그들이 수없이 다양한 형태의 분화로 나아가던 황금시대의 시작을 상기시키는 동물이다.

오늘날 우리가 알고 있는 대륙들은 그 시절에는 지질학자들이 판게아라고 부르는 하나의 거대한 땅으로 합쳐져 있었다. 그리고 다리가 네 개에, 피부가 억세고 알을 낳는 외온동물인 파충류들이 거대한 대륙의 전 지역으로 퍼져 나갔다. 육지는 닭만 한 것에서부터 무게가 30톤이 넘는 괴물에 이르기까지 다양한 크기의 공룡들이 점령했다. 어룡과 수장룡은 다리를 노 형태로 변형시켜 바다로 진출했다. 익룡은 엄청나게 길어진 한 개의 앞 발가락과 몸의 나머지 부분을 연결하는 넓은 막 형태의 피부를 발달시켜서 하늘을 날 수 있게 되었다. 이렇게 해서 파충류는 그후 1억5,000만 년간 지

뒷면
투아타라(*Sphenodon guntheri*), 뉴질랜드 브라더 섬 북부.

구 전체를 지배했다.

북아메리카 중서부는 공룡의 흔적이 풍부하게 남아 있는 지역이다. 유유히 구불구불 흐르는 텍사스의 팔룩시 강은 한때 강어귀의 개펄이었던 이암층을 지난다. 어느 날 간조 때에 공룡 몇 마리가 그 위를 돌아다녔고, 그중 한 마리는 뒷다리로 서서 보행하던 육식 공룡인 수각류였던 모양이다. 발가락이 세 개인 이 공룡의 발자국이 지금도 강의 한쪽에 선명하게 남아 있다. 여기서 좀더 내려가면 같은 암석층이 강물에 더 많이 침식되어, 거대한 초식 공룡 한 마리가 남긴 직경 약 1미터의 커다란 원형 발자국들이 드러나 있는 것을 볼 수 있다. 물결이 그 위를 쓸고 지나갈 때면 강바닥이 돌이 아니라 여전히 진흙이고, 바로 몇 시간 전에 거대한 공룡들이 그 물속을 성큼성큼 걸어 다녔을지도 모른다는 상상을 하게 된다.

미국 유타 주의 국립 공룡 기념지에 가면 절벽 주변으로 박물관이 세워져 있다. 이 절벽에 포함된 약 4미터 두께의 단일 암석층에서 14종의 공룡 화석이 출토되었다. 완전한 골격을 갖춘 30개의 화석은 다른 곳으로 옮겨졌지만, 여전히 이곳에는 많은 뼈들이 남아 있다. 현재 절벽면을 이루고 있는 암석은 한때 강 한가운데에 있던 모래톱이었다. 공룡의 거대한 사체가 떠내려가다가 이 모래톱에 걸려서 일부는 부패되고, 일부는 썩은 고기를 찾아온 작은 공룡들에게 먹혀서 분해되었다. 다리뼈와 등뼈 같은 긴 뼈들은 모두 같은 방향을 가리키고 있었는데, 이로써 강이 흐르던 방향을 추론할 수 있다. 모든 화석은 지질학적으로 매우 짧은 시간, 아마도 약 100년 안에 형성된 것으로 보인다. 이 생물들의 수가 한때 얼마나 많았는지를 보여주는 놀라운 증거이다.

무슨 이유로 일부 종은 그토록 몸집이 거대해졌을까? 최소한 두 가지 이상의 이유를 생각해볼 수 있다. 용각류라고 불리는 커다란 공룡은 긴 목과 기둥 같은 다리를 가지고 있었다. 이들은 몸길이가 약 25미터, 몸무게는 15톤에 달했으며, 이빨을 보면 초식 공룡이었음이 분명하다. 그 시절에는 양치식물과 소철의 잎은 매우 질긴 섬유질이어서 대단한 소화력이 필요했을 것이다. 용각류의 이빨은 개수만 많을 뿐만 아니라 못처럼 생긴 단순한 형태여서 젖소나 영양의 어금니와 같은 방식으로 식물을 갈아 넘길 수 없었다. 따라서 먹이의 분쇄는 위에서 이루어져야 했다. 어떤 종들은 조약돌을 삼켜서, 먹이로 가득 찬 위장 안에서 그것들이 맷돌 역할을 하도록 했다. 크기는 훨씬 더 작지만 오늘날 일부 새들이 모래주머니 속에 든 모래를 이용하는 것과 같은 방

맞은편
백악기 후기의 공룡 (*Struthiomimus altus*) 화석. 다리가 길고, 이족보행을 하며, 이빨이 없는, 타조같이 생긴 공룡이었다. 캐나다 앨버타 주 드럼헬러 로열 티렐 박물관.

식이다. 위산에 녹고, 서로 갈리면서 반들반들해진 이런 돌들이 초식 공룡의 늑골 사이, 위가 있던 바로 그 자리에서 발견되는 경우가 많다. 그러나 기본적인 소화는 여전히 소화액과 위내 세균의 생화학적 힘으로 이루어졌을 것이다. 그리고 여기에는 상당한 시간이 걸렸을 것이다. 따라서 초식 공룡의 위는 먹이를 저장해두고 오랜 시간 동안 발효를 시키는 통 역할을 해야 했다. 그러려면 위의 크기가 커야 했고, 그것이 들어갈 몸도 커야 했다.

그 당시의 나무고사리와 쇠뜨기는 오늘날의 후손들보다 훨씬 더 키가 컸다. 다른 식물들을 제치고 햇빛을 차지하기 위한 경쟁의 결과였을 수도 있고, 키가 큰 공룡들에게 뜯어먹히는 것을 피하기 위한 방법이었을 수도 있다. 어떤 이유였든지 간에 이 식물 중에서 일부는 거의 6미터 가까이 자라났다. 그러나 초식 공룡들도 긴 목을 가지게 되었고, 이들은 경쟁자들보다 더욱 많은 먹이를 구할 수 있었다. 먹이를 씹을 필요가 없었기 때문에 머리는 작아도 상관없었고, 그 결과 목이 더욱 길어질 수 있었다. 이런 공룡들을 먹는 육식 공룡들 또한 그렇게 커다란 먹이를 사냥하려면 거대해져야만 했다. 이렇게 해서 공룡들은 지구상에 존재했던 동물들 중에서 가장 몸집이 큰 동물이 되었다.

용각류는 상대적으로 움직임이 느렸을 것이다. 그러나 몸집이 작은 편인 종들의 뼈를 보면 적어도 가끔은 매우 민첩하게 움직일 수 있었음이 분명하다. 따라서 적어도 가끔은 혈액의 온도가 꽤 높았을 것이라고 추론할 수 있다. 많은 공룡들은 체내에서 열을 발생시킬 수 있었다. 오늘날 모든 내온동물은 체표면 위 또는 바로 아래에 있는 털, 지방, 깃털 등 일종의 단열 장치를 이용해서 체온을 보존할 수 있다. 이런 것이 없다면 필요한 에너지의 양이 어마어마해질 것이다.

공룡 시대의 종말은 대재앙으로 말미암아 거의 순식간에 찾아왔다. 약 6,600만 년 전 직경 15킬로미터의 거대한 소행성이 멕시코 유카탄 반도의 칙술루브에 떨어졌다. 그 충격으로 대규모의 해일과 불, 지진, 화산 폭발이 일어나서 5,000킬로미터 이상 떨어진 곳의 동물들까지도 땅속에 묻혔다. 그러나 더욱 큰 재앙은 그후에 찾아왔다. 대기를 가득 채운 먼지가 햇빛을 차단하여 전 세계의 기온이 급격히 떨어졌고, 그 상태가 약 10년 동안 지속되었다. 그 결과 지구 생명의 역사에 구두점을 찍은 또 한 번의 대규모 멸종이 발생했다. 이번에는 이 지질학적, 우주적 사건이 기후를 완전히 변화시켰기 때문에 수많은 생물들의 죽음으로 이어졌다. 같은 시기에 일어난 다른 사건들도 일조를 했을지도 모른다. 그 당시 현재의 인도 지역에서는 연속적인 화산 폭발이 일어났다. 또다른 소행성 충돌이 일어났을 가능성도 있다. 하지만 결정적인 원인은 칙술루브 충돌이었던 것으로 보인다.

공룡들만 피해를 입은 것은 아니었다. 모든 암모나이트, 여러 종의 상어, 일부 포유류, 모사사우루스라는 거대한 바다 파충류, 조류, 도마뱀 등 전체 동물종의 약 75퍼센트가 사라졌다. 물론 어마어마한 수의 식물들도 같은 운명을 맞았다.

공룡이 얼마나 빠르게 사라졌는지는 몬태나 주에 있는 황무지의 암석을 통해서 생생하게 확인할 수 있다. 이 황야에서는 6,000만–7,000만 년에 전 쌓인 수평 방향의 사암과 이암층이 여름의 맹렬한 폭풍우와 겨울에 눈이 녹아 흐르는 거센 급류에 깎이고 파여서 형성된 뾰족한 봉우리, 꼭대기가 평평한 언덕, 도랑 등을 곳곳에서 볼 수 있다. 무너져 내리는 절벽의 층을 이룬 표면에는 물이 새는 수도꼭지 아래에 생긴 얼룩처럼 갈색 부스러기들이 화석이 풍화되고 있는 위치를 알려준다. 이곳에는 뿔 달린 거대한 공룡인 트리케라톱스의 화석이 풍부하게 남아 있다. 이 공룡의 몸길이는 8미터, 몸무게는 9톤에 달했다. 거대한 머리에는 3개의 뿔이 달려 있었는데 2개는 양쪽 눈 위에, 1개는 코끝에 있었다. 머리 뒤쪽에는 크고 단단한 피부로 이루어진 프릴(frill)이 뻗어 있었다. 물론 목을 보호하는 용도였겠지만, 어쩌면 밝은색의 프릴을 공격적인 과시의 용도로 이용했을지도 모른다. 그러나 뇌는 상당히 작아서 동일한 방식으로 측정했을 때에 악어의 뇌보다도 작은 정도였다.

가장 최근의 화석들이 발견된 위치 바로 위에는 얇은 석탄층이 또렷한 검은 선을 이루고 있는데, 이것이 몬태나의 절벽에서 절벽으로 이어지다가 국경을 넘어서 캐나다 앨버타 주에까지 이른다. 이 선은 공룡들의 죽음을 의미한다. 바로 아래에는 트리케라톱스 외에도 최소 10종 이상의 공룡 화석이 남아 있다. 그런데 이 선 바로 위에는 아무것도 없다. 과학자들이 공룡의 멸종 원인으로 소행성 가설을 받아들이게 된 이유 중의 하나는 이것과 비슷한 층이 전 세계 곳곳에서 발견되었고, 그 안에서 대단히 높은 수치의 이리듐이 검출되었기 때문이다. 이리듐은 지구상에는 매우 드물지만 소행성 안에 고농도로 함유되어 있는 것으로 알려진 원소이다. 이 가는 선은 소행성 충돌이 일으킨 먼지와 충돌구에서 튀어나온 돌들이 섞여서 만들어진 것이다.

이 대재앙에서 살아남은 동물들도 있었다. 일부 포유류와 파충류는 탈출에 성공했다. 많은 양서류와 조류도 마찬가지였다. 덩치 큰 친척들이 죽음을 맞는 동안 살아남은 파충류들은 기온 하락의 영향을 피할 두 가지 방법을 찾아냈을 것으로 추측된다. 모두 오늘날 다양한 파충류들이 사용하고 있는 방법이다. 한 가지는 혹한을 피해서 바위틈이나 땅속으로 들어가서 활동을 멈추고 동면 상태에 들어가는 것이다. 또 한 가지는 물로 들어가는 것이다. 물속은 공기 중보다 열이 훨씬 더 오래 유지되기 때문에 10여 년간 이어진 겨울의 영향을 덜 받을 수 있었다. 어쩌면 따뜻한 지역으로 헤엄쳐서 탈출한 종들도 있었을지 모른다. 중요한 것은 공룡 시대부터 오늘날까지 살아남은 세 종류의 파충류, 즉 악어, 도마뱀, 거북이 이런 방법들을 활용한다는 사실이다.

악어는 오늘날의 파충류 중에서 몸집이 가장 크다. 동남아시아에서 사는 거대한 바다악어의 수컷은 길이가 6미터가 넘는 것으로 알려져 있다. 이들의 화석이 처음 암석 속에 등장하는 시기는 공룡의 출현 시기와 거의 비슷하다. 오늘날의 거대한 악어들과 매우 비슷한 종이 용각류와 동시대에 살면서 영양만 한 크기의 작은 공룡들을 잡아먹었을 것이다. 공룡이 지배하던 세상에서는 보잘것없는 뇌를 가진 동물들이 느릿느릿 돌아다니며 단순하고 우둔한 방식으로 서로 소통했을 것이라고 생각하는 사람이 오늘날의 악어들을 본다면, 그런 상상이 얼마나 잘못되었는지를 바로 깨달을 수 있을 것이다.

나일악어는 하루의 대부분을 모래톱 위에서 햇볕을 쬐며 보낸다. 갈라파고스의 이구아나와 비슷한 방식으로 일정한 체온을 유지하기 위해서이다. 그러나 문제는 악어들이 이구아나처럼 예민하지 못하다는 것이다. 몸집이 훨씬 더 커서 단기적인 변화에 영향을 덜 받기 때문이다. 이들은 체온을 낮추기 위해서 또다른 방법을 사용한다. 입을 크게 벌려서 몸을 감싼 가죽보다 훨씬 더 얇은, 입안의 부드러운 피부 위로 바람이 통하게 하는 것이다. 열대지방이라고 해도 밤이 되면 기온이 상당히 낮게 떨어지는데 이때가 되면 따뜻한 강물 속으로 들어간다. 악어는 오랫동안 활동을 하지 않다가도 때에 따라서는 매우 빠르게 달릴 수 있다. 이들의 사회생활은 상당히 복잡하다. 수컷들은 해변에서 멀지 않은 물가를 순찰하며 번식 영역을 확보한다. 그리고 그 영역을 침범한 수컷들과 큰 소리를 내며 싸운다. 구애는 물속에서 이루어진다. 암컷이 다가오면 수컷은 크게 흥분해서 점점 크게 으르렁거리다가 몸을 부르르 떨며 자욱한 물보라를 토해낸다. 꼬리를 휘두르고 커다란 입을 딱딱거리기도 한다. 실제 짝짓기는 몇 분 정도면 끝이 난다. 그동안 수컷은 암컷을 입으로 단단히 물고 꼬리를 서로

맞은편
나일악어(*Crocodylus niloticus*)가 모래언덕을 내려가 루피지 강으로 들어가고 있다. 탄자니아 셀루스 동물보호구역.

얽는다.

암컷은 물이 들어오지 않는 육지에 구덩이를 파며 평생 그 구덩이 한곳만 사용한다. 알은 밤에 낳으며, 몇 번에 걸쳐서 약 40개의 알을 낳는다. 알을 묻는 깊이는 흙의 성질에 따라서 다르지만, 반드시 온도가 섭씨 3도 이상 변화하지 않을 정도로 충분히 깊이 묻는다. 낮 동안 햇빛이 계속 내리쬐는 자리에는 구덩이를 파지 않는다. 알의 온도가 일정하게 유지되도록 좀더 많은 노력을 기울이는 종도 있다. 바다악어는 풀을 쌓아서 둥지를 만들고, 온도가 너무 높아지면 그 위에 소변을 뿌린다. 미시시피악어 또한 풀로 둥지를 만들고 그 안에 알을 낳으며, 이것을 자주 뒤집어서 아래쪽에 있는 알들도 썩어가는 나뭇잎에서 나오는 수분과 일정한 열을 받을 수 있도록 한다. 악어들이 이렇게 일정한 온도를 유지하기 위해서 애쓰는 이유 중의 하나는 일부 파충류나 어류와 마찬가지로 알 속에 있을 때의 온도에 의해서 성별이 결정되기 때문이다. 높은 온도에서 부화되는 새끼는 암컷인 경우가 많다.

악어의 습성 중에서 가장 복잡하고도 놀라운 것은 새끼에게 쏟는 정성이다. 나일악어는 알이 부화할 때가 되면 알 속의 새끼가 소리를 내기 시작한다. 이 소리는 워낙 커서 알껍데기와 모래를 뚫고 몇 미터 밖에서도 들릴 정도이다. 이 소리를 들은 암컷은 알을 덮고 있는 모래를 파헤치기 시작한다. 그리고 커다란 이빨을 겸자처럼 부드럽고 섬세하게 사용해서 모래를 뚫고 나오려고 애쓰는 새끼를 입으로 물어 올린다. 암컷의 입 아래쪽에는 특별한 주머니가 발달해 있는데 이 안에 대여섯 마리의 새끼를 넣을 수 있다. 이 주머니가 가득 차면 물로 들어가서 헤엄친다. 물을 건넌 새끼들은 반쯤 다물린 어미의 입안에서 울타리처럼 쳐진 이빨들 사이로 밖을 내다보며 운다. 새끼들은 수컷의 도움으로 짧은 시간 안에 늪에 있는 특별한 탁아소로 옮겨진다. 그리고 여기서 몇 달간 머물면서 물가에 판 작은 구멍들 안에 숨어서 개구리와 물고기를 잡아먹고, 그동안 부모들은 근처 물속에 느긋이 몸을 담그고 주변을 감시한다. 이들을 보고 있으면, 공룡들도 비슷하게 복잡한 구애와 양육 습성을 지녔으리라는 것을 쉽게 짐작할 수 있다.

악어만큼이나 혈통이 오래된 거북은 초기부터 방어술을 개발했다. 악어들은 등딱지 아래의 작은 골편들로 피부를 강화했는데, 거북은 더욱 극단적인 방법을 선택했다. 비늘의 크기를 키워서 단단한 판으로 변형시킨 것이다. 또한 늑골을 평평하게 확장시켜 피부 아래에 하나로 이어진 단단한 딱지를 만듦으로써 몸의 아래쪽도 강화했다. 그 결과 몸 전체가, 위험이 닥쳤을 때에 머리와 다리를 집어넣을 수 있는 사실상 난공불락의 갑옷에 감싸이게 되었다. 그러나 이런 변화는 심각한 결과를 초래했다. 여러 파충류와 인간을 비롯한 포유류는 늑골을 위로 들어올려 가슴을 확장시킴으로써 폐 속에 공기를 불어넣는다. 하지만 늑골이 평평하게 하나로 연결된 거북은 그렇게 할 수가 없다. 그래서 거북은 다른 방법을 개발해야 했다. 이들은 가로막 역할을 하는 독특한 근육을 이용해서 폐를 팽창, 수축시킨다. 아주 효율적인 호흡 방식은 아닐지 모르지만, 대신에 거북은 척추동물들 중에서 가장 강력한 갑옷을 가지게 되었으며, 이 갑옷이 과거부터 지금까지 거의 변하지 않은 것을 보면 꽤 쓸모가 있음이 분명하다.

거북의 역사 초기에 이들의 기본적인 생활방식에 한 가지 중요한 변화가 일어났다. 한 무리가 물로 들어가서 바다거북이 된 것이다. 무겁고 부피가 큰 갑옷을 두르고 있어서 육지에서의 활동에 많은 에너지가 소비되는 생물에게는 필연적인 변화였다. 그러나 파충류가 새롭게 얻은 재주 덕분에 항상 물에서만 살지는 않게 되었다. 껍질이 있는 알은 이들의 조상이 물로부터 독립할 수 있게 해주었지만, 물속에서는 쓸모가 없었다. 새끼들이 껍질 안에서 익사하게 될 테니 말이다. 그래서 거북 암컷은 번식기가 되면 외해를 떠나서 해안으로 헤엄쳐가야 한다. 그리고 한밤중에 힘겹게 모래사장으로 올라가서 육지에 사는 친척들처럼 구덩이를 파고 알을 낳는다.

재앙에서 살아남은 또다른 파충류인 도마뱀은 이제 악어나 육지거북, 바다거북보다도 수가 훨씬 많아졌다. 이들은 조상들의 생활방식을 훨씬 더 크게 변화시켰다. 현재 도마뱀류는 이구아나, 카멜레온, 도마뱀, 왕도마뱀 등 여러 과로 나누어진다. 이들은 모두 비늘을 변형시켜 소중한 방수성 피부를 보호한다. 오스트레일리아의 싱글백도마뱀은 사슬 갑옷처럼 깔끔하게 서로 들어맞는 튼튼하고 윤이 나는 비늘들에 덮여 있다. 멕시코의 아메리카독도마뱀은 구슬처럼 둥근 검은색과 분홍색 비늘들에 감싸여 있다. 아프리카 큰갑옷도마뱀의 비늘은 로코코 시대의 갑옷처럼 길고 뾰족뾰족하게 자란다. 이런 비늘들은 인간의 손톱처럼 단단한 각질로 이루어져 있어 서서히 닳는다. 따라서 1년에 몇 차례씩 교체를 해야 한다. 오래된 비늘 아래에서 새로운 비늘이 자라면 오래된 비늘은 떨어져 나간다.

진화의 압력에 뼈보다 좀더 빠르게 대응하는 것처럼 보이는 도마뱀의 비늘은, 마모와 손상으로부터 몸을 보호해주는 것 외에도 여러 가지로 쓸모가 있다. 바다이구아

나의 몸에는 등뼈를 따라 긴 비늘들이 볏처럼 솟아 있어서, 수컷이 영역 다툼을 할 때에 더 크고 위협적으로 보인다. 파충류 중에서 외양이 가장 화려한 카멜레온은 머리의 비늘을 뿔로 변형시켰다. 뿔의 수는 1개부터 4개까지 다양하다. 중앙아메리카 사막에서 개미만 먹고 사는 작은 도마뱀인 가시도마뱀은 비늘 하나하나의 크기가 크고 가운데가 뾰족하게 솟아 있다. 이렇게 뾰족뾰족한 먹이를 먹을 수 있는 새는 거의 없기 때문에 매우 효과적인 방어 수단이 된다. 동시에 이런 모양의 비늘은 또다른 독특한 기능을 수행한다. 각 비늘마다 중앙의 뾰족한 부분에서부터 가느다란 홈들이 사방으로 파여 있는데, 추운 밤이면 비늘 위에 맺힌 이슬이 모세관 현상에 의해서 홈을 따라 이동해서 결국 이 작은 생물의 입안으로 들어간다.

아마도 가장 특화된 비늘은 도마뱀붙이의 비늘일 것이다. 열대지방에 사는 이 작은 도마뱀은 벽을 달려서 올라가거나 천장에 거꾸로 붙은 채 종종걸음을 치거나 심지어 수직 방향의 유리판 위에 붙어 있을 수도 있다. 이들이 이런 일들을 너무 쉽게 해내기 때문에 일종의 빨판 같은 것이 있으리라고 생각하기 쉽지만 사실은 비늘 덕분이다. 도마뱀붙이의 발가락 아래쪽 비늘에는 수없이 많은 미세한 털로 이루어진 여러 개의 판이 붙어 있다. 이 털들은 너무 작아서 육안으로는 보이지 않고 전자 현미경으로만 볼 수 있다. 발가락을 힘주어서 누르면 이 털들이 전자기력에 의해서 표면과 결합된다. 이 힘 덕분에 도마뱀붙이는 유리를 비롯해서 아무리 매끄러운 표면이라도 버티고 서 있을 수 있다. 이동을 할 때는 털과 표면이 만나는 각도를 변화시켜 발을 들어올린다.

아메리카 대륙의 도롱뇽들처럼 도마뱀도 역사 내내 다리가 퇴화되는 방향으로 진화해왔다. 오늘날 몇몇 도마뱀은 서로 다른 진화의 단계를 보여준다. 오스트레일리아에 사는 푸른혀도마뱀이나 싱글백도마뱀의 다리는 너무 짧고 약해서 땅 위에서 통통한 몸을 들어올려 지탱하기에는 턱없이 부족하다. 유럽의 굼벵이무족도마뱀은 다리가 아예 없다. 몸 안에 견갑골과 관골(髖骨)의 흔적이 남아 있을 뿐이다. 남아프리카의 뱀붙이도마뱀은 한 속(屬) 안에서도 다리 퇴화의 여러 가지 단계를 볼 수 있다. 어떤 종은 각각 5개의 발가락이 달린 4개의 다리가 모두 있지만, 어떤 종은 다리가 매우 짧고 완전히 발달한 발가락은 2개밖에 없다. 뒷다리에 발가락이 하나씩 달려 있고 앞다리는 아예 없는 종도 있다.

대략 1억 년 전에 한 무리의 도마뱀들 사이에서 이런 다리의 퇴화가 일어난 결과로

맞은편
표범카멜레온(*Furcifer Pardalis*)이 해변의 나뭇가지를 기어오르고 있다. 마다가스카르 마조알라 반도 국립공원.

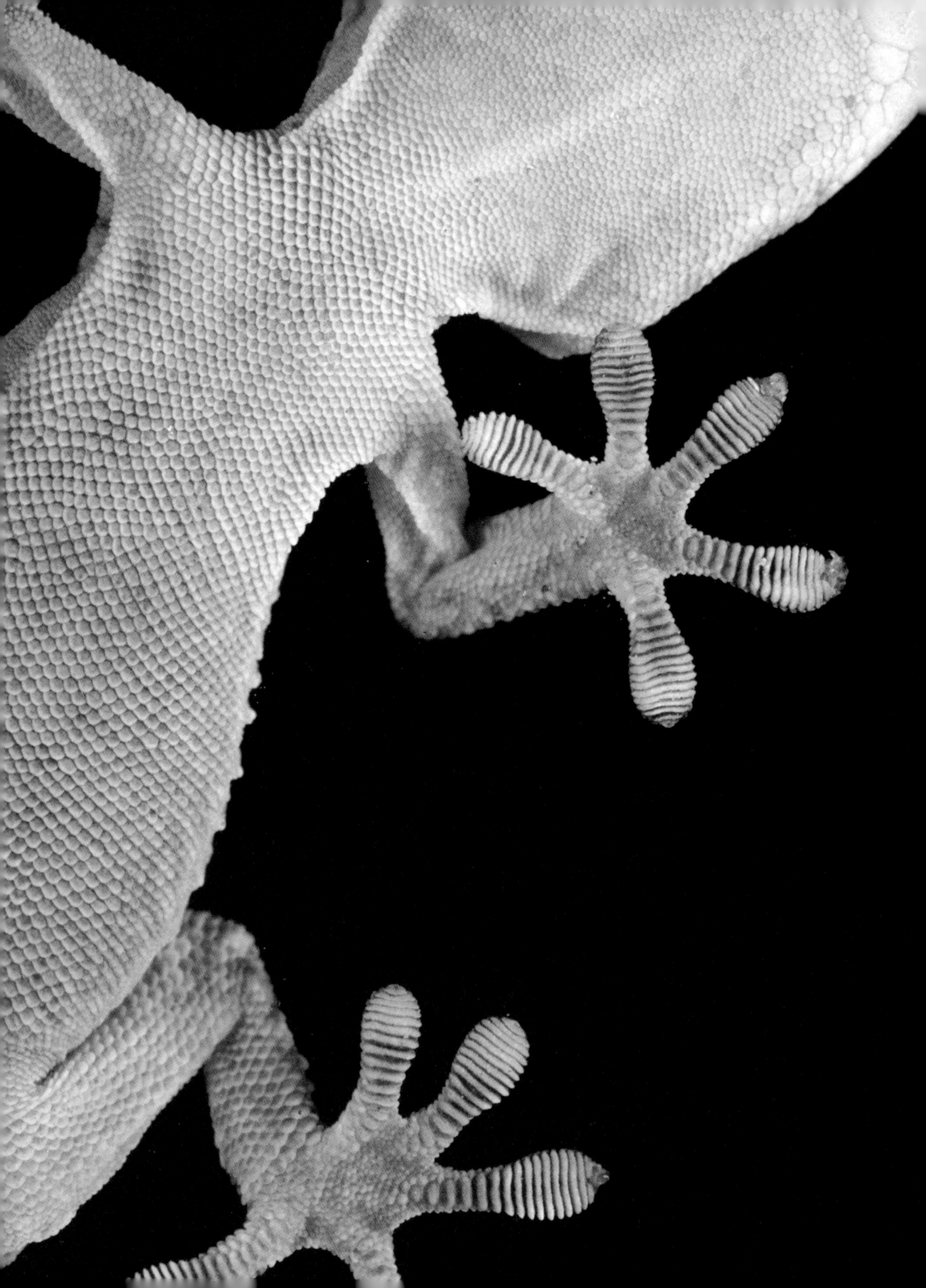

뱀이 출현했다. 뱀의 조상의 정확한 정체성은 여전히 논의의 대상이다. 그러나 다리가 사라진 것은 굴을 파는 생활의 시작과 관련이 있는 것으로 보인다. 이들이 한때 땅속에서 살았음을 보여주는 몇 가지 단서들이 존재한다. 굴을 파다 보면 섬세한 고막이 손상되기 쉬우며 사실 땅속에서는 청각이 그다지 중요하지 않다. 그래서 굴을 파는 생물들은 귀가 퇴화되는 경향이 있다. 뱀들은 고막이 없으며, 다른 파충류들의 몸에서 고막의 진동을 전달하는 역할을 하는 뼈가 아래턱에 연결되어 있을 뿐이다. 그 결과 뱀들은 공기를 통해서 전달되는 소리는 사실상 듣지 못하지만 발자국에 의한 진동처럼 땅을 타고 전해지는 진동은 감지할 수 있다.

뱀들의 눈도 또다른 증거가 되어준다. 다른 파충류의 눈과는 구조적으로 상당히 다르기 때문이다. 뱀의 조상이 굴을 파는 동물이었다면 이들의 눈도 점점 퇴화되었을 것이다. 그러나 이들은 시각을 완전히 잃기 전에 땅 위의 삶으로 돌아왔다. 다시 시력이 필요해지자 퇴화된 기관을 한번 더 발달시켜야 했고, 그래서 지금과 같은 독특한 구조를 가지게 된 것이다. 이것은 매우 설득력 있는 가설이지만 아직은 보편적으로 받아들여지지 않고 있다.

그러나 뱀에게 한때 다리가 있었다는 사실은 아무도 의심하지 않는다. 비단뱀과 왕뱀은 여전히 체내에 관골의 흔적이 있다. 외부에서도 그 흔적을 볼 수 있는데 항문 양쪽에 있는 두 개의 돌출부가 그것이다. 다리가 없는 뱀들은 땅 위로 올라온 후에 새로운 이동 방식을 발달시켜야 했다. 이들은 옆구리 근육을 번갈아 수축시켜서 몸으로 S자 곡선을 그리며 이동한다. 앞쪽부터 차례로 물결치듯이 근육을 수축시키는 동시에 몸의 측면을 돌이나 나무줄기 같은 땅 위의 물체에 대고 누르면서 몸을 앞으로 밀어낸다. 요컨대 꿈틀거리며 나아가는 것이다. 지탱할 만한 물체가 없는 표면에서는 이 방법을 사용할 수 없기 때문에 그저 한자리에서 꿈틀거릴 뿐이다.

모래사막에 사는 몇몇 뱀들은 이 기술을 변형시켜서 사용한다. 이들의 움직임은 너무 빨라서 눈으로 보면서도 그것을 완벽하게 묘사하기가 어려울 정도이다. 사이드-와인딩(side-winding)이라고 불리는 방식인데, 다른 뱀들처럼 몸을 S자 형태로 만들어서 이동하지만 이때 땅과 접촉하는 지점은 두 군데밖에 되지 않으며 이 접촉점을 빠르게 바꾸면서 나아가는 것이다. 이런 움직임은 머리 뒤쪽에서부터 시작된다. 뱀은 머리를 들어올리고 땅과 접촉하는 지점에서부터 몸을 곡선 형태로 구부린다. 그리고 근육의 수축을 이용해서 몸의 앞쪽부터 차례로 빠르게 물결치듯 구부리면서 나아간다. 이

맞은편
유리에 붙어 있는 도마뱀붙이(*Tarentola sp.*)의 발.

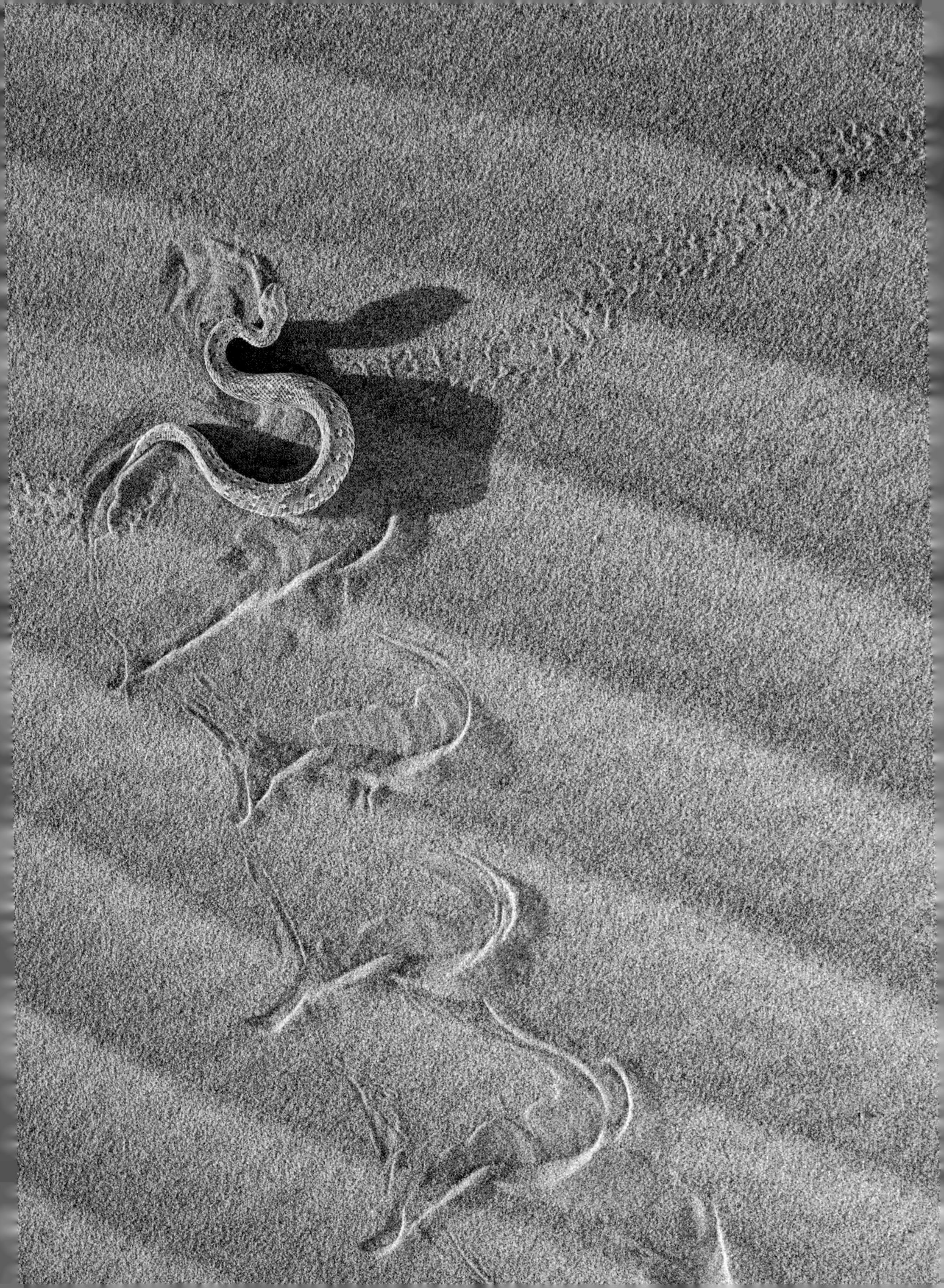

때 머리는 계속 들어올린 상태로 배와 모래 사이의 접촉을 계속 유지한다. 그리고 물결이 몸의 절반 정도까지 타고 내려갔을 때에 목을 한 번 더 아래로 내려 순간적으로 땅과 접촉하고 그러면 거기서부터 다시 새로운 물결이 시작된다. 사막에 사는 뱀들은 이런 식으로 매우 빠르게 이동하면서 모래 위에 실제 진행 방향과 약 45도 각도를 이루는, 연속적인 띠 모양의 흔적을 남긴다.

뱀이 사냥할 때에는 먹잇감이 눈치채지 못하도록 최소한의 움직임으로 접근하는 것이 매우 중요하다. 이때 뱀은 몸을 거의 일직선으로 펴고 먹이 쪽으로 향한다. 뱀의 몸 아래쪽 비늘들은 가로 방향의 기다란 직사각형 모양으로 서로 겹쳐져 있는데, 배 근육을 수축시킴으로써 이 비늘들을 여러 개씩 들어올려서 앞으로 끌어당길 수 있다. 비늘의 뒤쪽으로 땅을 지지하고, 물결치듯이 차례로 근육을 수축시키면서 나아가면 일직선으로 조용하고 매끄럽게 전진할 수 있다.

뱀의 조상들이 정말 땅속에 살던 시절이 있었다면, 그들은 작은 동물을 먹이로 삼았을 것이며 그 종류는 벌레와 흰개미 같은 무척추동물, 그리고 어쩌면 굴을 파고 살던 땃쥐와 비슷한 포유류에 한정되었을 가능성이 높다. 그러다가 땅 위로 올라왔을 때에는 포유류가 오늘날 우리가 아는 형태로 진화하기 시작한 후였기 때문에 선택의 폭이 훨씬 넓어졌다. 공룡이 멸종하고 포유류와 조류가 발달한 이후 뱀들의 종류와 다양성이 크게 증가했음을 보여주는 뚜렷한 증거가 있다. 몇몇 종의 왕뱀과 비단뱀은 이제 염소나 영양 같은 큰 동물도 사냥할 수 있는 크기가 되었다. 이들은 입으로 먹이를 문 다음 재빨리 몸으로 휘감아 꽉 죄어서 상대가 가슴을 펴고 숨을 쉬지 못하게 만든다. 몸을 으스러뜨려서 죽이는 것이 아니라 질식사시키는 것이다. 그리고 안쪽으로 휘어진 이빨을 먹이에 박고 느슨하게 연결된 턱을 움직여서 몸 안으로 끌어들인다. 먹이를 삼키는 데에는 몇 시간씩 걸리기도 하는데, 일단 다 삼키고 나면 몸이 부풀어 움직이지 못하는 상태가 된다.

더욱 발달된 형태의 뱀은 먹잇감의 몸을 죄지 않고 독을 사용해서 죽인다. 위턱 안쪽에 송곳니가 나 있는 종류의 뱀들은 이 특수한 이빨을 사용해서 독을 전달한다. 그 위에 있는 독샘에서 분비된 독이 이빨 안의 홈을 따라 흘러내리는 단순한 구조이다. 이런 뱀들은 먹이를 한번 물면 놓지 않고 계속 씹으면서 입 안쪽의 송곳니가 상대의 살을 파고들어 독을 퍼뜨릴 때까지 턱을 좌우로 흔든다.

더욱 정교한 방식으로 먹이를 죽이는 뱀들도 있다. 이들의 송곳니는 위턱 앞쪽에 위

맞은편
페링기살무사(*Bitis Peringueyi*)가 나미비아의 나미브 사막에서 사이드-와인딩으로 이동 중이다.

치하고 있으며 독이 흐르는 폐쇄된 관이 따로 있다. 코브라, 맘바, 바다뱀의 송곳니는 짧고 고정되어 있지만, 살무사의 송곳니는 매우 길기 때문에 평소에는 접어서 입천장에 납작하게 붙여놓아야 한다. 공격을 하려고 뱀들이 입을 크게 벌리면 송곳니와 연결된 뼈가 회전을 하고, 그러면 송곳니가 아래로 내려와서 앞으로 나가면서 먹잇감을 곧장 찌를 수 있게 된다. 송곳니가 먹잇감의 살을 파고들면 마치 피하주사처럼 독액이 주입된다.

뱀들은 몸집이 큰 파충류 중에서 가장 최근에 출현했다. 그중 가장 발달된 형태는 살무사이다. 이 과에 속하는 멕시코와 미국 남서부의 방울뱀은 파충류의 완성형을 보여주는 예이다.

다른 많은 뱀들, 그리고 그들 이전의 양서류와 어류처럼 방울뱀도 알을 최대한 보호하기 위해서 몸 안에 보관한다. 파충류의 신기술인 알껍데기는 얇은 막으로 축소되어 수란관 안의 배아가 난황뿐만 아니라 수란관 벽에서 확산되는 어미의 혈액에서도 양분을 얻을 수 있다. 본질적으로는 포유류의 태반과 같은 원리이다.

방울뱀의 암컷은 새끼가 완전히 자라서 몸 밖으로 나온 뒤에도 떠나지 않고, 꼬리를 흔들 때에 나는 소리로 침입자들을 쫓으며 적극적으로 보호한다. 방울뱀이 허물을 벗을 때마다 꼬리 끝에 속이 빈 비늘이 하나씩 남는데, 다 자란 방울뱀은 이것을 20개씩 가지고 있기도 한다.

방울뱀은 주로 밤에 사냥을 하며 이때 다른 동물에게서는 찾아볼 수 없는 감각기관의 도움을 받는다. 방울뱀이 속한 과의 뱀들이 살무사(pit viper)라고 불리는 이유는 바로 콧구멍과 눈 사이에 있는 이 움푹 팬 구멍(pit) 모양의 기관 때문이다. 이 기관은 적외선 방사, 즉 열을 감지하며, 내부 표면의 세포들이 굉장히 민감해서 온도가 섭씨 300분의 1도만 상승해도 눈치챌 수 있다. 게다가 방향도 파악할 수 있어서 열원의 위치까지 정확하게 알아낸다. 방울뱀은 이 기관 덕분에 50센티미터 거리에 꼼짝도 하지 않고 웅크리고 있는 작은 땅다람쥐의 존재도 감지할 수 있다. 그러면 배의 비늘로 거의 아무 소리도 내지 않고 부드럽게 미끄러지듯이 이동하다가 먹이가 사정거리 안에 들어오면 초속 3미터의 속도로 머리를 뻗어서 공격한다. 그런 다음 커다란 한 쌍의 송곳니로 치명적인 맹독을 주입한다. 아마도 동물의 세계에서 가장 뛰어난 사냥꾼 중의 하나일 것이다.

모든 파충류가 그러하듯이 방울뱀도 태양 에너지를 곧장 흡수할 수 있기 때문에 많

맞은편
풀숲에서 위협적인 자세를 취하고 있는 케이프코브라(*Naja nivea*). 남아프리카.

은 양의 먹이가 필요하지 않다. 1년에 10여 끼 정도만 먹으면 충분하다. 사막에서도 내온동물인 포유류처럼 매일 끊임없이 먹이를 찾아다닐 필요가 없다. 포유류처럼 하루 종일 바위틈이나 굴속에 몸을 숨긴 채 열기에 헐떡이며, 밖에 나가기 위해서 시원한 밤을 기다릴 필요도 없다. 멕시코 사막의 돌멩이와 선인장들 사이에 몸을 웅크리고 있는 방울뱀은 그들이 살고 있는 환경의 지배자로서 두려울 것이 없다. 방수성의 피부와 알 덕분에 파충류들은 사막을 개척한 최초의 척추동물이 되었다. 오늘날에도 몇몇 사막은 여전히 그들의 영토이다.

제8장

공중의 지배자

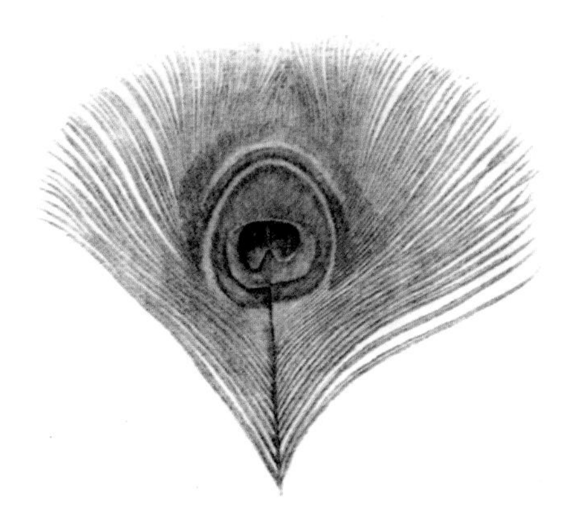

깃털은 훌륭한 도구이다. 단열재로서도 비할 물질이 거의 없고, 인간이 만든 것이든 동물이 발달시킨 것이든 단위 무게로 따졌을 때, 이보다 훌륭한 비행 도구도 없다. 깃털은 케라틴으로 이루어져 있다. 파충류의 비늘과 인간의 손톱도 이 단단한 물질로 만들어진다. 그러나 깃털의 우수한 특성들은 그 복잡한 구조 덕분이다. 깃털 중앙의 축 양쪽으로 100여 개의 가는 깃가지가 달려 있고, 깃가지마다 다시 100여 개의 좀더 작은 깃가지들이 붙어 있다. 솜깃털의 경우 이런 구조 때문에 깃털이 부드럽고 보송보송해져서 공기를 붙들어두는 훌륭한 단열재가 된다. 날개깃의 또다른 특징은 이웃한 깃가지에 붙은 작은 깃가지들끼리 갈고리로 연결되어서 하나의 연속된 날개를 만든다는 것이다. 이런 갈고리가 작은 깃가지 하나에 수백 개, 깃털 하나에는 약 100만 개씩 있다. 그리고 백조 정도 크기의 새는 약 2만5,000개의 깃털이 있다. 새를 다른 동물과 구별 지어주는 모든 특성은 어떤 식으로든 깃털이 주는 혜택과 관련이 있다. 오늘날에는 깃털의 존재 자체만으로도 새라는 동물을 정의하기에 충분하다.

1860년, 독일 바이에른 주 졸른호펜의 석회암 판 안에서 섬세하고 윤곽이 선명한, 7센티미터 길이의 깃털 화석이 납작하게 눌린 채 발견되어 세간을 떠들썩하게 했다. 마치 아메리카 원주민의 기호처럼 그곳에 새가 있었음을 분명하게 말해주는 화석이었다. 그러나 이 석회석은 새가 출현했다고 생각되던 시기보다 훨씬 더 오래 전인 공룡

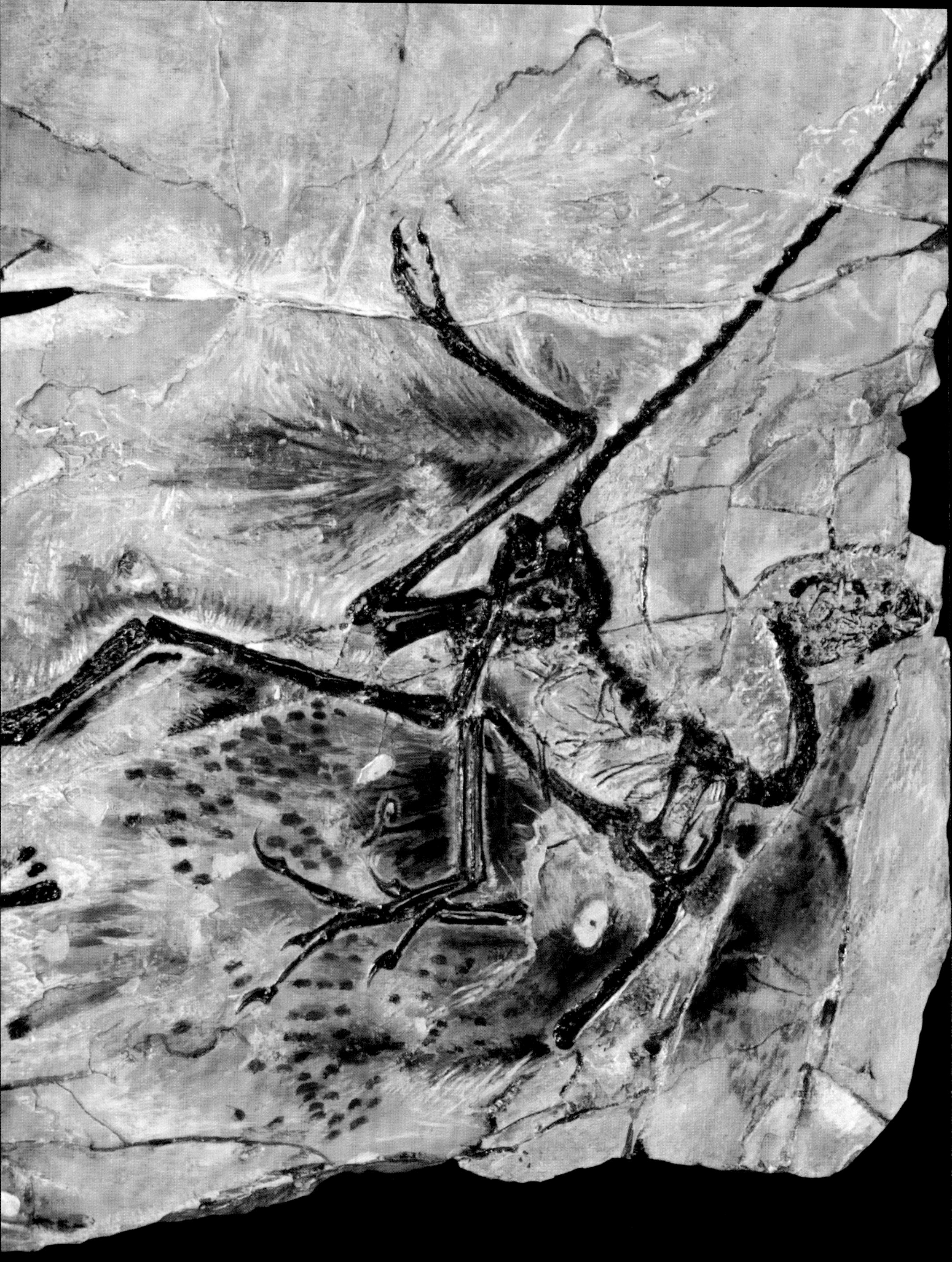

시대에 형성된 것이었다.

이 암석을 형성한 퇴적물은 석회를 침전시키는 조류와 해면들이 사는 산호초에 둘러싸인 얕은 열대 석호의 바닥에 쌓인 것이었다. 이곳의 물은 미지근하고 산소가 부족했고, 외해로부터 차단되어 있어서 물의 흐름도 거의 없었다. 일부는 부서진 산호초에 의해서, 일부는 세균에 의해서 생성된 부드러운 석회질의 진흙이 바닥에 쌓여갔다. 이런 환경에서 살 수 있는 생물은 거의 없었다. 어쩌다가 흘러들어온 생물들은 죽어서 바닥에 가라앉아 잔잔한 물속에서 아무런 방해 없이 천천히 쌓여가는 진흙에 덮였다.

졸른호펜의 석회암은 입자가 고르고 미세하여 건축에 적합했기 때문에 수백 년 전부터 채굴되어왔다. 19세기에 석회암은 새롭게 개발된 인쇄술인 석판 인쇄에서 이미지를 표현하는 데에 이상적인 재료였다. 또한 자연이 진화의 상세한 증거를 남겨놓기에 딱 좋은 깨끗한 백지이기도 했다.

심하게 풍화된 석회암은 지층면을 따라 쪼개져서 마치 책장처럼 펼칠 수 있다. 이곳 채석장에 가보면, 보이는 암석마다 그 페이지들을 넘겨보고 싶은 충동을 억누르기 힘들 정도이다. 아무도 그랬던 적이 없었으므로 그 안에 무엇이 들었든지 간에 약 1억 4,000만 년간 햇빛을 본 적이 없다는 점을 알고 있기 때문이다. 물론 대부분의 경우에는 아무것도 없지만 가끔씩 채석공들이 거의 기적에 가깝게 완벽히 보존된 화석들을 발견하고는 한다. 모든 뼈와 반짝이는 비늘들이 제자리에 남아 있는 물고기, 미사(微砂) 위에 마지막 흔적을 남기고 죽은 자리에 그대로 누워 있는 투구게, 미세한 더듬이까지 온전히 보존되어 있는 바닷가재, 작은 공룡, 어룡, 그리고 날개의 단단한 뼈대가 접히기는 했지만 부러지지는 않은 채 남아 있고, 가죽처럼 질긴 비막의 희미한 흔적도 확연하게 보이는 익룡 등이 있었다. 그러나 1860년에 발견된 수수께끼 같은 아름다운 깃털은 이런 생물들 사이에 새가 있었음을 암시하는 최초의 단서였다.

어떤 종류의 새였을까? 과학계는 오로지 깃털만 보고 "고대의 깃털"이라는 뜻의 시조새(Archaeopteryx)라는 이름을 붙였다. 1년 후, 인근 채석장에서 크기가 비둘기만 하고 깃털이 달린 동물의 거의 완전한 골격이 발견되었다. 이 동물은 암석 위에 날개를 펼치고 누워 있었다. 긴 다리 중에 하나는 탈구되어 있었고, 다른 하나는 여전히 발톱이 달린 4개의 발가락과 연결되어 있었다. 그리고 그 주변에는 부인할 수 없이 명확한 깃털의 흔적들이 극적으로 남겨져 있었다. 확실히 "고대의 새"라고 부르는 것이 적절해

맞은편
쥐라기 후기인 1억 6,100만–1억5,100만 년 전에 살았던 깃털 달린 새처럼 생긴 공룡(*Anchiornis huxley*)의 화석, 중국 랴오닝 지방. 다리와 몸 주변에 깃털 자국이 선명하게 보인다. 고생물학자들은 안키오르니스(*Anchiornis*)의 화석 중 하나에서 색소를 생성하는 기관인 멜라노솜의 흔적을 발견함으로써 이 공룡들이 여러 가지 색을 띠고 있었으리라는 결론을 이끌어냈다.

보였지만, 우리가 아는 오늘날의 그 어떤 새와도 확연하게 달랐다. 몸 뒤쪽에 뻗어 있는 깃털이 달린 긴 꼬리는 연장된 척추가 지탱하고 있었다. 그리고 발뿐만 아니라 깃털이 달린 앞날개에 붙은 3개의 발가락에도 발톱이 달려 있었다. 새처럼 보이기도 하고 파충류처럼 보이기도 했다. 『종의 기원』이 출판된 지 2년도 되지 않아서, 한 종류의 동물이 중간 단계를 거쳐서 또다른 종류로 발달한다는 다윈의 주장이 때맞추어 증명된 것이다. 실제로 다윈의 옹호자인 토머스 헉슬리는 그런 동물이 존재했을 것이라고 보고 그 모습을 자세히 예측한 적도 있었다. 오늘날에도 진화의 중간 단계를 보여주는 예로 이만큼 설득력 있는 증거는 찾을 수 없다.

첫 번째 화석이 발견된 이후 졸른호펜의 암석 속에서 시조새의 화석이 9개가 더 발견되었다. 덕분에 오늘날 우리는 이 특별한 동물의 해부학적 구조를 대단히 상세하게 알게 되었다. 이빨이 박힌 단단한 턱이 있는 두개골, 날카롭게 휜 발톱이 붙은 발가락들이 달려 있는 앞날개와 뒷다리, 꼬리를 지탱하는 긴 막대 형태의 뼈 등 몇몇 특징은 확실히 파충류의 것이다. 그러나 몸 전체가 깃털에 감싸여 있었으며, 앞날개에 달린 깃털은 특별히 길고 넓적해서 바람을 효과적으로 받아서 날기에 충분했다.

오늘날 발톱과 깃털의 조합이 어딘가를 기어오르는 데에 얼마나 유용한지를 보여주는 새가 있다. 호아친은 호기심이 많고 크기는 닭만큼 큰 새로 가이아나와 베네수엘라의 늪지대에서 산다. 이 새는 잔가지들을 엉성하게 엮어서 물 위에, 주로 맹그로브 숲속에 둥지를 짓는다. 알에서 부화된 새끼는 털이 없고 굉장히 활동적이다. 이들을 직접 보는 것은 쉽지 않다. 만약 여러분이 카누를 타고 가다가 뱃머리가 맹그로브 가지에 부딪치면 나뭇가지로 지어진 둥지에서 허둥지둥 나오는 호아친 새끼를 볼 수 있을지도 모른다. 이들의 날개 앞쪽에는 2개의 작은 발톱이 달려 있어서 주변의 나뭇가지에 매달릴 수 있다. 그리고 여기서 좀더 방해를 받으면 재빨리 물속으로 뛰어들어서 여러분이 결코 쫓아갈 수 없는 복잡하게 얽힌 맹그로브 숲속으로 기운차게 헤엄칠 것이다. 어쩌면 이들의 모습에서 시조새가 공룡들로 가득한 숲속의 나뭇가지 사이를 이동하던 방식에 대한 힌트를 얻을 수 있을지도 모른다.

그러나 시조새의 깃털은 그토록 오래 전의 생물들에게서 한번도 본 적이 없던 것이었다. 어떻게 이런 형질을 획득했을까? 이들의 조상이 날개에 달린 발톱을 이용해서 나뭇가지를 기어오르다가 가지에서 가지로 활공을 하기 시작한 것일까? 보르네오 섬의 작은 도마뱀들도 옆구리에 늘어진 피부를 길게 연장된 늑골로 팽팽하게 펼쳐서 만

맞은편
맹그로브 숲속의 호아친 (*Opisthocomus hoazin*)의 새끼. 가이아나.

든 막을 이용해서 활공을 한다. 혹은 육지에 살던 시조새의 조상이 먹이인 곤충을 쓸어 모으는 데에 도움이 되도록 앞다리에 깃털을 발달시킨 것일지도 모른다. 깃털 덕분에 갑자기 공중으로 날아오를 수 있게 됨으로써 포식자로부터 도망치는 것이 수월해졌을지도 모른다. 이에 관해서 활발하고 때로는 격렬한 논쟁이 벌어졌다. 그러던 중, 1980년대에 중국에서 새롭고도 믿기 힘든 증거가 발견되었다. 육상 생물임이 분명한데 깃털에 덮여 있는 공룡의 골격이 나온 것이다.

중국 북동부의 랴오닝 지방에서 발견된 이 화석은 넓은 호수의 바닥에 형성된 이암과 셰일 안에 들어 있었다. 그중 일부는 수각류에 속하는 작은 육식 공룡들이었다. 수각류는 다른 지역에서도 거의 완벽한 골격이 발굴된 적이 있어서 이미 잘 알려져 있었다. 그러나 화석의 상태가 완벽해서 깃털의 흔적까지 보존되어 있는 곳은 랴오닝뿐이었다. 이 깃털들은 몸 전체를 뒤덮고 있었는데, 주로 단열을 통해서 활발한 활동에 필요한 체온을 유지하는 데에 쓰였음이 분명했다.

따라서 깃털은 처음부터 비행을 위해서 진화한 것이 아니며 조류만의 고유한 특징도 아니었다. 조류는 깃털이 있는 조상들로부터 이것을 물려받았다. 이 사실은 소행성이 6,600만 년 전, 멕시코에 충돌했을 때에 모든 공룡들이 멸종한 것은 아니었음을 알려준다. 깃털을 가진 일부가 살아남았고, 그래서 오늘날 살아 있는 공룡들이 우리의 정원 위를 날아다니게 된 것이다.

그러나 작은 깃털 공룡들이 진화를 통해서 오늘날의 새들처럼 굉장히 효율적인 비행을 하는 동물이 되기까지는 여러 번의 커다란 변화가 필요했을 것이다. 몸의 무게를 줄였을 때에 얻을 수 있는 이득은 진화의 강력한 원동력으로 작용했다. 시조새의 뼈는 현재 파충류들의 뼈처럼 속이 꽉 차 있었다. 하지만 새들의 뼈는 종잇장처럼 얇거나 속이 비어 있으며, 그 안은 비행기 날개를 강화하기 위한 교차 버팀대와 유사한 구조로 지탱되는 경우가 많다. 새의 폐는 여러 개의 공기 주머니와 연결되어 있으며, 이것이 체강 안에서 팽창하여 가능한 한 무게가 가장 덜 나가는 방식으로 빈 공간을 채운다. 무거운 척추로 지탱되던 시조새의 꼬리는, 지탱해줄 뼈가 필요하지 않은 튼튼한 날개깃으로 대체되었다. 또한 이빨들이 잔뜩 있는 무거운 주둥이는 하늘을 비행하려는 동물에게 특히 불리한 조건이었을 것이다. 균형을 잃기 쉽고 머리 쪽이 무거워지기 때문이다. 그래서 현대의 새들은 이런 구조를 버리고 대신 케라틴으로 이루어진 가벼운 부리를 발달시켰다.

맞은편
검은집게제비갈매기 (*Rynchops flavirostris*)가 기다란 아랫부리로 수면을 훑으며 물고기를 잡고 있다. 브라질 판타나우.

그러나 아무리 훌륭한 부리라고 해도 이것으로는 먹이를 씹을 수 없다. 대부분의 새들은 여전히 먹이를 부숴 먹어야 하기 때문에 이빨 대신 위 안에 있는 근육질의 방인 모래주머니를 이용한다. 이들의 먼 조상인 용각류가 사용하던 방식이다. 따라서 부리 자체는 먹이를 모으는 역할만 하면 된다.

부리의 케라틴은 파충류 비늘의 케라틴과 마찬가지로 진화의 압력에 쉽게 영향을 받는 듯하다. 하와이의 꿀새는 새의 부리가 먹이의 종류에 맞춰서 얼마나 빨리 변화할 수 있는지를 생생히 보여주는 사례이다. 이 새의 조상은 아마도 아메리카 대륙에서 살았던 부리가 짧고 곧은 핀치였을 것이다. 수천 년 전에 이들 중의 한 무리가 유난히 강력한 폭풍에 의해서 바다로 휩쓸려갔다. 그러다가 결국 하와이 제도에 도달했고, 그들은 그곳에서 무성한 숲을 발견했다. 이곳은 비교적 최근에 형성된 화산섬들이었기 때문에 다른 새들은 없었다. 이들은 마음껏 누릴 수 있게 된 다양한 먹이를 최대한 활용하기 위해서 재빨리 50가지가 넘는 종으로 진화했고, 각 종마다 특정한 먹이를 모으기에 가장 적합한 형태의 부리를 가지게 되었다. 어떤 종은 씨앗을 먹기에 좋은 짧고 굵은 부리를 가졌고, 어떤 종은 동물의 사체를 뜯어먹기 좋도록 튼튼한 갈고리 모양의 부리를 가졌다. 로벨리아 꽃의 꿀을 빨아먹기에 적합한 길고 휘어진 부리를 가진 종도 있고, 아랫부리보다 두 배나 긴 윗부리를 이용해서 나무껍질을 두들겨 벗겨내면서 바구미를 찾아 먹는 종도 있다. 또한 어떤 종은 윗부리와 아랫부리가 서로 엇갈려 있는데 이것은 꽃봉오리에서 곤충을 빼먹기 좋은 형태이다. 다윈은 갈라파고스 제도의 핀치들의 부리가 이런 식으로 다양한 것에 주목하고 이를 자신이 주장한 자연선택설의 강력한 증거로 받아들였다. 그는 한번도 하와이에 가보지 못했는데, 만약 가봤더라면 꿀새들이야말로 자신의 주장을 뒷받침할 더욱 설득력 있는 증거라는 결론을 내렸을 것이다.

부리의 진화가 특정한 목적에 맞춰서 훨씬 더 오래 진행된 새들에게서는 한층 극단적인 형태도 볼 수 있다. 칼부리벌새는 몸길이의 네 배에 달하는 긴 부리를 이용해서 안데스 산지에 피어 있는 속이 깊은 꽃들에서 꿀을 빨아먹는다. 갈고리처럼 휘어진 마코앵무의 부리는 워낙 튼튼해서 가장 먹기 힘든 견과인 브라질너트도 쪼갤 수 있을 정도이다. 딱따구리는 부리를 드릴처럼 사용해서 나무를 파먹고 사는 딱정벌레들을 꺼내 먹는다. 홍학의 구부러진 부리 안에는 고운 여과 장치가 들어 있어서 그 안으로 물을 통과시켜서 작은 갑각류들을 걸러 먹을 수 있다. 제비갈매기는 길이가 윗부리의 두

맞은편
브루그만시아나 흰독말풀(*Datura sp.*) 꽃의 꿀을 먹고 사는 칼부리벌새(*Ensifera ensifera*). 에콰도르 야나코차의 운무림.

배나 되는 아랫부리로 수면을 가르며 강 위를 낮게 날아가다가 작은 물고기가 걸리면 부리를 재빨리 다물어서 잡는다. 독특한 부리를 가진 새들을 나열하자면 사실 끝이 없다. 케라틴질의 부리가 환경에 따라서 얼마나 유연하게 변화할 수 있는지를 보여주는 예들이다.

중요한 것은 새들이 먹는 먹이의 대부분이 물고기, 견과, 꿀, 유충, 당분이 풍부한 과일 등 열량이 높은 종류라는 사실이다. 새들이 이런 먹이를 선호하는 이유는 비행에 엄청나게 많은 에너지가 소모되기 때문이다. 이 에너지가 열의 형태로 낭비되지 않게 하려면 단열이 가장 중요하다. 따라서 새에게 깃털이 꼭 필요한 이유는 단지 비행에 적합한 형태의 날개를 만들기 위해서만이 아니라 이것을 펄럭이기에 충분한 에너지를 발생시키기 위해서이기도 하다.

단열 면에서 깃털은 털보다 효율적이다. 겨울에 지구상에서 가장 추운 장소인 남극의 빙원에서 살아갈 수 있는 새는 황제펭귄뿐이다. 펭귄의 깃털은 단열 목적으로만 사용된다. 가는 실 같은 깃털로 이루어진 층이 몸 전체를 둘러싸서 공기를 가두고, 여기에 피부 아래의 두터운 지방층까지 더해져서 온혈동물인 황제펭귄이 영하 40도의 혹한 속에서 눈보라를 맞으면서도 몇 주일씩 버틸 수 있게 해준다. 심지어 먹이를 먹어서 체온을 올리지 않아도 이것이 가능하다. 인간이 그런 추운 곳에서 몸을 따뜻하게 유지하기 위해서 고안한 가장 쾌적하고 효율적인 방식 또한 북극오리의 털로 만든 옷을 입는 것이다.

새의 삶에는 깃털이 매우 중요하기 때문에 정기적으로, 대개 1년에 한 번 정도 털갈이를 한다. 그래도 여전히 끊임없는 관리와 정비가 필요하다. 물에 씻고, 먼지를 털어내고, 헝클어진 부분은 조심스럽게 정리한다. 더러워지거나 부러진 깃가지가 있는 깃털은 부리로 살살 빗어서 보수한다. 깃가지를 부리로 훑어서 붙이면 작은 깃가지의 갈고리들이 마치 지퍼의 이처럼 맞물리면서 다시 매끄럽게 이어진 표면이 된다.

대부분의 새들은 꼬리 아래쪽의 피부 안쪽에 커다란 지방 분비선이 있다. 새는 부리로 여기에서 나오는 기름을 깃털 하나하나에 발라서 유연하고 물이 스며들지 않는 상태를 유지한다. 왜가리, 앵무새, 큰부리새 같은 새들에게는 지방 분비선이 없다. 그래서 이들은 고운 탤컴파우더 같은 가루를 발라서 깃털을 정리한다. 이 가루는 깃털 사이에 드문드문, 혹은 뭉쳐서 자라나는 특수한 깃털의 끝이 지속적으로 떨어져 나가면서 생성된다. 가마우지와 그 친척인 뱀목가마우지는 물속으로 잠수하면서 많은 시간을 보내지만, 깃털이 뻣뻣해서 물에 쉽게 젖는다. 그러나 이런 특징은 오히려 이들에게 유리한데, 깃털 아래에 갇힌 공기가 빠지면서 부력이 훨씬 약해져서 물고기를 쫓아 잠수하기가 수월해지기 때문이다. 대신에 물고기 낚시를 끝내고 나면 바위 위에 서서 날개를 펼쳐서 말려야 한다.

깃털 아래의 피부는 벼룩이나 이 같은 기생충들에게는 더없이 매력적인 거주지이다. 눈에 띄지 않으면서 따뜻하고 아늑하게 지낼 수 있는 곳이기 때문이다. 이렇게 새들을 괴롭히는 생물들이 많기 때문에 새들은 자주 깃털을 세우고 깃대 아래쪽을 뒤져서 기생충들을 떼어낸다. 어치, 찌르레기, 갈까마귀 등 몇몇 새들은 일부러 곤충들이 피부 위를 기어다니게 만든다. 이를 없애는 데에 도움이 되기 때문일 것이다. 이런 새들은 개미집 위에 깃털을 세워 펼치고 쪼그려 앉아서 화가 난 개미들이 몸 위로 떼를 지어서 기어올라오도록 유도한다. 때로는 개미 한 마리를 부리로 집어올려서 죽지 않을 정도로만 붙든 채, 그것으로 피부를 콕콕 찌르고 깃털을 쓸어내리기도 한다. 이 일에 선택되는 개미들은 대개 화가 나면 포름산을 쏘기 때문에 기생충을 확실히 죽일 수 있다. 원래는 몸을 청결하게 하기 위한 목적이었을지도 모르지만 만족감을 얻기 위해서 이런 행동을 하는 것처럼 보이는 새들도 있다. 이들은 말벌, 딱정벌레, 불에서 나는 연기, 심지어 불붙은 담배 등 피부에 기분 좋은 자극을 줄 수 있는 온갖 것들을 이용해서 이런 "의욕(蟻浴, anting)"을 즐긴다. 의욕은 길게는 30분씩 계속되며, 때로는 부리가 닿기 어려운 부위를 자극하기 위해서 안간힘을 쓰는 모습도 볼 수 있다.

새는 하늘을 날지 않는 시간의 상당 부분을 이런 몸단장을 하면서 보낸다. 그리고 이런 단장에 대한 보상은 공중에서 받는다. 깔끔하게 정돈된 깃털은 날개와 꼬리의 완벽한 에어로포일(aerofoil) 형태를 만들어줄 뿐만 아니라 머리와 몸통의 윤곽도 유선형으로 만들어주는 중요한 역할을 수행하여 새가 날아갈 때에 소용돌이와 항력의 발생을 최소화해준다.

새의 날개는 비행기의 날개보다 훨씬 더 복잡한 일들을 맡고 있다. 새의 몸을 지탱하는 동시에 공기를 뚫고 앞으로 나아가는 엔진 역할도 해야 하기 때문이다. 그러나 새 날개의 윤곽선도 인간이 비행기를 개발하면서 발견하게 된 공기역학적 원리를 그대로 따른다. 따라서 다양한 비행기의 원리를 알면 모양이 비슷한 새들의 비행 능력도 예측할 수 있다.

풍금조처럼 숲에서 사는 새들은 짧고 뭉툭한 날개 덕분에 덤불 속에서 빠르게 방향을 바꾸고 장애물을 피할 수 있다. 제2차 세계대전 당시의 전투기 날개도 이런 모양이어서 공중전 도중에 급선회와 곡예비행이 가능했다. 현대의 전투기들은 송골매들이 시속 130킬로미터로 하강하여 먹이를 사냥할 때처럼 뒤로 젖혀진 모양의 날개로 더 빠른 속도를 낸다. 글라이더는 날개가 길고 가늘어서 열 상승풍을 타고 올라가 몇 시간에 걸쳐서 서서히 내려올 수 있다. 날아다니는 새들 중에서 가장 몸집이 큰 알바트로스도 비슷한 모양에 너비는 3미터나 되는 날개를 이용해서 같은 방식으로 날개 한 번 퍼덕이지 않고도 몇 시간씩 바다 위를 날아다닐 수 있다. 독수리와 매는 상승 온난 기류를 받으며 아주 천천히 선회비행을 하는데, 이들의 날개는 속도가 느린 비행기들의 날개처럼 폭이 넓고 직사각형이다. 정지 비행을 위한 날개를 설계하는 일은 인간의 능력 밖이었다. 우리가 찾아낸 유일한 방법은 헬리콥터처럼 수평 방향의 날개를 회전시키거나 수직 이착륙 제트기처럼 아래쪽을 향하고 있는 엔진을 사용하는 것이다. 벌새는 인간보다 훨씬 먼저 이 기술을 사용했다. 이들은 몸을 기울여서 거의 수직 방향으로 선 채 날개를 초당 80회의 속도로 파닥여서 헬기와 비슷한 하강 기류를 만들어낸다. 벌새는 이런 방법으로 정지 비행을 할 수 있을 뿐만 아니라 뒤로도 날 수 있다.

새만큼 멀리, 빨리, 오래 날 수 있는 생물은 없다. 이름 그대로 매우 날쌘 아시아에서 서식하는 종인 칼새는 시속 170킬로미터로 수평 비행을 하고, 유일한 먹이인 곤충을 찾아서 매일 약 900킬로미터를 날아다닐 수 있다. 공중에서의 삶에 너무 완벽하게 적응한 탓에 발은 무엇인가를 움켜쥘 수 있는 작은 갈고리 형태로 퇴화되었다. 언월도(偃月刀)처럼 휘어진 날개는 너무 길어서 땅에 앉아 있으면 제대로 퍼덕일 수 없기 때문에 절벽이나 둥지 끝에서 날아올라야 수월하게 비행을 시작할 수 있다. 칼새는 짝짓기도 공중에서 한다. 암컷이 날개를 빳빳하게 펼친 채 높이 날고 있으면 그 뒤를 따라온 수컷이 암컷의 등에 올라타고, 그 상태로 잠시 두 마리가 함께 활공을 한다. 번식기가 아닐 때에는 땅에 내려오지 않기 때문에 1년에 적어도 9개월 이상을 공중에서 보낸다. 칼새보다 더욱 오랜 기간을 날아다니는 새도 있다. 검은등제비갈매기는 처음 둥지를 떠난 후에 스스로 둥지를 지을 때까지 3, 4년 동안 땅이나 물 위에 내려오지 않는다.

많은 새들은 매년 긴 여행을 떠난다. 홍부리황새는 매년 가을에 아프리카로 떠났다가 봄이면 유럽으로 돌아오는데 방향 감각이 대단해서 매년 같은 한 쌍이 같은 지붕을 찾아와서 같은 둥지를 차지할 정도이다. 가장 먼 거리를 여행하는 새는 북극제비갈매기이다. 이들 중 일부는 북극권보다 훨씬 더 북쪽에 둥지를 짓는다. 7월에 그린란드 북부에서 부화한 새끼는 몇 주일 안에 남쪽으로 1만8,000킬로미터 거리의 여행을 떠난다. 그리고 유럽과 아프리카의 서부 해안을 지나 남극해를 가로질러서 남극에서 그리 멀지 않은 유빙 위에서 여름을 지낸다. 그리고 남극의 여름 동안 끊임없이 서쪽에서 불어오는 강풍의 영향을 받으며 남극 대륙 전체를 가로지른 후에 다시 한번 아프리카 남부를 거쳐서 북쪽의 그린란드로 돌아온다. 이들은 해가 지평선 아래로 거의 내려가지 않는 남극과 북극의 여름을 모두 지냄으로써 매년 그 어떤 동물보다 많은 햇빛을 받는다.

이렇게 먼 거리를 이동하는 데에는 어마어마한 에너지가 들지만 그 장점은 명확하다. 도착하고 나면 곳에 딱 반년 동안만 존재하는 풍부한 먹이를 얻을 수 있기 때문이다. 그런데 그렇게 먼 곳에 먹이가 있다는 사실을 새들은 애초에 어떻게 알게 되었을까? 원래는 그들이 그렇게 멀리까지 이동하지는 않았다는 것이 정답일 것이다. 1만1,000년 전 빙하시대가 끝나고 전 세계의 기온이 올라가기 시작하면서 새들의 이동 거리가 길어지기 시작했다. 그 전까지 아프리카의 새들은 북쪽으로 짧은 거리를 날아가서 빙원이 끝나는 유럽 남부에 도착한 뒤에 거기서 몇 달 동안 여름을 보냈다. 그곳에는 곤충들이 풍부했고 영구적으로 거주하는 동물들도 없었기 때문에 새들은 먹이를 독차지할 수 있었다. 그러다가 빙하가 줄어들기 시작하자 얼음이 녹아서 곤충들과 열매를 맺는 식물들이 사는 땅이 늘어났다. 그래서 새들은 매년 먹이를 찾아서 더욱 멀리까지 날아가게 되었고, 결국 1년에 한 번씩 수천 킬로미터를 여행하게 되었다. 유럽과 북아메리카에서 동쪽이나 서쪽으로 이동하여 여름에는 내륙에서 지내다가 겨울이면 바다의 영향으로 따뜻하게 지낼 수 있는 해안 지대로 돌아오는 철새들의 이동 거리가 길어진 것도 비슷한 기후변화가 원인인 것으로 보인다. 이런 변화는 지금도 계속 일어나고 있다. 여름에 몇 달 동안을 독일에서 보내는 검은머리명금은 이제 늘 가던 스페인뿐만 아니라 영국에서도 겨울을 보낸다. 그 결과 영국으로 이동하는 새들과 스페인으로 이동하는 새들의 차이가 점점 커지고 있는데, 어쩌면 서로 다른 두 종이 형성되는 과정인지도 모른다.

그런데 새들은 어떻게 길을 찾는 것일까? 여기에 대한 답은 여러 가지인 것으로 보

뒷면
눈 덮인 피레네 산맥을 배경으로 남쪽으로 이동 중인 검은목두루미(*Grus grus*) 무리. 프랑스 가스코뉴, 피레네 산맥의 고지대.

인다. 많은 새들은 확실히 주요한 지형을 따라간다. 아프리카의 여름 철새들은 북아프리카 해안을 따라 날아가다가 유럽이 눈앞에 보이는 지브롤터 해협으로 모여든다. 그리고 해협을 건너서 계곡들을 따라 이동하다가, 이미 알고 있는 경로로 알프스 산맥이나 피레네 산맥을 통과하여 여름 거주지에 도착한다. 보스포루스 해협을 지나서 동쪽으로 가는 새들도 있다.

그러나 모든 새들이 이렇게 간단한 방법을 사용할 수 있는 것은 아니다. 예를 들면, 북극제비갈매기는 길잡이로 삼을 만한 육지가 없는 남극해를 3,000킬로미터 이상 날아가야 한다. 밤에 날아가는 몇몇 새들은 별에 의지해서 길을 찾는다. 흐린 날 밤에 쉽게 길을 잃는 것을 보면 그 점을 알 수 있다. 하늘의 별들과 위치가 맞지 않도록 별자리들을 회전시켜놓은 플라네타륨(planetarium : 반구형의 천장에 스크린을 설치하여 태양, 달, 행성 등 천체를 투영하는 장치/옮긴이) 안에 이 새들을 풀어놓으면 이들이 눈에 보이는 인공 별들을 따라 이동하는 모습을 볼 수 있다.

낮에 나는 새들은 태양을 기준 삼아서 이동하기도 한다. 그렇게 하려면 매일 하늘을 따라 이동하는 태양의 변화를 고려해야 하는데, 이는 이들이 정확한 시간 감각을 가지고 있다는 뜻이다. 어떤 새들은 지구 자기장을 길잡이로 삼는 것처럼 보인다. 즉 많은 철새들이 머릿속에 시계, 나침반, 지도를 가지고 있는 것이다. 부화한 지 몇 주일밖에 되지 않은 제비가 하는 여행을 인간이 똑같이 하려면 이 세 가지가 모두 필요할 것이 분명하다. 인간이 흉내내기 훨씬 더 힘든 감각을 이용하는 새들도 많은데, 바로 후각이다. 많은 철새들이 목적지에 최종적으로 도달할 때, 각 지역의 냄새를 구별하여 자신들이 전에 왔었던 장소를 찾아낸다.

철새들이 이동할 때에 어떤 능력들을 활용하는지 안다고 해도 놀랍기는 마찬가지이다. 유명한 예를 하나 들면, 영국 웨일스 서부 스코크홈 섬의 둥지에서 슴새 한 마리를 꺼내어 비행기를 이용해서 5,100킬로미터나 떨어진 미국 보스턴으로 보낸 후에 그곳에서 풀어주자 이 새는 그로부터 12일하고 반나절 후에 자신의 둥지로 돌아왔다. 그렇게 짧은 시간 안에 돌아온 것을 보면 목적지를 향해서 곧장 날아온 것이 분명하다. 정말이지 놀라울 따름이다.

새의 체온 유지와 비행을 가능하게 해주는 깃털에는 또다른 기능도 있다. 깃털의 넓은 표면은 쉽게 세우거나 접을 수 있기 때문에 메시지를 전달하는 역할을 훌륭하게 해낸다. 조류가 아닌 공룡들은 깃털을 이런 방법으로 사용했을지도 모른다. 대다수의 새들은 평상시에는 다른 동물의 눈에 띄지 않는 편이 더 이로운데, 깃털의 색과 무늬가 완벽한 위장을 가능하게 해준다. 그러나 매년 번식기가 시작되면 위장의 필요성보다 다른 새와 소통해야 할 필요성이 더 높아진다. 수컷들이 둥지 영역을 놓고 다툼을 벌일 때에는 화려한 머리 깃털을 세우고 색색의 가슴을 부풀리고 무늬가 있는 날개를 펼치며 한참 동안 위협과 주장, 항의의 뜻이 담긴 의식을 수행한다. 대개는 시각적인 신호에 울음소리까지 내어 더 강하게 의사를 표시한다. 이 두 가지 신호 모두 세 가지의 공통적인 메시지를 담고 있다. 자신이 어떤 종인지를 알리고, 영역 다툼의 상대인 같은 종의 다른 수컷에게 도전하며, 암컷을 부르는 것이다.

수컷 새가 서식하는 지역의 환경과 일반적인 기질에 따라서 적합한 소통 수단이 달라진다. 삼림지대나 울창한 숲속에서 눈에 잘 띄지 않게 살아가는 소심한 새들은 시각적 신호를 최소한으로만 사용하고 유난히 길고 정교한 노래를 부르는 데에만 집중하는 경향이 있다. 놀랍도록 다양한 음과 물 흐르듯이 유려하게 떨리는 소리, 신나게 내리꽂는 듯한 소리가 들린다면 그 주인공은 눈에 잘 띄지 않는 소박한 색깔의 새일 가능성이 높다. 아프리카의 직박구리, 아시아의 꼬리치레, 유럽의 나이팅게일 같은 새들이 그렇다. 반대로 공작, 꿩, 앵무새 등 화려한 색깔의 새들은 자신만만하고 적을 두려워하지 않기 때문에 눈에 잘 띄는 장소에서 거침없이 자신의 모양새를 뽐낸다. 시각적인 신호를 주로 사용하는 새들이니 지저귐이 짧고 단순하고 귀에 거슬리는 것도 놀라운 일은 아니다. 새들의 복잡한 노래는 지난 3,000만 년간 서로 다른 계통에서 세 번의 진화를 거쳤다. 초기의 새와 깃털 달린 공룡들이 내는 소리는 기껏해야 꺽꺽거리거나 으르렁거리거나 쉭쉭거리는 것이 전부였을 뿐 듣기에는 별로 좋지 않았으리라는 뜻이다.

수정이 불가능한 짝을 상대로 구애와 교미를 시도하느라 시간을 낭비하지 않으려면 자신이 속한 종을 알리는 것이 중요하다. 몇몇 새들은 이것을 오직 노래로만 알린다. 영국의 산울타리 속에 숨어 있는 작은 갈색솔새의 종류를 알아보는 것은 조류학자만큼이나 암컷 새도 어려울지 모른다. 외모만 보고는 정확히 알기 어렵기 때문이다. 그 새가 노래를 부르기 시작해야 비로소 연노랑솔새인지 숲솔새인지 검은다리솔새인지를 구별할 수 있다.

그러나 대개 종은 깃털로 자신의 정체성을 알린다. 잔인한 실험이지만 새의 눈 주위나 날개 위에 무늬를 그려넣어 그들과 관련된 다른 종과 비슷해 보이도록 하면, 그 종

의 새를 성공적으로 속일 수 있다. 유사한 여러 종이 같은 지역에서 서식하고 있을 경우에는 서로 혼동할 수 있기 때문에 종의 확인이 특히 중요하다. 이것은 산호초에 사는 가까운 관계의 나비고기들이 그토록 화려하고 다양한 색을 발달시키게 된 이유이기도 하다. 만약 비슷한 종의 새들이 저마다 화려한 무늬와 선명한 색을 지니고 있다면, 그들은 대개 서식지를 공유하고 있을 것이다. 오스트레일리아에서 가장 선명한 색을 자랑하는 새들로는 잉꼬와 핀치가 있는데, 이 두 종류 모두 몇몇 종이 같은 지역에서 살고 있다. 봄이면 전 세계 곳곳에서 서로 다른 종의 오리들이 한데 어울려서 얼음이 녹은 물 위를 헤엄쳐 다닌다. 각 종의 수컷 오리들은 암컷들이 알아볼 수 있도록 머리와 날개 부분에 각기 독특한 색과 무늬를 발달시킨다. 섬에 오직 한 종의 오리만 정착해서 독자적인 형태를 발달시킬 정도로 오랫동안 살다 보면, 언제나 내륙의 오리보다 색이 칙칙해지는데 이것은 이런 색의 기능이 종의 혼동을 막기 위해서라는 사실을 알려준다. 암컷이 혼동할 만한 다른 새가 없으므로 수컷도 자신의 정체성을 강렬한 신호로 알릴 필요가 없어지는 것이다.

새들은 자신의 종뿐만 아니라 성별도 알려야 한다. 오리는 수컷만이 가진 머리의 무늬로 성별을 구별할 수 있다. 그러나 바닷새와 맹금류를 비롯한 많은 종들은 암컷과 수컷이 1년 내내 똑같은 모습을 하고 있다. 따라서 이들은 노래와 행동으로 성적 정체성을 알려야 한다. 수컷 펭귄은 아주 재미있는 방법으로 자신과 똑같은 옷을 입고 있는 상대의 정보를 알아낸다. 부리로 조약돌을 집어들고 홀로 서 있는 펭귄에게 뒤뚱거리며 다가가서 그 앞에 진지하게 내려놓는 것이다. 상대가 화를 내며 부리로 쪼고 싸우려는 자세를 취하면, 그 펭귄은 같은 수컷에게 끔찍한 실수를 저지른 것이다. 상대가 완전히 무관심한 태도를 보인다면 암컷이지만 아직 알을 낳을 준비가 되지 않았거나 이미 짝이 있는 것이다. 그럴 경우에는 퇴짜를 맞은 선물을 집어들고 자리를 뜬다. 만약 상대가 깊숙이 허리를 숙여서 조약돌을 받는다면 진정한 짝을 찾은 것이다. 그러면 수컷도 마주 인사를 하고 함께 목을 길게 뻗어서 혼인을 축하하는 합창을 한다.

유럽의 물새들 가운데 가장 사랑스러운 새 중의 하나인 뿔논병아리는 펭귄보다 훨씬 더 복잡한 옷을 입는다. 봄이 되면 암컷과 수컷 모두 뺨에는 길게 늘어진 밤색 털이, 부리 아래에는 목도리 같은 진한 갈색 털이, 그리고 머리에는 반질반질한 검은 깃털 다발 한 쌍이 뿔 모양으로 자란다. 그러나 암수를 구별해주는 차이점은 여전히 찾

맞은편
뿔논병아리(*Podiceps cristatus*) 한 쌍이 정교한 구애 의식의 일부인 "물풀 춤"을 추고 있다. 영국 더비셔 주.

아볼 수 없다. 이들의 구애에는 이 머리 장식을 성공적으로 과시할 수 있는, 상상 가능한 거의 모든 행동들이 포함된다. 자신과 상대가 동성인지 이성인지는 특정한 행동을 취했을 때에 돌아오는 반응으로부터 알아낼 수 있다. 암컷과 수컷은 목을 길게 빼고 망토를 부채처럼 넓게 펼친 채 머리를 좌우로 빠르게 꺾는다. 그리고 물속으로 잠수했다가 상대의 앞으로 튀어나온다. 부리로 물풀 줄기를 모아서 물 위로 목을 낮게 뻗고 상대에게 보여주기도 한다. 그리고 이 모든 의식이 절정에 달하면 갑자기 나란히 솟구쳐 올라서 마치 수면 위에 서 있는 것처럼 발로 물을 차면서 머리를 좌우로 정신없이 흔든다.

뿔논병아리의 구애는 몇 주일씩 이어지며, 번식기 내내 서로 마주치거나 둥지 위에서 위치를 바꿀 때마다 구애 동작들을 반복한다. 마치 같은 깃털을 가진 암컷과 수컷이 각자의 정체성과 둘 사이의 관계를 상대에게 계속 확인시키는 것처럼 보인다. 그럼에도 혼동할 가능성은 남아 있다. 논병아리는 교미할 때에 상대를 헷갈리게 하기로 악명이 높다. 수컷이 암컷 위에 올라타야 하는데 암컷이 올라타기도 한다.

암컷과 수컷의 깃털이 서로 유사하다는 것은 이 새들이 한 번에 하나의 상대하고만 짝짓기를 하며 암컷과 수컷이 함께 둥지를 짓고 가족을 부양할 가능성이 높다는 뜻이다. 그러나 아주 사소한 것이라도 암수를 구별해주는 특징이 있는 새들도 많다. 수염오목눈이의 콧수염이나 참새의 검은색 턱받이, 앵무새의 색이 다른 눈 등이 그 예이다. 구애를 할 때에는 이런 특징을 가진 쪽이 가지지 않은 쪽에게 그 특징을 과시한다.

일부 새들은 암수의 차이를 극대화해서 환상적인 깃털들을 빚어냈다. 꿩, 뇌조, 마나킨, 극락조 등의 수컷들은 놀랍도록 화려하고 커다란 깃털을 가지고 있다. 이들은 자신들이 입은 옷을 과시하는 데에 정신이 팔려서 다른 일은 거의 하지 않는다. 단조로운 색의 암컷들은 구애 장소에 와서 잠깐 교미를 한 뒤에 돌아가서 알을 낳고 혼자 새끼를 기른다. 그동안 수컷들은 계속 우아하게 걸어다니는 데에만 집중하면서 다음 암컷이 찾아오기를 기다린다.

청란 수컷은 가장 정교한 날개 깃털을 가지고 있다. 길이가 1미터가 넘기도 하는 하는 이 새의 깃털에는 커다란 눈 모양의 무늬가 줄지어 나 있다. 수컷은 보르네오 숲속에 구애 장소를 마련한 다음, 양 날개를 머리 위로 마치 방패처럼 높이 치켜들어 암컷에게 과시한다.

맞은편
청란(*Argusianus argus*) 수컷이 구애 동작을 하고 있다. 보르네오 섬 사바 다눔 계곡 삼림 보호지역.

뒷면
산쑥들꿩(*Centrocercus urophasianus*) 수컷이 눈 속에서 구애 동작을 하고 있다. 미국 와이오밍 주 서블렛 카운티.

맞은편
멋쟁이극락조 (*Cicinnurus magnificus*) 수컷. 파푸아뉴기니 엥가 주의 산악 지대.

뒷면
왕극락조(*Cicinnurus regius*) 수컷이 날개를 펼쳐서 자신의 모습을 과시하고 있다. 파푸아뉴기니.

오스트레일리아 북부에 있는 뉴기니 섬에는 40여 종의 극락조가 살고 있는데, 어느 종의 깃털이 더욱 화려하다고 말하기가 어려울 정도이다. 개똥지빠귀만 한 크기의 임금극락조는 이마에 두 개의 기다란 깃털이 나 있고, 이 깃털의 한쪽에는 광택이 나는 작고 푸른 깃발 형태의 판들이 줄을 지어 붙어 있다. 최고극락조는 거대한 에메랄드색 깃털을 방패 모양으로 자신의 키만큼 넓게 펼칠 수 있다. 열두줄극락조는 반짝이는 녹색 턱받이를 두르고 크게 부풀릴 수 있는 노란색 조끼를 입고 있다. 이름에 '줄'이 들어가는 이유는 이 조끼 뒤에 돌돌 말린 줄 같은 꼬리 깃들이 붙어 있기 때문이다.

이런 새들이 자신의 아름답게 치장한 몸을 뽐내는 모습을 지켜보는 것은 가장 숨막히고 흥미진진한 경험 중의 하나이다. 뉴기니의 숲은 대부분 어둡고 습하다. 높이 치솟은 나무들이 대부분의 빛을 차단하고 있다. 그러나 이런 숲속에 갑자기 깨끗하게 치워진 땅이 보이고는 한다. 누군가가 나뭇잎과 찌꺼기들을 치워서 한쪽에 쌓아놓은 것이다. 아무리 살펴보아도 인간이 치운 것처럼 보이지만 조금만 기다리면 그렇게 해놓은 주인공이 등장한다. 멋쟁이극락조는 찌르레기만 한 크기의 새이다. 꼬리에는 둥글게 말린 깃 두 개가 붙어 있고, 어깨에는 금색 망토를 걸치고 있다. 가슴에는 가늘고 반짝이는 파란색 줄로 장식된 녹색 방패가 있다. 머리와 부리 주변의 깃털은 워낙 곱고 윤기가 흘러서 풍성한 검은색 벨벳처럼 보인다. 이 새는 몇 분 정도 나뭇가지 위에서 몸을 웅크리고 상황을 주시하며 기다리다가 갑자기 자신의 영역에서 자라는 어린 나무 중의 하나로 날아간다. 그리고 양발로 그것을 움켜잡고, 부리를 위로 치켜들고, 금색의 반짝이는 칼라를 넓게 펼치고, 가슴의 깃털 장식을 마치 심장이 고동치듯이 크게 부풀렸다가 수축시킨다. 동시에 윙윙거리는 소리를 내면서 부리를 크게 벌려 목 안의 녹색 내벽을 노출시킨다. 이런 행동을 하루에도 몇 번씩, 주로 오전에, 몇 달간 계속한다. 다른 많은 경쟁자들도 각자 숲속에 흩어져 있는 자신들의 영역에서 암컷을 유혹하기 위하여 같은 행동을 한다.

극락조 중에서도 가장 유명한 새들은 날개깃 아래로 길고 가는 실 같은 깃털이 늘어져 있는 종류이다. 여기에 속하는 몇몇 종들은 이 깃털의 색이 노란색, 빨간색, 흰색 등으로 각기 다르다. 이 새들은 구애 행위를 여러 개체들이 함께한다. 특별히 눈에 잘 띄는 나무 위에서 구애의 춤을 추는 것이다. 수십 년간 이 목적에 사용된 나무일 수도 있다. 그런 나무라면 맨 꼭대기에 잎이나 잔가지가 다 떨어져 나간 특별한 가

지가 하나 있을 것이다. 새벽이 지나고 나무 아래쪽 가지들이 노랗게 반짝이면 새들이 매일 열리는 의식을 수행하기 위해서 모여든다. 까마귀만 한 크기의 이 새들은 부리 아래쪽은 무지갯빛 녹색, 머리는 노란색, 등은 갈색이다. 양쪽으로 늘어져 있는 금색 깃털 장식은 접혀 있을 때에도 그 길이가 몸의 두 배나 된다. 얼마 지나지 않아서 덤불 안에 숨은 수컷이 대여섯 마리 정도로 늘어난다. 몇몇은 연습하듯이 등 위로 깃털 장식을 휙휙 튕긴다. 그러다가 한 마리가 구애용 나뭇가지로 날아오른다. 그리고 요란한 소리를 지르며 머리를 낮게 숙이고 부리를 나뭇가지에 대고 문지른다. 머리 위로 날개를 탁탁 치고 깃털 장식을 반짝이는 분수처럼 펼친 채 나뭇가지를 종종거리며 오간다. 여기에 자극을 받은 다른 새들도 곧이어 나무로 올라간다. 그리고 대여섯 마리가 나무에서 날카로운 소리를 내고 깃털 장식을 과시하며 구애의 춤을 출 기회를 기다린다.

이 놀라운 광경을 바라보다 보면 문득 근처 나뭇가지의 어두운 부분에서 갑작스러운 기척이 느껴질지도 모른다. 그곳에 수수한 갈색 옷을 입은 암컷이 있을 것이다. 수컷들이 춤을 추고 있는 가지를 이 암컷이 휙 스쳐 지나가면 수컷이 공격적으로 암컷의 등에 올라탄다. 수컷의 깃털 장식은 다시 아래로 늘어진다. 약 1, 2초 만에 교미가 끝나고 암컷은 수정란을 위해서 준비해둔 둥지로 다시 날아간다.

극락조 수컷은 무겁고 번거로운 깃털 장식을 몇 달 동안 달고 다닌다. 그러나 이것은 번식기가 끝나면 떨어져 나간다. 이런 커다란 장식을 매년 새롭게 기르려면 상당한 자원이 필요하다. 뉴기니에 사는 이들의 친척인 바우어새는 여러 마리의 암컷에게 구애를 한다는 점에서는 비슷하지만 이 문제를 좀더 경제적인 방식으로 해결한다. 이 종의 수컷은 막대기, 돌, 꽃, 씨앗 등 특정한 색이 선명하게 나는 물체들을 모으고 이 보물들을 전시할 바우어(bower)를 지어 암컷을 유혹한다. 어떤 종은 어린 나무 주변에 나뭇가지를 쌓아서 기둥을 만들고 이것을 이끼로 장식한다. 또 어떤 종은 꽃, 버섯, 산딸기류의 열매를 각각 깔끔하게 쌓은 다음 그 앞에 두 개의 입구와 지붕이 있는 작은 굴을 만들기도 한다.

오스트레일리아의 더 남쪽에도 바우어새 1종이 살고 있다. 갈까마귀 크기에 윤이 나는 감색 깃털로 덮여 있는 새틴바우어새 수컷은 나뭇가지를 사용해서 너비 50센티미터 정도, 높이는 자기 키의 두 배 정도 되는 진입로를 만든다. 진입로는 대개 남북 방향으로 지으며, 햇빛이 좀더 잘 드는 북쪽 끝에 자신의 수집품을 모아둔다. 수집품의 종류는 다른 새의 깃털, 산딸기류 열매, 심지어 플라스틱 조각까지 다양하다. 재질은 중요하지 않다. 중요한 것은 오직 색이다. 전부 황록색이거나 자신의 반짝이는 깃털과 유사한 색조의 푸른색이어야 한다. 이 새는 멀리까지 가서 이런 물건들을 모아올 뿐만 아니라 이웃이 모아놓은 것을 훔치기도 한다. 때로는 부리로 블루베리나 식물 섬유를 으깨어서 그 즙으로 바우어의 벽을 파랗게 칠한다.

새틴바우어새를 자신의 바우어로 돌아오게 하려면 이 새의 수집품들 옆에 하얀 달팽이 껍질처럼 색이 전혀 다른 물건을 놓아두면 된다. 그러면 수컷은 재빨리 돌아와서 미관상 심하게 거슬리는 이 물건을 화가 난 듯이 부리로 집어들고 머리를 휙 꺾어서 옆으로 던져버린다. 이 새의 암컷 역시 생김새가 소박하다. 암컷이 근처의 바우어들을 순회하기 시작하면 수컷들은 부산스럽게 자신의 보물들을 다시 배치하고 얼마나 좋은 물건인지 보여주려는 듯이 부리로 집어든 채 암컷을 부른다. 그리고 암컷이 유혹을 받아들여서 바우어로 오면, 그 근처나 진입로의 벽 사이에서 짝짓기를 한다. 이때 수컷이 날개를 너무 세차게 퍼덕이는 바람에 바우어의 벽이 부서지기도 한다.

새들의 실제 짝짓기 광경은 어딘가 서툴러 보인다. 소수의 예외적인 경우를 제외하고는 새의 수컷에게는 성기가 없다. 수컷은 암컷의 등에 불안정하게 올라타서 부리로 암컷의 머리 깃털을 물고 균형을 잡아야 한다. 암컷은 꼬리를 한쪽으로 꺾어서 수컷과 서로 항문을 맞댄다. 그리고 양쪽 모두 어느 정도의 근력을 사용해서 정자를 암컷의 몸으로 전달한다. 그러나 이 과정을 깔끔하다고 말하기는 힘들다. 암컷이 몸을 조금만 움직여도 수컷은 굴러떨어진다. 그래서인지 교미에 실패하는 경우도 자주 있다.

모든 새들은 알을 낳는다. 파충류 조상으로부터 물려받은 이 형질을 버린 새는 어디에도 없다. 이것은 척추동물 중에서도 조류만이 가지는 특징이다. 그외의 다른 군에는 몸 안에 알을 품고 있다가 부화한 새끼를 낳는 쪽으로 진화한 종들이 존재한다. 어류 중에서는 상어, 구피, 해마가, 양서류 중에서는 도롱뇽과 가스트로테카가, 파충류 중에서는 도마뱀과 방울뱀이 그런 종이다. 그러나 조류 중에는 지금껏 그런 종이 나타나지 않았다. 아마도 여러 개의 알은 물론이고 큰 알 하나라도 그것이 부화되기 전까지 암컷이 몇 주일 동안 몸 안에 넣은 채 날아다니기에는 너무 무겁기 때문일 것이다. 그래서 새들은 체내에서 알이 수정되자마자 낳는 것이다.

그러나 알을 낳은 후부터는 비행을 위해서 온혈동물로 발달한 대가를 치러야 한다. 파충류는 구덩이나 돌 아래에 알을 묻고 떠나도 상관이 없다. 이들의 알은 성체와 마찬가지로 일반적인 온도와 환경에서 생존하고 성장할 수 있다. 하지만 조류의 배아는 부모처럼 온혈동물이어서 온도가 너무 내려가면 죽는다.

따라서 새는 알을 품어서 부화시켜야 한다. 이것은 매우 위험한 일이다. 새들의 생애에서 적으로부터 그냥 날아올라서 탈출할 수 없는 유일한 시기이기 때문이다. 알과 새끼 때문에 가능한 한 마지막 순간까지, 혹은 그 이후까지 둥지를 지킬 수밖에 없다. 둥지를 떠나면 알과 새끼가 위험해진다. 그러나 부모들이 교대로 알을 품고, 나가서 새끼들과 자신들을 위한 먹이를 구해서 돌아오려면 둥지에 접근하기가 어려워서도 안 된다.

일부 새들은 다른 동물들의 접근이 불가능한 곳에 둥지를 짓는다. 깎아지른 해안 절벽의 한가운데에 튀어나와 있는 바위에 찾아올 수 있는 동물은 새뿐이다. 그러나 도둑질을 잘하는 바닷새들도 있어서, 부모가 조심하지 않으면 갈매기가 날아와서 알에 구멍을 뚫고 내용물을 빼먹을지도 모른다.

물떼새를 비롯해서 모래와 자갈투성이인 해변에 사는 새들은 숨을 곳이 없는 개방된 공간에 알을 낳는 수밖에 없다. 이들의 알은 자갈과 무척 비슷한 색을 띠고 있어서 알을 발견한 포식자에게 먹히기보다는 알을 미처 보지 못한 인간 같은 다른 동물들에게 밟혀서 부서질 가능성이 더욱 높다.

그러나 대부분의 새들은 일종의 보호 장치를 공들여 만듦으로써 알과 새끼를 지킨다. 딱따구리는 나무에 구멍을 파거나 원래 있던 구멍을 더욱 넓혀서 둥지로 사용한다. 물총새는 살짝 벌어진 부리로 강둑을 쪼아서 어느 정도 파이면, 그것을 발판 삼아 디디고 서서 더욱 빠르게 쪼아서 둥지로 삼을 구멍을 판다. 인도에 사는 참새만 한 크기의 재봉새는 어린 나뭇잎들의 가장자리에 구멍을 뚫고 식물 섬유로 그 구멍들을 몇 번 연결하여 매듭을 지어서 꿰맨다. 그렇게 해서 우아하면서도 눈에 거의 띄지 않는 컵 모양이 완성되면 그 안에 폭신한 둥지를 짓는다. 참새의 일종인 베짜기새는 종려나무 잎을 길게 찢어서 거꾸로 매단 다음에, 솜씨 좋게 엮어서 속이 빈 공을 만든다. 때로는 여기에 기다란 원통형의 입구가 달려 있는 경우도 있다. 가마새가 사는 아르헨티나와 파라과이의 평원은 나무가 거의 없고 동물의 서식지로 인기가 높은 곳이다. 이 새는 대담하게도 울타리 기둥이나 빈 나뭇가지 등에 자리를 잡고 진흙으

맞은편
석호에서 짝짓기 중인 큰홍학(*Phoenicopterus roseus*). 프랑스 카마르그 퐁뒤고.

로 난공불락에 가까운 축구공 크기의 둥지를 만든다. 이 지역의 주민들이 만든 가마를 축소시킨 것과 비슷한 모양새이다. 입구는 손이나 발을 집어넣을 수 있을 만큼 크지만 그 안에 세워져 있는 벽 때문에 알을 훔쳐가기가 어렵다. 알이 들어 있는 방이 입구와 엇갈린 방향에 숨겨져 있기 때문이다. 나무 구멍 안에 둥지를 짓는 코뿔새의 수컷은 침입자로부터 알과 암컷을 보호하기 위해서 극단적인 방법을 사용한다. 입구 중앙에 작은 구멍 하나만을 남기고 진흙으로 벽을 쌓아서 막아버리는 것이다. 그리고 이 구멍을 통해서 오랫동안 힘든 양육을 해야 하는 암컷과 새끼들에게 먹이를 전달한다. 동남아시아의 동굴칼새는 동굴 안에 둥지를 짓지만 절벽 중간에 적당히 튀어나온 바위가 없을 때에는 끈적끈적한 침으로 직접 만든다. 가끔은 여기에 깃털 몇 개나 잔뿌리를 섞기도 한다. 중국인들은 이렇게 지은 둥지로 만든 탕 요리를 최고의 진미로 여긴다.

침입자를 피하기 위해서 다른 동물의 의도하지 않은 도움을 받는 새들도 있다. 오스트레일리아솔새는 말벌 둥지 옆에 보금자리를 짓는다. 보르네오의 물총새는 특별히 사나운 종의 벌이 지은 집 안에 알을 낳는다. 나무흰개미의 갈색 둥지 안에 자신들이 쓸 굴을 파는 앵무새들도 많다.

오스트레일리아 동부의 풀숲무덤새는 알이 부화할 때까지 그 위에 계속 앉아 있어야 하는 위험한 의무를 아주 기발한 방법으로 면했다. 이 새의 암컷은 수컷이 쌓아올린 커다란 흙더미 안에 알을 낳는다. 이 흙더미는 썩어가는 식물들 위에 모래를 덮어서 만든 것이다. 풀숲무덤새의 번식기는 매우 길어서 5개월 넘게 이어진다. 그동안 수컷은 끊임없이 흙더미를 찾아와서 부리로 안을 헤쳐서 그 안의 온도를 확인한다. 봄이 되면 중심부에 새롭게 모아놓은 풀이 썩으면서 엄청난 열을 발생시켜서 알을 두기에는 너무 따뜻한 정도가 된다. 그러면 수컷은 부지런히 위쪽의 모래를 치워서 열이 빠져나가게 한다. 여름에는 또다른 위험이 존재한다. 햇볕이 흙더미 위에 곧장 내리쬐어서 과열될 수도 있기 때문이다. 이제 수컷은 위쪽에 더 많은 모래를 쌓아서 열을 차단해야 한다. 썩은 풀의 기세가 꺾이는 가을이 되면 위쪽에 쌓은 모래를 치워서 알이 들어 있는 중심부가 햇빛을 받아서 다시 따뜻해지게 만들고, 해가 지면 다시 모래를 덮어서 열을 유지한다.

태평양 제도의 동쪽 끝에 사는 또다른 무덤새는 이런 방법을 좀더 특화시켰다. 이 새는 화구구(火口丘)의 측면에 쌓인 재 속에 알을 묻고 그 아래 깊은 곳에 있는 용암

맞은편
조약돌로 위장한 4개의 알이 있는 꼬마물떼새(*Charadrius dubius*)의 둥지, 프랑스 로렌.

으로부터 알에게 필요한 열을 공급받는다.

가장 유명한 뻐꾸기를 포함하여 몇몇 종의 새들은 다른 새의 둥지에 알을 넣어두고 태어난 새끼를 그들이 대신 키우게 함으로써 알을 품는 위험과 수고를 피한다. 이들은 자신들의 알이 양부모에게 버림받지 않도록 하기 위해서 알의 색을 양육을 맡길 새의 알과 비슷하게 발달시켰다. 즉, 뻐꾸기들은 종류별로 특정한 종의 새만을 보모로 삼는다.

알의 부화 과정은 간단하지 않다. 새의 깃털은 단열 효과가 높기 때문에 알을 품으면 몸과 알 사이에서 열을 효과적으로 차단하게 된다. 따라서 많은 새들은 알을 품기 위해서 특별한 방법을 개발했다. 알을 품어야 할 시기 직전에 배에 난 깃털들이 빠지는 것이다. 그렇게 해서 노출된 피부는 체표면 아래의 팽창된 혈관 때문에 분홍색을 띤다. 이 부분에 딱 맞게 품으면 알이 아주 빠르게 따뜻해진다. 그러나 모든 새들이 때맞춰서 털갈이를 하는 것은 아니다. 오리와 거위는 자신들이 직접 가슴의 털을 뽑아낸다. 푸른발부비새는 구애를 할 때에 밝은 파란색 발을 우스꽝스럽게 높이 들어올리며 암컷의 주위를 도는데, 이 발은 알을 부화시키는 데에도 유용하게 쓰인다. 수컷은 알 위에 올라서서 알을 따뜻하게 데운다.

마침내 새끼가 부리 끝의 작은 난치(卵齒)로 알껍데기를 조금씩 깨고 나온다. 땅 위에 둥지를 트는 종의 새끼는 솜털에 덮인 채 알 밖으로 나오는 경우가 많으며, 이 솜털이 훌륭한 위장이 되어준다. 이들은 몸이 마르자마자 둥지에서 나가서 어미의 감독하에 먹이를 찾아다닌다. 높은 곳에 있어서 안전하거나 다른 동물의 접근이 불가능한 둥지에서는 털 없이 벌거벗은 새끼들이 태어나는 경우가 많다. 이 새끼들은 아직 약하기 때문에 부모가 먹이를 먹여주어야 한다.

며칠이 지나면 새끼의 피부 안쪽에 혈액으로 가득 찬 파란 깃대들이 생기고 마침내 생존에 반드시 필요한 깃털들이 자라난다. 어린 독수리와 황새는 깃털이 자라는 동안 둥지 끝에 서서 날개를 퍼덕이며 근력을 기르고 비행에 필요한 동작을 연습하면서 보낸다. 가넷 새끼도 절벽에 튀어나온 좁은 바위 위에서 같은 연습을 한다. 다만 너무 빨리 성공할 경우를 대비하여 안쪽을 바라보면서 한다. 그러나 이렇게 준비를 하는 종은 예외적인 경우이고, 대부분의 어린 새들은 거의 아무런 연습 없이도 복잡한 비행 동작을 수행할 수 있는 것처럼 보인다. 슴새처럼 구멍 안에서 자란 새들은 첫 시도부터 몇 킬로미터씩 날아간다. 거의 모든 어린 새들은 하루 정도면 뛰어난 비행사

맞은편
크리스마스섬칼새 (*Collocalia linchii natalis*)의 동굴 속 번식 군집. 인도양 오스트레일리아령 크리스마스 섬.

가 된다.

새들은 공중에서는 경쟁할 만한 상대가 없는 기술을 갖추었으며 여러 번의 변화를 통해서 이 기술을 완성해왔지만 놀랍게도 가능하다면 언제든 비행을 포기하려는 것처럼 보인다. 시조새가 살던 시대보다는 나중이지만 여전히 조류가 아닌 공룡이 멸종하기 오래 전이었던 약 3,000만 년 전의 조류 화석 중에는 뼈로 지탱되는 꼬리가 없어지고 용골돌기가 있는 가슴뼈를 이용해서 능숙하게 날아다니던 갈매기와 비슷한 생물이 포함되어 있다. 이들은 본질적으로 오늘날의 새와 다름이 없었다. 그러나 헤스페로르니스(*Hesperonis*)라는 거대한 새도 이들과 함께 살았다. 사람 크기만 한 이 새는 이미 비행을 그만두고 헤엄을 치며 살고 있었다. 날지 않는 조류 중에서 크게 번성한 또 하나의 동물인 펭귄의 화석도 이 무렵에 나타난다.

새들이 땅으로 내려오는 경향은 오늘날에도 여전히 찾아볼 수 있다. 육지에서 사는 새 한 종이 네발 달린 포식자가 접근한 적이 없는 섬에 서식하게 되면, 얼마 지나지 않아 날지 않는 형태로 진화하고는 한다. 그레이트 배리어 리프의 섬들에 사는 뜸부기는 침입자와 마주치면 집에서 키우는 닭처럼 뛰어가며, 아주 심하게 방해를 받았을 때에만 날개를 약하게 퍼덕여서 날아오를 뿐이다. 갈라파고스의 가마우지들은 날개가 너무 작아서 퍼덕여도 날아오르지 못한다. 인간이 정착하기 전까지 포식자가 없었던 뉴질랜드에서도 몇몇 새들이 날지 않는 형태로 진화했다. 그중 키가 3미터가 넘는, 지금까지 존재했던 새들 중에서 가장 컸던 모아는 이곳에 처음 정착한 인간들의 사냥으로 멸종되었다. 비슷한 종류 중에서는 덩치가 작고 눈에 잘 띄지 않는 키위만이 살아남았다. 또한 날지 못하는 신기한 앵무새인 카카포와 날지 못하는 커다란 뜸부기인 타카헤도 있다.

새들이 이렇게 땅 위의 삶으로 귀환하는 것은 비행에 필요한 에너지와 그에 따라서 먹어야 하는 먹이의 양이 엄청나다는 사실을 알려준다. 땅 위에서 안전하게 살 수만 있다면 그쪽이 훨씬 더 수월하기 때문에 새들은 땅에서의 삶을 택하는 것이다. 어쩌면 초기의 깃털 달린 공룡들은 친척 공룡들과 익룡들의 위협으로 인해서 나무로 올라가야 했으며, 그 후손들은 사냥을 하는 포유류 때문에 계속 내려오지 못한 것일지도 모른다.

그러나 이 두 시기 사이에, 공룡은 사라지고 포유류는 아직 육지를 지배할 만큼 충분히 강력한 형태로 발달하지 않았던 수백만 년의 시간이 존재했다. 그때 새들은 육

맞은편
바야베짜기새(*Ploceus philloppinus*) 수컷이 둥지를 엮고 있다. 인도.

지의 지배자가 되려고 시도했던 것 같다. 6,500만 년 전, 미국 와이오밍 주의 평원에는 디아트리마(*Diatryma*)라는 날지 못하는 거대한 새가 활보하고 다녔다. 유럽에도 같은 새가 존재했는데, 이곳에서는 가스토르니스(*Gastornis*)라는 이름이 붙었다. 이 새는 사냥꾼이었다. 키가 사람보다 컸으며 거대한 손도끼 모양의 부리는 덩치 큰 동물들을 죽이기에 적합했다.

디아트리마는 수백만 년 후에 사라졌지만 지금도 타조, 레아, 화식조 등 날지 못하는 거대한 새들이 지구 곳곳에서 살고 있다. 이 새들은 디아트리마와 가까운 관계는 아니지만 오랜 혈통을 지니고 있으며 한때 날아다니던 동물들의 후손이다. 이것은 이들이 체내의 공기 주머니, 이빨이 없는 케라틴질의 부리, 그리고 경우에 따라서 부분적으로 속이 빈 뼈 등 비행에 필요한 신체 구조를 여전히 가지고 있다는 사실로부터 추론할 수 있다. 날개는 앞다리가 퇴화된 것이 아니라 한때 하늘에서 퍼덕이던 날개가 단순화된 형태이며, 몸의 깃털은 비행에 적합한 패턴으로 배열되어 있다. 다만 용골돌기는 사실상 사라지고, 지금은 미미한 근육만 붙어 있을 뿐이다. 비행을 할 필요가 사라지자 깃털은 작은 깃가지들을 잃고 단순히 구애에 사용되는 폭신한 부속지가 되었다.

그중에서 특히 화식조는 우리에게 디아트리마가 얼마나 위협적인 동물이었는지를 짐작할 수 있게 해준다. 화식조의 깃털은 깃가지가 모두 사라지고 거친 털처럼 변했다. 뭉툭한 날개는 뜨개질바늘만큼 두껍고 휘어진 깃대들로 무장하고 있다. 머리에는 단단한 투구처럼 생긴 볏이 있어서 이것으로 뉴기니 정글의 무성한 풀숲을 헤치고 다닌다. 머리와 목의 털이 없는 부분은 검푸른 보라색, 파란색, 또는 노란색을 띠고 있으며 그 아래로 새빨간 살덩어리가 늘어져 있다. 과일을 주로 먹지만 때로 파충류, 포유류, 어린 새 같은 작은 척추동물들도 먹는다. 독사를 제외하면 단연코 이 섬에서 가장 위험한 동물이다. 궁지에 몰리면 강력한 발길질을 날리는데 여기에 맞으면 사람의 배도 찢어질 수 있기 때문이다. 지금까지 많은 사람들이 이 새에게 목숨을 잃었다.

화식조는 단독 생활을 하는 동물이다. 이들은 숲속을 배회하면서 종종 우르릉거리는 소리를 낸다. 상당히 먼 거리까지도 들리는 이 위협적인 소리는 전혀 새가 내는 소리처럼 들리지 않는다. 그쪽으로 가까이 다가가면 풀숲에서 움직이고 있는 사람 키만 한 동물의 윤곽을 발견할 수 있을지도 모른다. 나뭇잎 사이를 내다보는 반짝이는 눈

맞은편
심각한 멸종 위기종인 카카포(*Strigops abroptilus*) 수컷이 호기심에 찬 눈으로 수풀 밖을 내다보고 있다. 1월의 낮, 뉴질랜드 스튜어트 섬의 코드피시 섬.

이 보였다가, 갑자기 거대한 동물이 무서운 기세로 덤불과 묘목 사이를 뚫고 도망쳐 버릴 것이다. 육식을 하는 거대한 새가 더욱 큰 먹이도 먹을 수 있도록 발달했다면 말할 것도 없이 아주 위험한 동물이었을 것이다.

그러나 디아트리마 같은 새들은 영리한 사냥꾼이 아니었다. 한 무리의 동물들이 이들의 손에서 벗어났다. 당시에는 작고 보잘것없었지만 대단히 활동적인 동물들이었다. 새들처럼 이 동물들도 온혈동물이 되었지만 깃털이 아니라 털로 체온을 유지했다. 이들이 바로 최초의 포유류였다. 이 포유류들의 후손이 지구를 물려받음으로써 새들은 대부분 공중에 머무를 수밖에 없었다.

제9장

알, 주머니, 태반

18세기 후반, 매우 놀라운 동물의 가죽이 런던에 도착했다. 새로 수립된 오스트레일리아의 식민지에서 온 것이었다. 가죽의 주인은 토끼 크기의 동물로 수달의 털처럼 곱고 빽빽한 털로 덮여 있었다. 이 동물의 발에는 물갈퀴와 발톱이 있었으며 몸의 뒤쪽에는 파충류처럼 배설과 생식 기능을 동시에 수행하는 총배설강이 있었다. 무엇보다 가장 기이한 것은 오리처럼 크고 납작한 부리가 있다는 사실이었다. 그 생김새가 너무 특이한 나머지, 일부 런던 사람들은 당시 극동지방에서 전혀 다른 동물들의 몸을 조각조각 이어붙여서는 인어나 바다에 사는 용이라고 속여서 순진한 여행자들에게 팔아넘기던 가짜 괴물 중의 하나일 것이라며 무시했다. 그러나 가죽을 아무리 자세히 들여다보아도 가짜라는 흔적은 없었다. 이상하게 생긴 부리는 털이 수북한 머리와 어설프게 연결해놓은 것처럼 보였지만 정말로 거기에 붙어 있었다. 도무지 있을 성싶지 않은 동물이었지만 진짜였던 것이다.

완전한 표본을 관찰할 수 있게 되자, 말라버린 가죽이 유일한 증거였을 때에 생각했던 것처럼 이 동물의 부리가 새처럼 단단하지는 않다는 사실을 알게 되었다. 살아 있을 때의 부리는 가죽처럼 유연했으므로 새와의 유사성은 제쳐둘 수 있었다. 털에는 훨씬 더 중요한 의미가 있었다. 털 또는 모피는 포유류의 특징이다. 그러므로 이 수수께끼의 동물이 땃쥐, 사자, 코끼리, 인간처럼 다양한 생물들이 포함된 큰 무리의 일원

일 것이라는 데에 의견이 모아졌다. 포유류의 털가죽은 단열을 통해서 높은 체온을 유지할 수 있게 해준다. 따라서 이 새로운 동물도 온혈동물일 것이 분명했다. 그리고 포유류라는 이름이 붙게 만든 세 번째 특징, 즉 새끼에게 젖을 먹일 수 있는 유방도 있을 것으로 짐작되었다.

오스트레일리아의 식민지 이주자들은 이 동물을 "물두더지(water-mole)"라고 불렀다. 원주민들이 부르는 이름은 "말랑공", "탐브리트", "둘라이와링" 등이었다. 과학자들은 좀더 학구적으로 들리는 이름이 필요하다고 생각했다. 강렬한 이름과 어울릴 만한 여러 가지 놀라운 특징들이 많았지만 단순히 "납작한 발"이라는 뜻의 플라티푸스(platypus)라는 이름이 선택되었다. 얼마 후에 이 이름이 적절하지 않다는 지적이 있었다. 발이 납작한 딱정벌레에게 이미 붙여진 이름이라는 것이었다. 그래서 두 번째 이름이 붙었다. "새 부리"라는 뜻의 오르니토린쿠스(Ornithorhyncus)였다. 이것은 여전히 이 동물의 학명으로 쓰인다. 그러나 대부분의 사람들은 그냥 오리너구리라고 부른다.

그때도 지금도 오리너구리는 오스트레일리아 동부의 강에 서식하고 있다. 주로 야행성이며, 힘차게 헤엄을 치고 다니다가 종종 물갈퀴가 있는 앞발을 노처럼 젓고 뒷발로 방향을 잡으며 수면 위를 떠다니기도 한다. 물속으로 잠수할 때에는 근육질의 피부 주름으로 귀와 작은 눈을 덮는다. 강바닥을 뒤질 때에 앞을 볼 수가 없기 때문에 민물 새우, 벌레 등의 작은 생물들을 부리로 더듬어 찾는다. 부리에는 신경 말단이 풍부하게 분포되어 있어서, 먹이로부터 발생하는 압력이나 전기 신호의 미세한 변화도 감지할 수 있다. 오리너구리는 헤엄에 능숙할 뿐만 아니라 땅도 부지런하게 잘 파는 동물이다. 때로는 강둑에 길이 18미터의 대규모 터널을 파놓기도 한다. 땅을 팔 때에는 앞발의 물갈퀴를 발바닥 쪽으로 접고 발톱을 사용한다. 암컷은 이 터널의 끝에 풀과 갈대로 지하 둥지를 짓는다. 이런 둥지를 통해서 이 동물에 대한 더욱 놀라운 사실이 알려졌다. 바로 오리너구리가 알을 낳는다는 사실이었다.

유럽의 많은 동물학자들은 이것을 터무니없는 이야기라고 생각했다. 알을 낳는 포유류는 없기 때문이다. 오리너구리의 둥지에서 알이 발견되었다면 다른 동물이 두고 간 것이 분명했다. 구슬 정도 크기에 구형에 가깝고 껍질이 부드럽다고 하니 파충류의 알로 추정되었다. 그러나 오스트레일리아 현지인들은 이것이 오리너구리의 알이라고 주장했다. 박물학자들은 이 문제로 거의 100년 가까이 열띤 논쟁을 벌였다. 그러던 1884년, 오리너구리 암컷 한 마리가 알 하나를 낳은 직후 총에 맞아 죽었다. 그리고

맞은편
물속에서 헤엄치는 오리너구리(*Ornithorhynchus anatinus*). 오스트레일리아 태즈메이니아.

그 몸 안에서 산란 직전의 알 하나가 더 발견되었다. 이제는 의심의 여지가 없었다. 정말로 알을 낳는 포유류가 있었던 것이다.

놀라운 사실은 이것이 전부가 아니었다. 열흘 후에 이 알이 부화하여 태어난 새끼는 어린 파충류들처럼 스스로 먹이를 찾을 필요가 없었던 것이다. 대신 암컷의 배에 특별한 분비샘이 발달한다. 대부분의 포유류와 마찬가지로 오리너구리도 피부에 지나치게 올라간 체온을 식히는 데에 도움을 주는 땀샘이 있는데, 이 커다란 분비샘도 구조적으로는 땀샘과 비슷하다. 그러나 이 샘에서는 진하고 지방이 풍부한 젖이 생산된다. 새끼는 털 사이로 흘러나오는 이 젖을 빨아먹는다. 젖꼭지가 없으니 진짜 유방이 있다고는 할 수 없다. 하지만 그 초기 형태이다.

포유류의 또다른 중요한 특징은 내온성 또는 온혈성인데, 이 특징 또한 불완전하게나마 발달한 것으로 보인다. 거의 모든 포유류는 체온을 섭씨 36도에서 39도 사이로 유지한다. 오리너구리의 체온은 섭씨 30도밖에 되지 않으며 변동 폭이 꽤 크다.

원시 포유류와 파충류의 특징을 섞어놓은 오리너구리와 유사한 동물은 전 세계에 하나뿐인데 이 동물 또한 오스트레일리아에 서식한다. 바로 가시두더지이다. 이 동물의 이름이 지닌 역사도 오리너구리의 경우와 비슷하다. 과학자들은 처음에는 "가시가 있는 동물"이라는 뜻의 이키드나(echidna)라고 불렀는데, 이미 이 이름이 붙은 물고기가 있다는 사실을 알게 된 것이다. 그래서 "빠른 혀"라는 뜻의 타키글로수스(tachyglossus)라는 이름으로 바뀌었지만, 이들 역시 처음 붙여진 이름으로 불리고 있다. 검고 빳빳한 털로 덮인 등 위에 가시들이 빼곡히 나 있는 이 동물은 크고 납작한 고슴도치처럼 보인다. 4개의 다리를 헤엄치듯이 움직이며 땅을 파고 들어갈 수 있는데, 이 동작은 너무 효과적이고 강력해서 아주 단단한 표면만 아니면 어느 곳이든 팔 수 있다. 가시두더지는 위협을 느끼면 곧장 수직으로 땅을 파고 들어가서, 몇 분 만에 뾰족뾰족한 가시로 덮여 있어서 도저히 건드릴 수 없는 둥근 등만 내놓고 숨어버린다.

그러나 가시두더지는 원래 굴을 파는 동물이 아니다. 땅을 파는 것은 대개 방어 수단이다. 보통은 눈에 띄지 않는 곳에 숨어서 잠을 자거나 개미와 흰개미를 찾아서 뒤뚱거리며 수풀 속을 돌아다닌다. 개미집을 발견하면 앞발에 붙은 발톱으로 부순 뒤에 길쭉한 주둥이 끝에 붙은 작은 입 밖으로 긴 혀를 날름거리며 개미를 핥아먹는다. 이런 주둥이와 가시는 오리너구리의 부리처럼 특정한 생활방식에 맞춰서 발달된 특징이며, 진화적으로는 최근에 획득한 형질이다. 기본적으로 가시두더지는 털이 있고, 체온이 매우 낮고, 1개의 총배설강이 있으며, 알을 낳는다는 점에서 오리너구리와 매우 유사하다.

다만 한 가지 다른 점은 번식 방법이다. 가시두더지 암컷은 한 개의 알을 낳는데, 이것을 둥지에서 품는 것이 아니라 배에 임시로 생긴 주머니 안에 넣어 품는다. 알을 낳을 때가 되면 몸을 둥글게 말아서, 포동포동한 몸집의 동물치고는 뜻밖의 유연성을 보이며 산란된 알을 복부의 주머니 안으로 곧장 집어넣는다. 알의 껍데기는 촉촉해서 주머니 안의 털에 달라붙는다. 그리고 7일에서 10일 후면 부화한다. 태어난 새끼는 어미의 배 쪽 피부에서 흘러나오는 진하고 누런 젖을 빨아먹으면서 약 7주일간 주머니 안에서 지낸다. 이 시기가 지나면 몸길이가 10센티미터쯤 되고 가시가 자라기 시작한다. 아마도 그렇기 때문에 어미로서도 몸 안에 새끼들을 품기가 불편해질 것이다. 어미는 이제 이곳 현지인들이 '퍼글'이라고 부르는 새끼를 주머니 밖으로 내보내어 보금자리 안에 두고, 자신은 나가서 먹이를 구해 먹는다. 그리고 일주일에 1번 정도 돌아와서 새끼에게 젖을 먹인다. 등을 구부려서 배를 땅에서 들어올리고, 주둥이로 새끼를 배 아래로 밀어서 젖을 먹도록 유도한다. 그러면 퍼글은 고개를 들어서 작은 입으로 어미의 털을 문다. 이런 일이 몇 달 동안 계속된다.

이에 비해서 파충류가 새끼에게 제공하는 먹이는 알 속의 난황뿐이다. 이 작고 노란 공을 이용해서 어린 파충류는 알 밖으로 나가자마자 완전히 독립할 수 있을 만큼 강하고 완전한 몸을 만들어야 한다. 그리고 밖으로 나온 후에는 혼자서 먹이를 찾아야 하며, 대부분 처음부터 자신이 평생 먹을 것과 같은 종류의 먹이를 먹는다. 오리너구리는 잠재력이 더 큰 방법을 사용한다. 이 동물의 알에는 난황이 소량밖에 들어 있지 않지만 새끼가 알에서 나오자마자 소화하기 매우 쉬운 음식인 젖을 지속적으로 공급함으로써 좀더 오랜 기간 동안 성장할 수 있게 해준다. 이것은 양육법의 커다란 변화였으며, 한층 더 발전된 방식들을 통해서 포유류 전체의 궁극적인 번영에 중대한 기여를 했다.

가시두더지와 오리너구리의 몸 구조는 아주 오래 전에 만들어진 것이 분명하지만 이들의 조상이 화석 파충류였다는 확실한 증거는 없다. 가능성이 있는 여러 후보들에 대한 우리의 지식은 상당 부분 이빨에 기초하고 있다. 이빨은 어떤 동물의 몸에서든 가장 내구성이 강한 부위이므로 화석이 되는 빈도도 높다. 또한 동물의 식단과 습성에 대해서 많은 정보를 주고, 종적 특성이 강하게 드러나기 때문에 계통적 관계의

뒷면
짧은코가시두더지 (*Tachyglossus aculeatus*)가 땅을 파고 있다. 오스트레일리아 태즈메이니아.

강력한 증거가 된다. 그런데 유감스럽게도 오리너구리와 가시두더지는, 한쪽은 물속에서 먹이를 구하고 다른 한쪽은 개미를 먹는 방향으로 특화되는 과정에서 둘 다 이빨이 퇴화되었다. 이들의 조상은 분명히 한때 이빨이 있었을 것이다. 왜냐하면 지금도 갓 태어난 오리너구리의 새끼에게서는 조그마한 이빨 3개가 자라다가 얼마 지나지 않아서 사라지고 골질의 판으로 대체되기 때문이다. 그러나 이런 조상에 관한 유의미한 화석 증거는 존재하지 않는다. 따라서 이들을 특정한 화석 파충류군과 연결시킬 근거가 사실상 없다. 그럼에도 불구하고 오늘날 오리너구리와 가시두더지의 양육 방법이 일부 파충류가 포유류로 변화하는 과정에서 발달시킨 것이었으리라는 추측은 해볼 만하다.

그런데 어떤 파충류였을까? 털이나 젖샘 등 오늘날 포유류의 대표적인 형질은 화석화되지 않는다. 하지만 그것들을 형성하는 유전자의 기원을 추적해본 결과, 포유류와 파충류가 3억 년도 더 전에 케라틴을 만드는 서로 다른 형태의 유전자가 출현하면서 분화되었음이 밝혀졌다. 조류와 파충류의 케라틴은 깃털과 비늘을 만들고, 포유류에서는 살짝 다른 형태의 유전자가 털을 만든다. 동시에 포유류는 털의 뿌리 부분에 땀과 젖을 분비하는 샘을 진화시켰다.

포유류의 또다른 특성인 내온성 또는 온혈성의 기원을 찾는 일은 더욱 복잡하다. 관련된 유전자 또는 유전자군이 없고, 화석화된 구조도 없기 때문이다. 그러나 포유류를 분화시켜 내보낸, 반룡(pelycosaurs)이라는 파충류가 이런 특성을 가졌을 가능성이 있다. 그중의 하나인 디메트로돈의 등에는 돛 형태의 피부가 솟아 있었고, 위쪽으로 뻗은 기다란 척추들이 이것을 지탱하고 있었다. 이 돛이 일종의 태양광 패널의 역할을 하여 열을 흡수했을 수도 있지만 확실한 증거는 없다. 하지만 모든 반룡에게 돛이 있었던 것은 아니다. 그러므로 반룡류(盤龍類)와 그 후손인 수궁류(獸弓類)는 어느 정도 내온성이었을 것으로 추정된다. 수궁류는 몸길이가 1미터밖에 되지 않았다. 이런 작은 생물이 내온성을 효과적으로 유지하려면 일종의 단열 장치가 필요하다. 따라서 그중 일부의 몸이 털로 덮여 있었을 수도 있다. 털을 형성하는 유전자는 이 시기에 진화했을 것이다. 다만 우리는 그 존재를 추정만 할 수 있을 뿐이다.

맞은편
페름기(2억9,000만-2억4,800만 년 전)에 살았던 디메트로돈 그란디스(*Sphenacodontid synapsid*)의 골격.

수궁류 중에서 일부가 포유류로 진화했음을 보여주는 또다른 단서들도 있다. 내온동물이 체내에서 열을 생성하려면 많은 에너지가 필요하기 때문에 매일 먹는 먹이의 양을 늘리고 소화 속도를 높여야 했을 것이다. 이를 위한 하나의 방법은 못처럼 단순

하게 생겨서 꽉 무는 것밖에 하지 못하는 일반적인 파충류의 이빨 대신, 자르고 갈고 으깰 수 있는 특별한 이빨을 발달시켜서 먹이를 기계적으로 분해하는 것이다. 바로 이런 변화가 수궁류의 이빨에서 나타났다.

그러나 이들이 털에 덮인 온혈동물이었다고 해서 포유류라고 할 수 있을까? 물론 이 질문에 대한 답은 다소 인위적이다. 이런 분류는 자연이 아니라 인간이 한 것이기 때문이다. 실제로 조상의 계통들은 어느새 하나로 합쳐지고는 한다. 우리가 의미 있다고 생각해서 함께 묶어놓은 해부학적 특징들도 각기 다른 속도로 변화하여, 나머지 특징들은 상대적으로 바뀌지 않은 채 하나의 특징만 발달할 수도 있다. 또한 그런 변화를 일으키는 환경적 조건들이 여러 계통에서 비슷한 반응을 이끌어낼 수도 있다. 사실 온혈성은 몇 종류의 서로 다른 파충류들이 각기 다른 시기에 획득한 것으로 보인다. 따라서 오리너구리와 가시두더지의 뿌리인 파충류와 그외 다른 포유류의 조상인 파충류는 같은 종류가 아닐 수도 있다.

약 2억 년 전에 완성된 형태의 포유류가 출현했다. 2013년에 중국에서 발견된 1억 6,000만 년 전의 작은 화석은 지금까지 거의 완벽한 상태로 발견된 포유류의 표본들 가운데 가장 오래된 것이다. 루고소돈(rugosodon, "주름진 이빨")이라는 이 동물은 몸길이가 약 17센티미터밖에 되지 않으며 땃쥐와 생김새가 비슷하다. 이빨을 보면 곤충과 벌레뿐만 아니라 식물도 먹는 잡식동물이었다는 것을 알 수 있으며, 몸이 털로 덮여 있던 온혈동물이었음이 확실하다. 현생 포유류의 조상은 아니며, 1억6,000만 년 넘게 존속하다가 약 3,000만 년 전에 멸종한 다구치목(多丘齒目)에 속했다. 그 운명이야 어떠했든지 간에 이 동물의 존재는 포유류의 출현을 의미한다.

그러나 육상 동물의 세계에서 일어난 그 다음의 중대한 변화는 이들의 몫이 아니었다. 파충류, 즉 공룡과 하늘을 나는 익룡, 해양 파충류 등이 급속도로 번성하기 시작했다. 포유류는 그 수와 크기 면에서 이들에게 상당히 뒤처졌지만 온혈성 덕분에 파충류들이 힘을 잃는 밤에 활동할 수 있어서 살아남았다. 레페노마무스 같은 포유류는 몸집이 고양잇과의 동물만 했으며 작은 공룡들을 잡아먹기도 했다. 그러나 기본적으로 이 초기 포유류들은 파충류의 그늘에서 살았다.

이런 상황은 무려 1억3,500만 년간 계속되었다. 그러다가 대재앙이 일어나서 비조류 공룡을 비롯한 수많은 생물들이 멸종되었다. 하지만 작은 포유류는 살아남아서 재빨리 새로운 형태들로 진화하여 전 세계 생태계의 빈자리들을 다시 차지했다.

맞은편
추디가는주머니쥐 (*Marmosops impavidus*)가 나방을 먹고 있다. 에콰도르 엘오로 주.

이런 포유류 중에 오늘날 아메리카 대륙에 사는 주머니쥐와 아주 비슷하게 생긴 동물이 있었다. 버지니아주머니쥐는 몸집이 크고, 쥐와 비슷하게 생겼으며, 수염이 많고, 지저분하게 덥수룩한 털옷을 입고 있다. 눈은 단추처럼 동그랗고, 털이 없는 긴 꼬리는 나뭇가지에 꼬리를 감고 잠시나마 매달릴 수 있을 정도로 튼튼하다. 큰 입을 놀라울 정도로 넓게 벌리면 수많은 작고 날카로운 이빨들이 드러난다. 강인하고 적응력이 강한 동물로 남쪽의 아르헨티나에서부터 북쪽의 캐나다에 이르기까지 아메리카 대륙 전역에 퍼져 살고 있다. 때로는 털이 없는 큰 귀가 동상에 걸릴 정도로 추운 기후도 견뎌낸다. 모험가처럼 자유분방하게 전원 지역을 누비고 다니며, 열매, 곤충, 벌레, 개구리, 도마뱀, 어린 새 등 먹을 만한 것은 거의 전부 먹는다.

그러나 이 동물의 가장 놀라운 점은 번식 방법이다. 암컷의 배에 널찍한 주머니가 있어서 그 안에서 새끼를 키운다. 16세기 초, 콜럼버스 밑에 있던 탐험가 마르틴 핀손이 처음 브라질에서 유럽으로 주머니쥐를 들여왔을 때에는 이전까지 아무도 그런 동물을 본 적이 없었다. 스페인의 왕과 왕비는 권유에 못 이겨 그 주머니 속에 손가락을 넣어보고 놀라워하기도 했다. 학자들은 이 주머니에 "작은 자루"라는 뜻의 마르수피움(marsupium, 육아낭)이라는 이름을 붙였고, 이렇게 해서 주머니쥐는 유럽에 소개된 최초의 유대류(Marsupial)가 되었다.

주머니쥐가 육아낭 안에서 새끼를 키운다는 것에는 의심의 여지가 없었다. 털이 없는 분홍색의 조그마한 동물이 주머니 안에서 젖꼭지를 물고 있는 모습이 종종 발견되었기 때문이다. 그런데 어떻게 그 안에 들어간 것일까? 당시 어떤 사람들은 말 그대로 새끼를 주머니 안에 불어넣은 것이라고 생각했다. 지금도 아메리카 대륙의 시골에는 그렇게 말하는 사람들이 있다. 그들에 따르면 주머니쥐는 코를 비벼서 짝짓기를 하고 콧구멍 안에서 임신이 이루어지는데, 적당한 때에 암컷이 주머니 속에 코를 찔러 넣고 세게 콧김을 불어서 새끼들을 내보낸다는 것이다. 새끼가 주머니 안에 들어오기 전에 암컷이 주머니에 코를 넣고 안을 훑아서 깨끗이 정리하는 습성으로부터 생겨난 이야기임이 분명하다.

실제 과정은 전해지는 이야기만큼 환상적이지 않다. 주머니쥐의 몸에는 오리너구리와 가시두더지처럼 괄약근으로 닫히는 하나의 총배설강이 있으며 이것이 항문과 비뇨생식구로 연결된다. 암컷과 수컷이 교미를 하면 체내에서 수정이 이루어지지만 그 결과로 생긴 배아에게 영양분을 공급해줄 난황낭이 매우 작기 때문에 12일하고 18시간

맞은편
북아메리카주머니쥐 (*Didelphis marsupialis virginiana*) 암컷이 새끼들을 업고 다니고 있다. 미국 미네소타 주.

이 지나면 세상 밖으로 내보내진다. 포유류 중에서 가장 짧은 임신 기간이다. 이렇게 해서 나온, 앞을 보지 못하는 꿀벌만 한 크기의 분홍색 덩어리는 형태가 다 갖추어지지 않아서 아기나 새끼라고 부르기도 어렵기 때문에 신생자(neonate)라는 특별한 명칭으로 불린다. 암컷은 이런 신생자를 한 번에 20여 마리씩 낳는다. 어미의 총배설강에서 나온 새끼들은 어미의 배에 난 털을 헤치고 약 18센티미터 떨어진 주머니 입구로 향한다. 이것은 이들의 일생에서 최초이자 가장 위험한 여정으로, 절반가량이 도중에 목숨을 잃는다. 일단 따뜻하고 안전한 주머니에 도착하면 어미의 젖꼭지를 하나씩 물고 젖을 빨기 시작한다. 암컷의 젖꼭지는 13개뿐이다. 하나를 가운데에 두고 12개가 원을 이룬 형태이다. 그래서 13마리 이상이 주머니에 들어올 경우 늦게 도착해서 빈 젖꼭지를 찾지 못한 새끼는 굶어 죽고 만다.

9주일에서 10주일쯤 후가 되면 새끼가 주머니 밖으로 기어 나온다. 이제 완전히 성장하여 생쥐만 한 크기가 된 새끼들은 굉장히 불안정해 보이는 방식으로 어미의 털에 매달린다. 18세기 초, 한 유명한 삽화 속에 묘사된 남아메리카주머니쥐는 어미의 몸 뒤로 늘어진 꼬리를 새끼들이 자신들의 짧은 꼬리로 깔끔하게 감고 있는 모습이었다. 이것을 다른 삽화가들이 서로서로 베껴 그리면서 결국에는 어미가 등 위로 둥글게 말아올린 꼬리에 한 줄로 늘어선 새끼들이 꼬리를 감아서 매달려 있는 모습으로 바뀌었다. 주머니쥐 가죽을 전시하는 박물관들이 책 속의 삽화를 참고하여 표본들을 이런 자세로 배치하면서 이 이야기에 더욱 힘이 실렸다. 그러나 이것 또한 이 특이한 동물을 둘러싼 허황된 이야기 중의 하나일 뿐이었다. 주머니쥐 새끼는 그렇게 질서정연하게 매달리지 않는다. 어미의 몸에 아무렇게나 기어올라서는 어드벤처 놀이공원에서 뛰어다니는 아이들처럼 안전 같은 것은 안중에도 없이 긴 털에 매달리기도 하고 배나 등에 달라붙기도 한다. 이렇게 3개월이 지나면 새끼들은 어미의 품을 떠나서 독립적인 삶을 시작한다.

아메리카에는 100여 종이 넘는 주머니쥐가 있다. 가장 작은 종은 생쥐만 한 크기에 주머니가 없다. 대신 쌀알 크기만 한 이 주머니쥐의 새끼들은 어미의 뒷다리 사이에 있는 젖꼭지에 마치 조그마한 포도송이처럼 매달린다. 몸집이 가장 큰 물주머니쥐는 거의 작은 수달만 하고, 물갈퀴가 달린 발로 헤엄을 치며 대부분의 시간을 보낸다. 이들의 새끼는 좀더 정교한 형태의 주머니 덕분에 물에 빠져 죽지 않을 수 있다. 마치 끈으로 졸라매는 주머니처럼 입구가 고리 모양의 괄약근으로 닫히는 구조여서 그 안에 있는 새끼는 물속에서도 몇 분씩 버틸 수 있으며, 대부분의 동물이라면 질식할 정도로 이산화탄소 농도가 높은 공기에서도 숨을 쉴 수 있다.

유대류로 확인된 가장 오래된 포유류의 화석은 남아메리카에서 발견되었다. 아마도 이 지역에서 유대류가 발생한 것으로 보인다. 그러나 오늘날 유대류가 가장 많이 모여 사는 곳은 아메리카가 아니라 오스트레일리아이다. 이들은 어떻게 다른 대륙으로 이동할 수 있었을까?

이 질문에 대한 해답을 찾으려면 아직 공룡들의 권세가 절정이던 시대로 돌아가야 한다. 이때는 전 세계의 대륙들이 서로 이어져서 지질학자들이 판게아라고 부르는 초대륙을 이루고 있었다. 따라서 유연관계가 밀접한 공룡들의 화석이 오늘날의 오스트레일리아와 북아메리카, 아프리카와 유럽 등 전 대륙에서 발견되었다. 포유류의 조상인 파충류도 비슷하게 널리 퍼져 있었을 것이다. 로라시아라고 불리는 북반구의 대륙은 오늘날의 유럽, 아시아, 북아메리카를 포함하고 있었으며, 곤드와나라고 불리던 남반구의 대륙은 나중에 남아메리카, 아프리카, 남극, 오스트레일리아로 나누어졌다.

이처럼 하나로 모여 있었다가 점차 분리되어 이동하면서 오늘날 우리가 아는 대륙들이 되었다는 사실은 주로 지질학적 증거들을 통해서 알 수 있다. 오늘날 대륙들이 맞물려 있는 형태, 마주보고 있는 대륙의 가장자리에서 관찰되는 암석의 연속성, 처음 형성되었을 때의 위치를 보여주는 자성 광물의 자화 방향, 중앙 해령과 그로부터 솟아나온 섬들의 연대, 해저 시추 결과 등의 연구들을 통해서 얻은 결론이다.

동식물의 분포도 이를 뒷받침해주는 증거이다. 날지 못하는 거대한 새들은 특히 명백한 사례이다. 앞에서 살펴본 대로 이들은 조류의 역사에서 상당히 초기에 등장했다. 초대륙의 북부에서는 사나운 디아트리마가 포함된 무리가 진화했다. 이들은 오늘날 전부 멸종했다. 초대륙의 남부인 곤드와나에서는 훨씬 더 번성한 또다른 무리가 나타났다. 바로 평흉류(平胸類)였다. 여기에는 남아메리카의 레아, 아프리카의 타조, 오스트레일리아의 에뮤와 화식조, 뉴질랜드의 키위 등이 포함된다. 한때는 이 날지 못하는 새들이 대륙이 하나로 합쳐져 있던 시절에 걸어서 현재의 서식지로 이동했으리라고 추측했지만, 이제는 이들의 비행 능력 상실을 수렴 진화(convergent evolution)의 예로 간주한다. 그들의 조상이 날아서 그 위치로 이동한 후에 무리별로 각자 날지 못하는 방향으로 진화한 것이다.

벼룩도 이 추측에 힘을 실어준다. 이 날지 못하는 기생 곤충은 그들이 숙주로 삼은 동물과 함께 이동을 하지만 언제든 기회가 생기면 새로운 숙주로 옮겨가서 새로운 종으로 발달한다. 그런데 고유의 특징이 뚜렷한 일부 벼룩이 오스트레일리아와 남아메리카에서만 발견되고 그 중간에는 존재하지 않는다. 만약 이들의 숙주가 이들과 함께 유럽과 북아메리카를 지나서 이동했다면, 분명히 도중에 털이 있는 다른 동물들의 몸에 남겨져서 발달한 친척 종들이 두 대륙의 중간에 존재할 것이다. 그런데 전혀 없다.

식물학적 증거도 존재한다. 남부너도밤나무속은 가까운 관계의 나무와 관목들로 구성되며, 유럽너도밤나무와는 전혀 다른 종류이다. 이중 일부는 남아프리카에서, 일부는 뉴질랜드와 오스트레일리아에서 발견된다. 그러나 다른 곳에는 전혀 없다. 아열대식물인 프로테아와 뱅크시아도 화려한 꽃의 모양이 놀랍도록 유사한데 프로테아는 남아프리카, 뱅크시아는 오스트레일리아 식물이다.

곤드와나는 점점 더 분리되었고, 아프리카는 떨어져 나가서 북쪽으로 이동했다. 오스트레일리아와 남극은 아직 서로 붙어 있었고, 육교(陸橋)에 의해서든 줄줄이 이어진

아래
킹프로테아(*Protea cynaroides*)의 꽃.

섬들에 의해서든 남아메리카의 남쪽 끝과 연결되어 있었다. 이 무렵 유대류는 여전히 초기 포유류로부터 갈라져 나오던 과정이었던 것으로 보인다. 몇몇 증거들로 미루어 볼 때, 유대류가 발달한 곳은 곤드와나에서 나중에 남아메리카가 될 지역이었으며, 그 후 오스트레일리아와 남극이 될 지역으로까지 퍼져 나간 것으로 추정된다.

한편 초대륙 북부에서는 원시 포유류가 진화 중이었다. 이들은 새끼에게 영양을 공급하는 또다른 방식을 발달시켰다. 태어나자마자 외부의 주머니로 이동시키는 대신에 암컷의 몸 안에 두고 태반이라는 기관으로 영양을 공급하는 것이다. 이에 관해서는 뒤에서 더 자세히 알아보겠다.

경쟁할 만한 다른 포유류가 없었던 남아메리카의 유대류는 크게 번성했다. 늑대와 비슷한 대형 종도 출현했고, 검처럼 생긴 송곳니에 표범처럼 생긴 육식동물도 나타났다. 그러나 초대륙 남부가 분리되어 서로 멀어지면서 남아메리카는 천천히 북쪽으로 이동했다. 그러다가 파나마 인근의 육교에 의해서 북아메리카와 연결되었다. 이 통로를 따라 태반이 있는 포유류가 내려와서 남아메리카에 살던 유대류와 이 땅의 소유권을 놓고 다투게 되었다. 경쟁의 와중에 많은 유대류가 멸종했고, 강인하고 적응력이 뛰어난 주머니쥐만 살아남았다. 일부 주머니쥐들은 침략자들의 땅을 다시 침략하여 북아메리카를 차지했다. 오늘날의 버지니아주머니쥐도 그렇게 서식지를 확보했다.

그러나 초대륙 남부의 중앙에서 살던 유대류들은 살아남지 못했다. 나중에 남극이 되는 이 땅은 혹한의 남극점 위를 이동하면서 거대한 빙원이 발달하여 생명이 살기 어려운 환경이 되었다. 하지만 지질학자들은 이곳이 한때 유대류의 영토였음을 보여주는 화석들을 찾아냈다.

초대륙의 또다른 지역에서 살던 동물들은 훨씬 운이 좋았다. 그곳은 바로 오스트레일리아였다. 이 땅은 북쪽으로 떠내려가다가 동쪽에 비어 있던 태평양 해역으로 들어가서 다른 대륙들과 완전히 분리되었다. 따라서 이곳의 유대류는 지난 5,000만 년간 고립 상태로 진화했다. 이들은 그 오랜 세월 동안 자신들에게 주어진 다양한 환경을 이용하여 각기 다른 수많은 유형들로 발달했다. 지금은 사라진 이 놀라운 종들 가운데 일부의 흔적이 오스트레일리아 애들레이드에서 남쪽으로 250킬로미터 떨어진 나라쿠르테의 석회암 동굴들 안에 남아 있다. 이곳의 동굴들은 오래 전부터 아름다운 종유석들로 유명했다. 그러던 1969년, 동굴 속 주실(主室)의 가장 깊숙한 곳에 위치한 바위들 사이에서 새어 나오는 희미한 바람이 그 건너편에 숨겨진 공간이 있을지도 모

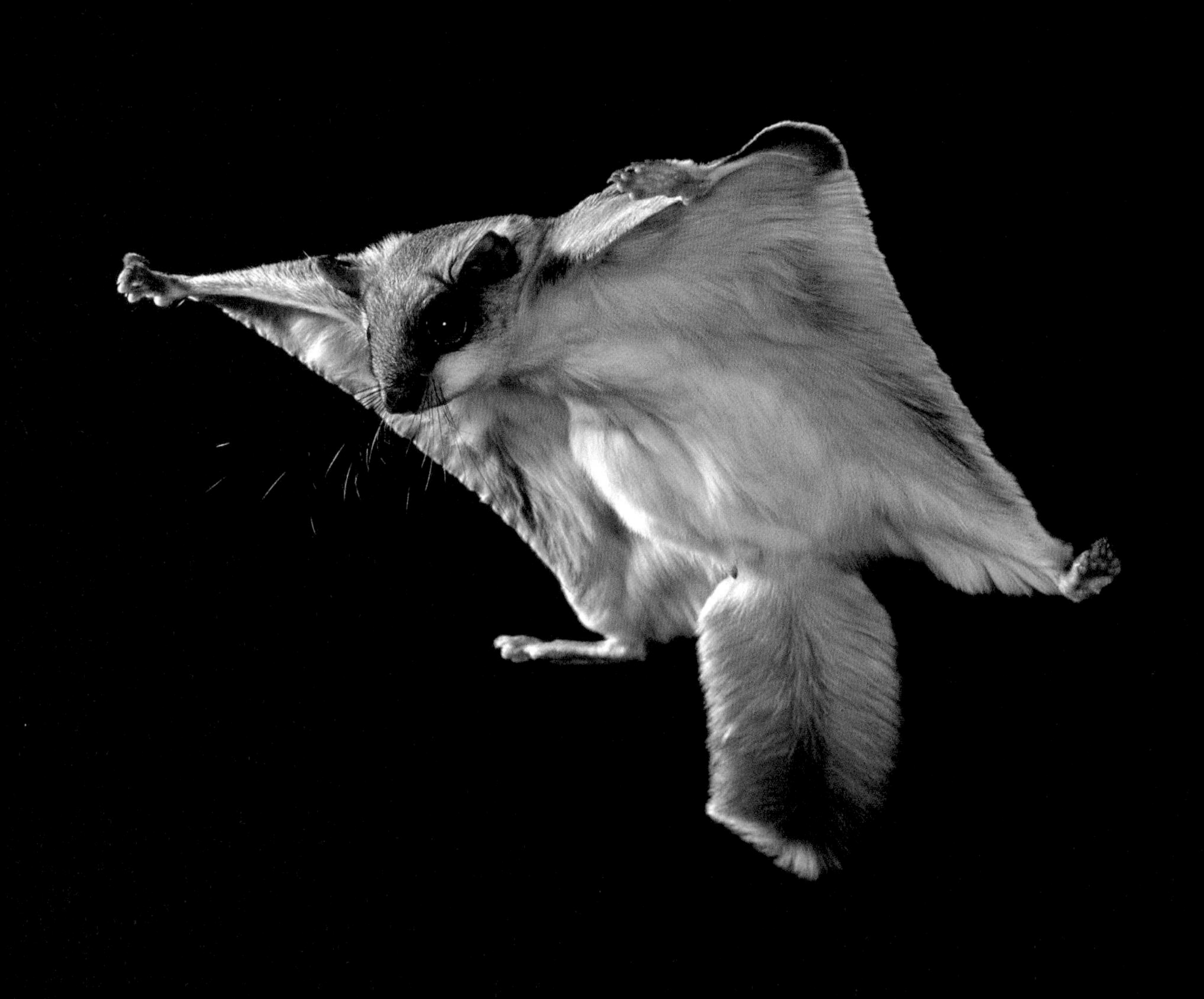

른다는 사실을 알려주었다.

발굴 결과, 좁은 통로들이 드러났고, 이 통로들은 지금껏 발견된 적 없는 대량의 유대류 화석이 모여 있는 장소로 이어졌다. 1시간 동안 네 발로 엎드려서 비좁은 바위들 사이와 암벽에 난 좁고 구불구불한 틈 사이를 기어가다 보면 마침내 천장이 낮은 두 개의 회랑(回廊)에 도달한다. 이곳에 들어갈 때에는 배를 깔고 엎드려서 좁은 터널 안을 조금씩 이동해서 통과해야 한다. 그러면 1미터 정도 높이에 천장에는 지푸라기 같은 종유석들이 매달려 있는 기다란 회랑이 나온다. 이 안의 공기는 너무 습해서 입김이 그대로 안개로 변하기 때문에 대여섯 명의 동굴 탐험가들이 들어가면 몇 분 만에 통로 전체가 뿌옇게 변할 정도이다. 바닥은 이제는 사라진 지 오래인 지하의 강물에 휩쓸려온 부드럽고 붉은 진흙으로 덮여 있다. 이 진흙과 함께 유대류의 뼈들도 밀려온 것이다. 그중 일부는 상류 쪽 동굴에서 살던 동물들이었고, 나머지는 근처 숲속에서 살다가 실수로 동굴 입구의 구멍에 빠져서 죽은 동물들로 보였다. 뼈들은 진흙 속에 빼곡히 퍼져 있었다. 다리뼈, 견갑골, 이빨, 그리고 그중에서도 가장 인상적인 두개골들이 있었다. 전부 은은한 크림색으로 마치 해부학자가 세척해서 바로 내놓은 표본처럼 보였다. 대부분이 건드리기만 해도 바스러질 정도로 연약해서 발포 고무와 석고로 싸서 옮겨야 했다.

젖소만 한 크기와 모양의 커다란 유대류 화석도 있었고, 작은 기린처럼 생긴 머리로 나뭇잎을 뜯어먹던 거대한 캥거루의 화석도 있었다. 그중 한 동물의 특징에 대해서는 여전히 논의가 진행 중이다. 처음에는 뒤쪽에 난 이빨이 동물의 살과 뼈를 가를 수 있을 정도로 길고 날카로운 칼날 모양이었기 때문에 육식동물로 여겨졌다. 덩치도 커서 주머니사자라고 불렸다. 그런데 연구 결과, 이 동물의 앞다리가 어딘가에 매달리는 데에 적합했다는 사실이 밝혀졌다. 따라서 어쩌면 나무에 오르는 동물이었을지도 모르고, 무시무시하게 생긴 이빨은 그저 열매를 잘라먹는 데에 쓰였을 수도 있다.

이 동물들은 약 4만 년 전에 사라졌다. 이들의 멸종을 초래한 요인은 아직 확실하지 않다. 기후변화의 영향이었을 수도 있다. 남극에서 떨어져 나온 오스트레일리아는 계속해서 북쪽으로 이동했다. 사실은 지금도 같은 속도로 1년에 5센티미터씩 이동하고 있다. 이런 이동 때문에 대륙의 기온이 점점 상승하고 건조해졌던 것이다. 또한 약 4만 년 전 처음 상륙한 인간의 존재도 이들의 멸종을 가속화시켰을지 모른다.

물론 오늘날까지 살아남은 유대류도 많다. 현재 유대류에는 10여 개의 과와 200여

맞은편
활공 중인 북미하늘다람쥐(*Glaucomys sabrinus*).

개의 종이 있다. 대부분은 북반구에서 발달한 태반류와 유사한 형태이다. 유럽에서 온 오스트레일리아 식민지 주민들은 원주민들이 유대류 동물에게 붙여준 이름을 무시하고 가장 비슷한 유럽의 동물 이름으로 부르는 경우가 많았다. 예를 들면, 이주자들은 남부의 온대림에서 발견한 작고 털이 많고 코가 뾰족하며 꼬리가 긴 생물을 주머니쥐라고 불렀다. 그런데 이것은 적절한 이름이 아니다. 이 동물은 소심하게 곡식의 낟알을 갉아먹는 설치류가 아니라 자기 몸집만 한 곤충을 공격해서 와작와작 씹어서 먹는 포악한 사냥꾼이기 때문이다. 파충류와 어린 새들을 공격하는 육식 유대류도 있는데, 이들은 주머니고양이라고 불린다.

태반류와 유대류가 매우 유사해서, 동물원에서 보더라도 손으로 만져보지 않고는 구별이 거의 불가능한 경우도 있다. 유대하늘다람쥐는 유칼립투스 나무 위에서 작은 잎과 꽃을 먹고 사는 유대류이다. 앞다리와 뒷다리 사이를 연결해주는 비막으로 나뭇가지들 사이를 활공하는 이 동물은 북미하늘다람쥐와 거의 똑같이 생겼다. 굴을 파고 사는 동물들에게는 특정한 신체 구조가 필요한데 유대류와 태반류의 두더지 모두 이런 구조를 발달시켰다. 이들은 모두 짧고 부드러운 털, 퇴화된 눈, 효과적으로 땅을 팔 수 있는 앞다리, 뭉툭한 꼬리를 가지고 있다. 다만 주머니두더지 암컷의 배에는 주머니가 있다. 새끼에게는 다행스럽게도 주머니의 입구가 뒤쪽을 향하고 있어서 어미가 굴을 팔 때에도 주머니 안으로 흙이 들어가지 않는다.

모든 유대류가 이렇게 태반류와 유사한 것은 아니다. 코알라는 나무 위에서 나뭇잎을 먹고 사는 중간 크기의 동물이다. 다른 곳에서는 원숭이가 이런 역할을 맡고 있다. 그러나 코알라는 외적으로 원숭이와 닮은 점이 거의 없으며, 느릿느릿한 움직임도 영리하고 반응이 빠른 원숭이와는 거리가 멀다. 주머니개미핥기는 다른 개미핥기들과 마찬가지로 길고 끈적거리는 혀로 개미를 모아서 먹지만 적응 형태가 그들만큼 극단적이지 않다. 예를 들면, 남아메리카의 큰개미핥기는 길고 휘어진 원통형의 주둥이가 발달하고 이빨이 모조리 사라졌는데, 주머니개미핥기의 주둥이는 그다지 길지 않으며 이빨도 여전히 다 가지고 있다. 유대류인 꿀주머니쥐도 비슷한 형태의 태반류가 전혀 없다. 생쥐만 한 크기에 주둥이가 뾰족한 이 동물은 잉꼬들처럼 끝이 빗처럼 생긴 혀로 꿀과 꽃가루를 핥아먹는다.

태즈메이니아의 온대림에는, 오스트랄라시아에서만 서식하는 부디라는 또다른 동물이 살고 있다. 이 동물은 유대류 중에서 쥐캥거루라고 불리는 작은 집단에 속한다.

맞은편
주머니개미핥기 (*Myrmecobius fasciatus*)가 뒷다리로 일어서 있다. 오스트레일리아 중부.

겁이 아주 많고 철저히 야행성이며 작고 뾰족한 한 쌍의 송곳니를 이용해서 고기를 포함한 온갖 종류의 먹이를 먹는다. 이들은 굴속에 둥지를 마련하는데, 그 재료를 아주 기발한 방식으로 모은다. 먼저 입으로 지푸라기 몇 개를 집어와서 땅에 쌓은 다음 뒷다리로 밀어서 기다란 꼬리 위에 올린다. 그리고 꼬리를 바짝 말아서 지푸라기를 단단히 뭉친다. 그런 다음 자리를 뜰 때에는 긴 발이 달린 뒷다리만을 사용해서 깡충깡충 뛰어 이동한다. 여러분이 오스트레일리아에서 가장 유명한 동물인 캥거루의 원시 조상이 될 동물을 창조해야 했다면, 아마 이 겁 많고 숲에서 잡식을 하고 살며 깡충깡충 뛰어다니는 부디와 비슷한 모양으로 만들었을 것이다.

오스트레일리아가 계속 북쪽으로 이동하면서 점점 따뜻하고 건조해지자, 캥거루과의 발달이 가속화되었다. 대륙의 대부분을 덮고 있던 숲들이 탁 트인 평원과 초지로 바뀌었다. 풀은 좋은 먹이였지만 숲을 벗어나 주변이 트인 곳에서 풀을 뜯다 보면 포식자의 공격에 노출되기 쉬웠다. 따라서 평원에서 풀을 뜯어먹고 사는 동물들은 움직임이 빨라야 했다. 캥거루는 부디처럼 깡충깡충 뛰는 방식을 극단적으로 발달시켜서 이런 목적을 달성했다.

왜 캥거루가 전 세계의 평원에 사는 거의 모든 초식동물들처럼 네 발로 달리지 않고 이런 방법을 쓰는지는 아무도 모른다. 캥거루를 처음 본 유럽 이주민들은 자신들의 우화집 속에서 비슷한 동물을 찾아내지 못하고, 결국 원주민들이 붙인 "강구루(gangurru)"라는 이름을 따와서 불러야 했다. 부디가 그렇듯이 캥거루가 두 발로 서서 다니는 경향도 그들의 조상 때부터 이미 존재했을지도 모른다. 그러나 그렇다고 해서 의문이 풀리지는 않는다. 어쩌면 깡충깡충 뛰어다니는 방법은 주머니 안에 커다란 새끼를 넣고 다녀야 하는 조건과 관련이 있을 수도 있다. 상체를 세우면 특히 빠른 속도로 거칠고 울퉁불퉁한 땅 위를 달릴 때에 더 편하기 때문이다. 이유가 무엇이든 캥거루는 이렇게 두 발로 뛰는 방법을 대단히 효율적으로 발전시켰다. 뒷다리는 엄청나게 강력하고, 길고 단단하게 뻗어 있는 근육질의 꼬리는 몸의 균형을 잡아주는 역할을 한다. 이들은 시속 60킬로미터까지 속도를 낼 수 있으며 3미터 높이의 울타리도 뛰어넘을 수 있다.

초식동물들이 극복해야 하는 또다른 문제는 이빨의 마모이다. 풀은 질긴 먹이이다. 특히 오늘날 오스트레일리아 중부의 건조한 지대에서 자라는 종류는 더욱더 그렇다. 입 안에서 이런 풀을 으깨어서 걸쭉하게 만들면 소화에 큰 도움이 되지만 대신 이빨이

위
서부회색캥거루
(*Macropus fuliginosus*)
새끼가 어미의 주머니에 머리를 넣고 있다. 오스트레일리아 남부 캥거루 섬.

심하게 닳는다. 다른 초식동물들의 경우에는 어금니 뿌리가 열려 있어서 평생 자라기 때문에 마모되어도 보충할 수 있다. 그러나 캥거루의 이빨 뿌리는 닫혀 있기 때문에 다른 방식으로 대체해야 한다. 캥거루의 턱 양쪽에는 어금니 네 쌍이 있고, 그중 맨 앞에 있는 어금니 한 쌍만 사용한다. 이 어금니가 뿌리까지 다 마모되어 빠지면 뒤쪽에 있던 어금니가 앞으로 이동해서 빈자리를 채운다. 캥거루가 15세에서 20세 정도가 되면 마지막 남은 어금니 한 쌍을 사용하게 된다. 그리고 결국에는 이 어금니도 마모되어 빠진다. 따라서 이 나이 많은 동물이 다른 이유로 죽지 않고 살아남았다고 해도 곧 굶주려 죽게 된다.

캥거루과에는 약 40종이 속해 있다. 이중 작은 캥거루들은 보통 왈라비라고 불린다. 가장 큰 종인 붉은캥거루는 일어서면 사람보다도 크고, 현생 유대류를 통틀어서도 가장 크다.

캥거루의 번식 방법은 주머니쥐와 거의 비슷하다. 먼저 몇 마이크로미터 두께로 흔적만 남아 있는 껍질에 싸인, 소량의 난황이 든 알이 난소에서 자궁으로 내려온다. 그리고 그 안에서 수정이 이루어지고 발생이 시작된다. 첫 임신일 경우 자궁 내에 머무는 기간이 길지 않다. 붉은캥거루의 경우 33일 후면 새끼가 밖으로 나오고, 대개 한 번에 한 마리씩 태어난다. 갓 태어난 새끼는 앞을 보지 못하며 몇 센티미터 정도의 털이 없는 덩어리에 불과하다. 뒷다리는 살짝 튀어나온 돌기일 뿐이고, 앞다리는 조금 더 발달해 있는데 새끼는 이 다리를 이용해서 어미의 배에 빽빽이 난 털을 헤치고 밖으로 나온다. 어미는 이런 과정을 전혀 의식하지 못하는 것처럼 보인다. 예전에는 어미가 털 사이를 핥아서 새끼가 나올 수 있도록 도와준다고 생각했지만 이것은 단지 파괴된 난막이 흘러나오면서 생식기에서 방출된 체액을 닦는 것뿐이라는 사실을 알게 되었다.

갓 태어난 새끼가 주머니까지 가는 데에는 약 3분이 걸린다. 도착하면 4개의 젖꼭지 중 하나에 붙어서 젖을 먹기 시작한다. 그러면 바로 어미의 성주기(性週期)가 다시 시작된다. 또다른 알이 자궁으로 내려오고 어미는 성적으로 수용적인 상태가 된다. 그리고 다시 짝짓기를 통해서 알을 수정시킨다. 그런데 그후에 놀라운 일이 벌어진다. 알이 발달을 멈추는 것이다.

한편 주머니 속의 새끼는 놀랍도록 빠르게 성장한다. 젖꼭지는 길고 끝이 살짝 부풀어 있어서 함부로 잡아당기면 이것을 물고 있던 새끼의 입이 찢어져 피가 살짝 날 수도 있다. 그러나 어미와 새끼의 몸이 하나로 연결되어 있다거나 몸을 누르면 젖이 새끼의 입 안으로 들어간다든가 하는 이야기는 사실이 아니다.

190일이 지나면 새끼는 충분히 자라서 처음으로 주머니 밖으로 나올 수 있게 된다. 그때부터 밖에서 지내는 시간을 점점 늘려가다가 235일 후에는 주머니를 완전히 떠난다.

오스트레일리아 중부에는 가뭄이 매우 잦은데, 만약 이 시기에 가뭄이 들면 자궁에서 수정된 알은 계속 발달이 멈춘 상태로 남아 있다. 그러나 비가 와서 초목이 무성하게 자라면 다시 발달을 시작한다. 그리고 33일 후에 또다시 콩알만 한 크기의 새끼가 어미의 생식기에서 꿈틀거리며 나와서 주머니까지 위험하고도 힘든 길을 떠난다. 그러면 암컷은 곧장 다시 짝짓기를 한다. 하지만 처음 태어난 새끼도 젖을 쉽게 떼지 못하고 계속 돌아와서 어미의 젖을 먹는다. 게다가 이때부터는 처음에 먹던 것과 다른 성분의 젖이 나온다. 즉 걸어 다니면서 풀을 뜯어먹다가 계속 돌아와서 젖을 먹는 첫째, 주머니 안에서 젖꼭지를 빠는 갓 태어난 새끼, 그리고 자궁 안에서 수정되었지만 아직 발달하지 않은 채 태어날 날만 기다리고 있는 알까지 총 세 마리가 어미에게 의존하는 셈이다.

일반적으로 유대류는 오리너구리와 가시두더지처럼 원시적인 방식으로 알을 낳는 동물에서 거의 발전한 것이 없는, 진화가 덜 된 생물로 생각되는데 이것은 전혀 사실이 아니다. 유대류의 번식 방법이 포유류의 역사에서 매우 초기에 나타난 것은 분명하지만 캥거루는 이 방법을 놀랍도록 발전시켰다. 다른 어떤 동물도 캥거루 암컷처럼 성체가 된 후에 대부분의 시간 동안 서로 다른 성장 단계에 있는 새끼를 세 마리씩 부양하지는 못한다.

포유류의 몸은 성장에 오랜 시간이 소요되는 아주 복잡한 장치이다. 또한 배아 시절부터 온혈성으로 양분을 빠르게 소모한다. 이 두 가지 특징 때문에 성장하는 새끼에게는 상당한 양의 먹이를 공급해야 한다. 모든 포유류는 껍질이 있는 알 속에 넣을 수 있는 것보다 훨씬 더 많은 양의 먹이를 새끼에게 공급할 수 있는 방법들을 찾아냈다. 초대륙의 북부에서 살던 초기 포유류에는 유대류도 포함되어 있었다. 그러나 이들이 오늘날 오스트레일리아 유대류만큼의 높은 효율성을 성취했을 가능성은 희박하다.

그러나 이 지역에서 새끼들이 오랫동안 자궁 속에 머물 수 있게 해주는 방법이 발달했다. 자궁벽에 부착되어 탯줄로 태아와 연결되어 있는 납작한 판 모양의 태반을 이용하는 것이다. 자궁벽과는 구불구불한 형태로 연결되어 있어서 어미의 조직과 태반 사이의 물질 교환이 이루어지는 표면적을 매우 넓게 확보할 수 있다. 혈액 자체가 어미에게서 새끼에게로 직접 전달되지는 않지만, 어미의 폐에서 온 산소와 어미가 먹은 먹이의 영양분이 혈액 속에 용해된 채 연결 부위에서 확산되어 태아의 혈액 속으로 들어간다. 반대 방향으로의 흐름도 있다. 태아가 생성한 노폐물이 어미의 혈액으로 흡수된 후에 신장을 통해서 배출되는 것이다.

이 모든 과정만으로도 생화학적으로 대단히 복잡한 일이다. 그러나 더한 문제가 있다. 포유류는 성주기에 따라서 정기적으로 새로운 난자를 생산한다. 유대류에게는 이것이 문제가 되지 않는다. 다음 난자가 생산되기 전에 새끼가 태어나기 때문이다. 하지만 태반류의 태아는 훨씬 더 오랫동안 자궁 안에 머문다. 그래서 태반에서 호르몬을 분비하여 태반이 제자리에 붙어 있는 동안에는 어미의 성주기를 유보시킴으로써 자궁 안의 태아와 경쟁할 난자가 생산되지 않도록 한다.

또다른 문제도 있다. 태아의 조직은 어미의 조직과 유전적으로 동일하지 않다. 아비에게서 물려받은 부분도 있기 때문이다. 따라서 어미의 몸과 연결되면 장기를 이식받았을 때처럼 면역 거부반응을 일으킬 위험이 있다. 태반이 이것을 어떻게 방지하는지는 아직 완전히 규명되지 않았지만, 임신 초기에 어미의 면역반응 중의 일부를 차단시키는 것으로 보인다.

이런 방법들을 통해서 태반 포유류의 새끼는 필요하다면 태어나자마자 걸을 수 있을 정도로 성장할 때까지 자궁 안에서 지낼 수 있다. 심지어 그후에도 바깥세상에서 먹이를 스스로 찾을 수 있을 때까지 어미의 젖을 먹는다.

태반류의 번식 방법은 갓 태어난 새끼가 유대류 새끼가 겪는 것과 같은 위험한 여정을 거치지 않게 해준다. 또한 새끼가 어미의 몸 안에서 지내는 오랜 기간 동안 필요한 모든 것을 공급할 수 있다. 그렇기 때문에 고래와 바다표범은 아직 태어나지 않은 새끼를 몸 안에 품고도 추운 바닷속을 몇 달 동안 헤엄칠 수 있다. 주머니 속에 공기 호흡을 하는 새끼를 품고 다니는 유대류는 결코 할 수 없는 일이다. 결국 태반을 이용한 번식 방법은 포유류가 지구 전체에 퍼져서 번성할 수 있게 된 중요한 요인 중의 하나가 되었다.

제10장

주제와 변주

보르네오 섬의 숲속에 미동도 없이 조용히 앉아 있다 보면, 작고 꼬리가 긴 털북숭이 동물을 보게 될 가능성이 높다. 뾰족한 코로 사방을 킁킁거리며 덤불의 가지나 땅 위를 네 발로 뛰어다니는 이 동물은 생김새나 행동이 다람쥐와 비슷하다. 갑자기 낯선 소리가 들리면 반짝이는 단추만 한 눈을 크게 뜨고 그 자리에 얼어붙었다가도 다시 순식간에 꼬리를 앞뒤로 휙휙 움직이며 정신없이 돌아다닌다. 그리고 먹이를 발견하면 앞니로 조금씩 갉아먹는 것이 아니라 입을 크게 벌려서 먹음직스럽게 우적우적 씹는다. 다람쥐보다 훨씬 보기 드물고 좀더 중요한 의미를 가지는 이 동물의 이름은 나무땃쥐(tupaia)이다.

어떤 종류로 분류해도 전부 그럴듯한 동물이 있다면, 바로 이 동물일 것이다. 보르네오 현지인들은 당연하게도 이 동물을 다람쥐의 일종으로 생각한다. 다람쥐는 말레이어로 '투파이'라고 하는데 학계에서 이 단어를 가져와서 이와 비슷한 동물들을 총칭하게 되었다. 이 동물을 최초로 발견한 유럽의 과학자들은 이들에게 설치류처럼 먹이를 갉아먹는 이빨이 없고, 작고 뾰족뾰족한 이빨이 많은 것을 보고 나무땃쥐라고 불렀다. 어떤 이들은 생식기의 특징을 보고 유대류와 관계가 있을 것이라고 믿었다. 약 100년 전에 이 동물의 두개골 구조를 자세히 분석한 후에 이들이 놀랍도록 큰 뇌를 가지고 있는 것에 주목한 한 저명한 해부학자는 이들을 원숭이와 유인원의 조상으로 보아야 한다고 주장하고, 그들과 같은 과로 분류하기도 했다.

위
큰나무땃쥐(*Tupaia tana*), 보르네오 섬.

최근에는 분자 분석을 통해서 원숭이의 조상보다는 설치류와 토끼의 친척으로 보는 쪽에 힘이 실리고 있다. 그러나 공룡이 지배하던 숲속을 날쌔게 누비고 다니던 최초의 포유류는 이 동물과 비슷한 모습이었을 가능성이 높다. 작고 꼬리가 길고 코가 뾰족하며, 추론컨대 털이 많고 활동적이고 곤충을 잡아먹던 온혈동물이었을 것이다.

파충류는 오랫동안 지구를 지배했다. 약 2억5,000만 년 전에 권세를 잡은 그들은 숲속을 활보하며 습지대에 무성한 식물들을 뜯어먹었다. 초식 파충류를 잡아먹는 육식 파충류도 발달했다. 그러다가 6,600만 년 전에 전 지구적인 재앙으로 이 모든 동물들이 사라졌다.

마침내 세상은 평온한 모습을 되찾았다. 숲속을 헤치고 다니던 거대한 야수들은 사라졌지만 덤불 속에서는 공룡이 처음 출현했을 때부터 살아왔던 작은 포유류들이 여전히 곤충을 사냥하고 있었다. 그리고 이런 모습이 수십만 년간 거의 변함없이 유지되었다. 인간의 관념으로 보면 영원에 가까운 시간이지만 지질학적으로는 한순간에 불과하다. 진화의 역사에서 이 시기는 빠르고 눈부신 발전들로 가득했던 순간이었다. 이 시기 동안 소형 포유류는 여러 가지 발전을 통해서 지구를 지배하던 파충류의 빈자리를 모두 채웠고 그 결과 대규모의 무리를 이루었다.

나무땃쥐는 그 시절에 곤충을 잡아먹고 살던 소형 포유류 가운데 오늘날까지 살아남은 여러 종류 중의 하나일 뿐이다. 나머지는 전 세계의 외딴 지역들에 흩어져서 살고 있다. 그중 많은 수가 적절하지 않은 이름을 가지고 있는데, 이는 사람들이 이들을 분류하는 데에 혼란을 겪은 탓이다. 말레이시아에는 나무땃쥐와 함께, 긴 코에 수염이 나 있고 썩은 마늘 냄새를 강하게 풍기는 사납고 지저분하게 생긴 동물이 살고 있는데, 이 동물은 특별한 이유도 없이 달 들쥐(moon rat)라고 불린다. 덩치가 가장 큰 종류는 아프리카에서 살고 있다. 이들은 헤엄을 치기 때문에 수달뒤쥐라고 불린다. 크기는 쥐만 하고 이리저리 움직이는 가느다란 코를 지녔으며 날씬하고 우아한 다리로 깡충깡충 뛰어다니는 종류는 통틀어서 코끼리땃쥐라고 불린다. 카리브 해 지역에는 솔레노돈(solenodon)이 2종 살고 있다. 한 종은 쿠바에, 다른 한 종은 아이티 인근의 섬들에 서식하고 있다. 마다가스카르에는 텐렉(tenrec)이라는 종류가 산다. 그중 일부는

아래
저지대줄무늬텐렉 (*Hemicentetes semispinosum*)이 벌레를 먹고 있다. 마다가스카르 마로안트세트라.

줄무늬가 있고 털이 많으며, 일부는 등에 뾰족뾰족한 가시가 나 있다.

그러나 이 동물들 모두가 희귀하거나 서식지가 제한적인 것은 아니다. 유럽의 시골에서 흔히 볼 수 있는 고슴도치 또한 곤충을 먹는 포유류로, 몸을 뒤덮은 가시만 빼면 위에서 살펴본 동물들과 별로 다르지 않아 보인다. 이들의 가시는 변형된 털에 불과해서 혈통에 대한 정보는 거의 알려주지 않는다. 땃쥐도 전 세계 곳곳에 아주 많이 살고 있다. 산울타리와 삼림지대의 낙엽 사이를 종종거리고 다니면서 언제나 지나치게 흥분해 있는 것처럼 보이는 동물이다. 코부터 꼬리까지의 길이는 18센티미터밖에 되지 않지만 굉장히 사나워서 동족을 포함하여 마주치는 작은 동물들은 전부 공격한다. 이들은 생존을 위해서 매일 엄청난 양의 지렁이와 곤충을 먹어야 한다. 포유류 중에서 가장 작은 피그미땃쥐도 땃쥣과에 속한다. 이 종은 너무 작아서 연필 굵기밖에 되지 않는 굴 안에도 들어갈 수 있다. 땃쥐들은 높고 날카로운 소리로 찍찍거리면서 의사소통을 한다. 인간의 귀가 들을 수 있는 범위보다 훨씬 더 높은 주파수의 소리도 내는데, 시력이 매우 나쁘기 때문에 이런 초음파를 이용해서 단순한 형태의 반향정위(동물이 소리를 내어 이 소리가 물체에 부딪쳐 되돌아오는 음파를 이용하여 그 물체의 정보를 파악하는 것/옮긴이)를 하는 것으로 보인다.

몇몇 종의 땃쥐는 무척추동물들을 잡아먹기 위해서 물로 들어갔다. 유럽에는 데스만이라고 불리는 가까운 관계의 2종이 살고 있다. 한 종은 러시아에, 그리고 다른 한 종은 피레네 산맥에서만 산다. 이들은 자유자재로 움직이는 긴 코를 치켜들어서 스노클을 하는 것처럼 수면 밖으로 내놓은 채 먹이를 찾아서 바쁘게 헤엄쳐 다닌다.

땃쥐류로부터 오직 땅속에서만 먹이를 찾는 변종인 두더지가 생겨났다. 배의 노처럼 생긴 앞다리와 튼튼한 어깨의 구조로 볼 때, 두더지의 조상은 한때 물에서 살던 땃쥐였으며, 이들의 행동 방식을 굴 파기에 적합하게 변형시킨 것으로 보인다. 털은 땅속에서 생활하는 데에 불편한 요소가 될 수 있지만 온대 지방에 사는 많은 두더지들에게는 체온 유지를 위해서 털이 필요하다. 대신 털이 매우 짧고 특별한 방향 없이 사방으로 뻗어 있어서 좁은 굴속에서 앞으로든 뒤로든 똑같이 수월하게 이동할 수 있다. 눈은 땅속에서 거의 쓸모가 없다. 앞을 볼 수 있을 정도의 빛이 들어온다고 해도 진흙으로 쉽게 막혀버릴 것이기 때문에 눈의 크기는 상당히 줄어들었다. 그러나 먹이를 찾을 방법은 필요하기 때문에 두더지들은 몸의 앞뒤에 감각기관을 지니고 있다. 몸 앞쪽의 주요 감각기관은 눈이 아니라 코이다. 감각을 느끼는 뻣뻣한 털들로 덮여 있는 이 코는 후각과 촉각을 모두 담당하고 있다. 짧고 뭉툭한 꼬리 또한 이런 털로 덮여 있어서 몸 뒤쪽에서 일어나는 일들을 감지한다. 아메리카 대륙에서 서식하는 별코두더지에게는 또 하나의 기관이 있다. 바로 코 주변에 장미꽃 모양으로 우아하게 펼쳐진 육질의 촉수가 수축과 팽창을 반복하면서 굉장히 민감하고 정확한 촉각을 제공하는 것이다.

두더지의 굴은 단순한 통로가 아니라 덫이기도 하다. 지렁이, 딱정벌레, 유충 등이 아무것도 모른 채 땅을 파다가 갑자기 두더지의 굴속으로 들어가게 되는데, 두더지는 통로를 따라 바쁘게 돌아다니며 앞에 나타나는 것은 무엇이든 잡아먹는다. 활동력도 왕성해서 적어도 서너 시간에 한 번씩은 자신이 파놓은 대규모의 굴들을 구석구석 순찰하며 매일 엄청난 양의 벌레를 먹어치운다. 드물게 굴속에 벌레들이 너무 많이 들어와서 두더지조차 다 먹기 힘든 경우에는 남는 벌레들을 모아 한 마리씩 물어서 움직이지 못하게 만든 다음, 지하 저장실에 산 채로 보관해둔다. 수천 마리의 마비된 벌레들이 들어 있는 이런 저장실들이 발견된 바 있다.

일부 식충동물은 특정한 종류의 무척추동물, 즉 개미와 흰개미를 먹는 데에 특화되어 있다. 이런 목적에 가장 적합한 도구는 말할 것도 없이 길고 끈적거리는 혀이다. 서로 관련이 없는 많은 동물들이 개미를 먹이로 택하면서 각자 독립적으로 이런 혀를 발달시켰다. 오스트레일리아의 개미를 먹는 유대류인 주머니개미핥기도 마찬가지이다. 가시두더지도 그렇다. 심지어 개미를 먹는 조류인 딱따구리와 개미잡이도 두개골의 특정한 구획 안에 딱 맞게 들어가는 긴 혀를 발달시켰다. 일부 종의 혀는 안와(眼窩) 주변을 빙 돌며 뻗어 있기도 하다. 그러나 이런 혀를 가장 극단적인 형태로 진화시킨 동물들은 초기 태반 포유류였다.

아프리카와 아시아에는 8종의 천산갑이 살고 있다. 이들은 몸길이 1미터 정도의 중형 동물로 짧은 다리와 길고 통통하며 쥐는 힘이 있는 꼬리를 가지고 있다. 덩치가 가장 큰 종은 혀를 입 밖으로 40센티미터까지 내밀 수 있으며, 이 혀가 들어가는 통로는 가슴 앞쪽까지 뻗어서 골반과 연결된다. 이빨은 모두 사라지고 아래턱은 두 개의 갈라진 뼈로 퇴화되었다. 이들은 혀의 점액으로 개미와 흰개미를 모아서 삼킨 다음 위의 근육 운동으로 으깬다. 위는 단단하며 그 안에 먹이의 분쇄를 도와주는 돌이 들어 있기도 하다.

천산갑은 이빨도 없고 빠른 속도를 내지도 못하기 때문에 다른 방법으로 몸을 보

호해야 했다. 이들의 몸은 마치 지붕널처럼 서로 겹쳐진 딱딱한 비늘 갑옷에 감싸여 있다. 조금이라도 위험이 느껴지면 머리를 배 쪽으로 숙여서 몸을 둥글게 말고 근육질의 꼬리로 단단히 감는데, 나의 경험상 천산갑이 한번 몸을 말면 아무리 힘을 써도 풀 방법이 없다. 움직이는 모습을 보고 싶다면, 이 동물이 얼마 후에 자신감을 되찾아서 소심하게 머리만 내민 다음 굴러가버릴 때까지 기다리는 수밖에 없다.

어쩌면 여러분은 천산갑이 포식자뿐만 아니라 먹이인 개미와 흰개미로부터도 몸을 보호해야 하지 않을까 생각할지도 모른다. 듬성듬성 난 몇 가닥의 털이 전부인 천산갑의 배는 지나치게 무방비 상태인 것처럼 보인다. 이들은 특별한 근육을 이용해서 콧구멍과 귀를 닫을 수 있지만 이렇게 극도로 민감한 부위 외에는 곤충에 물리는 것에 별로 신경을 쓰지 않는 듯 보인다. 어쩌면 깃털 위로 개미들이 기어오르도록 부추기는 새들과 같은 이유로 오히려 이것을 즐기는지도 모른다. 천산갑은 때때로 갑옷을 들어 올려서 개미들이 비늘 사이사이와 피부 위로 기어오르게 만든다. 이렇게 함으로써 혼자서는 떼어내지 못하는 기생충들을 제거할 수 있다. 개미들이 아직 몸에 붙어 있을 때에 비늘을 닫은 다음 재빨리 강으로 가서 헤엄을 치면서 개미들을 모두 씻어내고 몸단장을 마무리한다는 설도 있다.

남아메리카에는 아주 초기에 포유류에서 분화되어 나온 독특한 식충동물들이 살고 있다. 이들의 조상은 6,300만 년 전에 북쪽에서 파나마를 거쳐 내려와 유대류와 섞였던 태반 포유류에 속했다. 그러나 이 육교는 오래 가지 못하고 수백만 년이 지나자 바다 밑으로 가라앉았다. 다시 한번 대륙이 분리되면서 이곳의 동물들은 고립 상태로 진화했다. 마침내 대륙이 다시 연결되었을 때, 북쪽의 생물들이 한번 더 침공했고, 그 결과 진화한 지 얼마 되지 않은 남아메리카의 많은 생물들이 멸종되었다.

그러나 전부 멸종된 것은 아니었다. 살아남은 동물들 중에서 가장 덜 분화된 종류로는 아르마딜로가 있다. 천산갑처럼 이들도 갑옷을 입고 있으며, 아르마딜로라는 이름은 '갑옷'을 뜻하는 스페인어에서 유래되었다. 아르마딜로는 어깨와 골반 위가 넓은 딱지로 덮여 있고, 중간 부분은 여러 개의 반원형 띠로 이어져 있어서 약간의 신축성을 가지고 있는 형태이다.

아르마딜로는 곤충, 그밖의 무척추동물, 동물의 썩은 사체, 도마뱀과 같은 작은 동물 등을 잡히는 대로 먹는다. 이들이 먹이를 찾는 기본적인 방식은 땅을 파는 것이다. 아르마딜로는 후각이 매우 뛰어나서 땅속에서 무엇인가 먹을 만한 것이 감지되면 갑

맞은편
인도천산갑(*Manis crassicaudata*)이 긴 발톱이 달린 강력한 앞다리를 이용해서 흰개미를 파먹고 있다. 인도 마디아프라데시 주 카나.

위
여섯띠아르마딜로 (*Euphractus sexcinctus*), 브라질 미나스제라이스 주.

자기 뒤쪽으로 흙을 잔뜩 뿌려대며 정신없이 땅을 파기 시작한다. 냄새를 놓치기라도 할 새라 코를 땅속에 박고 최대한 빨리 먹이를 먹기 위해서 엄청난 속도로 땅을 파는데, 보고 있자면 숨은 어떻게 쉴까 궁금해진다. 사실 이때는 숨을 쉬지 않는다. 이들에게는 땅을 파는 동안에도 약 6분까지 숨을 참을 수 있는 놀라운 능력이 있다. 파라과이 현지인들 사이에 전해지는 재미있는 이야기가 그럴듯하게 들리는 것도 이런 능력 덕분이다. 그들에 따르면 아르마딜로는 강가에 도착하면 그냥 강둑을 따라 걸어 내려가서 물로 들어간다고 한다. 그리고 갑옷의 무게 때문에 강바닥까지 가라앉은 상태로 그대로 거침없이 걸어서 한번도 비틀거리지 않고 강 반대편에서 물을 뚝뚝 흘리며 나온다는 것이다.

오늘날에는 약 20종의 아르마딜로가 남아 있는데, 한때는 더 많았다. 그중에는 소형 자동차만 한 크기에, 하나로 연결된 돔형 껍질에 덮인 거대한 종도 있었다. 이런 껍질의 화석 가운데 하나를 초기 인류가 천막으로 사용했던 것으로 보인다. 가장 덩치가 큰 현생종은 브라질의 숲속에 사는, 돼지만 한 크기의 왕아르마딜로이다. 눈에 잘 띄지 않는 동물인데, 낮에는 대부분 지하의 굴속에서 지내다가 어두워져야 밖으로 나오기 때문이다. 다른 아르마딜로처럼 대체로 곤충을 먹고, 특히 어마어마한 양의 개미를 먹어치운다. 파라과이에 사는 작은 세띠아르마딜로는 마치 태엽 장난감처럼 발톱 끝으로 바쁘게 돌아다닌다. 위험이 닥치면 몸을 둥글게 말아서 틈 없이 딱 들어맞는 공 모양으로 만드는 동물이다. 아르헨티나의 팜파스에는 작고 털이 많고 두더지처럼 생긴 아르마딜로가 사는데 이들은 지면 위로 거의 올라오지 않는다. 아르마딜로들은 모두 이빨이 있다. 왕아르마딜로의 이빨은 100개 정도로 포유류 중에서도 가장 많은 편에 속하지만, 모두 못처럼 생긴 작고 단순한 형태이다.

그러나 남아메리카의 개미핥기는 아프리카의 천산갑처럼 이빨을 모두 잃었다. 개미핥기에는 세 종류가 있다. 가장 작은 애기개미핥기는 오직 흰개미만 먹으며 나무 위에서만 산다. 크기는 다람쥐만 하며 털은 부드러운 금빛이고 주둥이는 둥글게 휘어진 짧은 원통형이다. 조금 더 큰 작은개미핥기는 고양이만 한 덩치에, 휘감는 힘이 있는 꼬리와 짧고 거친 털을 가졌다. 이 종류 또한 나무 위에서 살지만 자주 땅으로 내려온다. 가장 큰 큰개미핥기는 흰개미들이 만든 언덕이 묘지의 비석처럼 빽빽하게 서 있는 평원에서 산다. 이들의 몸길이는 2미터 정도로, 크고 텁수룩한 꼬리를 바람에 깃발처럼 휘날리면서 사바나를 어기적거리며 돌아다닌다. 앞다리는 구부러져 있으며 발톱이 매우 길어서 발톱을 안쪽으로 접어넣고, 발의 옆쪽으로 땅을 디디며 걸어야 한다. 이 발톱으로 흰개미 둥지를 마치 종잇장처럼 쉽게 찢어서 열 수 있다. 이빨이 없는 원통형의 주둥이는 앞다리보다도 더 길다. 먹이를 먹을 때는 작은 입 밖으로 기다란 혀를 굉장히 빠르게 날름거리며, 발로 파헤쳐놓은 흰개미 둥지의 통로들 속을 깊숙이 헤집는다.

개미핥기는 동작이 매우 느린 편이다. 심지어 인간보다도 뛰는 속도가 느리다. 이빨도 없고 거의 무방비 상태인 것처럼 보이기 때문에 천산갑과 아르마딜로처럼 갑옷도 입지 않고 있는 것이 이상하게 느껴질 정도이다. 그러나 애기개미핥기와 작은개미핥기는 대부분 포식자들의 손길이 닿지 않는 나뭇가지 위에서 나무에 사는 개미와 흰개미들을 먹으며 산다. 그리고 큰개미핥기는 보이는 것만큼 무해하지 않다. 여러분이 잡으려고 하면 이 동물은 몸을 돌려 무턱대고 앞발로 공격해올 것이다. 커다란 갈고리 형태의 발톱에 붙잡힌다면, 빠져나올 수 있는 가능성은 거의 없다. 사바나에서 재규어와 개미핥기의 사체가 서로 얽힌 채 발견된다는 이야기가 전해진다. 개미핥기는 재규어의 사나운 이빨에 갈가리 찢기면서도 발톱을 재규어의 등에 깊숙이 박은 채 죽는 순간까

뒷면
큰개미핥기(*Myrmecophaga tridactyla*)가 사바나를 가로질러서 걸어가고 있다. 남아메리카 콜롬비아 야노스. 멸종 위기종.

지 상대를 놓지 않는다는 것이다.

이런 동물들은 모두 기어 다니는 곤충들을 잡아먹는다. 그러나 하늘을 나는 곤충들도 있다. 밤에 열대림에서 하얀 천을 펼치고 곤충을 유혹하는 빛을 내는 수은등을 켜놓으면 몇 시간도 되지 않아서 어마어마하게 다양한 곤충이 수없이 몰려들 것이다. 날개에서 솜털을 흩날리는 거대한 나방, 기도하듯이 앞다리를 치켜든 사마귀, 로봇처럼 천천히 기계적으로 다리를 움직이는 딱정벌레, 껑충껑충 뛰는 귀뚜라미, 털로 덮인 더듬이를 지닌 풍뎅이, 그외에도 수많은 모기들과 작은 파리들이 램프 위에 겹겹이 덩어리를 이루며 쌓여서 빛을 가릴 정도가 된다.

곤충은 약 4억 년 전에 처음 날기 시작하여 하늘을 독점했다. 그리고 그로부터 2억 년 후에는 익룡 같은 날아다니는 파충류가 출현했다. 파충류들이 밤에도 날아다녔는지는 정확히 알 수 없지만 이들이 체온을 유지하기 어렵다는 점을 감안하면 그랬을 가능성은 적어 보인다. 그후 조류가 파충류의 뒤를 이었지만 오늘날에도 매우 드문 야행성 새들이 과거에 더욱 많았으리라고 볼 만한 근거는 없다. 따라서 어둠 속에서 날아다니는 기술을 습득한 동물이 나타나기 전까지는, 수많은 야행성 곤충들로 구성된 진수성찬을 즐길 포식자가 없었다. 그런데 이것을 식충동물의 또다른 변종이 해냈다.

포유류가 비행을 할 수 있게 된 과정을 짐작하게 해주는 동물들이 있다. 말레이시아와 필리핀에는 너무 특이해서 동물학계에서도 독립된 목(目)으로 분류하는 날여우원숭이(colugo)가 살고 있다. 크기는 커다란 토끼만 하고, 목부터 꼬리 끝까지 회색과 크림색이 섬세하게 섞인 부드러운 털로 된 망토에 덮여 있는 동물이다. 나뭇가지 아래에 매달리거나 나무줄기에 몸을 붙이고 있을 때에는 이 망토 같은 피부가 거의 보이지 않지만 다리를 쭉 펴면 이것이 활공막이 된다. 나도 이 기이한 동물이 많이 살고 있다는 말레이시아의 삼림지대를 찾아간 적이 있다. 쌍안경으로 그럴싸해 보이는 나무의 줄기와 가지 위로 튀어나온 부분들을 샅샅이 살펴보았지만 아무것도 보이지 않았다. 다른 나무를 살펴보기 위해서 고개를 돌렸을 때, 거대한 직사각형의 물체가 공중으로 떠올라서 조용히 활공하는 것이 곁눈에 들어왔다. 얼른 뒤쫓아갔지만 그 동물은 100미터가 넘게 떨어진 다른 나무줄기 위에 내려앉았고, 내가 그 자리에 도착했을 무렵에는 꽤 높은 위치에서 망토를 가운처럼 퍼덕이며 두 개의 앞다리를 동시에 앞으로 뻗은 다음 뒷다리와 교대하는 방식으로 나무 위를 질주하고 있었다.

날여우원숭이와 비슷하게 활공을 하는 동물들도 있다. 유대하늘다람쥐도 거의 똑

한밤중에 나무에 거꾸로 매달린 채 조류(藻類)를 먹고 있는 말레이날여우원숭이(*Cynocephalus variegatus*). 보르네오 사바 다눔 계곡.

같은 방식으로 하늘을 난다. 두 종류의 다람쥐도 독립적으로 이런 기술을 획득했다. 그러나 활공하는 동물들 가운데 몸집이 가장 크고, 가장 완성된 비막을 가진 것을 날여우원숭이이다. 이들은 포유류 역사의 초기에 이런 형질을 획득했음이 분명하다. 왜냐하면 날여우원숭이가 포유류 중에서도 매우 원시적인 형태로, 원시 식충동물의 직계 후손으로 보이기 때문이다. 생활방식을 확립한 후에는 큰 어려움이 없었기 때문에 변화도 없었다. 이들은 박쥐와는 관계가 없다. 해부학적 구조가 기본적으로 많이 다르기 때문이다. 그러나 초기 식충동물의 일부가 펄럭일 수 있는 날개를 획득하여 마침내 훌륭히 날아다니는 박쥐가 되기까지의 한 단계를 짐작하게 해준다.

약 5,000만 년 전의 지층에서 완전히 발달한 박쥐 화석이 발견된 것을 보면, 비행 능력의 발달이 매우 이른 시기에 일어났음을 알 수 있다. 이들은 아마도 익룡이 멸종한 뒤에 공중의 빈자리 중 하나를 채웠을 것이다. 그리고 그중 일부는 야행성이었을지도 모른다.

박쥐의 비막은 날여우원숭이처럼 발목에서 뻗어나가는 것이 아니라 길게 뻗은 두 번째 앞발가락을 따라 펼쳐진다. 나머지 두 개의 발가락은 날개의 가장자리까지 이어지며 지지대 역할을 한다. 조그마한 엄지발가락만 유일하게 비막과 떨어져 있다. 이 발

가락에는 아직 발톱이 남아 있는데, 박쥐는 이것을 이용해서 몸단장을 하고 나뭇가지를 기어오른다. 가슴뼈에는 용골돌기가 발달했고 여기에 날개를 움직이는 근육이 부착되어 있다.

새들이 몸무게를 줄이기 위해서 발달시킨 여러 가지 특징을 박쥐도 가지고 있다. 꼬리뼈는 지푸라기처럼 가늘어져서 비막을 지탱하는 지지대가 되었거나 혹은 완전히 없어졌다. 이빨은 남아 있지만, 하늘을 날 때에 몸의 앞쪽이 무겁지 않도록 머리가 작아지고, 많은 종들이 들창코이다. 그런데 박쥐에게는 새들이 겪지 않는 문제가 한 가지 더 있었다. 이들의 포유류 조상은 태반을 통해서 몸 안에서 새끼에게 영양을 공급하는 기술을 발달시켰다. 진화 과정을 거꾸로 돌릴 수 있는 방법은 거의 없다. 어떤 박쥐도 알을 낳는 생활로 돌아가지 않았다. 따라서 박쥐 암컷은 몸 안에서 자라는 무거운 새끼를 품은 채 날아다녀야 한다. 이런 이유 때문에 박쥐가 쌍둥이를 낳는 경우는 매우 드물고, 대부분 번식기마다 한 마리의 새끼만 낳는다. 이는 성공적으로 유전자를 보존하려면 암컷이 오랜 기간 동안 새끼를 낳아야 한다는 뜻이다. 실제로 박쥐는 크기에 비해서 놀라울 정도로 오래 사는 동물이다. 일부는 약 20년을 살기도 한다. 많은 박쥐들이 쥐와 비슷하게 생겼고 독일어나 프랑스어 등 여러 언어에서 "쥐"가 들어가는 이름으로 불리지만, 사실 박쥐는 자신들만의 혈통을 유지하고 있으며 쥐보다는 오히려 인간과 더욱 가까운 동물이다.

오늘날 모든 박쥐는 야행성인데, 처음부터 그랬을 것으로 추정된다. 낮 동안의 하늘은 이미 새들이 차지하고 있었기 때문이다. 그래서 박쥐들은 밤에 날기 위한 효과적인 항법 장치를 발달시켜야 했다. 이들은 땃쥐를 비롯한 많은 식충동물이 내는 것과 비슷한 초음파를 이용해서 주변을 탐지한다. 인간이 들을 수 있는 범위보다 훨씬 더 높은 주파수의 소리로 굉장히 정교한 반향정위를 하는 것이다. 우리가 들을 수 있는 소리의 진동수는 대부분 초당 몇백 회 정도이다. 우리 중에서 일부, 특히 나이가 어린 경우에는 초당 2만 회 정도의 진동수를 가지는 소리를 간신히 구별하기도 한다. 음파 탐지를 하는 박쥐들은 진동수가 초당 5만에서 20만 회인 소리를 낸다. 작은멧박쥐처럼 아주 예민한 사람만이 들을 수 있을 정도의 낮은 주파수를 이용하는 종도 있다. 박쥐들은 이런 소리를 1초에 20회에서 30회 정도로 짧고 강하게 내보내는데 청각이 워낙 예민해서 각 신호의 반향음으로 주변에 있는 장애물뿐만 아니라 빠른 속도로 날아다니는 먹잇감의 위치도 알아낼 수 있다. 유전자 연구에 따르면 박쥐들의 반향정위

맞은편
큰관박쥐(*Rhinolophus ferrumequinum*)가 밤에 날아다니며 나방을 사냥하고 있다. 독일.

능력은 한 번 이상의 진화를 거쳤다. 더욱 놀라운 사실은 박쥐의 반향정위를 담당하는 유전자가 같은 능력을 가진 유일한 동물인 돌고래의 몸에서도 똑같은 역할을 한다는 것이다.

대부분의 박쥐는 한 신호의 반향음이 돌아오기를 기다렸다가 다음 신호를 보낸다. 대상이 가까이 있을수록 반향음이 돌아오는 데에 걸리는 시간이 짧아진다. 따라서 박쥐는 먹잇감에 가까워질수록 신호를 보내는 횟수를 증가시켜서 추적의 정확도를 높이며 범위를 좁혀간다.

그러나 사냥에 성공한다는 것은 잠시 앞을 보지 못한다는 뜻이다. 입안에 곤충이 가득 차 있으면 평소처럼 끽끽거리는 소리를 낼 수 없기 때문이다. 몇몇 종은 이 문제를 해결하기 위해서 코로 소리를 내며, 다양하고 기괴한 형태의 코 주름을 작은 메가폰처럼 사용해서 소리를 집중시킨다. 그리고 반향음은 귀로 포착한다. 이들의 귀는 정교하고 극도로 예민하며 대부분 방향을 틀어가며 신호를 감지할 수 있다. 즉 많은 박쥐의 얼굴은 음향 탐지를 위한 장비들로 덮여 있는 셈이다. 연골로 골이 져 있고 내부

위
동틀 녘에 보금자리로 돌아오는 볏짚색과일박쥐(*Eidolon helvum*) 무리. 잠비아 카산카 국립공원.

의 새빨간 혈관들이 비쳐 보이는 반투명의 정교한 귀, 그리고 소리의 방향을 잡아주는 나뭇잎, 가시, 창 모양의 코 주름들. 이런 조합 덕분에 박쥐의 얼굴은 종종 중세의 필사본 속에 그려진 그 어떤 악마보다도 기괴해 보인다. 그리고 그 형태는 종마다 다르다. 그 이유는 무엇일까? 아마도 각자 고유한 신호를 발생시키기 위해서일 것이다. 그러면 그 소리에만 반응하는 기관으로 다른 종의 신호를 걸러낼 수 있다.

이렇게 설명하면 박쥐의 비행 기술이 간단한 시스템인 것처럼 들리지만 실제로 보면 그렇지 않다. 보르네오의 고만통 동굴에는 8종의 박쥐 수백만 마리가 살고 있다. 이들이 이 동굴에 너무 오랫동안 살아온 탓에, 어떤 공간에 들어서면 여기저기에 거대한 피라미드 형태로 쌓인 이들의 배설물이 30미터씩 치솟아 있기도 하다. 우리는 박쥐들을 보기 위해서 그 위로 힘겹게 올라가본 적이 있다. 구아노(guano : 동물의 배설물이 쌓여서 굳어진 덩어리/옮긴이)를 먹고 사는 반들반들한 바퀴벌레들이 언덕의 표면을 뒤덮고 있었고, 거기에서 고약한 암모니아 냄새가 뿜어져 나왔다. 동굴의 천정에 닿을 정도로 높은 언덕 꼭대기까지 올라갔을 때, 우리는 암석에 수평 방향으로 난 좁은 틈 사이에서 쉬고 있는 박쥐들을 발견했다. 우리가 손전등을 비추자 그중의 몇 마리가 날아올라서 날개로 우리의 얼굴을 스치고 지나갔다. 남아 있는 박쥐들은 몹시 불안한 기색으로 머리를 이리저리 꺾으며 검고 동그란 눈으로 우리를 바라보았다. 그 너머에 수천 마리 또 수천 마리의 놀란 박쥐들이 겹겹이 몸을 붙인 채 마치 바람이 지나가는 밀밭의 밀들처럼 일사불란하게 몸을 흔드는 것이 보였다. 그때 갑자기 공포에 사로잡힌 박쥐들이 필사적으로 좁은 틈을 빠져 나와 우리 뒤쪽의 넓은 공간으로 쏜살같이 쏟아져 나왔다. 우리가 구아노 언덕 꼭대기에서 물러났을 무렵에는 동굴 안이 온통 빙빙 돌며 날아다니는 박쥐들로 가득했다. 바깥에서 새어 들어오는 익숙하지 않은 빛과 낯선 이들의 존재에 겁을 먹은 박쥐들은 거대한 소용돌이를 이루며 빙글빙글 돌았고 가죽 날개를 퍼덕이는 소리가 사방에 울려 퍼졌다. 우리는 박쥐들이 끽끽거리는 소리 중에서 낮은 주파수의 소리는 들을 수 있었지만, 그들이 내는 초음파는 우리가 들을 수 있는 범위를 넘어서는 것이었다. 그렇지 않아도 덥고 답답하던 공기에 박쥐들의 몸에서 나오는 열기까지 더해져서 더욱 숨이 막혔다. 박쥐의 배설물이 우리의 몸에 마구 튀었다. 수십만 마리의 겁에 질린 박쥐들이 빽빽하게 들어찬 채 강풍에 휘날리는 눈송이들처럼 천장 아래를 돌고 또 돌았다. 그러나 그런 속도로 날면서도 모두가 초음파를 이용하고 있었음이 분명했다. 왜 소리끼리 섞여서 신호가 교란되는 일이 일어나지 않을까? 어떻게 그렇게 신속히 반응하여 서로 부딪치지 않을 수 있을까? 그런 장소에서의 음파 탐지는 우리가 이해할 수 있는 차원을 뛰어넘는 것처럼 보인다.

고만통에 밤이 찾아오면 박쥐들은 암석으로 이루어진 천장을 따라 늘 다니는 경로로 동굴을 빠져 나온다. 대여섯 마리씩 줄줄이 늘어서서 하나로 이어진 끈처럼 펄럭이며 동굴 입구 한쪽에서 1분에 수천 마리의 속도로 쏟아져 나온 박쥐들은 우거진 숲 위로 빠르게 날아가서 밤 사냥을 시작한다. 동굴 안쪽의 구아노 언덕은 이들이 번성해왔음을 보여주는 증거이다. 간단한 계산으로도 매일 밤 이 박쥐들이 모기를 비롯한 작은 곤충을 몇 톤씩 잡아먹으리라는 사실을 알 수 있다.

몇몇 곤충은 박쥐들로부터 자신을 보호하기 위한 방법을 발달시켰다. 아메리카에는 박쥐가 내는 음파의 주파수를 감지할 수 있는 나방들이 있다. 이들은 박쥐가 다가오는 소리를 들으면 땅으로 곧장 떨어져버린다. 어떤 종은 박쥐가 추적하기 어렵도록 나선형으로 하강한다. 또 어떤 종은 박쥐의 신호를 교란시키거나 고주파수의 소리를 되돌려 보냄으로써 박쥐들이 먹을 수 없는 물체라고 착각하게 만든다.

모든 박쥐들이 곤충을 먹는 것은 아니다. 꿀과 꽃가루에 영양이 풍부하다는 사실을 발견한 일부 박쥐들은 비행 기술을 발달시켜서 벌새처럼 꽃 앞을 맴돌면서 길고 가는 혀를 꽃 속에 깊숙이 찔러넣어 꿀을 모을 수 있게 되었다. 많은 식물들이 곤충을 꽃가루 매개자로 이용할 수 있도록 진화했듯이 박쥐에게 의존하도록 진화한 식물들도 있다. 예를 들면 일부 선인장은 밤에만 꽃을 피운다. 이 꽃들은 크고 억세고 색이 칙칙하다. 어둠 속에서는 색이 쓸모없기 때문이다. 그러나 향기가 짙고 강렬하며, 꽃잎이 줄기에 난 가시들 위로 높이 솟아 있어서 박쥐들이 비막에 손상을 입지 않고 찾아올 수 있다.

박쥐류 중에서 몸집이 가장 큰 박쥐는 과일만 먹고 산다. 이들 중의 일부는 날개길이가 1.5미터에 달한다. 이들은 날여우박쥐라고도 불리는데 털이 적갈색이고 주둥이가 길쭉하며 여우를 많이 닮았기 때문이다. 눈은 크지만 귀는 작고 비엽(鼻葉)도 없기 때문에 음파 탐지를 하는 박쥐가 아니라는 것을 분명히 알 수 있다. 과일을 먹는 박쥐들은 동굴이 아니라 나무 꼭대기에 수만 마리씩 무리를 지어 산다. 날개로 몸을 감싼 채 커다랗고 까만 열매처럼 매달려서는 자기들끼리 시끄럽게 떠들어댄다. 가끔씩 날개를 펼치고 탄력 있는 막을 정성스럽게 핥아서 깔끔하고 날기 좋은 모양으로 정돈하기도 한다. 날이 더울 때에는 반쯤 펼친 날개로 부채질을 해대기 때문에 군집 전체가 일렁이는 것처럼 보인다. 갑작스러운 소리가 들리거나 나무가 흔들리기라도 하면 화가 난 듯이 큰 소리로 악을 쓰며 수백 마리씩 날개를 퍼덕여서 날아오르지만 곧 다시 내려앉는다. 그러다가 밤이 되면 무리를 지어 먹이를 구하러 나간다. 이들의 실루엣은 뒤로 뻗은 꼬리가 없어서 새들과 많이 다르다. 비행 방식도 곤충을 잡아먹는 박쥐들과 매우 다르다. 또한 이 박쥐들은 커다란 날개를 끊임없이 퍼덕이며 밤하늘을 가로질러 목적지를 향해서 수평으로 비행한다. 때로는 과일을 찾아서 70킬로미터씩 날아가기도 한다.

고기를 먹는 박쥐들도 있다. 어떤 박쥐는 어린 새를 잡아먹고 어떤 박쥐는 개구리와 작은 도마뱀을 잡아먹는다. 다른 박쥐를 잡아먹는 박쥐도 있다고 알려져 있다. 아메리카에 사는 한 종은 물고기 낚시까지 한다. 이들은 황혼이 찾아오면 연못과 호수, 심지어 바다 위를 이리저리 날아다니며 먹이를 찾는다. 대부분의 박쥐는 꼬리막이 발목까지 이어져 있지만, 낚시꾼박쥐는 꼬리막이 경골 위쪽까지만 붙어 있어서 다리를 자유롭게 움직일 수 있다. 따라서 꼬리를 접으면 거추장스러운 꼬리막의 방해를 받지 않

으면서 물속에 발을 담그고 날아갈 수 있다. 큰 발가락과 갈고리 모양의 발톱으로 무장한 이들은 물고기를 잡아올려서 입안으로 집어넣은 후에 강력한 이빨로 으스러뜨려서 죽인다.

흡혈박쥐는 매우 특화된 종이다. 이들은 날카로운 삼각형 모양으로 변형된 두 개의 앞니로 잠자고 있는 소나 인간과 같은 포유류를 부드럽게 문다. 흡혈박쥐의 타액에는 항응고제가 포함되어 있기 때문에 피해자의 혈액은 한참 동안 흘러나온 뒤에야 응고된다. 그러면 박쥐는 피해자 옆에 쪼그리고 앉아서 그 혈액을 핥아먹는다. 이들은 매우 약한 음파를 이용해서 방향을 탐지한다. 그래서 고주파수의 소리를 들을 수 있는 개들은 흡혈박쥐가 오는 것을 감지할 수 있기 때문에 이들의 습격을 거의 받지 않는다고 한다.

전 세계에는 약 1,200종의 박쥐가 살고 있다. 따라서 분류학적으로 말하면 포유류 4종 중의 1종은 박쥐인 셈이다. 이들은 아주 추운 지역을 제외하고는 거의 모든 곳을 보금자리로 삼고 충분한 먹이를 확보했다. 초기 식충동물의 변종 중에서 가장 성공한

종류로 보아야 할 것이다.

물론 고래와 돌고래도 온혈동물이자 젖을 생산하는 포유류이며 오랜 혈통을 가지고 있다. 약 5,000만 년 전에 포유류들이 사방으로 퍼져 나가던 시절에 이들이 남긴 화석도 발견되었다. 우리는 이 동물들이 서서히 변화해갔음을 놀랍도록 정확하게 보여주는 화석들을 보유하고 있다. 우리가 확인한 이들의 가장 오래된 조상은 커다란 개만 한 크기의 반수생동물이었다. 배를 젓는 노와 비슷한 형태의 다리를 가진 바다사자만 한 크기의 동물들이 그 뒤를 따랐다.

고래가 초기 포유류들과 가장 크게 다른 점은 헤엄치는 삶에 적응해갔다는 것이다. 앞다리는 노가 되었고 뒷다리는 모두 사라졌다. 다만 고래의 몸 깊은 곳에는 이들의 조상에게 한때는 뒷다리가 있었음을 증명해주는 몇 개의 작은 뼈들이 묻혀 있다. 포유류의 특징인 털은 털들 사이에 공기가 갇힐 때에만 단열 효과를 발휘한다. 따라서 육지에 올라올 일이 없는 동물에게 털은 별 소용이 없다. 고래의 털도 결국 없어졌지만 주둥이 위에 있는 짧고 뻣뻣한 털 몇 가닥은 이들이 한때 털옷을 입고 있었음을 보

위
혹등고래(*Megaptera novangliaea*) 무리가 협동 사냥을 하고 있다. 이들은 거품 그물을 만들어서 청어 등의 물고기들을 가두어 잡는다. 알래스카 채텀 해협.

뒷면
향유고래(*Physter macrocephalus*) 가족이 함께 헤엄치고 있다. 인도양.

여주는 흔적이다. 그러나 체온을 유지할 필요는 있었기 때문에 피부 아래에 두꺼운 지방층을 발달시켰고 이로 인해서 추운 바다에서도 체온이 떨어지는 것을 막을 수 있게 되었다.

공기에 의존하는 포유류의 호흡 방식은 물속에서 커다란 장애가 되지만, 고래는 대부분의 육상동물보다도 더 효율적인 호흡법을 통해서 이 문제를 최소화했다. 인간은 평상시의 호흡으로 폐 속의 공기를 약 15퍼센트밖에 내보내지 못한다. 고래는 큰 소리를 내면서 숨을 한 번씩 내쉴 때마다 사용한 공기의 약 90퍼센트를 내보낸다. 따라서 호흡 사이의 간격이 아주 길다. 또한 근육 안에 산소를 저장하게 하는 미오글로빈이라는 물질이 매우 높은 농도로 포함되어 있는데, 고래 고기가 특히 진한 색을 띠는 것은 바로 이 성분 때문이다. 이런 방법으로 긴수염고래 같은 종은 약 500미터 깊이까지 잠수해서 숨을 쉬지 않고 40분씩 헤엄칠 수 있다.

바닷속에서 어마어마한 수로 무리를 지어서 다니는, 작은 새우와 비슷한 갑각류인 크릴을 먹는 데에 특화된 고래들도 있다. 포유류가 개미를 먹을 때와 마찬가지로 고래가 크릴을 먹을 때에도 이빨은 별 쓸모가 없다. 따라서 이 고래들도 개미핥기처럼 이빨을 모두 잃었다. 대신 이들의 입천장 양쪽에는 끝이 깃털처럼 생기고 각질로 이루어진 수염들이 빳빳한 커튼처럼 드리워져 있다. 이 고래들은 크릴 무리 한가운데에서 물을 한입 크게 들이마신 다음 턱을 반만 닫은 채로 혀를 앞으로 내밀어서 물을 밀어낸다. 이렇게 하면 크릴만 삼키고 물은 뱉어낼 수 있다. 때로는 크릴이 풍부한 해역을 천천히 유영하며 크릴들을 입안에 쓸어 담기도 한다. 또한 크릴들 아래로 잠수해서 흩어져 있던 크릴 무리를 한곳에 모은 후에 다시 수면을 향하여 나선형으로 헤엄쳐 올라가며 거품을 내뿜어서, 그 거품으로 인해서 생기는 소용돌이 가운데로 크릴들을 몰기도 한다. 그런 다음에는 턱을 위로 치켜든 채로 소용돌이의 중심을 훑고 올라가면서 크릴들을 한입에 집어삼킨다.

이처럼 작은 먹이를 먹으면서도 수염고래들은 어마어마한 크기로 성장했다. 그중에서 가장 큰 대왕고래는 최대 길이가 30미터가 넘고, 몸무게는 코끼리 수컷의 25배에 달한다. 이렇게 커다란 몸집에는 장점이 있다. 몸집이 크고, 부피 대비 체표면적의 비율이 낮을수록 체온을 유지하기가 쉽다. 이런 현상은 공룡들에게도 영향을 미쳤지만 이들의 경우에는 뼈의 기계적 강도 때문에 덩치가 커지는 데에 한계가 있었다. 특정 무게 이상이 되면 다리가 부러질 수 있기 때문이다. 고래들은 이런 제한을 덜 받는다. 이들의 뼈는 주로 몸을 단단하게 유지하는 데에 쓰이며, 몸은 물이 지탱해준다. 크릴을 쫓아서 천천히 유영하면서 생활하는 데에는 대단한 민첩성도 필요하지 않다. 그리하여 수염고래들은 지구상에 살았던 그 어떤 동물보다도 큰 몸집을 가지게 되었다. 이들은 지금까지 알려진 가장 큰 공룡보다도 몸무게가 4배나 더 많이 나간다.

이빨고래들은 다른 종류의 먹이를 먹는다. 이빨고래들 중에서 가장 크며 주로 오징어를 먹는 향유고래는 대왕고래 크기의 절반밖에 되지 않는다. 몸집이 작고, 물고기와 오징어를 사냥하는 돌고래, 쇠돌고래, 범고래 등은 굉장히 빠른 속도를 낼 수 있도록 발달했다. 일부는 시속 40킬로미터가 넘는 속도로 헤엄을 친다고 한다.

이 정도로 빠르게 헤엄칠 때에는 항해술이 매우 중요하다. 물고기들은 측선의 도움을 받아 방향을 찾지만 포유류는 오래 전에 이 기관을 잃어버렸다. 이빨고래들은 땃쥐와 박쥐처럼 소리에 기초한 반향정위 기술을 사용한다. 돌고래들은 후두와 머리 앞에 붙은 멜론(melon)이라는 기관으로 초음파를 낼 수 있다. 이들이 사용하는 주파수는 초당 약 20만 회 정도로 박쥐의 주파수와 비슷하다. 이빨고래는 이 초음파의 도움으로 진행 경로에 있는 장애물을 감지할 수 있을 뿐만 아니라, 되돌아오는 음파의 음질을 분석하여 그 물체의 성질까지 파악할 수 있다. 사람이 사육하는 돌고래들은 눈을 가린 상태에서도 특정한 형태의 고무 튜브를 손쉽게 골라낼 수 있다. 어떤 형태의 튜브를 가져와야만 보상을 받는다면, 이들은 눈을 가리고도 민첩하게 물속을 헤엄쳐 다니며 바로 그 모양의 튜브들만 주둥이로 의기양양하게 모아올 것이다.

돌고래들은 초음파 외에도 수없이 다양한 소리들을 낸다. 어떤 소리는 빠르게 이동할 때에 무리가 흩어지지 않도록 한곳에 모으는 역할을 하고, 어떤 소리는 경고의 외침 역할을 하며, 어떤 소리는 멀리에서도 서로를 인식할 수 있게 해주는 신호 역할을 하는 것으로 보인다.

몸집이 큰 고래들도 목소리를 낸다. 수염고래의 한 종인 혹등고래는 매년 봄이면 하와이에 모여서 짝짓기를 하고 새끼를 낳는데, 이들도 노래를 부른다. 혹등고래의 노래는 날카롭게 외치는 소리, 으르렁거리는 소리, 고음으로 내지르는 소리, 길게 우르릉거리는 소리 등으로 이루어져 있다. 이 고래들은 이런 노래를 몇 시간씩 부르면서 길고도 위풍당당한 공연을 펼친다. 고래의 노래에서 일정하게 반복되는 구간들을 주제라고 한다. 각 주제들은 몇 번이고 반복되며, 반복되는 횟수는 때에 따라서 달라지지만 노래를 구성하는 주제의 순서는 해가 바뀌지 않는 한 언제나 같다. 노래 한 곡의 길이는 보통 10분 정도이지만, 30분 넘게 이어지는 노래가 녹음된 적도 있다. 고래들은 같은 곡을 계속 반복하면서 사실상 24시간 넘게 노래를 부른다. 개체마다 각자 다른 노래를 부르지만 노래를 구성하는 주제는 하와이에서 무리를 이루고 있는 모든 고래들이 공유한다.

혹등고래들은 하와이의 바다에 몇 달 동안 머무르면서 새끼를 낳고, 짝짓기를 하고, 노래를 부른다. 때로는 지느러미를 공중에 수직으로 치켜든 채로 수면에 누워 있기도 하고, 때로는 그 지느러미로 수면을 내려치기도 한다. 가끔은 50톤에 달하는 몸으로 수면 위로 뛰어올라서 긴 주름들이 있는 배를 완전히 드러냈다가 다시 천둥 같은 큰 소리와 함께 떨어져 내리면서 거대한 파도를 일으키기도 한다. 그리고 이런 식의 점프를 계속 반복한다.

몇 달 후, 하와이 제도의 푸르른 만과 해협은 며칠 만에 텅 비어버린다. 고래들이 떠난 것이다. 그리고 몇 주일이 지나고, 수만 마리의 혹등고래들이 5,000킬로미터 떨어진 알래스카 연안에 모습을 드러낸다. 고래들에게 추적기를 부착하여 조사한 결과, 하와이에 있던 고래들과 동일한 고래들이었다.

다음 해가 되면 이 고래들은 다시 하와이에 나타나서 노래를 부르기 시작한다. 그러나 이번에는 1년 전에 부르던 주제들을 대부분 버리고 새로운 주제로 구성된 노래를 부른다. 가끔은 이 노랫소리가 너무 커서 근처의 선박들이 함께 진동하기도 한다. 갑자기 어딘가에서 기이한 신음소리와 울음소리 같은 것이 들려올 때도 있다. 그때 여러분이 푸른 바닷속으로 잠수해서 들어간다면, 사파이어빛의 깊은 물속에서 노래를 부르고 있는 암청색 몸의 가수를 볼 수 있을지도 모른다. 이들이 내는 소리는 여러분의 몸속을 파고들고, 콧속의 공기를 진동시켜서 마치 여러분이 대성당의 거대한 파이프 오르간 속에 앉아 있는 것처럼 온몸이 소리에 흠뻑 젖는 듯한 기분을 느끼게 해줄 것이다.

고래들이 노래를 부르는 이유는 아직 정확히 밝혀지지 않았다. 우리는 고래들의 노래만 듣고도 그것을 부르는 개체들을 구별할 수 있다. 우리가 그렇게 할 수 있다면 고래들도 그럴 수 있을 것이 분명하다. 물은 공기보다 소리를 더 잘 전달하므로 어쩌면 이 노래들 중에서 특별히 진동수가 적은 음들은 20킬로미터, 30킬로미터 혹은 50킬로미터 밖에 있는 고래들까지도 들을 수 있을지도 모른다. 그렇다면 무리가 어디에서 무엇을 하고 있는지를 멀리 있는 고래들에게도 알려줄 수 있을 것이다.

개미핥기, 박쥐, 두더지, 그리고 고래와 같은 초기 식충동물들의 후손들은 무척추 동물을 먹이로 삼기 위해서 극단적인 변화를 겪었다. 그러나 손쉽게 이용할 수 있는 또다른 영양 공급원이 있었다. 바로 식물이다. 풀을 먹는 일부 동물들이 숲에서 나와서 초원으로 향하자 육식동물들도 그 뒤를 따랐다. 그리고 이 두 무리는 초원에서 상호의존적으로 함께 진화해갔다. 사냥의 효율성이 높아질 때마다 사냥을 당하는 쪽의 방어 방식도 발달했다. 또다른 종류의 동물들은 우듬지에서 나뭇잎을 먹이로 삼았다. 이제 초원으로 나간 동물들과 나무 위로 올라간 동물들에 대해서 각각 한 장(章)을 할애하여 설명하려고 한다. 이렇게 하는 첫 번째 이유는 이들의 수가 워낙 많기 때문이고, 두 번째 이유는 다소 인간중심적이기는 하지만 나무 위로 올라간 그 동물들이 바로 우리의 조상이기 때문이다.

제11장

사냥꾼과 사냥감

오늘날의 숲은 본질적으로는 약 5,000만 년 전에 현화식물이 출현한 직후에 발달한 숲과 거의 비슷하다. 그때도 지금처럼 아시아에는 밀림이, 아프리카와 남아메리카에는 습한 우림이, 유럽에는 서늘하고 푸르른 숲이 있었다. 줄기가 부드러운 초본과 양치식물이 충분한 빛이 드는 곳마다 땅을 뒤덮고 있었고, 높이 자란 나무들은 가지를 뻗어서 하늘을 겹겹이 가렸다. 계절이 거듭되고 세월이 흘러도, 어디에서나 새롭게 돋아나는 잎들은 동물들이 뜯어먹고 소화시킬 수 있는 무궁무진한 먹이가 되어주었다.

곤충들은 나무를 갉아먹고 잎을 조각조각 잘라먹으며 자신들의 몫을 챙겼다. 도마뱀들은 양치류의 잎을 뜯어먹었다. 새롭게 진화한 과일의 맛을 알게 된 새들은 그 식물들의 씨앗을 퍼뜨려서 보답했다. 온혈성에 털이 많은 소형 동물들은 잎과 씨앗을 씹었다. 그러나 몸집이 큰 동물들은 공룡이 한때 그랬던 것처럼 대량의 잎을 규칙적으로 먹지 않았다.

식물을 먹는 것은 쉬운 일이 아니다. 다른 특화된 먹이와 마찬가지로 특별한 기술과 신체 구조가 필요하다. 일단 식물성 물질에는 영양분이 그다지 풍부하지 않다. 따라서 동물이 생존하기에 충분한 열량을 섭취하려면 엄청난 양을 먹어야 한다. 식물만 먹고사는 일부 동물들은 깨어 있는 시간의 4분의 3을 잎과 잔가지들을 하염없이 모아서 씹으며 보내야 한다. 이 과정 자체가 위험할 수도 있다. 공격을 받기 쉬운 탁 트인

맞은편
재규어(*Panthera onca*),
중앙아메리카 우림.

공간에 노출된 채로 있어야 하기 때문이다. 이런 위험을 최소화하는 방법 중의 하나는 최대한 빨리 많은 먹이들을 모아서 안전한 장소로 피하는 것이다. 서아프리카의 대형 쥐가 이런 전략을 쓴다. 이들은 밤이 되면 조심스럽게 굴 밖으로 나와서 주변이 위험하지 않은지 확인한 후에 뺨에 있는 주머니 안에 조금이라도 먹을 만해 보이는 것은 무엇이든 정신없이 집어넣는다. 씨앗, 견과, 열매, 뿌리, 가끔은 달팽이나 딱정벌레까지 가리지 않는다. 주머니가 워낙 크기 때문에 이런 조각들을 200여 개나 넣을 수 있다. 양 볼이 꽉 차면 입을 거의 다물지도 못한 채 엄청나게 토라진 사람처럼 부푼 얼굴로 급히 굴로 돌아간다. 그리고 모아온 것들을 모두 저장고에 풀어놓고 분류하기 시작한다. 먹을 만한 것은 먹고 작은 나무 조각이나 조약돌처럼 처음에는 괜찮아 보였지만 다시 보니 실망스러운 것들은 한쪽에 치워놓는다.

초식동물은 특히 이빨이 튼튼해야 한다. 오랫동안 사용할 뿐만 아니라 매우 질긴 먹이를 씹어야 할 때가 많기 때문이다. 쥐들은 다람쥐, 생쥐, 비버, 호저 등 다른 설치류와 마찬가지로 먹이를 갉아먹는 앞니의 뿌리가 열려 있어서 이런 문제를 해결할 수 있다. 이빨의 뿌리가 열려 있으면 이가 평생 계속 자라서 마모된 부분을 보충해주기 때문이다. 이들의 이빨은 간단하지만 매우 효과적인 방법으로 날카롭게 유지된다. 설치류의 앞니는 상아질로 이루어져 있지만 앞쪽 표면은 한층 더 단단하고, 흔히 색도 더 밝은 두터운 에나멜 층으로 덮여 있다. 이빨의 끝이 끌 같은 형태를 띠는 것은 이런 이유이다. 위쪽 앞니와 아래쪽 앞니가 서로 갈릴 때에 상아질이 더 빨리 마모되어 치아 앞쪽의 에나멜 층이 드러나면서 끝이 날카로운 끌 모양을 유지하게 되는 것이다.

물어뜯고 갉고 으깬 먹이는 소화를 시켜야 한다. 이 또한 초식동물에게 만만치 않은 문제이다. 식물의 세포벽을 이루는 셀룰로오스는 가장 안정적인 유기물질 중의 하나이다. 포유류가 생산하는 어떤 소화액도 이 물질을 분해하지 못한다. 그러나 세포 안의 영양물질이 밖으로 나오게 하려면 어떻게든 이 벽을 허물어야 한다. 아주 두꺼운 벽은 아니므로 어느 정도까지는 기계적으로 씹어서 이 문제를 해결할 수 있다. 여기에 더해서 초식동물들은 위 안에 셀룰로오스를 분해하는 효소를 생산하는 희귀한 능력을 지닌 세균들을 키운다. 세균이 셀룰로오스를 먹어치우면 위의 주인은 세포 안의 내용물을 흡수하는 것이다. 하지만 세균의 도움을 받는다고 해도 완전히 식물성인 먹이를 충분히 소화시키는 데에는 오랜 시간이 걸린다.

토끼는 소화 문제를 다소 민망하지만 간단한 방법으로 해결한다. 이들이 앞니로 자르고 어금니로 갈아서 삼킨 나뭇잎은 위로 내려와서 미생물과 소화액의 처리를 거친다. 그리고 장을 타고 내려가면서 부드러운 알갱이 형태가 되어서 배출된다. 이 과정은 대개 토끼가 굴속에서 쉬고 있을 때에 일어난다. 알갱이가 배출되면 토끼는 곧장 몸을 돌려서 그것을 삼킨다. 이 알갱이들은 한 번 더 위 속으로 들어가서 마지막 남은 영양분까지 모두 추출된다. 이 두 번째 과정을 거친 후에야 우리가 흔히 보는 마른 알갱이 형태의 변이 나와서 굴 밖에 버려진다.

코끼리들의 문제는 더욱 심각하다. 이들은 나뭇잎 외에도 섬유질의 잔가지와 목질의 물질을 대량으로 섭취하기 때문이다. 엄니를 제외하면 이들이 가진 이빨은 입 안쪽에서 커다란 분쇄기 역할을 하는 어금니뿐이다. 이 어금니가 마모되는 동안 몇 년에 한 번씩 새로운 이가 안쪽에서 자라서 턱을 따라 앞으로 이동한다. 교체 가능한 이빨은 총 여섯 쌍이다. 이 어금니를 이용해서 어마어마한 힘으로 먹이를 부수고 으깰 수 있기는 하지만, 코끼리의 먹이는 워낙 단단한 목질이어서 이를 소화하여 영양분을 추출하는 데에 매우 오랜 시간이 걸린다. 그러나 코끼리는 위가 큰 덕분에 이를 감당할 수 있다. 인간이 먹은 음식이 몸을 타고 내려가는 데에는 약 24시간이 걸리지만, 코끼리는 이틀 반 정도가 소요된다. 먹이는 그중 대부분의 시간 동안에 소화액과 세균들에 의해서 묽은 죽 같은 상태가 된 채로 위 안에 머문다. 아주 오래 전에 양치류와 소철을 먹던 일부 공룡들도 같은 문제를 같은 방식으로 해결했다. 몸집을 어마어마하게 키운 것이다.

이렇게 오랜 소화 과정을 거친 후에도 코끼리 똥 안에는 여전히 많은 양의 잔가지와 섬유, 씨앗이 거의 그대로 남아 있다. 수천 년 동안 코끼리의 먹이가 되어온 일부 식물들은 이들에게 대응하기 위해서, 소화액 속에 오랫동안 잠겨 있어도 버틸 수 있을 정도로 두꺼운 껍질로 씨앗을 감쌌다. 그 결과, 역설적이게도 지금은 코끼리의 몸을 거치면서 껍질이 약화되지 않으면 아예 발아를 할 수 없게 되었다.

셀룰로오스를 소화시키는 가장 정교한 기관은 영양, 사슴, 버펄로뿐만 아니라 인간이 가축으로 기르는 양과 소도 가지고 있어서 우리에게도 익숙하다. 이런 동물들은 초원의 풀을 아래쪽 앞니로 끊어서 혀나 앞니가 없는 위쪽 잇몸으로 뭉갠다. 그런 다음 즉시 삼켜서 반추위로 내려보낸다. 반추위는 위 중에서 특히 세균들이 풍부하게 살고 있는 공간이다. 그 안에서 먹이를 몇 시간 동안 이리저리 젓고 근육질의 주머니로 쥐어짜는 동안 세균들은 셀룰로오스를 공격한다. 그렇게 해서 걸쭉해진 덩어리를 한번에 조금씩 다시 목으로 올려 보낸 후에 어금니로 꼼꼼히 씹는다. 반추동물의 턱은 위아래뿐만 아니라 앞, 뒤, 옆으로도 움직일 수 있다. 하지만 이런 되새김질은 위험에 노출되어 있는 풀밭을 벗어나서 그늘 속에서 안전하고 느긋하게 쉴 때에만 할 수 있다. 되새김질이 끝난 먹이는 한 번 더 삼킨다. 이것은 반추위를 지나서 흡수성의 벽이 있는 진짜 위로 들어간다. 그제야 비로소 이 모든 노력의 대가를 얻을 수 있게 된다.

잎을 먹이로 삼는 것에는 한 가지 단점이 더 있다. 온대 지방에서는 많은 잎들이 1년에 몇 달씩 사라지기 때문이다. 따라서 잎을 먹는 동물들은 겨울이 다가오면 특별한 준비를 해야 한다. 아시아의 양들은 먹이를 지방으로 바꾸어서 꼬리 아래쪽을 둘러싼 층 안에 저장한다. 또다른 종들은 최대한 많이 먹어서 살을 찌우고 그후 몇 달 동안 겨울잠을 통해서 필요한 양분의 양을 최소화한다.

겨울잠을 유발하는 요인은 단순히 기온의 하락일 것이라고 생각하기 쉽지만 사실은 그렇지 않다. 이런 동물들은 따뜻한 온도가 유지되는 방 안에 두어도 바깥에서 가을 추위에 떠는 동료들과 동시에 겨울잠에 들어가기 때문이다. 기온이 아니라 이 동물들이 태어난 후부터 지구의 움직임에 맞춰서 돌아가며 낮의 길이 변화에 따라서 지속적으로 재조정되는 생체 시계가 몸에 신호를 보내는 것이다.

겨울잠쥐들은 가을이면 거의 공처럼 둥글게 살이 찌고는 한다. 그리고 굴을 찾아 들어가서 눈을 감고 머리를 배 쪽으로 접은 후에 부드러운 털에 덮인 꼬리로 몸을 감아서 체온이 급격하게 저하되는 것을 막는다. 심장박동도 매우 느려진다. 호흡은 느리고 약해져서 거의 느껴지지 않을 정도가 된다. 근육은 뻣뻣해지고 온몸이 돌처럼 차가워진다. 이렇게 활동을 멈춘 상태에서는 필요한 열량이 매우 적기 때문에 저장된 지방만으로도 몇 달 동안 체내의 필수적인 과정들을 수행할 수 있다. 그러나 기온이 심하게 떨어지면 잠에서 깨기도 한다. 동사할 위험에 처하면 몸을 뒤척이다가 심하게 떨기 시작하는데, 근육에서 연료를 태워서 몸을 데우는 것이다. 긴급한 상황일 때에는 심지어 빠르게 걸어 다니면서 저장된 지방의 일부를 사용하기도 한다. 그러다가 최악의 추위가 지나가면 다시 잠이 든다. 일반적으로 겨울잠쥐를 비롯해서 겨울잠을 자는 동물들은 오직 생체 시계에 의존해서 굴 밖으로 나온다. 겨울 동안 체중의 절반 정도가 줄었기 때문에 빨리 많은 양의 먹이를 먹어야 한다. 하지만 더는 굶주릴 필요가 없다. 잎들이 다시 자라는 시기이기 때문이다.

이런 방법들을 통해서 다양한 동물들이 숲에서 나는 식물성 먹이로부터 영양분을

얻으며 살아간다. 높은 나무 위에서는 다람쥐들이 잔가지를 타고 날쌔게 뛰어다니며 나무껍질과 새싹, 도토리와 꽃차례를 채집한다. 앞다리와 뒷다리 사이에 털로 덮인 막을 발달시켜서 나뭇가지들 사이를 활공하는 종들도 있다.

이렇게 높은 곳에는 원숭이들도 산다. 많은 원숭이들이 곤충, 알, 어린 새, 열매 등 다양한 먹이를 먹고 살지만, 오직 특정한 나무의 잎만 먹으며 그 잎을 소화시키기 위한 복잡한 위를 가지게 된 종도 있다. 높은 곳에서 위태롭게 살다 보니 모두 놀랍도록 민첩해졌으며 능숙하게 물체를 쥘 수 있는 손과 약삭빠른 지능도 가지게 되었다. 이런 재능의 조합은 이 책에서 한 장(章) 전체를 할애해서 설명해야 할 정도의 중요한 발달로 이어졌다. 그러나 높은 곳에서 나뭇잎을 먹으며 살아가기 위해서 꼭 이런 방법을 택해야 하는 것은 아니다. 남아메리카에서 처음으로 나무 위에 올라간 포유류는 나무늘보였는데, 이들은 원숭이들과 정반대의 방식을 택했다.

오늘날 나무늘보는 두발가락나무늘보와 세발가락나무늘보 두 종류로 나뉜다. 이

위
나무에 올라가 있는 갈색목세발가락나무늘보(*Bradypus variegatus*). 털이 녹색인 것은 녹조류 때문이다. 코스타리카 아비아리오스 나무늘보 보호구역.

중에서 세발가락나무늘보 쪽이 훨씬 더 게으르다. 이들은 길고 단단한 팔 끝에 달린 갈고리 형태의 발톱으로 나뭇가지에 거꾸로 매달려서 지낸다. 세크로피아라는 나무의 잎만 먹는데 다행히도 이 나무는 수가 많고 쉽게 찾을 수 있다. 나무늘보를 공격하는 포식자는 드물며 세크로피아 잎을 놓고 다툴 경쟁자도 없다. 이렇게 안전한 삶에 마음을 놓은 이들은 거의 아무것도 하지 않는 존재가 되었다. 이들은 24시간 중에서 18시간을 깊이 잠든 채 보낸다. 위생에 신경을 쓰지 않기 때문에 거친 털 위에는 녹조류가 자라고, 털 속에는 기생 나방들이 무리를 지어 살면서 곰팡이가 핀 털을 뜯어먹고 사는 애벌레들을 낳는다. 나무늘보의 근육은 아주 짧은 거리도 시속 1킬로미터 이상으로 달리지 못할 정도이고 빠른 동작이라고 해도 갈고리 형태의 발을 슥 내미는 것뿐이다. 사실상 소리를 내지 못하고 청력도 매우 약해서 몇 센티미터 거리에서 총을 발사한다고 해도 천천히 돌아보며 눈만 깜박일 것이다. 인간보다 낫기는 하지만 후각도 대부분의 포유류보다는 훨씬 둔하다. 그리고 언제나 혼자서 먹고 잔다.

그러나 일종의 사회생활을 하지 않을 수는 없다. 이토록 감각이 둔한데 어떻게 다른 나무늘보를 찾아 번식을 하는 것일까? 여기에 해답을 줄 단서가 있다. 나무늘보의 소화 과정은 다른 신체 작용만큼이나 느려서 일주일에 한 번만 배변을 한다. 그런데 놀랍게도 배변을 할 때에는 땅으로 내려오며 이때 늘 같은 장소를 이용한다. 이들의 삶에서 유일하게 위험에 노출되는 순간이다. 재규어의 공격을 받을 수도 있다. 이렇게 불필요한 위험을 감수하는 데에는 중요한 이유가 있을 것이다. 나무늘보의 대소변에서는 매우 독한 냄새가 난다. 후각은 나무늘보의 몸에서 심하게 둔화되지 않은 유일한 감각이다. 따라서 나무늘보의 배설물 더미는 숲속에서 유일하게 다른 나무늘보가 쉽게 찾아낼 수 있는 장소이자, 일주일에 한 번 정도 다른 나무늘보를 만날 수 있는 장소이다. 또한 밀회의 장소가 되기도 하는데, 발정기의 암컷은 매일 땅으로 내려와서 자신이 짝짓기를 할 준비가 되었음을 알리는 배설물 무더기를 남기기 때문이다.

숲의 지표면에는 초목이 무성하지 않다. 어떤 곳은 그늘이 너무 짙어서 깊고 푹신하게 쌓인 낙엽들과 그 사이로 가끔 고개를 내민 균류만 있을 뿐이다. 숲이 덜 울창한 곳에는 약간의 관목과 초본, 가늘고 긴 묘목들이 자라기도 한다. 아프리카와 아시아에서 이런 식물들은 애기사슴이나 다이커 등 작은 영양류의 먹이가 된다. 몸집이 개만 한 이 동물들은 겁이 매우 많지만, 오랜 기다림 끝에 한 마리가 신중하게 고른 나뭇잎을 꼼꼼히 씹으며 햇빛으로 얼룩덜룩한 그늘을 지나서 조용히 다가와 잊지 못할 순간

맞은편
번식 프로그램 대상인 수마트라코뿔소 (*Dicerorhinus sumatrensis*) 암컷이 먹이를 먹고 있다. 인도네시아 수마트라 와이 캄바스 국립공원.

맞은편
사슴을 쫓고 있는 벵골호랑이(*Panthera tigris tigris*). 인도 라자스탄 주 란탐보르 국립공원.

을 선사하기도 한다. 다이커는 독립적으로 진화해왔지만 이들과 매우 비슷한 반추동물들은 5,000만 년 전의 숲속에도 있었다.

남아메리카에서는 발굽이 있는 동물들이 아니라 설치류인 파카와 아구티가 영양류와 같은 역할을 담당한다. 체형도, 크기도, 단독 생활을 하는 습성이나 기질도 비슷하다. 다만 훨씬 더 겁이 많고 소심하다. 위험의 조짐이나 익숙하지 않은 냄새가 아주 살짝만 느껴져도 공포에 휩싸인 채 그 자리에 얼어붙어서 커다랗고 매끄러운 눈으로 뚫어져라 응시하고는 한다. 그 순간 나뭇가지 하나만 뚝 하고 꺾여도 순식간에 숲속으로 도망쳐버릴 것이다.

높이 자란 관목과 묘목을 먹으려면 키가 커야 한다. 숲마다 그런 동물들이 소수 존재한다. 대개 조랑말에서 보통 크기의 말 정도로, 잘 숨어 다니고 조용하고 수가 적어서 거의 눈에 띄지 않는다. 말레이 반도와 남아메리카에 사는 야행성의 테이퍼가 그런 종류이다. 가죽 위에 약간의 털이 나 있는 동남아시아의 수마트라코뿔소는 코뿔소들 중에서 가장 작고 안타깝게도 지금은 대단히 희귀하다. 기린의 목 짧은 사촌인 콩고의 오카피는 이런 종류 중에서 가장 크지만 겁이 너무 많아서 대형 포유류 가운데 가장 늦게 발견되었으며, 19세기 초반까지는 어떤 유럽인도 살아 있는 오카피를 본 적이 없었다.

숲속의 지상에서 사는 동물들은 크든 작든 모두 단독 생활을 한다. 그 이유를 아는 것은 어렵지 않다. 그늘진 숲의 지표면에는 한 지역에 많은 무리를 수용할 만큼 충분한 잎이 자라는 경우가 거의 없다. 그리고 어떤 경우든 몇 마리의 동물이 관계를 유지하려면 일종의 의사소통이 필요하다. 숲속에서는 먼 곳을 볼 수 없기 때문에 소리로 신호를 보내야 하는데 그러면 포식자의 주목을 끌게 된다. 그래서 애기사슴과 아구티, 테이퍼는 둘씩 짝을 짓거나 단독 생활을 한다. 이들은 배설물이나 눈 근처의 샘에서 분비한 물질로 영역을 표시하며, 위험을 감지했을 때에는 자신이 잘 아는 영역의 덤불 속으로 도망쳐서 밖에서 보이지 않는 장소에 몸을 숨긴다.

이들을 잡아먹는 사냥꾼들 또한 단독 생활을 한다. 재규어는 테이퍼를 쫓고 표범은 다이커를 덮친다. 숲속을 돌아다니며 무엇이든 가리지 않고 먹는 곰은 당연히 기회가 생기면 애기사슴도 공격한다. 가장 덩치가 작은 사냥꾼들인 제넷, 정글살쾡이, 시벳, 족제비 등은 조류와 파충류뿐만 아니라 쥐와 생쥐도 사냥한다.

이런 사냥꾼들 중에서 특히 고양잇과 동물은 고기를 먹는 데에 가장 특화되어 있

뒷면
표범(*Panthera pardus*)이 스프링복(*Antidorcas marsupialis*)을 사냥하고 있다. 나미비아 에토샤.

다. 이들은 평소에는 발톱을 안쪽에 숨겨놓음으로써 날카롭게 유지한다. 그리고 공격할 때에는 발톱으로 먹잇감을 움켜쥐고 목을 강하게 물어서 척수를 끊어 즉사시킨다.

앞니 바로 뒤에 양쪽으로 하나씩 난, 단검 모양의 긴 이빨은 고기를 먹는 동물의 특징으로 먹잇감의 가죽을 찢는 데에 사용된다. 더 안쪽에 있는 톱날처럼 뾰족한 이는 뼈를 자를 수 있다. 모두 도살을 위한 도구들이다. 갯과나 고양잇과는 먹이를 제대로 씹지 않는다. 대부분 대충 잘라서 삼킬 뿐이다. 고기는 잎과 가지보다 소화시키기가 훨씬 더 쉽기 때문에 포식자의 위에는 특별한 장치가 필요하지 않다.

밤에 일대일로 벌어지는 이런 잠복과 탐지, 도주와 기습의 대결은 최초의 숲에서부터 초식동물과 포식자 사이에 수립된 오래된 전술에 따라서 이루어진다. 그런데 약 2,500만 년 전에 전혀 새로운 방식이 발달하기 시작했다. 지구 기후와 초목의 변화는 이들을 그늘로부터 탁 트인 평지로 끌어냈다. 초원이 출현한 것이다.

뿌리에 잎이 달려 있는 것이 전부인 풀은 단순하고 거의 원시적으로 보일지도 모르지만 사실은 고도로 발달한 식물이다. 이들의 작고 소박한 꽃은 곤충뿐만 아니라 지표면으로 막힘없이 부는 바람의 도움을 받아서 꽃가루를 퍼뜨린다. 줄기는 지표면 근처나 바로 아래에 수평 방향으로 자란다. 평원에 불이 나도 불길이 오래된 마른 잎들을 태우며 빠르게 지나가기 때문에 이런 줄기와 뿌리줄기는 해를 입지 않고 거의 즉시 새로운 싹을 틔운다. 풀잎은 관목이나 수목의 잎처럼 말단이 아니라 맨 아래에서부터 자라기 때문이다. 이것은 풀을 먹는 동물들에게도 매우 이로운 일이다. 잎을 잘라서 먹어도 아무런 영향을 받지 않고 계속 자라서 곧 또다른 먹이를 제공하기 때문이다.

초식동물의 존재도 풀들에게 이로운 영향을 미친다. 평원에 뿌리를 내릴 수도 있는 관목이나 교목의 묘목을 짓밟고 먹어버리기 때문이다. 이런 식물이 높이 자라면 풀들은 그만큼 햇빛을 받지 못해서 결국 자리를 빼앗기고 만다. 그러므로 초원의 확산과 초식동물의 진화는 동시에 점진적으로 진행되었을 가능성이 높다.

초원은 풀을 뜯는 동물들만 끌어들인 것이 아니었다. 달리 몸을 숨길 곳이 없는 환경에서 만만한 먹잇감이 된 초식동물들을 사냥하기 위해서 맹수들도 숲에서 나왔다. 초식동물들 중에서 두려워할 상대가 없는 동물은 덩치가 가장 큰 코끼리와 코뿔소뿐이었다. 숲속에 살던 이들의 조상은 조용하고 수월하게 나무들 사이를 이동하기 위해서 일정 크기 이상으로 몸집이 커지지 않았지만, 평원에는 그런 제약이 없었기 때문에 점점 커졌다. 이들의 커다란 몸집과 질긴 피부는 어떤 육식동물도 건드릴 수 없게 만들었다. 그러나 몸집이 작은 동물들에게 먹이가 풍부한 평원은 위험이 도사리고 있는 장소이기도 했다.

어떤 동물들은 안전을 위해서 굴속으로 들어갔다. 땅속에 나무뿌리들이 이리저리 얽혀 있지 않은 초원은 굴을 파는 동물에게 더할 나위 없는 장소이다. 이런 곳에서는 어떤 장애물도 없이 길게 이어진 굴들을 건설할 수 있다. 많은 종의 동물들이 이런 기회를 훌륭하게 활용했다.

굴을 파기에 가장 특화된 동물들 중의 하나는 동아프리카의 기이한 설치류인 벌거숭이두더지쥐이다. 풀잎이 아니라 뿌리와 구근, 덩이줄기를 먹고사는 이들은 가족을 이루어서 생활하며 땅을 파서 공동 침실, 육아실, 저장실, 화장실 등을 갖춘 정교한 보금자리를 만든다. 아프리카의 따뜻하고 건조한 땅속에서만 생활하는 삶은 이들의 외모를 극적으로 바꿔놓았다. 눈을 사용할 필요가 없어졌고 털도 모두 사라졌다. 앞을 보지 못하는 벌거숭이의 소시지 같은 몸은 회색의 주름진 피부로 덮여 있다. 여기에 앞니 모양까지 기괴하다. 둥글게 구부러진 채 얼굴 앞으로 튀어나와 있는 이 이빨은 먹이를 먹을 때뿐만 아니라 굴을 팔 때에도 쓰인다. 이로 흙을 파는 것은 불쾌한 일이 될 수도 있지만 두더지쥐는 다른 설치류들도 많이 사용하는 방식으로 흙이 입에 들어가는 것을 방지한다. 유난히 돌출된 앞니 뒤쪽의 입술을 오므려서 이로 바쁘게 땅을 파는 동안에도 입을 다물고 있는 것이다.

땅을 팔 때에는 팀을 이루어서 한다. 맨 앞의 팀원은 엄청난 속도로 땅을 갉으면서 거기에서 나온 흙을 다음 팀원의 얼굴 쪽으로 던진다. 다들 앞을 보지 못하기 때문에 흙이 날아와도 신경 쓰지 않는 것처럼 보인다. 그저 앞에서 날아온 흙을 다리 사이로 다시 던져서 다음 팀원에게 넘길 뿐이다. 이런 식으로 전달된 흙이 마지막 팀원 앞에 도착하면 굴 밖으로 힘차게 던져서 땅 위로 올려 보낸다. 두더지쥐들이 사는 곳에서는 이렇게 쌓인 원뿔 형태의 흙무더기들을 여기저기에서 볼 수 있다. 그리고 그 앞의 구멍에서는 모래 기둥이 작은 화산처럼 뿜어져 나오고는 한다.

두더지쥐를 먹을 수 있는 포식자는 거의 없다. 이들은 그 어떤 갯과나 고양잇과 동물보다 빨리 땅을 팔 수 있으며 지면 위로 굳이 나올 필요도 없다. 그러나 굴을 파는 동물 중에서 풀뿌리가 아니라 잎을 먹는 종류는 주기적으로 굴 밖으로 나와야 하고 그때마다 심각한 위험에 처할 수 있다. 북아메리카의 평원에는 작은 토끼만 한 설치류들이 살고 있다. 이들은 프레리도그(prairie dog)라는 오해하기 쉬운 이름으로 불린다.

굴 옆의 흙더미에 올라가 있는 검은꼬리 프레리도그(*Cynomys ludocicianus*), 미국 사우스다코타 주 배드랜드 국립공원.

프레리도그는 낮 동안 땅에서 풀을 뜯어먹고 산다. 낮에는 코요테, 보브캣, 페럿, 매 등이 돌아다닌다. 모두 기회만 있으면 기꺼이 프레리도그를 잡아먹을 만한 동물들이다. 이런 위험에 맞서서 프레리도그는 고도로 조직화된 사회 체계에 의존하는 방어 기술을 발달시켰다.

프레리도그들은 마을이라고 불리는 군집을 이루어서 생활한다. 구성원이 1,000마리에 달하기도 하는 큰 무리이다. 각 마을은 약 30마리로 이루어진 소집단으로 나뉜다. 소집단의 구성원들은 서로를 잘 알고 있으며, 굴들이 서로 연결되어 있는 경우도 많다. 이중에는 언제나 감시를 맡고 있는 구성원이 있다. 이들은 주변을 잘 둘러볼 수 있도록 굴을 파낸 후에 쌓인 흙더미 위로 올라가 두 발로 서서 지켜보다가 적을 목격하면 휘파람 비슷한 소리를 연달아 낸다. 포식자가 누구인지에 따라서 각기 다른 신호를 보내기 때문에 모든 구성원들이 위험한 상황이라는 사실뿐만 아니라 어떤 위험인지도 알게 된다. 근처의 다른 구성원들이 그 신호를 반복하면서 마을 전체에 전달하여 모든 프레리도그들이 경계 태세를 취하도록 한다. 마을 주민들은 즉시 도망치지는 않고 만약을 대비해서 구멍 근처에 자리를 잡고서 뒷다리로 일어선 채 침입자의 일거수일투족을 지켜본다. 코요테 한 마리가 마을을 지나가기라도 하면 이런 식으로 소집단에서 소집단으로 경고 신호가 전달되고, 주민들은 침입자를 유심히 지켜보다가 아슬아슬할 정도로 가까이 왔을 때에 재빨리 굴속으로 들어간다.

프레리도그의 사회생활은 방어에만 한정되어 있지는 않다. 다 자란 프레리도그들은 굴 밖에 앉아서 또다른 종류의 휘파람을 불고 공중으로 살짝 점프도 하면서 자신의 영역임을 알린다. 번식기에는 소집단의 구성원들끼리만 뭉쳐서 침입자에 대한 경계를 강화하지만 이 긴장된 시기가 지나가면 좀더 관대해진다. 주민들은 마을을 돌아다니며 다른 주민의 영역 안에 들어가기도 한다. 낯선 개체가 다가오면 조심스럽게 다소 수줍은 키스를 나누고 서로의 항문샘을 관찰하여 아는 사이인지를 확인한다. 만약 아는 사이가 아니면 서로에게서 떨어지고 방문자도 곧 떠난다. 같은 소집단의 구성원임을 알게 되면 입을 벌려서 키스를 하고 부드럽게 서로의 털을 손질해주며 나란히 풀을 뜯으러 가기도 한다.

프레리도그는 식욕이 왕성하기 때문에 평원에서 이들이 좋아하는 풀은 바닥이 나는 경우가 많다. 그러면 영역 내의 다른 장소로 이동하고 이전에 풀을 뜯던 풀밭은 한동안 다시 자라게 둔다. 좋아하는 풀은 골라서 키우기도 한다. 프레리도그는 평원에 흔히 자라는, 줄기가 질긴 세이지를 좋아하지 않는다. 그래서 새로 점유한 영역에 어린 세이지가 뿌리를 내리거나 자라는 것을 보면 그냥 두지 않고 잘라버린다. 그 결과 이들이 좋아하는 식물이 자랄 공간이 좀더 늘어나게 된다.

더 남쪽의 아르헨티나의 팜파스로 내려가면 프레리도그의 역할을 스패니얼 종의 개만 한 크기의 비스카차라는 기니피그가 맡고 있다. 이들도 밀집된 집단을 이루어서 생활하지만 새벽과 해질녘에만 풀을 뜯는다. 어둑어둑한 시간에 활동하는 다른 동물들처럼 이들에게도 눈에 잘 띄는 특징이 있다. 얼굴을 가로지르는 검은색과 흰색의 넓은 줄무늬가 그것이다. 비스카차는 자신들의 굴 위에 돌무더기를 쌓는다. 굴을 파는 도중에 적당한 크기의 돌을 발견하면 열심히 땅 위로 끌고 올라와서 이 돌무더기 위에 올린다. 돌뿐만 아니라 부지런한 농부들처럼 초원에서 찾아낸 큼직한 물체들은 뭐든 열성적으로 가지고 온다. 따라서 팜파스의 비스카차 군집 근처에 무엇인가를 떨어뜨리고 왔다면 떨어뜨린 장소가 아니라 비스카차의 돌무더기 위를 찾아보아야 할 것이다.

비스카차는 파나마 육교가 처음 형성되었을 때에 북아메리카에서 남쪽으로 내려왔다가 육교가 끊기면서 남아메리카에 고립된 태반 포유류 무리의 또다른 후손이다. 개미핥기, 아르마딜로, 독특한 종류의 원숭이들이 숲을 점령한 것처럼 초원에도 또다른 태반류들이 침입했다. 그리고 그들 중의 일부는 매우 기이한 동물들로 발달했다. 그 중 2종은 이미 언급한 바 있다. 큰개미핥기와 지금은 멸종되었지만 2미터 높이의 딱지에 덮여 있던 아르마딜로이다. 풀과 나뭇잎을 먹고사는 동물도 많았다. 비스카차가 이 무리의 유일한 생존자는 아니다. 토끼와 비슷한 색의 자그마한 기니피그도 있다. 하지만 한때는 엄청난 크기의 초식동물들도 있었다. 그중 한 종류는 낙타 같은 생김새에 키가 코끼리만큼 컸다. 또다른 종류는 나무늘보의 친척으로, 키는 약 7미터에 달했고 관목과 나무를 뜯어먹으며 땅 위를 느릿느릿 돌아다녔다.

파나마 육교가 다시 이어졌을 때, 북쪽의 동물들은 다시 남쪽으로 퍼져 나갔다. 그 와중에 이 기이한 동물들도 대부분 사라졌다. 거대한 낙타와 땅늘보도 멸종되었다. 그래서 19세기 후반, 파타고니아의 한 독일인 정착민이 남아메리카 대륙의 남쪽 끝에서 땅늘보가 최근에 남긴 흔적을 발견했다는 소식은 큰 화제를 불러일으켰다. 이 정착민은 자신의 소유지 안에 있는 동굴을 탐사하다가 안쪽에 줄지어 서 있는 바위들을 보았다. 그리고 동굴을 둘로 나누고 있는 것처럼 보이는 이 바위들 너머에서 대량의 뼈 무더기와 텁수룩한 갈색 털에 덮여 있고 단단한 돌기들이 나 있는 가죽 조각들, 그리고 배설한 지 얼마 되지 않아 보이는 똥을 발견했다. 그는 경계선 표시용으로 가죽 조각 하나를 막대에 매달아놓았다. 그리고 몇 년 후에 한 스웨덴 여행가가 이것을 발견했다. 이 표본은 영국 런던의 자연사박물관으로 옮겨졌고, 박물관은 이것을 땅늘보의 흔적이라고 발표했다. 최근에 남겨진 흔적처럼 보였기 때문에 일부 사람들은 이 동물이 실제로 살아 있을지도 모른다고 믿었다. 줄지어 서 있는 바위들은 인간이 만든 벽의 토대 같았다. 배설물 안의 풀줄기는 끝이 깔끔하게 끊겨 있어서 뿌리째 뽑힌 것이 아니라 잘린 것처럼 보였다. 어떤 사람들은 그곳 원주민들이 이 거대한 동물들을 동굴 안에 몰아넣고 벽을 세워 가둔 뒤에 사육하듯이 풀을 먹였을지도 모른다고 추측했다.

이 낭만적인 추측에 대해서는 오랫동안 확실한 증거도 반증도 나오지 않았다. 하지만 애석하게도 결국 사실이 아니라는 것이 밝혀졌다. 그 동굴에 실제로 가보면 어마어마하게 넓은 동굴 안쪽에 줄지어 서 있는 커다란 바위들이 인간이 세운 벽의 토대가 아니라 무너진 천장의 일부에 불과하다는 것을 알 수 있다. 배설물이 그토록 신선해 보였던 것도 매우 건조하고 극도로 찬 동굴 안의 공기 덕분에 사실상 냉동 건조가 이루어진 탓이었다. 오늘날에는 그 주변의 황량한 시골에도 사람의 발길이 충분히 닿아서, 젖소의 두 배나 되는 큰 동물이 돌아다니는 것이 눈에 띄지 않았을 가능성은 없다. 이제 우리는 1만-8,000년 전 남아메리카의 이 지역에 사람들이 살고 있었으며, 그 무렵 이곳의 땅늘보가 멸종되었다는 사실을 알게 되었다. 따라서 적어도 누군가는 느릿느릿 움직이는 이 거대한 동물을 보았을지도 모른다. 비록 그들 자신이 땅늘보의 멸종과 직접적인 관계가 있을지도 모르지만 말이다.

남쪽에서 나무늘보들이 진화하는 동안 파나마 해협 건너편, 북아메리카의 대초원에서는 풀을 먹고사는 다른 종류의 동물들이 발달하고 있었다. 이들의 조상은 숲에서 살았다. 테이퍼와 비슷하지만 크기는 애기사슴만 했으며 숲속의 잎을 뜯어먹기 적합한 둥근 어금니를 가지고 있었다. 평원으로 나온 후에는 포식자들을 피하기 위해서 점점 더 빨리 달리기 시작했다. 맨 처음에는 앞발가락이 4개, 뒷발가락이 3개였다. 다리가 길수록 지렛대 역할을 잘 할 수 있고 근육이 적절히 붙어서 더 빨리 달릴 수 있기 때문에, 시간이 지나면서 이들은 발톱으로 서서 다니는 방식으로 다리의 길이를 더 늘였다. 나중에는 옆 발가락의 크기도 줄어들어서, 개만 한 크기의 이 초기 말들은 길쭉한 중간 발가락 하나로만 뛰어다니게 되었다. 발목뼈는 다리의 중간에 위치하게 되었고, 옆 발가락은 비골이라고 불리는 흔적기관으로 퇴화했다. 발톱은 두꺼워져서 충격을 흡수할 수 있는 발굽이 되었다.

다리와 함께 다른 부분들도 변화했다. 초원의 풀들은 점점 질겨졌다. 풀잎에서는 작고 날카로운 이산화규소 결정들이 형성되기 시작했고 이것은 이빨을 심하게 마모시켰다. 이에 따라서 초기 말들의 둥근 어금니는 점점 더 커졌으며 안쪽에 단단한 상아질을 포함하게 되었다. 풀을 주식으로 삼을 때의 문제점은 오랫동안 땅에 고개를 숙이고 있다 보면 포식자들을 경계하기가 어렵다는 것이다. 그래서 눈은 머리의 높은 곳에 위치할수록 좋았다. 더욱 커진 어금니가 들어갈 공간도 필요했기 때문에 결국 두개골이 상당히 길어졌다. 이렇게 해서 초기 말들은 오늘날 우리가 아는 형태로 진화했다. 이들은 아메리카의 평원으로 퍼져 나가다가 베링 해협이 말라 있던 시절에 유럽까지 진출했다. 그리고 거기에서 더 남쪽으로 가서 아프리카의 평원도 서식지로 삼게 되었다. 시간이 지나면서 원래 살던 아메리카에서는 자취를 감추었다가 약 400년 전에야 스페인 정복자들과 함께 다시 이 대륙으로 들어왔다. 하지만 유럽과 아프리카에서는

말, 당나귀, 얼룩말 등의 형태로 계속 번성했다.

얼룩말이 사는 아프리카의 평원에는 같은 시기에 독자적으로 진화해온 또다른 초식 동물이 살고 있었다. 이들은 애기사슴과 다이커처럼 숲속에 살던 소형 영양의 후손들이었으며 숲속에서 뛰기에 적합하도록 이미 다리가 길었다. 다만 말의 다리와는 형태가 조금 달라서 땅을 딛는 발가락이 1개가 아니라 2개였다. 평원으로 나온 후로는 다리가 더욱 길어졌으며 갈라진 발굽을 가지게 되었다. 영양, 가젤, 사슴 등이 여기에 속한다. 오늘날 이들은 너무 수가 많아져서 무리를 지어 모여 있으면, 세계 어디에서도 보기 힘든 장관을 이루고는 한다.

몸을 숨길 곳이 남아 있는 평원 가장자리의 덤불 속에는 딕딕이나 다이커 같은 영양들이 여전히 숲에 사는 친척들처럼 작은 몸집으로 관목을 뜯어먹으며, 자신의 영역을 표시하고 지키면서 그 안에서 짝을 짓거나 단독 생활을 한다. 몸을 숨기는 것이 불가능한 탁 트인 평원에서는 영양들이 대규모의 무리를 이루는 방식으로 자기를 방어한다. 이들은 풀을 뜯으면서 주기적으로 머리를 들고 주변을 둘러본다. 여러 마리가 날카로운 눈과 민감한 코로 경계 태세를 취하고 있기 때문에 사냥꾼이 무리를 기습하는 것은 사실상 불가능하다. 공격이 시작되면 무리는 사방으로 흩어져서 사냥꾼을 당황

위
톰슨가젤(*Eudorcas thomsonii*) 무리. 뒤편에는 누(Wildebeest) 떼가 보인다. 케냐 마사이 마라 야생동물 보호구역.

하게 만든다. 임팔라 무리는 수백 마리가 모두 서로 다른 방향으로 달려가면서 3미터 높이까지 껑충껑충 뛰어오르는 놀라운 광경을 보여주기도 한다.

이렇게 많은 수가 모여서 생활하려면 대량의 먹이가 필요하기 때문에 자주 풀을 찾아 먼 거리를 이동해야 한다. 누는 50킬로미터 떨어진 곳에 내리는 소나기도 감지할 수 있는 것으로 추정된다. 그러면 무리 전체가 새롭게 자란 풀을 찾아서 이동한다. 그러나 이렇게 유목 생활을 하면, 숲에서 한 쌍이 만나서 짝을 지을 때에는 간단했던 번식이 매우 복잡해진다. 임팔라, 스프링복, 가젤 등은 번식을 위한 만남과 상관없이 영역을 유지한다. 수컷과 암컷은 각자 다른 무리를 형성한다. 몇몇 우성 수컷들은 독신 수컷 무리를 떠나서 자신만의 독립적인 영역을 만든다. 그리고 영역의 경계를 표시하고 다른 수컷들로부터 방어하면서 암컷을 영역 안으로 유혹해서 짝짓기를 시도한다. 하지만 이것은 매우 고된 일이다. 대부분의 수컷들은 3개월 후면 녹초가 되고 쇠약해진다. 결국 더 강한 경쟁자들에게 지면 다시 독신 수컷 무리에 합류할 수밖에 없다.

영양 중에서 몸집이 가장 큰 일런드와 사바나얼룩말은 영역을 만드는 습성을 완전히 버린 몇 안 되는 종에 속한다. 이들은 언제나 수컷과 암컷을 모두 포함하는 무리를 이루며, 수컷은 암컷을 두고 다른 수컷과 경쟁을 벌인다.

초식동물들을 사냥하기 위해서 평원의 포식자들도 달리는 기술을 크게 향상시켜야 했다. 이들은 적은 수의 발가락 끝으로 서서 달리는 방식을 택하지 않았다. 아마도 무기로 쓸 발톱으로 무장한 발가락이 꼭 필요했기 때문일 것이다. 대신 척추를 극도로 유연하게 만들어서 다리의 길이를 늘이는 방식을 택했다. 전력으로 달릴 때는 마치 질주하는 영양의 다리처럼 배 아래에서 앞다리와 뒷다리가 교차된다. 지구상에서 가장 빠른 동물로 알려져 있는 치타는 가늘고 긴 몸으로 시속 90킬로미터까지 속도를 낼 수 있다. 그러나 이런 방법은 에너지 소모가 너무 크다. 척추를 용수철처럼 앞뒤로 폈다가 구부렸다가 하기 위해서는 많은 근력이 필요하기 때문에 치타는 이 속도를 1분 이상 유지하지 못한다. 수백 미터만에 먹잇감을 따라잡아서 죽이지 못하면 곧 지쳐서 쉬어야 한다. 그동안에 덜 유연한 등과 긴 지렛대 형태의 다리를 가진 영양은 안전한 곳으로 뛰어서 도망친다.

사자는 치타만큼 빠르지 못하다. 이들의 최고 속도는 시속 80킬로미터 정도이다. 누도 비슷한 속도로 뛸 수 있고, 이 속도를 더 오래 유지한다. 따라서 사자들은 더 복잡한 전술을 발달시켜야 했다. 이들은 때때로 땅에 몸을 바짝 붙이고 가능한 한 모든 수단을 동원해서 몸을 숨기며 먹잇감을 향해서 다가간다. 혼자서 사냥을 할 때도 있지만 몇 마리씩 팀을 이루어서 하기도 한다. 이렇게 하는 고양잇과 동물은 사자가 유일하다. 처음에는 나란히 늘어서서 출발한다. 그리고 영양, 얼룩말, 누 등의 무리에 다가가면서 맨 끝에 선 사자들이 좀더 빨리 앞으로 이동해서 먹잇감을 둥글게 에워싼 다음, 가운데 있는 사자들 쪽으로 몰아간다. 이런 전술을 펴면 여러 팀원들 모두가 먹잇감을 죽이는 데에 성공할 때가 많다. 한 번의 사냥으로 일곱 마리의 누가 쓰러지는 모습이 목격되기도 했다.

하이에나는 사자보다도 더 느리다. 기껏해야 시속 65킬로미터로 달릴 수 있을 뿐이다. 그래서 이들의 사냥 방법은 훨씬 더 교묘하며, 팀워크를 기반으로 하게 되었다. 암컷들은 따로 떨어진 보금자리에서 새끼들을 키우지만 영역을 방어할 때에는 무리 전체가 힘을 합친다. 이들은 다양한 소리와 동작을 이용해서 의사소통을 한다. 으르렁거리고 큰 소리로 짖고 끙끙거리고 날카로운 소리를 지르고 칭얼거리고 가끔은 무시무시할 정도로 요란한 웃음소리를 무리가 다 함께 내기도 한다. 동작을 할 때에는 꼬리가 특히 중요한 표현 수단이 된다. 평소에는 꼬리를 아래로 내리고 있지만 위로 치켜세우면 적의를 표시하는 것이다. 꼬리를 등 쪽으로 말고 있으면 친근함의 표시이

위
얼룩말(*Equus sp.*)을 사냥하는 암사자(*Panthera leo*) 무리. 케냐 마사이 마라 야생동물 보호구역.

고, 다리 사이로 넣어서 배에 바짝 붙이고 있는 것은 공포의 표현이다. 이들은 잘 조직된 팀을 이루어서 사냥을 하면서 아프리카의 평원에서 크게 번성하게 되었다. 대부분의 사냥은 하이에나가 하고 사자는 그저 큰 몸집으로 그들을 위협하여 사체를 가로챌 뿐이다. 이 두 종의 관계에 대한 일반적인 인식과는 반대인 셈이다.

하이에나는 대개 밤에 사냥을 한다. 가끔은 두세 마리씩 작은 무리를 이루어서 출발하며, 대개 누를 노린다. 먼저 시험 삼아서 빠르게 돌격해본 후에 속도를 늦추고 약한 개체를 가려내려는 듯이 도망치는 무리를 유심히 관찰한다. 그리고 마침내 한 마리를 선택해서 끈질기게 추격하기 시작한다. 적당한 속도로 계속 뒤를 쫓다가 견디다 못한 먹잇감이 뒤를 돌아보면 그때 발뒤꿈치를 잡아챈다. 일단 뒤를 보면 끝이다. 먹잇감이 하이에나 한 마리를 상대하는 동안 다른 하이에나가 배 쪽으로 달려들어서 꽉 물고 버틴다. 치명상을 입은 누는 곧 배가 찢긴 채 죽는다.

얼룩말은 좀더 잡기 힘든 먹잇감이다. 하이에나들은 얼룩말을 사냥할 때면 대규모의 팀을 꾸린다. 사냥을 시작하기 전부터 미리 얼룩말을 잡기로 정해놓는 듯하다. 먼저, 밤에 늘 모이는 장소에 모여서 다른 하이에나의 입, 목, 머리 냄새를 맡기도 하고 상대의 꼬리 부분에 머리를 가져다대고 킁킁거리고 생식기를 핥아주기도 하면서 야단스러운 인사를 나눈다. 그런 다음 함께 사냥을 하러 나간다. 자신들의 영역의 경계에 도착하면 소변으로 다시 한번 표시를 하기도 한다. 가끔은 어떤 장소에 멈춰서서 둥글게 모여서 정신없이 코를 킁킁거린다. 겉으로 보기에는 그런 장소가 다른 장소와 특별히 다를 것이 없다. 이런 행위의 중요성은 서로의 유대를 재확인하는 데에 있다. 이렇게 무리를 이루어 이동할 때에는 누 떼를 만나도 신경 쓰지 않고 그냥 지나친다. 그러다가 얼룩말이 보이면 사냥을 시작한다.

얼룩말은 대여섯 마리가 한 가족을 이루어서 함께 다닌다. 위험이 닥치면 보통 무리를 이끄는 우두마리 수컷이 시끄러운 울음소리로 경고의 신호를 보낸다. 모두 전속력으로 도망칠 때에 수컷은 암컷과 새끼들을 지키기 위해서 무리의 뒤편에서 달리면서 쫓아오는 하이에나들을 막는다. 하이에나들은 초승달 형태를 이루어서 얼룩말들의 뒤를 쫓는다. 얼룩말 수컷은 방향을 돌려서 강력한 앞발과 이빨로 하이에나들을 공격하기도 하고, 심지어 선두의 하이에나를 추격하여 상대가 후퇴하는 동안 다른 얼룩말들이 도망칠 시간을 벌기도 한다. 그러나 결국 하이에나 한 마리가 수컷을 따돌리고 암컷이나 새끼를 공격하기 시작한다. 그리고 끈질기게 쫓아가면서 다리나 배나 생식기를 물고 쓰러뜨린다. 그러면 겁에 질린 나머지 얼룩말들이 안전한 곳으로 도망치는 동안 다른 하이에나들이 함성을 지르고 울부짖으며 쓰러진 얼룩말에게 달려들어서 갈기갈기 찢어놓는다. 20분 정도면 얼룩말의 두개골만 남고 가죽, 내장, 뼈는 전부 흔적도 없이 사라진다.

사냥꾼들은 영양류의 빠른 속도에 기지와 팀워크로 대응하게 되었다. 고양잇과와 갯과 동물들만 그런 것은 아니었다. 다른 종류의 동물들도 초원으로 사냥을 하러 나왔다. 그중의 한 종류는 특히 발이 느리고 무기라고 할 것도 없었기 때문에 팀워크와 의사소통이 훨씬 더 중요했다. 결국 그들은 초원에서 가장 약삭빠르고 교묘하고 의사전달력이 뛰어난 사냥꾼이 되었다. 그들의 역사를 추적하려면 다시 숲으로 돌아와야 한다. 원래 나무 위에서 열매와 부드러운 잎을 먹고 살던 동물들이었기 때문이다.

제12장

나무 위의 삶

나무 위를 이리저리 돌아다니고 싶다면 두 가지의 능력이 극도로 중요하다. 거리를 판단하는 능력, 그리고 나뭇가지에 매달리는 능력이다. 첫 번째 능력에는 정면을 향하고 있으면서 같은 물체에 동시에 초점을 맞출 수 있는 눈, 두 번째 능력에는 물체를 움켜쥘 수 있는 손가락이 필요하다. 이런 물리적 특성을 갖춘 현생종은 약 200종 정도이다. 여기에는 원숭이, 유인원, 그리고 인간이 포함된다. 우리는 이들을 통틀어서 다소 자기중심적이지만 영장류라고 부른다.

박쥐, 고래, 개미핥기 등 다양한 생물의 조상이었던 땃쥐와 유사한 초기 포유류가 영장류의 조상이기도 하다는 점에는 의심의 여지가 없다. 실제로 동남아시아에 사는 붓꼬리나무땃쥐는 영장류와 매우 가까운 관계여서 한때 영장류로 분류되기도 했다. 나무땃쥐의 친척으로 "깃털꼬리"라는 뜻의 프틸로체르쿠스(Ptilocercus)라는 학명이 붙은 이 동물은 초기 포유류의 모습을 짐작하게 해준다. 대부분의 권위자들도 지금은 영장류의 초기 조상이 이 동물과 매우 흡사했으리라는 데에 동의한다.

그러나 이 나무땃쥐들에게는 영장류의 특징이 없다. 앞발에는 길고 분리된 발가락들이 붙어 있지만 엄지가 다른 발가락과 마주보고 있지는 않다. 또한 각 발가락의 끝에는 납작하고 뭉툭한 손톱이 아니라 날카로운 발톱이 붙어 있다. 크고 매끄러운 눈은 길쭉한 머리의 양옆에 붙어 있어서 두 눈의 시야가 부분적으로만 겹칠 뿐이다. 이

들은 다람쥐처럼 나뭇가지 위를 뛰어다닐 수 있다. 다른 나무땃쥐와 달리 야행성이고 이런 생활에 필요한 긴 수염, 커다란 눈과 귀를 가졌다. 이들의 사회생활은 후각에도 의존한다. 소량의 소변, 그리고 사타구니와 목에 있는 샘에서 분비된 분비물로 영역을 표시한다. 여기에서 중요한 역할을 하는 코는 길이가 매우 길고, 냄새 수용기들을 포함하는 넓은 통로들이 그 안에 잘 발달되어 있다. 코끝에는 거꾸로 뒤집힌 쉼표처럼 생긴 두 개의 콧구멍이 있고 그 주변은 개의 주둥이처럼 축축한 맨살에 둘러싸여 있다. 아마도 가장 놀라운 것은, 이들이 발효된 꿀을 먹으면서 인간이라면 취해버릴 양의 알코올을 섭취하는데도 전혀 영향을 받지 않고 완벽하게 균형을 잡으며 야자나무 위를 빠르게 돌아다닌다는 사실일 것이다.

겉으로 보기에 붓꼬리나무땃쥐는 원숭이와 전혀 관련이 없어 보인다. 그러나 이들과 같은 특징을 가진 동시에 누가 보더라도 원숭이를 닮은 영장류가 있다. 두 종류의 전환 과정을 짐작하게 해주는 이 동물들은 "원숭이 이전"이라는 뜻의 원원류(原猿類)라고 불린다.

마다가스카르의 알락꼬리여우원숭이는 전형적인 원원류이다. 가끔은 고양이원숭이라고도 불리는데, 고양이만 한 덩치에 부드러운 비둘기색 털, 정면을 향하고 있는 레몬색 눈, 근사한 흑백 무늬가 있는 길고 북슬북슬한 꼬리 때문이다. 이들이 흔히 내는 울음소리조차 고양이들이 야옹거리는 소리처럼 들린다. 하지만 비슷한 점은 이것뿐이다. 이들은 사냥을 하지 않고 다른 원원류처럼 대체로 초식을 한다.

알락꼬리여우원숭이는 땅 위에 무리를 지어서 지낼 때가 많다. 이들의 삶에서는 냄새가 중요한 역할을 한다. 코가 붓꼬리나무땃쥐만큼 잘 발달되지는 못했지만, 비율 면에서 여우의 코와 매우 비슷하며 콧구멍 주변도 축축한 맨살로 이루어져 있다. 이들의 몸에는 세 종류의 분비샘이 있다. 한 쌍은 손목의 단단한 돌기 안쪽에, 한 쌍은 겨드랑이 근처 가슴 위에, 한 쌍은 생식기 주변에 있다. 수컷들은 이 분비샘들을 이용해서 집중적인 신호를 보낸다. 암컷들도 수컷들보다는 약하지만 마찬가지로 신호를 보낸다. 무리를 지어 숲속을 돌아다니다가 그중의 한 마리가 어린 나무 앞으로 가서 신중하게 냄새를 맡으면서 전에 누가 왔었는지 확인한 다음, 앞발로 땅을 짚고 엉덩이를 가능한 높이 쳐들어서 나무껍질 위에 생식기를 몇 번씩 비빈다. 그러면 대개 1, 2분 내로 또다른 개체가 와서 같은 행동을 반복한다. 수컷들은 양손으로 묘목을 잡고 어깨를 양쪽으로 이리저리 돌리기도 한다. 그러면 손목의 돌기에 나무껍질이 깊숙이 긁

맞은편
산지나무땃쥐(*Tupaia montana*)가 벌레잡이 식물(*Nepenthes kinabaluensis*)이 분비한 꿀을 먹고 있다. 보르네오 사바 주, 키나발루 산지림.

위
점프 중인 코쿠렐 시파카(*Propithecus coquereli*). 마다가스카르 북서부 안자자비 보호구역.

히면서 냄새가 진하게 스며든다.

알락꼬리여우원숭이 수컷은 신호뿐만 아니라 방어 수단으로도 냄새를 사용한다. 경쟁자와의 싸움을 준비할 때에는 팔을 접어서 손목을 겨드랑이의 분비샘에 비빈다. 그런 다음 뒷다리 사이로 꼬리를 내밀어서 가슴 앞에 두고, 손목의 돌기 사이에 꼬리를 몇 번 비벼서 냄새를 묻힌다. 이렇게 무장을 한 다음 경쟁자와 네 발로 서서 대면한 후, 털을 치켜세우고 엉덩이를 높이 쳐들고 근사한 꼬리를 등 위에 탁탁 치면서 냄새가 앞쪽으로 퍼지도록 한다. 영역 사이의 경계에서 두 무리가 만나면, 입을 크게 벌리고 끽끽거리면서 깡충깡충 뛰어다니고 손목의 돌기로 묘목에 정신없이 흔적을 남기면서 한 시간씩 싸움을 벌이기도 한다.

알락꼬리여우원숭이는 나무 위에서도 많은 시간을 보낸다. 그 위에서는 좀더 원숭이답게 행동하기 때문에 영장류적 특성이 쓸모를 발휘한다. 눈은 머리의 정면에 붙어 있어서 양쪽 눈을 함께 사용할 수 있다. 또한 손가락의 움직임이 자유롭고 엄지가 다른 손가락들과 마주보고 있어서 나뭇가지를 움켜쥘 수 있다. 손끝에는 갈고리 형태의 발톱이 아니라 짧은 손톱이 달려 있어서 무엇인가를 쥘 때에 방해가 되지 않으며 나뭇가지 끝에 있는 열매와 나뭇잎을 따먹을 때에도 유용하다. 이런 특징들 덕분에 몸집이 꽤 큰 동물이지만 나무에서 나무 사이로 안전하게 도약해서 다닐 수 있다.

움켜쥐는 능력은 어린 여우원숭이들에게도 유용하게 쓰인다. 나무땃쥐 새끼는 땅에 지은 둥지 안에서 지낸다. 어미는 이틀에 한 번씩만 둥지를 찾아오는데 아마도 연약한 새끼가 포식자의 관심을 끌지 않도록 하기 위해서일 것이다. 하지만 여우원숭이 새끼는 태어나자마자 어미의 털에 매달릴 수 있기 때문에 어미가 어디를 가든 함께 다니며 보호를 받는다. 알락꼬리여우원숭이는 한 번에 한 마리, 때로는 두 마리의 새끼를 낳는다. 암컷들은 대개 땅에 함께 모여 앉아서 서로 털을 손질해주며 휴식을 취한다. 그러면 새끼는 이 암컷에게서 저 암컷에게로 신나게 돌아다니고는 한다. 가끔은 유난히 온화한 어미에게 서너 마리의 새끼가 달라붙어 있고, 다른 암컷은 그 옆에서 애정을 담아서 새끼들을 핥아주는 모습도 볼 수 있다.

알락꼬리원숭이의 네 다리에는 모두 비슷한 길이의, 물체를 움켜쥘 수 있는 발가락이 있어서 땅이나 나뭇가지를 네 발로 뛰어다닐 수 있다. 하지만 마다가스카르에는 약 20종이 넘는 여우원숭이가 있고 그중 대부분은 거의 언제나 나무 위에서 지낸다. 알락꼬리여우원숭이보다 조금 크고 온통 흰색 털에 덮여 있는 멋진 동물인 시파카는 특히 점프의 전문가이다. 이들은 팔보다 유난히 긴 뒷다리로 4, 5미터씩 점프해서 나무와 나무 사이를 오갈 수 있다. 이런 놀라운 재주를 지닌 대신에 네 발로는 뛰지 못한다. 드물게 땅으로 내려왔을 때에도 팔이 짧기 때문에 두 발로 서서 나무 사이를 점프할 때와 같은 동작으로 깡충깡충 뛸 수밖에 없다.

시파카는 턱 밑에 냄새 분비샘이 있다. 이 분비샘을 수직 방향으로 뻗은 나뭇가지에 비벼서 영역을 표시하고, 그 효과를 강화하기 위해서 나뭇가지를 천천히 타고 올라가면서 엉덩이를 흔들어 나무껍질에 오줌을 흘린다.

나무 위에서 가장 많은 시간을 보내고 거의 땅으로 내려오지 않는 여우원숭이로는 시파카의 가까운 친척인 인드리가 있다. 인드리는 머리와 몸길이가 약 1미터로 여우원숭이들 중에서 가장 큰 종류이다. 몸을 덮고 있는 흑백의 다양한 무늬가 두드러지며, 꼬리는 뭉툭하게 퇴화하여 털 속에 감추어져 있다. 비율로 따지면 시파카보다 더욱 다리가 길다. 가장 큰 발가락은 다른 발가락과 멀리 떨어져 있고 길이도 두 배나 되어서 커다란 집게처럼 보이는 발로 굵은 나무줄기도 움켜쥘 수 있다. 이들은 놀라운 점프 능력을 가지고 있다. 뒷다리를 순간적으로 쭉 펴면서 상체를 똑바로 세운 채 공중으로 날아올랐다가 착지한 후에 다시 튀어오르기를 계속 반복할 수 있기 때문에 숲속의 나무들 사이를 깡충깡충 뛰어다니는 것처럼 보인다.

인드리도 냄새를 이용해서 나무에 흔적을 남기지만 알락꼬리여우원숭이보다는 그 정도가 약하다. 냄새는 이들의 삶에 그다지 중요하지 않은 것처럼 보인다. 대신 이들은 다른 방식으로 영역의 소유권을 주장한다. 바로 노래를 부르는 것이다. 인드리 가족은 아침저녁으로 숲의 한구석을 기이하게 울부짖는 듯한 합창으로 채운다. 각자 따로따로 노래에 합류하기도 하고 숨을 돌리기도 하기 때문에 노랫소리가 몇 분씩 끊이지 않고 계속된다. 위험을 감지했을 때에는 고개를 들어서 아주 멀리까지 울려 퍼지는 커다란 울음소리로 신호를 보낸다.

인드리처럼 소리를 사용해서 나무 위에서 영역을 주장하는 것이 아주 적절한 방식으로 보이지만 당연히 한 가지 단점이 있다. 자신들의 존재와 위치를 포식자들에게 알려주는 셈이기 때문에 매우 위험하다는 것이다. 그러나 나무 위에서는 이것이 큰 문제가 되지 않는다. 어떤 천적도 그 위로 올라올 수 없기 때문에 아무 걱정 없이 노래를 부를 수 있다.

알락꼬리여우원숭이, 시파카, 인드리를 비롯해서 마다가스카르에 사는 여러 종의 여우원숭이들은 낮에 활동을 하지만 망막 뒤쪽에 반사층이 있어서 아주 희미한 빛 속에서도 앞을 볼 수 있다. 이것은 밤에 활동하는 동물들의 특징이기 때문에 이 여우원숭이들이 아주 최근까지 야행성이었다는 사실을 보여주는 강력한 증거이기도 하다. 마다가스카르에 사는 이들의 많은 친척은 지금도 야행성이다.

토끼만 한 크기의 젠틀여우원숭이는 나무 속에 있는 구멍에서 산다. 낮에는 이 구멍의 입구 옆에 앉아서 가까운 곳만 이리저리 둘러본다. 어둠이 오면 좀더 활발해져서 우스꽝스러울 정도로 천천히, 신중하게 돌아다니는데 이런 태도는 아무리 급박한 상황이 닥쳐도 달라지지 않는 듯하다. 가장 작은 여우원숭이는 쥐여우원숭이이다. 들창코에 매력적인 큰 눈을 가진 이 동물은 가느다란 나뭇가지들 사이를 날쌔게 돌아다닌다. 인드리의 가까운 친척이자 야행성인 양털여우원숭이는 인드리와 외모와 크기는 비슷하지만 털이 검은색과 흰색이 아니라 회색이고 북슬북슬하다. 가장 독특하고도 특화된 여우원숭이는 아이아이(aye-aye)이다. 이들은 수달만 한 크기에 검은색의 텁수룩한 털과 숱이 많은 꼬리, 커다란 막 형태의 귀를 가지고 있다. 유난히 길고 메말라 보이는 손가락 하나는 단단한 탐침 역할을 한다. 아이아이는 이 손가락으로 썩은 나무 속 구멍에서 주식인 딱정벌레의 유충을 빼내어 먹는다.

6,000만 년 전, 원원류는 유럽과 북아메리카에만 살았고 마다가스카르에는 없었다. 약 1억 년 전에 이 섬은 지금의 인도, 남극과 함께 아프리카에서 분리되어 나왔다. 그러다가 순전히 우연에 의해서 여우원숭이의 조상(아마도 임신한 암컷 한 마리였을 것이다)이 대륙에서 발생한 폭풍의 잔해에 매달려 아프리카에서 마다가스카르까지 오게 되었다. 유전자 연구에 따르면 오늘날의 모든 여우원숭이는 그 한 번의 사건으로부터 비롯되었다. 1,500만 년 전에도 비슷한 일이 일어났다. 몽구스와 비슷한 고대의 동물이 비슷하게 표류하다가 마다가스카르에 도달했다. 오늘날 이들은 고양이와 비슷하고 매우 사나운 포사를 비롯한 12종의 동물로 발달했다. 이곳에는 다른 원원류가 없었기 때문에 여우원숭이들이 번성할 수 있었다. 다른 지역에서는 원숭이와의 경쟁에서 대부분 패배했다. 하지만 전부 그런 것은 아니었다. 남아메리카의 올빼미원숭이를 제외하면 모든 현생 원숭이들은 낮에 활동하기 때문이다. 야행성이었던 원원류는 이들과 정면으로 대결할 필요가 없었고 그중의 일부는 지금까지도 살아남았다.

아프리카에는 쥐여우원숭이와 매우 유사한 몇 종류의 부시베이비가 살고 있다. 포토원숭이, 그리고 좀더 호리호리한 앙완티보도 살고 있는데 이 두 종류는 젠틀여우원숭이처럼 엄청나게 신중히 움직인다. 아시아에는 중간 크기의 야행성 원원류 2종이 살고 있다. 스리랑카에 사는 막대기처럼 호리호리한 체격의 로리스, 그리고 그보다 조금 더 크고 통통한 늘보로리스이다. 이들 모두가 큰 눈을 가지고 있지만 여전히 냄새를 이용해서 나무에 표시를 하고 어둠속에서 길을 찾는다. 흔적은 소변으로 남기는데 모두 덩치가 상대적으로 작고 나무줄기보다는 잔가지들 사이에서 살기 때문에 위치를 잡기가 쉽지 않다. 오줌줄기가 의도한 지점을 빗나가서 다른 나뭇가지에 뿌려지거나 땅으로 떨어질 수 있기 때문이다. 그래서 이들은 손발에 오줌을 싸서 비빈 다음 독한 냄새가 나는 손자국을 영역 전체에 열심히 남기고 다닌다.

동남아시아에는 또다른 원원류인 안경원숭이가 살고 있다. 이들의 크기와 모양은 작은 부시베이비와 유사하다. 꼬리에는 끝에만 털이 촘촘히 나 있을 뿐 거의 없고 점프를 할 수 있는 매우 긴 뒷다리와 물체를 움켜쥘 수 있는 긴 손가락을 가지고 있다. 그러나 얼굴을 언뜻 보기만 해도 부시베이비와는 매우 다른 동물이라는 것을 알 수 있다. 안경원숭이는 쏘아보는 듯한 커다란 눈을 가지고 있다. 몸의 나머지 부분과의 비율로 따지면 우리의 눈보다 150배나 큰 눈이다. 사실 그런 식으로 따지면 지구상의

어떤 포유류보다 눈이 큰 동물이기도 하다. 안와에서 툭 튀어나온 이 눈은 위치가 고정되어 있어서 인간처럼 곁눈질로 옆을 슬쩍 볼 수가 없다. 옆에 있는 것을 보려면 고개 전체를 돌려야 하는데 이 모습은 마치 올빼미들이 머리를 180도 꺾어서 어깨 너머의 뒤쪽을 바라볼 때처럼 섬뜩해 보인다. 더욱 놀랍게도 보르네오의 현지인들은 이 원숭이가 고개를 360도까지 돌릴 수 있다고 믿고 있으며, 따라서 머리와 몸의 연결이 다른 동물보다 느슨할 것이라고 생각한다. 한때 인간 사냥을 하던 현지인들은 숲에서 안경원숭이를 보면 곧 누군가의 머리가 잘릴 징조라고 생각했다. 인간 사냥을 하러 가려는 사람들에게는 좋은 징조였겠지만, 전통 가옥 안에서 평화롭게 살고자 했던 사람들에게는 그다지 좋은 징조가 되지 못했을 것이다.

유난히 큰 눈 외에도 안경원숭이는 박쥐의 귀처럼 얇아서 이리저리 꺾거나 접으면서 특정한 소리에 집중할 수 있는 귀를 가지고 있다. 고도로 발달된 이 두 가지의 감각기관을 이용해서 밤에 곤충이나 소형 파충류, 심지어 어린 새를 사냥하기도 한다. 휴식을 취할 때에는 대개 수직 방향의 가지에 상체를 똑바로 세운 채 매달린다. 지상에서 나뭇잎 사이를 부스럭거리며 돌아다니는 딱정벌레는 쉽게 이들의 주목을 끈다. 딱정벌레의 소리를 들으면 안경원숭이는 갑자기 고개를 꺾어서 아래를 내려다본다. 그리고 자유자재로 움직이는 귀를 앞으로 접는다. 아무것도 모른 채 돌아다니는 딱정벌레를 그 상태로 지켜보다가 한 번에 땅으로 뛰어내려 양손으로 딱정벌레를 움켜쥔다. 그런 후에는 씹을 때마다 커다란 눈을 감고 대단히 만족스러운 표정을 지으며 먹어치운다.

안경원숭이는 소변으로 영역을 표시하지만, 사냥하는 모습을 보고 있으면 후각만큼이나 시각도 중요해 보인다. 코만 보더라도 이 동물이 다른 원원류와는 상당히 다르다는 것을 알 수 있다. 일단 눈이 워낙 크기 때문에 두개골의 앞쪽에 코가 들어갈 공간이 적어서 코 안의 통로가 부시베이비에 비해서 상당히 좁다. 콧구멍은 여우원숭이나 다른 원원류처럼 쉼표 모양도 아니고 축축한 맨살에 둘러싸여 있지도 않다. 이런 측면에서는 원숭이, 유인원과 유사하기 때문에 안경원숭이는 모든 고등 영장류의 원시적인 형태처럼 보인다. 하지만 유전자 연구 결과, 안경원숭이는 인간의 혈통으로 이어지는 동물군에서 최초로 갈라져 나온 종류이다. 따라서 5,000만 년 전에 전 세계로 퍼져 나가서 대부분의 원원류를 몰아내고 구세계와 신세계를 원숭이들로 채운 초기 영장류의 가까운 친척인 셈이다.

원숭이는 원원류와 크게 다르다. 다만 이들의 세계도 후각이 아니라 시각의 지배를

맞은편
필리핀안경원숭이 (*Tarsius syrichta*)가 나뭇가지에 매달려 있다. 필리핀 보홀.

받는다는 점에서는 안경원숭이와 유사하다. 나무 위에서 살면서 때때로 이리저리 점프해서 이동하는 동물들에게는 자신이 가는 방향을 볼 수 있는 능력이 매우 중요하다. 따라서 밤보다는 환한 낮이 더욱 유리하기 때문에 올빼미원숭이를 제외한 모든 원숭이가 낮에 활동을 한다. 이들의 시력은 원원류보다 뛰어나다. 심도를 구별할 수 있을 뿐만 아니라 색을 인지하는 능력도 크게 발달했다. 이런 정확한 시력으로 멀리 있는 열매의 익은 정도와 나뭇잎의 신선함을 판단할 수 있으며, 흑백의 세상에서는 보이지 않았을 다른 동물의 존재도 볼 수 있다. 서로 의사소통을 할 때에도 색을 활용한다. 또한 색을 식별하는 능력이 좋기 때문에 모든 포유류 중에서 가장 화려한 색으로 몸을 치장하게 되었다.

아프리카에는 흰색의 턱수염에 파란 안경을 쓰고 오렌지색 이마 위로 검은 모자를 쓴 브라자원숭이, 진홍색 코에 파란색 뺨을 가진 맨드릴, 수컷의 생식기가 놀라울 정도로 선명한 파란색인 버빗원숭이가 살고 있다. 중국에는 금색 털과 군청색 얼굴을 한 원숭이가, 아마존의 숲속에는 털이 없는 새빨간 얼굴을 가진 우아카리원숭이가 살고 있다. 이들은 가장 화려한 옷을 입은 종에 속하지만 그외에도 유색의 털과 피부를 가진 종이 많다. 원숭이들은 이런 장식으로 자신의 존재를 알리고 경쟁자를 위협하고 종의 특성을 드러내며 성별을 구분한다.

이들은 소리도 매우 다양한 방식으로 사용한다. 나무 위에서 이리저리 곡예사처럼 뛰어다니면서 독수리 같은 동물 외에는 어떤 포식자의 손길로부터도 자유롭기 때문에 자신들의 존재를 드러내는 데에 전혀 거리낌이 없다. 남아메리카의 고함원숭이는 아침저녁으로 앉아서 합창을 한다. 후두가 굉장히 크고, 목을 풍선 형태로 부풀려서 소리를 공명시키기 때문에 몇 킬로미터 밖에서도 이들의 합창을 들을 수 있으며, 이것은 모든 동물들이 내는 소리 중에서 가장 크다고 알려져 있다. 그러나 모든 원숭이들은 각기 다른 다양한 소리를 낸다. 소리를 내지 못하는 원숭이는 존재하지 않는다.

남아메리카에 도달한 이후 파나마 지협이 바닷속에 가라앉으면서 고립된 원숭이들은 고유의 혈통을 가지고 독자적으로 발달해왔다. 이들이 하나의 무리에서 파생되었다는 것은 공통적인 해부학적 특징이 많다는 점을 통해서 추측할 수 있다. 콧구멍의 모양도 이런 특징에 포함된다. 남아메리카의 모든 원숭이들은 콧구멍의 간격이 넓고 양쪽으로 뚫린 납작한 코를 가진 반면에, 다른 지역의 원숭이들은 콧구멍이 앞쪽이나 아래쪽을 향하는 가느다란 코를 가지고 있다.

맞은편
대머리우아카리원숭이
(*Cacajao calvus calvus*).
브라질.

남아메리카의 마모셋과 타마린은 낮에 활동하지만 여전히 의사소통 수단으로 냄새를 많이 활용한다. 이들의 수컷은 나뭇가지 껍질을 갉아낸 다음 소변으로 적셔서 영역 표시를 한다. 하지만 다른 원숭이와 만날 때에는 콧수염, 귀마개, 가발 같은 볏 등 굉장히 정교한 장식을 뽐내기도 하고 지저귀는 듯한 높은 소리로 위협하기도 한다. 이들이 새끼를 키우는 방식 또한 냄새 표시처럼 좀더 원시적인 여우원숭이를 연상시킨다. 새끼들은 어른들의 품을 자유롭게 옮겨다니며, 특별히 인내심이 많은 수컷에게 모여들고는 한다.

원숭이들 중에서 가장 작은 마모셋은 원숭이들의 기본적인 생활방식을 벗어나서 영장류보다는 다람쥐에 가까운 삶을 택한 것처럼 보인다. 이들은 견과를 먹고 곤충을 잡아먹으며 앞쪽으로 뻗어 있는 독특한 앞니로 나무껍질을 갉아서 수액을 핥아먹는다. 피그미마모셋은 몸길이가 10센티미터밖에 되지 않는다. 몸집이 너무 작아서 이들은 발톱으로 나무껍질을 디디며 나무를 기어오르기보다는 나뭇가지 위를 뛰어다니고는 한다. 이런 특징도 곤충을 먹는 조상으로부터 곧장 물려받은 것처럼 보이지만 사실은 최근에 발달한 듯하다. 마모셋의 태아는 보통 원숭이들처럼 손가락에 손톱이 발달하다가 나중에야 뾰족한 발톱으로 바뀌기 때문이다.

그러나 마모셋은 예외적인 경우이다. 대부분의 원숭이는 이들보다 훨씬 더 크다. 실제로 영장류는 진화의 역사 내내 몸집을 키워온 경향이 있다. 그 이유를 짐작하기란 쉽지 않다. 아마도 수컷들이 경쟁자들과 싸울 때, 덩치와 근육이 더 크고 속도 면에서도 더 빠른 쪽이 이길 확률이 높았고 그래서 그런 경향을 후손에게도 물려주었을 것이다. 그러나 몸무게가 늘어나면 나무를 움켜쥐는 손에 가해지는 부담도 늘어난다. 남아메리카의 원숭이들은 이 문제를 해결하기 위해서 독특한 방법을 발달시켰다. 꼬리를 다섯 번째 발로 바꾼 것이다. 이들의 꼬리에는 꼬리를 둥글게 구부리고 휘감을 수 있는 특별한 근육이 있으며, 그 끝부분의 안쪽 표면에는 털이 없고 손가락처럼 굴곡이 진 피부가 발달했다. 이런 꼬리는 굉장히 힘이 강해서 거미원숭이는 양손으로 열매를 모으는 동안에도 꼬리만으로 매달려 있을 수 있다.

아프리카의 원숭이들은 무슨 이유에서인지 꼬리를 이런 형태로 발달시키지 않았다. 그들은 꼬리를 다른 목적에 사용한다. 나뭇가지를 뛰어다닐 때에 꼬리를 수평 방향으로 뻗어서 균형을 잡는 것이다. 점프를 할 때에는 꼬리를 흔들어서 일종의 공기역학적 기능을 하게 함으로써 이동 경로를 변화시켜서 착지 지점을 어느 정도까지 조정할 수 있다. 그렇다고 해도 아프리카 원숭이들의 꼬리가 남아메리카에 사는 사촌들의 꼬리만큼 유용하다고는 볼 수 없다. 어쩌면 아프리카 원숭이들이 나무를 기어오를 때에 꼬리를 사용하지 못하게 된 것은, 덩치가 점점 커져서 나무 위에서의 삶이 점점 불편하고 위험해지면서 땅에서 더 많은 시간을 보내게 되었기 때문일지도 모른다. 실제로 남북 아메리카에는 땅에서 사는 원숭이가 없는 반면 유럽, 아시아, 아프리카에는 많이 있다.

땅에서는 원숭이의 꼬리가 별 쓸모가 없어 보인다. 개코원숭이는 꼬리가 부러지기라도 한 것처럼 절반 정도는 아래로 늘어뜨리고 다닌다. 이들의 가까운 친척인 드릴과 맨드릴의 꼬리는 짧고 뭉툭하게 퇴화되었다. 마카크들에게도 같은 변화가 일어났다.

마카크는 영장류 중에서 가장 다양하게 번성한 종류에 속한다. 극한의 환경에서도 살아남을 수 있는, 영리하고, 적응력 강하고, 융통성 있고, 유연하고, 진취적이고, 강인한 원숭이를 고른다면 당연히 마카크일 것이다. 마카크에는 약 23종이 있으며 여러 하위 아종(亞種)으로 나뉜다. 이들은 대서양에서 태평양까지 지구상의 절반에 걸쳐서 분포하고 있다. 지브롤터에 사는 마카크는 유럽에서 인간을 제외한 유일한 야생 영장류이다. 물론 이들이 얼마나 야생인지는 의심스럽다. 지난 300년간 그곳에 주둔한 영국군은 마카크의 수가 줄어들 때마다 북아프리카에서 주기적으로 수입해왔다. 영국군이 오기 전인 로마 시대에도 마카크는 있었지만 심지어 그때도 사람들은 이들을 애완동물로 데리고 해협을 건너 다녔다. 그럼에도 불구하고 마카크가 어떤 방식으로든지 그렇게 오랫동안 살아남은 것은 그들의 공이다.

또다른 마카크 종인 붉은털원숭이는 인도에서 가장 흔한 원숭이 중의 하나로 주로 신전 근처에서 살면서 신성시되는 동물이다. 더 동쪽에 사는 종은 맹그로브 늪지대에서 헤엄을 치고 잠수를 하며 게를 비롯한 갑각류를 잡아먹는다. 말레이시아의 돼지꼬리마카크는 인간에게 길들여져서 야자나무에 올라가 코코넛을 따온다. 가장 북쪽에 사는 원숭이인 일본의 마카크들은 겨울의 혹한을 이겨내기 위해서 길고 텁수룩한 털옷을 발달시켰다.

거의 모든 마카크들이 땅에서 많은 시간을 보낸다. 나무에서의 삶에 적합하게 발달한 손과 눈은 땅에서 번성하는 데에도 도움이 되었다. 그리고 이들에게는 아직 언급하지 않은 또 하나의 장점이 있다. 바로 더 크고 복잡한 뇌이다.

뇌의 발달은 다른 두 가지의 발달에 필수적으로 수반한 것이었다. 손가락을 따로따

로 움직이려면 추가적인 제어 기제가 필요했다. 또한 두 개의 눈으로 이미지를 조합해서 하나의 상을 만들려면 통합 회로가 필요했다. 손가락으로 작은 물체들을 쥐고 살펴보려면 손과 눈 사이에 좀더 정확한 협응이 필요했고, 그러려면 뇌 속의 두 가지 제어 영역 사이를 연결시켜야 했다. 사용을 덜하게 된 영역은 오직 하나, 후각을 담당하는 영역뿐이었다. 그래서 원숭이의 뇌 속을 보면 후각구의 크기가 상당히 줄어들었고, 무엇보다 학습 능력을 관장하는 대뇌피질이 크게 확장된 것을 확인할 수 있다.

일본의 마카크는 원숭이들의 학습 능력이 얼마나 발달했는지를 보여주는 훌륭한 증거이다. 일본 과학자들이 이들 중의 몇 무리를 연구해왔다. 그중의 한 무리는 겨울에 눈이 많이 쌓이는 일본 북부의 고산지대에서 살고 있다. 연구자들은 이 원숭이들이 아무도 가본 적 없는 지역으로 서식지를 넓히는 모습을 관찰했다. 그곳에는 뜨거운 화산 온천들이 있었는데, 원숭이들은 이 따뜻한 물에서 기분 좋게 목욕을 할 수 있다는 사실을 발견했다. 몇 마리가 먼저 시도했고 곧 이 습성이 무리에 퍼져 나갔다. 지금은 그 지역의 모든 원숭이들이 겨울마다 온천욕을 한다. 발견을 이끌어내는 호기심과 새로운 활동을 규칙적인 습관으로 바꾸는 적응력은 진취적인 마카크들의 특징이다.

또다른 무리는 더욱 극적인 방식으로 이런 특성을 보여주었다. 혼슈 남부의 고지마라는 작은 섬에 사는 원숭이들은 좁지만 거친 바다를 사이에 두고 본토와 분리되어 있어서 대단히 고립된 사회를 이루고 있다. 1952년, 과학자들이 이 원숭이를 연구하기 시작했다. 그들은 사납고 경계심 많은 이 동물들을 밖으로 끌어내기 위해서 고구마를 주기 시작했다. 1953년, 연구자들이 잘 알고 있고 이모라는 이름까지 붙여준 세 살 반이 된 어린 암컷이 전에도 수백 번 그랬던 것처럼 고구마 하나를 집어들었다. 언제나처럼 고구마에는 흙과 모래가 묻어 있었는데, 무슨 이유에서인지 이모가 고구마를 웅덩이로 가져가서 물에 담근 다음 손으로 흙을 닦아냈다. 이 행동이 얼마나 논리적인 사고의 결과였는지는 알 수 없지만 한번 그런 행동을 한 후부터는 그것이 습관이 되었다.

1개월 후에, 이모의 어린 친구 하나가 같은 행동을 하기 시작했다. 4개월 후에는 이모의 어미도 그렇게 했다. 이 습관은 무리의 구성원들 사이에 점점 퍼져 나갔다. 몇몇은 민물 웅덩이뿐만 아니라 바닷물도 이용하기 시작했다. 어쩌면 짠맛이 더 맛있게 느껴진다는 것을 발견했을지도 모른다. 과학자들이 이들에게 먹이를 주는 것을 그만둔지 오래된 지금도, 바다에 먹이를 씻어 먹는 것은 이들의 보편적인 습성이 되었다. 이 습성을 학습하지 못한 개체는 이모가 처음 실험을 하던 무렵에 이미 나이가 많았던

맞은편
황금머리사자타마린
(*Leontopithecus chrysomelas*).

원숭이들뿐이었다. 이 원숭이들은 기존의 방식에 너무 익숙해져 있어서 변화하지 못했던 것이다.

그러나 이모는 혁신을 멈추지 않았다. 과학자들은 해변에 껍질을 까지 않은 쌀알을 한 움큼 던져놓고 원숭이들을 모래밭으로 유인했다. 원숭이들이 쌀알을 줍는 데에 시간이 걸릴 테니 그만큼 오래 관찰할 수 있으리라고 생각했던 것이다. 하지만 그들이 예측하지 못했던 것은 이모의 행동이었다. 이모는 쌀이 섞인 모래를 한 움큼 집어들고서는 바위 사이의 웅덩이로 가져가서 물에 던졌다. 모래가 바닥에 가라앉자 이모는 물 위에 뜬 쌀알을 건져냈다. 이 습성은 다시 한번 퍼져 나가서, 곧 모두가 그렇게 하게 되었다. 먹이를 씻는 습성의 지속은 위생과도 관련이 있어 보인다. 먹이를 꼼꼼하게 씻어서 먹는 마카크들의 몸에는 기생충이 더 적다.

동료로부터 무엇인가를 배울 수 있는 능력과 배우려는 의향은 사회 내에서의 기술과 지식, 방법의 공유로 이어졌다. 한마디로 문화의 발달이었다. 물론 문화라는 말은 보통 인간 사회의 맥락에서 쓰이지만, 고지마의 마카크들 사이에서도 단순한 형태의 문화가 시작되는 것을 관찰할 수 있었다.

고지마의 마카크에게 먹이를 주는 일은 또다른 발달을 가져왔다. 이들은 강력한 이빨로 서로를 무는 것을 주저하지 않는 거칠고 공격적인 동물이지만, 지금은 인간에게 너무 익숙해져서 전혀 위협을 느끼지 않는다. 그래서 누군가가 고구마가 든 자루를 가지고 오면 주저 없이 낚아채려고 한다. 한 번에 하나씩 나눠주는 것은 불편하기 때문에 연구자들은 그냥 자루를 해변에 내려놓고 물러난다. 그러면 마카크들은 자루에 달려들어 한 손에 고구마를 하나 쥐고 입안에도 하나 넣은 다음, 세 발로 절뚝거리며 달려간다. 그런데 그중의 몇 마리는 더 좋은 방법을 쓴다. 고구마를 여러 개 모아서 양팔로 가슴에 안고, 뒷다리로 일어선 채 해변을 달려서 바위 사이의 안전한 장소로 가는 것이다. 매일 주는 고구마 자루가 여러 세대를 거치면서 이들의 삶에 영구적인 요소가 된다면, 이런 기술을 쉽게 수행할 수 있는 균형 감각과 다리 비율을 유전적으로 타고난 개체들이 대부분의 먹이를 차지하게 될 것이다. 더욱 잘 먹으니 당연히 무리를 지배하게 되고 더 성공적으로 번식해서 이들의 유전자가 무리 내에 널리 퍼지게 될 것이다. 이렇게 수천 년이 지나면 마카크는 두 발로 걷는 동물에 점점 더 가까워질 것이다. 실제로 아프리카에서 그런 변화가 일어났다. 그 기원을 추적하려면 약 3,000만 년 전으로 거슬러올라가야 한다.

그 무렵에 하등 영장류 중에서 한 종류의 몸집이 점점 커져갔다. 그에 따라서 나무 사이를 이동하는 방식도 달라졌다. 나뭇가지 위에서 균형을 잡으며 뛰어다니는 대신에 그 아래에 매달려서 몸을 앞뒤로 흔들며 이동하기 시작했다. 이런 동작을 잘 하려면 신체의 변화가 필요했다. 시간이 지날수록 팔이 점점 더 길어졌다. 더 긴 팔을 가진 개체가 더 멀리까지 이동할 수 있었기 때문이다. 균형을 잡는 역할에 쓸모가 없어진 꼬리는 사라졌다. 복부는 더 이상 수평 방향의 척추 아래에 늘어져 있는 것이 아니라 기둥처럼 수직 방향으로 선 척추에 단단히 붙어 있게 되었으며, 이런 복부를 지탱하기 위해서 근육계와 골격도 변화했다. 이런 변화로 최초의 유인원이 출현했다.

현생 유인원은 다섯 종류로 나뉜다. 아시아의 오랑우탄과 긴팔원숭이, 아프리카의 고릴라와 침팬지, 그리고 물론 나머지 한 종류는 인간이다.

보르네오와 수마트라에는 나무에 사는 동물들 중에서 가장 몸집이 큰 붉은 털의 유인원인 오랑우탄이 살고 있다. 수컷의 키는 일어섰을 때에 1.5미터가 넘고 팔을 뻗었을 때의 길이는 2.5미터나 되며 몸무게는 무려 200킬로그램에 달한다. 네 발의 발가락 모두 움켜쥐는 힘이 강해서 사실상 손이 4개라고 할 수 있으며, 고관절의 인대가 굉장히 길고 느슨해서 특히 어릴 때에는 인간이 보기에 도저히 불가능해 보이는 각도로 다리를 뻗을 수 있다. 한마디로 이들은 나무 위에서의 삶에 훌륭하게 적응했다.

그러나 이들의 몸집은 일종의 장애물처럼 보이기도 한다. 몸이 너무 무거워서 이들이 매달려 있는 나무가 부러지기도 하기 때문이다. 좋아하는 열매가 이들이 매달리기에는 너무 약한 가지에 달려 있어서 먹지 못할 때도 많다. 나무 사이를 이동할 때에도 문제가 생긴다. 두 나무 사이에 걸쳐진 가지가 튼튼하면 문제될 것이 없지만 늘 그런 것은 아니다. 오랑우탄은 팔을 길게 뻗어서 튼튼한 가지를 찾거나, 나무를 흔들어서 휘어졌을 때에 재빨리 건너가는 식으로 이 문제를 해결한다.

이런 방식이 기발할지는 몰라도 오랑우탄의 움직임이 자유롭거나 날쌔다고 보기는 어렵다. 가끔 몸집이 너무 커진 늙은 수컷은 이 모든 과정을 거치기 힘든 나머지 멀리 이동하고 싶을 때마다 나무 아래로 내려와 땅 위를 느릿느릿 걸어가기도 한다. 나무 위에서 살다 보면 위험한 일도 많다. 오랑우탄 성체의 골격을 연구한 결과, 안타깝게도 34퍼센트가 한 번 이상 뼈가 부러진 적이 있었던 것으로 나타났다.

수컷들은 나이가 들수록 목 아래에 늘어진 주머니가 커져서 거대한 이중 턱처럼 보인다. 이것은 단순한 지방이 아니라 공기를 넣어서 부풀릴 수 있는 진짜 주머니이다.

이 주머니는 가슴을 지나서 겨드랑이를 거쳐 등 위와 어깨뼈까지 이어진다. 고대의 오랑우탄들은 이 주머니를 고함원숭이처럼 목소리를 증폭시키기 위한 공명기로 사용했을지도 모르지만, 오늘날의 오랑우탄은 노래를 부르지 않는다. 이들이 내는 가장 인상적인 소리는 한숨과 신음 같은 소리를 섞어서 2, 3분간 길게 내는 울음소리이다. 목의 주머니 일부를 부풀려서 내는 소리인데 마지막에는 주머니에서 바람 빠지는 소리가 짧게 여러 번 나는 것으로 끝을 맺는다. 하지만 이런 울음소리를 자주 내지는 않는다. 오랑우탄이 내는 소리는 끙끙거리거나 끽끽거리거나 깊은 한숨을 쉬거나 입술을 오므려서 빨아들이는 듯한 소리가 대부분이다. 종류는 다양하지만 큰 소리가 아니어서 아주 가까이에서만 들을 수 있다. 이들은 대개 단독 생활을 하기 때문에 이런 독백을 하고 있으면 혼자 중얼거리고 투덜거리는 은둔자처럼 보인다. 오랑우탄 수컷은 어미 품을 떠나자마자 단독 생활을 시작하여 혼자 이동하고 먹이를 먹으며, 잠깐 짝짓기를 할 때에만 다른 오랑우탄을 찾는다.

몸집이 수컷의 절반 정도밖에 되지 않는 오랑우탄 암컷 역시 단독 생활을 하며 새끼만 데리고 숲속을 돌아다닌다. 혼자 지내는 습성은 아마도 이들의 몸집과도 관련이 있을 것이다. 열매를 먹는 오랑우탄은 몸집이 워낙 크기 때문에 매일 엄청난 양의 열매를 찾아야 한다. 그러나 열매를 맺는 나무는 흔하지 않으며 숲 여기저기에 일정하지 않은 간격을 두고 흩어져 있다. 어떤 나무는 25년에 한 번씩 열매를 맺고, 다른 어떤 나무는 약 100년가량 계속해서 열매를 맺지만 한 번에 한 가지에서만 맺는다. 또 어떤 나무들은 규칙적인 패턴이 없고 거센 폭풍우가 닥치기 전의 갑작스러운 기온 하락과 같은 날씨 변화에 따라서 불규칙적으로 열매를 맺는다. 열매를 맺더라도 일주일 정도만 나무에 매달려 있고, 곧 익어서 떨어져버리거나 다른 동물들에게 빼앗기기도 한다. 따라서 오랑우탄은 먼 거리를 이동하며 끊임없이 열매를 찾아야 하고, 그렇기 때문에 발견한 열매를 혼자 차지하는 편이 더욱 유리할지도 모른다.

크게 두 종류로 나뉘며 여러 종이 속해 있는 긴팔원숭잇과 동물들도 역시 열매를 먹지만 아주 다른 방향으로 발달해왔다. 유인원들은 커진 몸집 때문에 나뭇가지에 매달려 이동하게 되었을지도 모르지만, 원시 긴팔원숭이는 몸집을 더 줄임으로써 새로운 이동 방식을 활용할 수 있게 되었다. 그리고 나뭇가지 위에서 균형을 잡으며 뛰어다니는 그 어떤 원숭이들보다도 더 훌륭한 곡예사가 되었다. 나무 꼭대기에서 움직이는 긴팔원숭이의 모습은 열대림에서 볼 수 있는 가장 근사한 풍경 중의 하나이다. 이들은

맞은편
수마트라오랑우탄 (*Pongo abelii*) 암컷이 리아나 나무에 매달린 채 새끼의 손을 잡고 있다. 인도네시아 수마트라 구눙 르우제르 국립공원.

9, 10미터나 떨어진 나무를 향해서 놀랄 만큼 유연하고 우아하게 몸을 던져서 가지 하나를 움켜쥔 다음 몸을 앞뒤로 흔들다가 또다시 공중으로 휙 하고 몸을 날린다. 이런 동작을 가능하게 하는 부위는 다리와 상체 길이를 합친 것만큼 긴 팔이다. 사실 이들은 팔이 너무 길어서 드물게 땅에 내려올 때면 팔로 몸을 지탱하거나, 무엇인가를 움켜쥐지 못하고 그냥 머리 위로 팔을 치켜들고 다녀야 한다. 영장류의 특징인, 여러 가지를 움켜쥘 수 있는 손은 이동에 특화되는 대신에 조정 능력의 일부를 희생시켜야 했다. 긴팔원숭이와 같은 속도로 몸을 흔들어서 이동하려면 손을 갈고리처럼 사용하여 가지를 민첩하게 움켜쥐고 이와 거의 동시에 손을 뗄 수 있어야 한다. 이동에 방해가 되는 엄지손가락은 손목 쪽으로 내려왔고 크기도 한층 줄어들었다. 그 결과 긴팔원숭이는 엄지와 검지로 땅 위의 작은 물체들을 집어 올리지 못하고 손을 동그랗게 모아서 옆으로 쓸어 담아야만 한다.

이들은 몸집이 작기 때문에 몇 마리가 함께 모여서 먹어도 충분할 정도의 열매를 언제나 구할 수 있다. 따라서 유대 관계가 긴밀한 가족을 이루고 살면서 함께 이동하는 편이 더 도움이 된다. 암컷과 수컷, 그리고 다양한 연령의 새끼가 최대 네 마리까지 함께 지내며 아침이면 가족이 모여서 합창을 한다. 수컷이 한두 번 주저하는 듯한 울음소리를 낸 다음 다른 가족도 합류하여 열정적으로 노래를 부르기 시작하고, 마지막에는 암컷이 점점 빠르고 높은 음으로 노래를 주도하면서, 마침내 그 어떤 소프라노 가수도 흉내내지 못할 만큼 맑고 높은 음의 떨리는 소리를 낸다. 마다가스카르의 인드리와 유사한 습성이다. 다만 조상들의 역사가 서로 다르기 때문에 한쪽은 앞다리로, 한쪽은 뒷다리로 추진력을 얻는다. 그 점을 제외하면 세계의 다른 지역의 열대림에서는 놀랍도록 비슷한 동물들이 진화했다. 모두 가족을 이루고 살면서 노래를 하고 채식을 하는 체조 선수들이다.

아시아의 친척들과 대조적으로 아프리카의 두 유인원은 땅으로의 경향이 강하다. 중앙아프리카에는 고릴라들이 살고 있다. 한 종류는 콩고 분지의 숲속에, 몸집이 조금 더 큰 또다른 한 종류는 르완다와 자이르의 경계에 위치한 화산 지대에 형성된 서늘하고 축축한 선태림에 살고 있다. 어린 고릴라들은 나무에 자주 기어오르지만 자신감 넘치는 오랑우탄들과 달리 좀더 조심스럽다. 이것은 놀라운 일이 아니다. 고릴라의 발은 오랑우탄의 발처럼 나뭇가지를 움켜쥘 수 없기 때문에 주로 팔의 힘을 이용해서 몸을 끌어올려야 한다. 나무에서 내려올 때에는 발을 먼저 딛고 그다음에 팔을 써

맞은편
나이 든 산악고릴라 (*Gorilla beringei beringei*) 수컷, 르완다 비룽가 산맥 화산 국립공원.

서 내려온다. 가끔은 발뒤꿈치를 나무줄기에 대고 제동을 걸면서 미끄러져 내려오기도 하는데, 그럴 때면 이끼와 덩굴식물, 나무껍질들이 사방으로 튀고는 한다.

다 자란 수컷 고릴라는 몸무게가 최대 275킬로그램에 달하기 때문에 아주 튼튼한 나무가 아니면 지탱하기 어렵다. 이들은 나무에 거의 오르지 않으며, 그래야 할 이유도 많지 않다. 이빨의 모양과 소화기관을 보면 이들이 한때 오랑우탄처럼 열매를 먹었다는 사실을 알 수 있지만, 지금은 쐐기풀, 갈퀴덩굴, 셀러리처럼 나무에 오르지 않고도 구할 수 있는 식물들을 먹고 산다. 또한 보통은 자신들이 먹는 식물들 사이에 잠자리를 만들어서 땅에서 잠을 잔다.

고릴라는 10여 마리로 구성된 가족을 이루어 산다. 몸집이 크고 등에 은색 털이 있는 우두머리가 여러 마리의 암컷을 거느리며 무리를 이끈다. 이들은 조용히 앉아서 풀을 뜯어먹기도 하고, 땅에 난 줄기들을 커다란 손으로 천천히 쓸어서 한 움큼씩 뜯기도 하고, 빽빽한 쐐기풀과 셀러리 사이에 가만히 누워 있기도 하고, 가끔은 서로 털을 정리해주기도 한다. 보통은 그냥 조용히 앉아 있을 때가 많다. 가끔씩 작게 끙끙거리거나 꾸르륵거리는 소리를 주고받기도 하고, 한 마리가 무리를 벗어나서 돌아다닐 때에는 트림하는 듯한 작은 소리를 내서 자신의 위치를 알리기도 한다.

어른들이 졸고 있으면 새끼들은 서로 뒤엉켜서 놀다가 가끔씩 뒷다리로 일어서서 가슴을 빠르게 쿵쿵 두드린다. 어른이 되었을 때에 하게 될 동작을 연습하는 것이다. 나이가 많은 수컷은 자신의 무리를 이끌고 보호한다. 침입자 때문에 놀라거나 화가 났을 때에는 으르렁거리는 소리를 내고 심지어 공격하기도 한다. 사람이 고릴라의 주먹에 맞으면 뼈가 부러질 수도 있다. 무리의 암컷을 유혹하려고 하는 젊은 경쟁자가 나타나면 맞서 싸우기도 하지만 대부분의 시간은 조용히, 평화롭게 보낸다.

과학자들은 오랫동안 고릴라 무리를 연구해왔다. 이들의 인내와 이해심 덕분에 고릴라들은 인간이 첫 만남에서 예의를 지키고 부적절한 행동을 하지 않는 한 그들의 존재를 받아들일 수 있게 되었다. 고릴라 가족을 만나서 그들과 함께 앉을 수 있도록 허락을 받는 것은 감동적인 경험이다. 이들은 여러 가지 측면에서 우리와 비슷하다. 고릴라의 시각과 청각, 후각은 인간의 감각과 매우 유사해서 우리와 거의 같은 방식으로 세계를 인식한다. 또한 우리처럼 대개 평생 동안 관계가 지속되는 가족이라는 집단을 이루어 산다. 수명도 인간과 거의 같아서 비슷한 나이에 유년기, 성년기, 노년기를 맞이한다. 함께 있으면 몸짓 언어도 우리와 동일하다는 것을 알 수 있다. 노려보는

맞은편
어린 침팬지(*Pan troglodytes*)('피피')가 흰개미를 잡는 어미('푸라하')를 지켜보고 있다. 탄자니아 곰베 국립공원.

것은 무례한 행동이자, 조금 덜 인간중심적으로 이야기하자면 위협적인 행동이어서 앙갚음을 당할 수 있다. 머리를 낮추고 눈을 내리까는 것은 항복과 호의의 표현이다.

고릴라의 느긋한 기질은 먹이의 종류와 그것을 얻는 방법과 관련되어 있다. 이들이 먹는 식물은 늘 풍부하게 자라기 때문에 언제든 구할 수 있다. 덩치가 크고 힘이 센 탓에 적도 없다. 따라서 신체든 정신이든 특별히 민첩할 필요가 없는 것이다.

아프리카의 또다른 유인원인 침팬지는 고릴라와 매우 다른 종류의 먹이를 먹으며, 기질도 전혀 다르다. 고릴라는 20여 종의 나뭇잎과 열매를 먹지만 침팬지는 200여 종을 먹으며 거기에다 흰개미, 개미, 꿀, 새알, 심지어 원숭이 같은 작은 포유류까지 먹는다. 이런 생활을 하려면 민첩하고 호기심이 많아야 한다.

일본의 한 연구팀은 탕가니카 호수 동부의 숲속에 살고 있는 침팬지 무리들을 연구해왔다. 이 침팬지들은 이제 인간의 존재에 매우 익숙해져서 몇 시간씩 함께 앉아 있을 수도 있다. 이들이 이루는 무리의 규모는 다양하지만 대개 고릴라보다는 훨씬 더 큰 무리를 이루어서 한 무리의 개체 수가 50마리에 달하기도 한다.

침팬지는 나무를 능숙하게 타고 올라가서 그 위에서 잠을 자고 먹이를 먹지만 무성한 숲속에서도 이동과 휴식은 땅으로 내려와서 한다. 땅에서는 손가락 관절로 땅을 짚으며 네 발로 걸어다닌다. 긴 팔을 쭉 펴고 다니기 때문에 걸을 때면 어깨가 위로 높이 올라간다. 이들은 땅에서 함께 쉬고 있을 때에도 끊임없이 활동을 한다. 어린 침팬지들은 나무 위에서 서로 쫓아다니며 술래잡기를 한다. 잎이 달린 가지를 휘어서 잠자리를 만드는 연습을 하기도 하지만 대개 끝내기도 전에 싫증을 내고 잽싸게 내려가서 다른 일을 한다.

개체 간의 성적인 유대는 각기 다르다. 일부일처제를 고수하는 수컷과 암컷도 있지만 어떤 수컷은 여러 암컷과 짝짓기를 한다. 암컷도 엉덩이가 분홍색 쿠션 형태로 부풀어 오르면 성적으로 활발한 상태가 되어서 여러 마리의 수컷에게 구애를 하고 짝짓기를 하는 경우가 많다. 새끼와 어미의 유대는 매우 긴밀하다. 새끼는 태어나자마자 작은 주먹으로 어미의 털을 붙잡고 매달린다. 다만 처음에는 어미의 도움 없이 오래 버티지 못한다. 이런 식으로 다섯 살 무렵까지는 무리가 이동할 때에도 어미의 등을 타고 다닌다. 새끼의 움켜쥐는 손 덕분에 가능해진 이런 친밀한 관계는 침팬지들의 사회에 커다란 영향을 미친다. 덕분에 새끼는 어미로부터 많은 것들을 배울 수 있으며 어미는 자라는 새끼를 지켜보고, 무엇을 하는지 감시하고, 위험에서 구해주며, 행동의

위
검은줄무늬카푸친 (*Sapajus libidinosus*)이 돌을 도구 삼아서 야자열매를 깨고 있다. 브라질 피아우이 주, 파르나이바 강 상류 국립공원.

본보기를 보여줄 수 있다.

무리가 쉬고 있을 때에도 어른들 사이에서는 끊임없이 교류가 이루어진다. 새로운 개체가 오면 서로 인사를 나누고 상대방이 내민 손등의 냄새를 맡고 입술을 가져다 댄다. 털이 하얗게 세고 머리가 벗겨진 나이 많은 수컷은 무리의 주된 활동에서 떨어져 앉아 있는 경우가 많다. 나이가 마흔 가까이 되는 이들은 자주 성질이 난 듯한 표정을 짓는다. 무리의 구성원들은 연장자를 매우 존중한다. 암컷들은 나이 많은 수컷들에게 가서 자신들의 입술을 치며 헐떡이는 듯한 울음소리를 낸다. 새끼든 어른이든 무리 전체는 모두 서로의 털을 정리해주면서 많은 시간을 보낸다. 검고 거친 털을 뒤져서는 손톱으로 피부를 긁어 기생충이나 각질을 벗겨낸다. 가끔은 대여섯 마리가 일렬로 늘어서서 서로의 털을 정리해주는 데에 푹 빠져 있는 모습도 볼 수 있다. 이 행동은 침팬지들의 사회 활동이자 우정의 표현이 되었다.

침팬지들은 주변의 어떤 것도 그냥 지나치지 않는다. 이상한 냄새가 나는 나무는 신중하게 냄새를 맡고 손가락으로 찔러본다. 나뭇잎도 들추어서 주의 깊게 살펴보고 아랫입술로 더듬어보고 다른 침팬지들에게 진지하게 건네주기도 한다. 다 살펴보고 나면 던져버린다. 무리를 지어서 흰개미 둥지를 찾아가기도 하는데, 가는 길에 잔가지를 부러뜨려서 적당한 크기로 자르고 잎을 뜯어낸다. 흰개미 둥지에 도착하면 구멍 하나에 그 나뭇가지를 찔러 넣었다가 뺀다. 그러면 침입자로부터 둥지를 방어하기 위해서 나뭇가지를 입으로 문 병정개미들이 잔뜩 딸려 나오는데, 침팬지는 이 나뭇가지를 입으로 훑어서 맛있게 식사를 한다. 도구를 사용할 뿐만 아니라 직접 만들기도 하는 것이다.

아주 오래 전, 땅에서 살면서 냄새에 의존하여 활동하던 초기의 야행성 영장류가 나무 위에서의 삶을 택하면서 움켜쥐는 힘이 있는 손과 긴 팔, 사물을 입체적으로 보는 색각이 발달했으며 뇌도 커졌다. 이런 능력 덕분에 원숭이와 유인원은 나무 위에서 크게 번성하게 되었다. 그러나 훗날 이들은 커진 몸집 때문이었는지 혹은 다른 이유 때문이었는지 다시 땅으로 내려왔다. 그리고 자신들의 능력을 새로운 환경에서도 사용하면서 또다른 가능성을 열었고 더욱 커다란 변화를 가져왔다. 커진 뇌 덕분에 학습능력이 높아졌고 무리의 문화가 시작되었다. 능숙한 손과 협응하는 눈은 도구의 사용과 제작을 가능하게 했다. 하지만 오늘날 이런 기술을 사용하는 영장류는 본질적으로 2,000만 년 전, 아프리카에 초기 유인원이 처음 출현한 직후 그들의 또다른 친척이 이루어낸 과정을 반복하고 있는 것이다. 이 친척들은 두 발로 일어서서 자신들의 능력을 발전시킴으로써 이전까지 그 어떤 동물도 한 적이 없었던 방식으로 세계를 지배하고 이용하게 되었다.

제13장

의사소통을 향한 열망

호모 사피엔스가 몸집이 큰 동물들 중에서 갑작스럽게 가장 많은 수를 차지하게 되었다. 정확한 추정은 어렵지만 1만 년 전에는 지구상에 아마도 400만 명 정도의 인류가 살고 있었을 것으로 보인다. 이들은 영리하고 재주가 많고 의사 전달력이 있었지만, 다른 동물들과 마찬가지로 개체 수를 좌우하는 법칙과 제약의 지배를 받았던 듯하다. 2,000년 전, 농경 문화가 널리 퍼지면서 개체 수가 3억 명으로 늘어났다. 그리고 약 500년 전, 세계의 인구는 10억 명이 되었고 지구가 좁아지기 시작했다. 오늘날 전 세계 인구는 76억 명이 넘는다. 현재 추세대로라면 이 세기가 끝날 무렵에는 약 120억 명에 달할 것으로 보인다. 인류라는 놀라운 동물들은 전례 없는 방식으로 지구의 전역으로 퍼져 나갔다. 인류는 극지방의 얼음 위에도, 적도의 밀림 속에도 살고 있다. 산소가 극도로 희박한 높은 산지에도 올라갔고, 특수한 옷을 입고 바닷속에 들어가서 해저를 걸어 다니기도 했다. 아예 지구를 떠나서 달로 간 사람들도 있었다.

왜 이런 일이 일어났을까? 우리가 획득한 어떤 힘이 우리를 모든 종들 중에서 가장 번성하게 만들었을까? 이야기는 500만 년 전, 동아프리카의 거대한 열곡에서 시작된다. 풀과 관목으로 덮여 있던 이 계곡의 바닥은 오늘날과 거의 비슷했다. 그곳에서 살던 생물들의 일부는 현생종에서 몸집만 키운 형태였다. 젖소만 한 크기에 엄니 길이가

1미터에 달하는 돼지, 거대한 버펄로, 키가 오늘날 코끼리의 약 1.3배에 달하는 코끼리 등. 그러나 그밖의 동물들은 오늘날의 얼룩말, 코뿔소, 기린 등과 매우 비슷했다. 최근에 친척들로부터 갈라져 나온 유인원 무리도 있었다. 이들은 약 1,000만 년 전에 아프리카와 유럽, 아시아 전체로 퍼져 나갔던, 숲에 사는 유인원들의 후손 중의 한 무리였다. 평원에 사는 이 유인원들의 화석이 처음 발견된 곳이 남아프리카였기 때문에 '남쪽의 유인원'이라는 뜻의 오스트랄로피테쿠스(Australopithecus)라는 이름이 붙었다. 오늘날에는 오스트랄로피테쿠스를 더 이상 우리의 직계 조상으로 보지 않고 일종의 사촌으로 보고 있다. 아프리카에서 몇 종의 화석이 더 발견되면서 이들의 계보를 밝히기 위한 연구가 다양하게 이루어지고 있다. 새로운 화석 증거가 발굴될 때마다 치열한 논의가 이어졌다. 이들이 인류 계통수의 일부라는 사실에는 모두가 동의하기 때문이다. 학계에서 쓰이는 좀더 어려운 용어로 말하면, 그들은 "호미닌(hominin)"에 속한다.

호미닌의 화석화된 뼈는 여전히 드물고, 과학자들은 이들이 인류 계통수의 어디에 속하는지를 놓고 여전히 논쟁 중이다. 그러나 이들의 실제 모습이 어땠는지는 현재까지 발견된 증거만으로 충분히 추측할 수 있다. 이들의 손과 발은 나무를 기어오르던 조상의 손발과 비슷했으며 발가락에는 발톱이 아닌 손톱이 붙어 있어서 물체를 능숙하게 움켜쥘 수 있었다. 다리는 달리기에 특별히 적합한 형태는 아니었다. 이 목적에 쓰이기에는 영양이나 육식동물들만큼 효율적이지 못했다. 두개골은 숲속에서 살았던 과거의 흔적을 분명하게 드러낸다. 안와를 보면 눈이 잘 발달되어 있었음을 알 수 있다. 또렷한 시각은 원숭이와 유인원에게만큼이나 이들에게도 매우 중요했다. 반면 후각은 상대적으로 둔했을 수도 있다. 두개골에 코가 들어갈 공간의 길이가 짧기 때문이다. 치아는 작고 둥글었으며 풀을 잘게 갈거나 섬유질의 나뭇가지를 으깨기에는 적합하지 않았다. 육식동물처럼 날카로운 이도 없었다. 그렇다면 이들은 무엇을 먹었을까? 식물의 뿌리를 파먹거나 장과와 견과, 열매를 채집해서 먹었을지도 모르지만, 불리한 신체적 구조를 무릅쓰고 사냥꾼이 되었을 가능성도 있다.

관골의 구조를 보면 이들이 평원에서 살기 시작하던 초기에 직립을 시작했다는 것을 알 수 있다. 나무에 살면서 손으로 열매와 잎을 따먹던 영장류들에게서도 상체를 똑바로 세우는 경향은 이미 나타나고 있었다. 이들 중의 많은 수는 땅에 내려왔을 때에 잠깐 동안 뒷다리로 일어설 수 있었다. 그러나 평원에서는 영구적인 직립 자세를 유지하는 쪽으로 조금씩 변화해가는 편이 더 유리했을 것이다. 초기의 호미닌은 평원

위
2015년, 라에톨리에서 약 360만 년 전의 것으로 보이는 호미닌의 발자국이 새롭게 발굴되었다.

의 포식자들에 비해서 작고 느리고 방어력이 없었다. 따라서 다가오는 적들을 미리 알아채는 것이 매우 중요했을 것이고, 똑바로 서서 주변을 둘러보는 능력이 생사를 갈랐을 것이다. 또한 사냥에도 유리했을 것이다. 사자, 들개, 하이에나 등 평원의 포식자들은 냄새로 많은 정보들을 얻는다. 하지만 초기 호미닌에게는 나무에서 살던 시절처럼 시각이 가장 중요한 감각이었다. 먼지 낀 풀들의 냄새를 맡기보다는 머리를 높이 들고 먼 곳을 보는 것이 더 유리했다. 탁 트인 초원에서 대부분의 시간을 보내는 파타스원숭이도 이런 기술을 활용해서 위협을 느낄 때마다 언제든지 뒷다리로 일어선다.

직립 자세는 빠른 속도를 낼 수 있는 방법은 확실히 아니다. 오히려 초기 호미닌들의 속도를 더 느려지게 만들었을 것이다. 고도의 훈련을 받은 일부 운동선수들은 아마도 두 발로 달리는 영장류 중에서 가장 빠를 테지만, 그렇다고 해도 시속 25킬로미터 정도의 속도를 오래 유지하기가 힘들다. 반면 네 발로 뛰어다니는 원숭이들은 그보다 두 배로 빨리 달릴 수 있다. 대신에 직립보행은 한 가지 발전을 더 가져왔다. 호미닌들의 손은 정확하고 강하게 움켜쥘 수 있었다. 이런 손은 나무를 타고 오르던 조상들의 삶에 적합하도록 발달한 것이었다. 이들이 똑바로 서면 이 손은 항상 치아와 발톱의 역할을 대신할 수 있었다. 적의 위협을 받을 때에는 돌을 던지거나 막대를 휘두르면서 방어할 수 있었고, 동물의 사체를 발견하면 사자처럼 이빨로 찢을 수는 없지만 손에 쥔 돌의 날카로운 끝을 사용해서 자를 수 있었다. 돌 하나를 다른 돌로 내리쳐서 원하는 형태로 만들 수도 있었다. 돌을 내리치면 강물에 깎이거나 얼어서 쪼개진 것과는 다른 형태의 면이 만들어졌다. 호미닌의 뼈와 함께 이런 돌들도 많이 발견되었다. 호미닌은 도구를 만들었고, 아마도 도구를 가지고 다닐 수 있다는 것은 직립보행의 또다른 이점이 되었을 것이다. 이렇게 해서 호미닌은 평원에 사는 동물들 사이에서 확고한 위치를 차지할 수 있었다.

이런 상태는 아주 오랫동안, 아마도 약 200만 년 동안 계속되었을 것이다. 그러던 와중에 침팬지들로부터 오래 전에 갈라져 나온 한 무리가, 숲의 가장자리 혹은 기후 변화에 의해서 생겼다가 사라지는 사바나의 삶에 특별히 잘 적응하게 되었다. 이들의 발은 달리기에 더욱 적합해졌으며 움켜쥐는 능력이 사라지고 발의 모양이 살짝 아치형으로 변했다. 고관절은 골반의 중앙 쪽으로 이동해서 똑바로 섰을 때에 상체의 균형을 잡아줄 수 있게 되었다. 골반도 좀더 우묵한 그릇 형태로 바뀌고 폭이 넓어져서 직립 자세에서 배를 지탱해주는 데에 필요한, 골반과 척추 사이의 단단한 근육이 붙을 자리를 마련해주었다. 척추는 살짝 휘어져서 상체의 무게가 더 중앙으로 집중될 수 있게 되었다. 무엇보다 두개골이 변화했다. 이들의 조상의 뇌는 약 500제곱센티미터로 고릴라의 뇌 크기와 비슷했으나, 이들의 뇌는 그 두 배가 되었다. 키도 더 커져서 1.5미터가 넘었다. 과학계는 이들의 새로운 자세와 키를 반영하는 이름을 붙여주었다. '직립한 사람'이라는 뜻의 호모 에렉투스였다.

호모 에렉투스는 이전 인류보다 더욱 능숙하게 도구를 만들었다. 이들은 돌을 깎아서 한쪽 끝을 뾰족하게 만들고 양쪽 면을 날카롭게 다듬은, 손에 딱 맞는 크기의 도구를 만들었다. 케냐 남서부의 올로르게세일리에에서 이들의 사냥 솜씨를 보여주는 증거가 발견되었다. 지금은 멸종한 거대한 개코원숭이 종의 부러지고 해체된 골격들이 나온 것이다. 50마리 이상의 성체와 10여 마리의 새끼들이 죽임을 당한 듯 보였다. 그 유골들 사이에는 돌 조각 수백 개와 단단한 자갈 수천 개가 있었다. 모두 인근 30킬로미터 내에서는 자연적으로 얻을 수 없는 돌이었다. 몇 가지 추측이 가능했다. 돌을 깎아서 모양을 잡은 것을 볼 때, 사냥꾼들은 호모 에렉투스가 분명했다. 먼 곳에서 나는 돌이었다는 사실은 사냥꾼들이 계획적으로 사냥을 나왔으며 먹이를 찾기 오래 전부터 무장을 하고 있었음을 보여준다. 오늘날 개코원숭이는 크기가 가장 작은 종도 강력한 송곳니를 지닌 매우 위협적인 동물이다. 지금도 무기 없이 그들을 건드릴 수 있는 사람은 거의 없다. 올로르게세일리에서 여러 마리의 개코원숭이가 죽었다는 것은 상당한 기술을 요하는 공동 사냥이 이루어졌다는 뜻이다. 호모 에렉투스는 지금의 기준으로 보더라도 강력한 사냥꾼들이었음이 분명하다.

도구를 만드는 기술의 발달, 불을 다루는 능력의 획득, 그리고 아마도 더 나은 의사 전달 방식을 통해서 호모 에렉투스는 점점 더 번성하게 되었다. 개체 수가 늘어났고 종은 더 널리 퍼져 나갔다. 지금의 사하라 사막 이남의 아프리카에서 나일 계곡으로, 더 북쪽에 있는 지중해 동부 해안, 그리고 더 나아가 북유럽과 아시아까지 진출했다. 일부는 한때 튀니지, 시칠리아, 이탈리아를 연결해주던 육교를 건너갔다. 동쪽으로 이동하다가 지중해를 돌아서 북쪽으로 올라가서 발칸 반도까지 간 무리도 있었다. 약 90만 년 전에 아이 2명을 포함하여 총 5명으로 이루어진 무리가 지금의 영국 노퍽에 있는 개펄을 걸어서 건너갔다. 그러면서 진흙 위에 어지럽게 찍힌 발자국을 남겼는데 이것이 기적적으로 보존되어 몇 년 전에 발견되었다. 다양한 종의 인류가 아프리카, 유럽, 아시아 전체로 진출했다. 그러나 아메리카나 오스트랄라시아에 도달하지는 못했던 것으로 보인다.

지구의 절반으로 퍼져 나가기는 했지만 아프리카는 여전히 인류의 고향이었다. 약 60만 년 전에 또다른 유형의 인류가 아프리카에서부터 천천히 이동하여 중동을 거쳐서 북유럽과 아시아에까지 진출했다. 그들의 흔적이 최초로 발견된 곳 중의 하나가 독일의 네안데르 계곡이었기 때문에 이 인류는 네안데르탈인으로 불리게 되었다. 네안데르탈인은 우리보다 훨씬 더 체격이 다부지고 강했으며 눈 위쪽이 돌출되어 있었다. 한때는 거칠고 야만적인 존재로 여겨졌지만, 현재는 우리와 비슷한 문화를 가지고 있었던 것으로 알려져 있다. 이들이 죽은 사람을 매장했으며 장신구를 만들었고, 동굴에 인위적인 흔적들을 남겼음을 보여주는 증거가 있다. 우리처럼 말을 할 수 있었는지는 확실하지 않지만, 네안데르탈인과 현생 인류 사이의 유전적인 차이는 아주 적다. 단지 단백질 생성 유전자와 관련된 96가지 차이가 존재할 뿐인데, 언어와 관련된 것으로 생각되는 유전자에는 차이가 없다. 아프리카에서는 현생 인류이자 '슬기로운 사람'이라는 뜻의 호모 사피엔스가 출현했다. 아마도 동아프리카에서부터 대륙 전체로 빠르게 퍼져 나갔을 것이다. 가장 오래된 현생 인류의 화석은 약 30만 년 전의 것으로 모로코에서 발견되었다. 화석으로만 보면 우리와 다를 바 없는 사람들이었으며 말하는 능력을 비롯해서 동일한 지적 능력을 가지고 있었다.

이 시점부터 이야기가 혼란스러워진다. 유전자 연구에 따르면, 오늘날 모든 비아프리카인의 기원은 약 7만 년 전에 일어난 인류의 탈아프리카 이동이었다. 말하자면 인류가 천천히 걸어서 그리고 아마도 물을 건널 때에는 뗏목을 이용해서 지구 전체로 퍼져 나간 것이다. 이들은 목적지가 확고한 개척자나 이주자가 아니라 먹을 것과 보금자리를 찾아서 천천히 생활 범위를 넓혀간 수렵 채집인들이었다. 우리는 결국 지구 전체에 퍼져서 살게 되었지만 이것은 우연에 의한 일이었다. '탈아프리카' 이동의 원인은 아마도 기후변화였을 것이다. 우리는 유전자 연구를 통해서 이 무렵에 아마도 기아나 질병으로 인류의 개체 수가 약 1만2,000명으로 줄어들었을 것이라는 사실을 알아냈다. 우리는 운이 좋아서 살아남았던 것이다. 그러나 이런 종의 이동이 처음은 아니었다. 고고학 연구에 따르면 약 10만 년 전에 중국에도 현생 인류가 있었다. 이 사실은 중동에서 비슷한 시기의 흔적이 발견되면서 확실해졌다. 현재의 우리와 이들 사이에 어떤 관계도 없다는 사실은 초기의 이동이 아무런 유전적 자취도 남기지 못했음을 의미한다.

더욱 놀라운 일은 우리가 아프리카를 떠나서 다른 지역에 살던 네안데르탈인을 만났을 때에 일어났다. 그들은 우리와 교배를 하여 유전자를 교환함으로써 현대인들에게 유전적 자취를 남겼다. 오늘날의 비아프리카인들은 모두 그 사건의 흔적을 몸 안에 가지고 있다. 여러분의 최근 조상이 아프리카인이 아니라면, 여러분도 그 유전자의 일부를 가지고 있을 것이다. 최근에 과학자들은 지금까지 알려져 있지 않았던 인류를 발견했다. 이들에게는 이들의 흔적인 치아와 소량의 뼈가 발견된 시베리아 동굴의 이름을 따서 데니소바인이라는 이름이 붙었다. 네안데르탈인으로부터 파생된 이들도 자신들의 영역으로 천천히 이동해온 현생 인류와 교배를 했다. 현재 아시아와 오스트랄라시아의 사람들은 다양한 종류의 데니소바인 DNA를 지니고 있다. 한편 아프리카에서도 같은 일이 일어나고 있었다. 아프리카인들은 다른 지역 사람들에게서는 볼 수 없는 DNA를 지니고 있는데, 이것은 우리가 전혀 모르는 형태의 인류에게서 얻은 것이 분명하다. 아프리카 어딘가에 그 DNA를 준 인류의 화석이 아직 발견되지 않은 채 남아 있을 것이다.

약 4만 년 전, 우리가 알지 못하는 이유로 네안데르탈인과 데니소바인이 멸종했다. 질병이나 현생 인류와의 경쟁 때문이었을 수도 있고, 단순히 소규모로 분리되어서 살다 보니 찾아온 결과일 수도 있다. 이유가 무엇이든 우리는 가까운 친척들을 모두 잃은 채 서식지를 계속 확장하여 약 1만2,000년 전에 아메리카에 도달했고 남쪽 끝의 파타고니아까지 내려갔다. 우리가 지구 전체로 퍼져 나가는 동안 우리가 점령한 지역에서 사는 대형 동물들에게도 변화가 일어났다. 모두 멸종한 것이다. 남아메리카의 땅늘보부터 시베리아의 매머드, 오스트레일리아의 거대한 유대류에 이르기까지 모두 사라졌다. 기후변화와 개체군의 분열로 말미암아 약화된 것일 수도 있지만, 대부분의 경우 우리의 능력과 식욕이 그들을 멸종으로 몰아간 것이 분명해 보인다. 한 마리도 남김없이 사냥해서 죽였기 때문이다. 이런 일이 일어나지 않은 곳은 우리가 대형 포유류들과 오랫동안 공존해온 아프리카뿐이다.

우리에게는 인류가 이토록 번성하는 데에 도움을 준 중요한 능력이 있다. 네안데르탈인이나 데니소바인도 그 능력이 있었는지는 알 수 없지만, 현재는 우리가 이런 특징을 가진 유일한 동물이다. 바로 우리 종의 다른 구성원들이 어떤 생각을 하는지 상상하고, 동작을 통해서 그들의 주목을 끌거나 그들과 의사소통을 하는 능력이다. 우리는 손가락질을 하는 유일한 동물이다. 이것은 유아들도 빠르게 습득하는 간단한 동작이지만, 이 동작을 하려면 다른 개체에게 무엇을 알려주어야 할지를 생각하는 능력이 필요하다. 동작은 얼굴로도 확장되었다. 인간은 어떤 동물보다도 많은 수의 독립된 얼굴 근육들을 가지고 있기 때문에, 입술, 뺨, 이마, 눈썹 등 여러 부위를 그 어떤 동물도 흉내낼 수 없을 만큼 다양하게 움직일 수 있다.

이런 움직임이 전달하는 가장 중요한 정보 중의 하나는 정체성이다. 우리는 우리의 얼굴이 각기 다르게 생긴 것을 당연하게 생각하지만 이것은 동물들 사이에서 흔치 않은 특성이다. 구성원들이 각기 다른 책임을 맡은 팀 안에서 협동을 해야 할 경우, 서로를 즉시 구별할 수 있는 능력이 매우 중요하다. 하이에나나 늑대 같은 사회적인 동물들은 이 문제를 냄새로 해결한다. 그러나 인간의 후각은 시각보다 많은 정보를 전달하지 못한다. 따라서 분비물의 냄새가 아니라 얼굴의 형태로 정체성을 구별하는 것이다.

이목구비를 자유자재로 움직일 수 있기 때문에 자신의 변화하는 기분과 의도에 관한 많은 정보들을 다른 사람들에게 전달할 수도 있다. 우리는 열광과 기쁨, 혐오, 분

노, 즐거움의 표정을 별 어려움 없이 구별할 수 있다. 그런 감정 표현 외에도 얼굴을 통해서 동의와 반대, 환영과 요구 등의 메시지를 정확하게 전달할 수 있다. 우리가 오늘날 사용하는 동작들은 부모로부터 배워서 같은 사회적 배경을 가진 사회 구성원들과 공유하는 임의적인 수단일까? 아니면 진화를 통해서 물려받아서 몸속에 깊숙이 새겨져 있는 것일까? 숫자를 세는 동작이나 욕을 나타내는 동작 같은 것들은 사회마다 다르기 때문에 확실히 학습된다고 볼 수 있다. 그러나 어떤 동작들은 좀더 보편적이다. 예를 들면, 우리의 아프리카인 조상들도 대부분의 현대인들이 그러하듯이 동의할 때에는 고개를 끄덕이고 반대할 때에는 고개를 가로저었을까? 이런 의문에 대해서는 최근에 우리와 접촉한 적이 없는 다른 사회의 사람들이 사용하는 동작에서 그 단서를 얻을 수 있을 것이다.

지금은 그런 사람들이 사실상 없어졌지만, 지난 세기에 뉴기니는 우리와 완전히 동떨어져서 사는 사람들을 찾을 수 있는 지구상의 마지막 장소 중의 한 곳이었다. 그러나 그곳에서조차 서구의 영향을 전혀 받지 않은 사람은 드물었다. 섬의 거의 모든 지역에 외부인의 발길이 닿았기 때문이다. 그러나 세픽 강 상류 숲속에 1960년대까지 외부인의 출입이 없었던 지역이 있었다. 한 비행기 조종사가 그 지역을 비행하다가 사람이 살지 않는 것으로 알려져 있던 곳에서 몇 채의 오두막을 발견했다. 당시 이 섬을 관리하던 오스트레일리아 당국은 이곳에 사는 사람들이 누구인지를 알아보기로 결정했다. 식민지 정부 대표가 이끄는 순찰대가 조직되었고, 나도 거기에 참가했다. 강가에 있는 마을들에서 식량과 텐트를 운반할 100명의 남자들이 고용되었다. 강의 지류에 위치한, 역시 외부인의 출입이 거의 없었던 어느 마을 사람들이, 자신들의 마을 앞 산속에 누군가가 살고 있지만 아무도 만나본 적은 없으며 그들이 어떤 언어를 쓰는지, 부족의 이름이 무엇인지도 모른다고 말해주었다. 강가의 주민들은 그들을 비아미(Biami)라고 불렀다.

2주일 동안 매일 내리는 비에 젖은 채 준비한 식량만을 먹으며 산속을 걸어간 끝에 사람의 발자국을 발견했다. 우리보다 앞서서 빠른 속도로 걸어간 두 사람이 있었다. 우리는 그 발자국을 따라갔다. 아침에 캠프를 철수한 우리는 근처 숲속에서 다시 그들의 발자국을 발견했고, 전날 저녁 그들이 거기에 앉아서 우리를 지켜보았다는 것을 알았다. 그날 밤 우리는 숲속에 선물을 남겨두었지만 아무도 손을 대지 않았다. 강가 주민들의 언어로도 불러보았지만 비아미족이 알아들었는지는 알 수 없었다. 어쨌

맞은편
비아미족, 뉴기니 세픽 강 상류.

든 응답은 없었다. 이런 일이 매일 밤 계속되었고 그러다가 그들의 자취를 놓쳤다. 3주일 후, 우리는 그들과 만날 수 있으리라는 희망을 거의 버린 상태였다. 그러던 어느 날 아침 잠에서 깼을 때, 우리 텐트에서 몇 미터 떨어지지 않은 덤불 속에 서 있는 7명의 남자들을 보았다. 그들은 키가 매우 작았고 거의 벌거벗은 채였지만 허리에는 나무줄기를 두르고 나뭇잎이 붙은 가지들을 그 안에 찔러넣어 몸의 앞뒤를 가리고 있었다. 몇 명은 동물의 뼈로 만든 귀걸이와 목걸이를 하고 있었다. 나무뿌리와 열매가 담긴 자루를 가지고 있는 사람도 있었다.

우리가 텐트 밖으로 나가는 동안에도 그들은 그대로 서 있었다. 우리에 대한 커다란 신뢰를 보여주는 행동이었다. 우리는 우리의 의도가 우호적이라는 것을 최대한 빠르고 확실하게 전달하려고 노력했다. 강가 주민들이 말을 걸어보았지만 비아미족은 하나도 알아듣지 못했다. 우리는 공통된 동작에만 의존해야 했다. 그런데 알고 보니 그런 동작들이 많았다.

우리가 미소를 짓자 비아미족도 미소를 지었다. 친근함의 표현으로 미소를 짓는 것은 조금 이상한 방법일지도 모른다. 인간이 가진 유일한 무기인 치아에 시선이 집중되는 동작이기 때문이다. 그러나 미소의 필수적인 요소는 치아가 아니라 입술의 움직임이다. 다른 영장류에게 이 동작은 양보를 의미한다. 예를 들면, 젊은 침팬지 수컷이 우두머리의 권위에 도전하지 않겠다는 표현을 할 때에 그런 동작을 한다. 인류는 이 동작을 살짝 변형시켜서 입술 끝을 올림으로써 환영과 기쁨의 뜻을 전달한다. 우리는 이 표현을 온전히 부모로부터 배운 것이 아니라 우리의 몸속에 내재된 본능이라는 것을 확신할 수 있다. 태어날 때부터 앞을 보지 못하고 소리를 듣지 못하는 아기들도 젖을 먹이려고 안으면 미소를 짓기 때문이다.

우리는 비아미족과 가까워지고 싶었다. 구슬, 소금, 칼, 천 같은 선물을 준비하기는 했지만, 무작정 선물을 주는 것은 그들을 낮추보는 것처럼 여겨졌다. 우리는 그들의 그물 가방을 가리키며 궁금하다는 표정으로 눈썹을 추켜올렸다. 비아미족은 즉시 우리의 뜻을 이해하고 그 안에 든 타로 뿌리와 녹색의 바나나들을 꺼냈다. 그리고 우리는 교환을 시작했다. 물건을 가리키고, 손가락으로 숫자를 표현하고, 동의의 뜻으로 고개를 끄덕였다. 이 모든 동작의 의미가 확실했다. 우리는 특히 눈썹을 많이 사용했다. 눈썹은 얼굴에서 가장 자유롭게 움직일 수 있는 부위이다. 땀이 눈으로 들어가는 것을 막아주기 위해서일 수도 있지만 그것만으로는 눈썹이 그런 풍부한 표현력을 지니는 이유를 설명할 수 없다. 주된 기능은 분명히 신호를 보내는 것이다. 비아미족은 눈썹을 하나로 모아서 못마땅함을 표현했다. 동시에 머리까지 흔들자 우리가 주는 구슬을 원하지 않는다는 뜻이 확실해졌다. 그들은 우리의 칼을 관찰하면서 눈썹을 들어올려서 놀라움을 표현했다. 나는 한구석에 머뭇거리며 서 있는 남자를 곁눈질로 보고 잠깐 눈썹을 들어올리면서 동시에 머리를 뒤로 살짝 젖혔다. 그러자 그 비아미족도 같은 동작을 했다. 서로의 존재를 인지하고 기꺼이 받아들인다는 의미로 보였다.

눈썹을 찡긋하는 동작은 전 세계적으로 통용된다. 피지의 시장에서도, 일본의 상점에서도, 브라질 밀림을 돌아다니는 사냥꾼들과의 만남에서도, 영국의 술집에서도 똑같이 통한다. 정확한 의미는 장소에 따라서 다를 수 있지만 널리 퍼져 있고 다양한 집단들이 사용하고 있기 때문에 인류가 공통적으로 물려받은 유산일 가능성이 높다.

우리는 프랑스 남부와 스페인에서 발굴된 유적들을 통해서 초기 인류가 생활하던 모습을 알 수 있다. 도르도뉴와 피레네 산맥 기슭을 비롯해서 프랑스 중부의 석회석 계곡을 따라가다 보면 절벽에 형성된 거의 모든 동굴들마다 고대에 인류가 살았던 흔적이 남아 있다. 여기에서 발견된 물건들로 우리는 그곳에 살았던 사람들에 관해서 많은 것을 알게 되었다. 그들은 뼈로 만든 바늘과 힘줄로 바느질을 해서 가죽과 털로 된 옷을 만들었다. 뼈를 꼼꼼하게 깎아서 만든 작살로 물고기를 잡고 돌로 만든 창으로 숲속에서 사냥을 했다. 검게 변한 돌은 그들이 불을 사용했음을 알려준다. 불은 매우 소중한 존재였을 것이다. 추운 겨울에 절실한 온기를 제공하고 그들의 작은 치아로는 씹기 힘든 고기를 요리할 수 있게 해주었기 때문이다. 초기 인류의 이는 조상들의 이보다 더 작아졌다. 그러나 두개골은 커져서 현재 우리의 두개골과 크기가 비슷했다. 즉 골격만 보면 3만5,000년 전에 프랑스의 동굴에 살았던 이들과 우리들 사이에 큰 차이점이 없다는 뜻이다.

가죽 옷을 입고 어깨에 창을 메고 매머드를 잡기 위해서 동굴을 나서던 사냥꾼의 삶과 근사한 옷을 차려입고 뉴욕, 런던, 도쿄의 고속도로를 달리며 휴대전화로 이메일을 확인하는 기업 중역의 삶 사이의 차이는 오랜 기간에 걸쳐 일어난 또다른 신체나 뇌의 발달이 아니라 완전히 새로운 진화적 요소 덕분에 생겨난 것이다.

우리는 우리가 가진 몇 가지 재능들이 우리만의 특성이라고 생각했다. 한때는 우리가 도구를 만들고 사용하는 유일한 동물이라고 생각했지만 지금은 그렇지 않다는 것을 안다. 침팬지도 도구를 사용한다. 갈라파고스의 핀치들도 선인장의 긴 가시를 자

뒷면
오스트레일리아 원주민들의 암벽화. 오스트레일리아 노던 주, 카카두 국립공원 누랜지 안방방 갤러리.

르고 다듬어서 나무 구멍 속의 유충을 빼먹는 데에 사용한다. 그러나 우리는 구상화(具象畫)를 그린 유일한 동물이며, 이런 재능이 결국 인류의 삶을 바꿔놓은 발달로 이어졌다.

예술에 대한 인류의 흥미는 그 역사가 길다. 남아프리카에는 10만 년 전에 인류가 현재의 우리는 알 수 없는 용도의 장식을 위해서 황토를 모아둔 흔적이 남아 있다. 아마도 몸에 칠하거나 암벽에 그림을 그리기 위한 용도였을 것이다. 약 4만 년 전의 인류는 인도네시아에 도착하자마자 동굴 벽에 그림을 그리고 손의 윤곽을 남겼다. 그러나 초기 인류의 예술적 능력을 가장 잘 볼 수 있는 장소는 유럽의 오래된 동굴들 안이다. 그곳에 살았던 사람들은 동물의 지방을 채워서 만든 등불의 약한 빛에 의지해서 길을 찾으면서 동굴 안쪽에 깊숙한 곳으로 들어갔다. 그리고 가끔은 몇 시간씩 기어가야만 닿을 수 있는 동굴 속 가장 깊은 공간들의 벽에 그림을 그렸다. 붉은색, 갈색, 노란색 안료는 철 성분의 흙에서, 검은색 안료는 숯과 망가니즈 광석에서 얻었다. 붓 대신 손가락과 끝이 무딘 막대기를 사용했고 가끔은 입으로 안료를 불어서 바위에 칠하기도 했다. 소재는 거의 언제나 매머드, 사슴, 말, 들소, 코뿔소 등 그 지역에 사는 동물들이었다. 종종 대상을 겹쳐 그려서 마치 움직이는 듯한 강렬한 효과를 냈다. 풍경화도 없고, 사람의 모습도 아주 드물게 볼 수 있을 뿐이다. 어떤 동굴에는 자신들이 방문했음을 나타내는 표시로 암벽에 손을 대고 그 위에 안료를 불어서 손의 윤곽선을 찍어놓기도 했다. 동물 그림들 사이사이에 수평선, 사각형, 격자무늬, 점무늬, 여성의 생식기를 표현한 것이라고도 하는 곡선들, 화살처럼 보이는 V자 무늬 등 추상적인 도안도 있다.

지금도 우리는 그들이 왜 그림을 그렸는지 모른다. 어쩌면 의식의 일부였을 수 있다. 커다란 소를 둘러싸고 있는 V자 무늬들이 화살을 표현한 것이라면 사냥의 성공을 기원하며 그린 것일 수도 있다. 소의 부풀어오른 배가 임신을 표현한 것이라면 무리의 다산을 기원하는 의식 도중에 그려진 것일지도 모른다. 혹은 실용적인 목적보다는 그저 그림을 그리는 것이 즐거워서 그랬을 수도 있다. 어쩌면 단 한 가지의 이유를 찾는 것이 실수일지도 모른다. 유럽에서 가장 오래된 암벽화는 약 3만 년 전에 그려졌고, 가장 최근의 것은 약 1만 년 전에 그려졌다. 이 두 시대 사이의 간격은 서구 문명이 발달해온 역사의 6배나 되는 긴 시간이다. 따라서 모든 그림들에 같은 의도가 있었으리라고 추측할 이유는 없다. 그것은 마치 현대의 호텔에 울려 퍼지는 배경 음악이 그

레고리오 성가(Gregorian chant : 가톨릭에서 존중되는 중요한 음악/옮긴이)와 같은 기능을 했으리라고 믿는 것과 마찬가지이다. 그러나 그 그림들이 신을 위해서 그려졌든 공동체의 젊은 입회자나 안목 있는 구성원을 위해서 그려졌든 간에 의사소통의 수단이었음은 분명하다. 그리고 지금도 여전히 그런 힘을 가지고 있다. 우리는 이 그림들의 정확한 의미는 잘 모르지만 매머드의 거대한 윤곽과 뿔 달린 사슴 떼의 머리, 들소의 양감을 포착해낸 지각력과 미적 감수성에는 여전히 감탄한다.

암벽화가 사냥꾼들에게 어떤 기능을 하는지를 알 수 있는 장소가 오늘날에도 남아 있다. 오스트레일리아의 원주민들은 지금도 바위에 그림을 그리는데, 이 그림들은 여러 가지 측면에서 선사시대 유럽의 벽화들과 유사하다. 일단 매우 닿기 어려운 절벽과 암석 위에 그림을 그린다. 광물 성분이 든 흙으로 대상을 서로 겹치게 그리는 것도 비슷하다. 추상적인 도안과 안료로 찍은 손자국도 포함된다. 그리고 바라문디, 거북, 도마뱀, 캥거루 등 원주민들이 주식으로 삼는 동물들이 주된 소재이다.

몇몇 도안은 몇 번이고 되풀이되어서 그려진다. 동물 그림을 계속 새롭게 바위에 그리면 그 동물이 주변의 숲속에서 계속 번성하리라는 믿음에 따른 것이다. 숭배의 행위로서 그림을 그리는 곳도 있다. 중부 사막의 일부 부족민들은 위대한 뱀의 정령인 무지개뱀이 이 세상을 창조했다고 믿는다. 폭풍이 지나간 후의 하늘에 여러 색의 흔적을 남기는 뱀이다. 노인들은 이 뱀이 부족의 영역 한가운데에 있는 사암 절벽 아래의 구멍 속에 산다고 말한다. 아무도 그 뱀을 본 적은 없지만 가끔 모래 위를 지나간 흔적은 볼 수 있다고 한다. 몇 세기 전의 사람들이 바위에 이 뱀신을 그려놓았다. 흰색 흙으로 물결 모양의 커다란 곡선을 그리고 붉은색으로 윤곽선을 그렸다. 그 옆에 그려진 선사시대의 기하학적인 도안과 비슷한 말발굽 모양은 뱀의 후손인 인간을 나타낸다. 그 옆의 절벽에는 더 많은 상징들이 있는데 수평선과 동심원, 점과 V자 무늬는 조상 동물의 발자국, 얼룩뱀과 창을 나타낸다.

이런 도안들은 여러 세대에 걸쳐서 반복적으로 그려졌다. 이 그림을 그리는 것 자체가 숭배의 행위이자, 창조주인 뱀신과의 교감이었다. 노인들은 정기적으로 이 벽화를 찾아가서 고대의 신화를 읊조리고 그 의미에 관해서 명상한다. 바위틈에는 뱀의 유물이 보관되어 있다. 추상적인 상징이 새겨진 둥근 돌들이 그것이다. 노인들은 이것을 경건하게 꺼내서 붉은색 흙과 캥거루의 지방을 바른다. 젊은이들은 연장자들을 따라가서 뱀의 그림 아래에서 상징의 의미를 배우고 노래와 무언극으로 전설의 내용을 재연하는 것을 본다.

오스트레일리아 원주민들이 선사시대에 프랑스의 동굴에 살던 인류와 특별히 더 가까운 관계는 아니지만, 그들의 생활방식은 초기 인류와 매우 유사하다. 호모 사피엔스는 수십만 년 동안 전 세계 곳곳에서 동물을 사냥하고 열매와 씨앗, 뿌리를 채집하며 살아왔다. 이런 생활은 위험하기 짝이 없다. 남녀노소 모두가 무자비한 환경의 변화에 노출된다. 느리고 조심성 없는 사람은 포식자에게 죽임을 당할 확률이 높다. 약한 자는 굶어 죽고, 나이 든 자는 가뭄 앞에서 살아남지 못한다. 유전자 변이로 환경에 적합한 몸을 가지게 된 이들이 생존에 유리했다. 그들은 살아남아서 번식을 해서 자식들에게 그 이점을 물려주었다.

따라서 자신들이 사는 세계의 환경에 적응한 인간의 몸은 가장 최근에 일어난 신체적 변화를 유전자에 포함시켰다. 처음에는 우리 모두 피부가 어두운 색이었다. 어두운 색소는 햇빛을 효과적으로 차단해준다. 이처럼 햇빛이 강한 지역인 아프리카, 인도, 오스트레일리아 등에 사는 토착민들은 또다른 특징을 공유한다. 이들은 대체적으로 호리호리한 체형을 가지고 있다. 이런 체형은 뜨겁고 건조한 환경 때문이다. 몸무게 대비 체표면적이 넓어지면 바람이 닿는 면적도 넓어지기 때문에 땀을 더 많이 증발시켜서 체온을 낮출 수 있다.

추운 지역에서는 상황이 정반대이다. 적당한 양의 햇빛은 건강에 중요하다. 햇빛이 없으면 우리 몸은 비타민 D를 생성하지 못하기 때문이다. 그래서 해가 잘 나지 않는 북쪽 지방에 사는 스칸디나비아의 사미족 사람들은 흰 피부를 가지고 있다. 북극권 내에 사는 이누이트들도 피부색이 밝다. 체형도 더운 사막에서 사는 호리호리한 사람들과 정반대이다. 이들은 대체로 키가 작고 땅딸막한데 이런 체형은 몸무게 대비 체표면적이 좁아서 열을 보유하기에 좋다. 털이 상대적으로 적은 것도 추운 기후에 적응한 결과일 수 있다. 이런 환경에서는 턱수염과 콧수염이 얼어붙어서 매우 성가셔지기 때문이다.

이런 형질들은 자연선택에 의해서 유전자에 고정되기 때문에, 그 형질을 만들어낸 것과 유사한 과정이 수천 년 동안 또다른 변화를 일으키지 않는 한, 여러 세대가 지나도, 사는 환경이 변해도 상관없이 개인에게서 드러나게 된다.

오늘날에도 사냥과 채집을 하는 사회는 존재한다. 일부 오스트레일리아 원주민과 아프리카의 부시먼은 사막에서 산다. 중앙아프리카와 말레이시아의 우림에서 필요한 모든 것들을 얻는 부족도 있다. 이들은 모두 주변의 자연과 조화를 이루며 살아가고 있다. 자연을 변화시키지도 않고, 자연이 제공하는 것으로만 생활한다. 이런 곳에서는 인구가 넘치는 일이 없다. 최근까지도 이들의 수명은 대체로 짧은 편이었다. 식량 부족과 위험한 삶은 출생률과 유아 생존율을 낮추었다. 사실 인류는 거의 언제나 그런 환경에서 살았다.

그런데 약 8,000년 전, 이런 상황이 엄청난 속도로 바뀌기 시작했다. 숲과 사막이 아닌 곳에서 인구가 증가했다. 사냥감과 물고기가 풍부한 메소포타미아의 습지에서 인간들은 최초로 렌즈콩과 병아리콩, 그리고 옷을 만드는 데에 쓰는 아마 등의 식물을 기르기 시작했다. 이전에도 그 지역에 정착해서 살던 인간들이 불을 사용해서 인위적으로 지역의 식물군을 변화시키고 야생 식물의 낟알을 먹었다는 증거는 남아 있다. 그러나 더 이상 야생 식물과의 우연한 만남에 의존하지 않아도 된다는 사실을 깨닫는 순간, 변화가 찾아왔다. 모아놓은 씨앗들을 먹지 않고 메소포타미아의 비옥한 토지와 같은 적절한 장소에 묻으면 더 이상 그다음 여름에 식물을 찾아서 돌아다닐 필요가 없었다. 우리는 농부가 되었고, 결국 도시 거주자들이 되었다.

이라크의 도시 우루크는 티그리스 강과 유프라테스 강가의 갈대로 뒤덮인 삼각주 위에 세워졌다. 지금은 사막이 된 곳이다. 우루크는 번화한 도시였다. 사람들은 도시 주변에 곡식을 심고 염소와 양을 길렀다. 도자기를 만들기도 했는데, 그 파편들이 여전히 이 지역 곳곳에 묻혀 있다. 도시의 중심부에는 진흙을 구워서 만든 벽돌을 갈대로 연결하여 인공 산을 만들었다. 한곳에 정착해서 사는 우루크 시민들의 삶은 의사소통 기술의 중대한 진보를 이끌어냈다. 계속 이동하며 사는 사람들은 물질의 소유를 최소한으로 유지해야 한다. 그러나 집에 사는 사람들은 온갖 물건을 쌓아둘 수 있다. 우루크의 한 건물 유적에서는 뾰족한 물건으로 새긴 자국이 가득한 작은 점토판들이 발견되었다. 이후에도 우루크를 비롯한 여러 고대의 도시들에서 동시대의 점토판이 수천 장이나 더 나왔다. 이것은 최초의 문자였다. 그 의미는 아직도 정확히 알지 못하지만 식량과 맥주의 배급량을 기록한 것처럼 보인다. 표현하고자 하는 대상의 형태를 기초로 하여 만든 문자이지만 실제와 비슷하게 묘사하려고 시도한 흔적은 없다. 단순한 도형들이지만 그것을 받는 사람들은 알아볼 수 있었을 것이다.

이 점토판을 구우면서 인류는 새로운 방향으로 발달하기 시작했다. 이제 한 개인이 자신의 존재나 그 존재의 지속성과는 관계없이 다른 개인에게 정보를 전달할 수 있는 수단이 생긴 것이다. 다른 지역, 다른 세대의 사람들도 한 개인의 성공과 실패, 그의 통찰력과 천재성에 대해서 알 수 있게 되었다. 그럴 마음만 있다면 단조로운 사실들 사이를 뒤져서 중요한 지혜의 씨앗을 찾아낼 수도 있었다.

중앙아메리카와 중국의 사회들도 농업을 발달시키면서 비슷한 혁신을 이루어냈다. 사물을 대략적으로 묘사하는 방법이 단순화되면서 새로운 의미를 가지게 되었다. 그 그림들이 소리를 나타낼 수 있게 된 것이다. 지중해 동부에서는 돌에 새기거나 점토에 자국을 내거나 종이에 그린 형태를 통해서 입에서 나오는 모든 소리들을 표현할 수 있는 종합적인 문자 체계가 발달했다.

경험의 공유와 지식의 전파는 혁명을 가져왔다. 약 1,000년 전에 중국인들은 이런 기호를 수없이 복제할 수 있는 기계적인 수단을 고안함으로써 그런 혁명에 불을 붙였다. 훨씬 나중이기는 하지만 유럽에서도 요하네스 구텐베르크가 독자적으로 활자 인쇄 기술을 개발했다. 고대 점토판의 후예라고 할 수 있는 오늘날의 도서관들은 그 어떤 인간의 뇌로도 담을 수 없을 만큼의 많은 양을 기억할 수 있게 해주는 거대한 공동의 뇌 역할을 한다. 또한 도서관은 체외의 DNA, 즉 인간의 유전에 의한 유산의 보완책이라고 할 수 있다. 도서관은 우리 몸의 물리적 형태를 결정하는 조직 속의 염색체만큼이나 우리의 행동을 결정하는 데에서 중요한 역할을 하기 때문이다. 이렇게 축적된 지혜를 통해서 우리는 환경의 지배를 벗어날 수 있는 방법들을 고안했다. 농업기술과 기계, 의학과 공학, 수학과 우주여행에 관한 우리의 지식들은 모두 축적된 경험들을 바탕으로 한다. 도서관의 지식으로부터 차단되어서 무인도에 고립된다면, 어떤 사람이라도 곧바로 수렵, 채집 생활로 돌아갈 수밖에 없을 것이다.

어류의 번성에는 지느러미가, 조류의 번성에는 깃털이 중요한 역할을 했듯이, 우리가 이토록 번성하는 데에는 의사소통에 대한 열망이 핵심적인 역할을 한 것으로 보인다. 그 열망은 단지 지인이나 같은 세대에만 국한되지 않는다. 고고학자들은 오래 전의 일부 시민들이 단지 권력자의 족보나 세탁물 목록 이상의 중요한 메시지를 기록했을지도 모른다는 희망을 품고, 우루크와 다른 고대 도시들에서 나온 점토판을 해독하기 위해서 애쓰고 있다. 현대 도시의 고위 관료들은 핵 재앙이 닥쳐도 끄떡없을 만큼 강력한 강철 통 안에 넣어서 미래 세대에게 전할 메시지를 준비하고 있다. 인류의 가장 보편적인 언어는 수학이라고 확신하는 과학자들은 빛의 파장을 구하는 공식처럼 영원히 인정받을 수 있을 것이라고 믿는 진리들을 골라서 다른 은하로 쏘아 보낸다. 이 지구에 약 40억 년의 진화를 거쳐서 처음으로 경험을 축적하고 그것을 다음 세대로 전달할 수 있는 방법을 고안한 생물이 출현했다는 것을 알리기 위해서이다.

이 장은 오직 하나의 종, 바로 우리 인류를 위해서 할애되었다. 이렇게 되면 마치 우리가 진화의 최종적인 승리자이며, 수백만 년에 걸친 이 모든 발달들의 목적이 단지 인류를 출현시키기 위해서였다는 인상을 줄 수도 있다. 그런 시각을 뒷받침할 과학적인 증거는 존재하지 않으며 우리가 지구상에서 공룡보다 더 오래 살 수 있으리라는 보장도 없다. 어쩌면 우리를 대신할 다른 지적인 생물이 나타날 수도 있다.

그러나 무한한 시간이라는 관점에서 보면 우리가 자연계에서 특별한 위치를 차지하고 있다는 사실을 부정하는 쪽이 겸손해 보일지 몰라도, 그것은 자칫하면 우리의 책임을 회피하기 위한 변명의 구실이 될 수도 있다. 분명한 사실은 현생종과 멸종한 종을 통틀어서 현재의 인류만큼 지구상의 모든 것들을 완전히 통제할 수 있었던 종은 없었다는 것이다.

에필로그

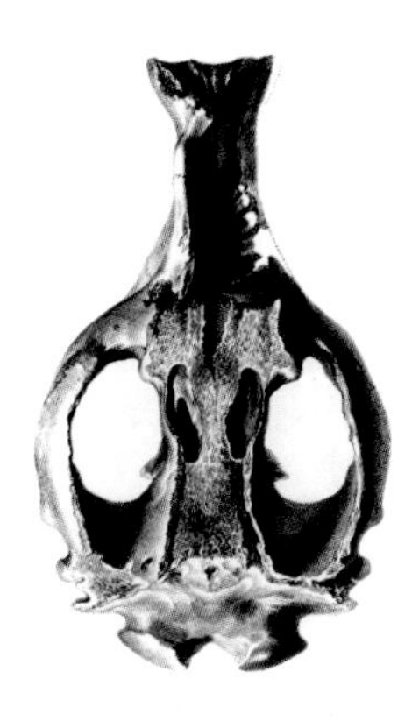

종은 영원하지 않다. 한 종류의 동물이 먹이를 모으고, 자신을 방어하고, 번식하는 특정한 방식을 진화시킬 때에 종이 발생한다. 그러나 그들의 주변 환경이 변화할 수도 있다. 경쟁자가 새롭고 더 효과적인 방법으로 먹이를 구할 수 있도록 진화할지도 모른다. 더 강력하고 위험한 적이 출현할 수도 있다. 그런 일이 일어나면 영역의 일부를 포기하고 변화가 없는 지역에서만 살아가거나 혹은 자신을 방어하고 먹이를 모을 더 효과적인 방식을 진화시킴으로써 대응해야 한다. 첫 번째 방법에 성공하면 오랫동안 살아남을 수도 있다. 두 번째 방법에 성공하면 여러 세대에 걸쳐서 변화하면서 결국 새로운 종이 될 것이다. 두 방법 모두 실패하면 멸종하게 된다.

그러나 인류는 처음 출현했을 때부터 예외적이었다. 너무 영리하고 솜씨가 좋아서 처음 출현한 아프리카의 평원에서 살아남으려고 신체적으로 변화할 필요도 없었다. 빠른 속도로 달리는 데에 적합한 체격이나 다른 동물을 잡아먹기 위한 날카로운 치아도 필요 없었다. 그것을 대신할 수 있는 무기를 만들 수 있었기 때문이다. 아프리카 평원보다 추운 환경에서 살기 위해서 몸을 변화시킬 필요도 없었다. 사냥한 동물의 가죽으로 만든 옷을 입어서 몸을 따뜻하게 유지할 수 있었다.

적절한 시기가 되자 영리하고 독창적인 인류는 개체 수를 늘리며 전 세계로 퍼져 나갔다. 빙하시대가 끝나고 지구가 따뜻해지기 시작하던 약 4만 년 전에 유럽의 인류는 거대한 소와 검 모양의 이빨을 가진 고양잇과 동물, 매머드 등 추위에 적응한 거대 포유류들을 멸종시키는 데에 중요한 역할을 했다.

맞은편
아라비아오릭스(*Oryx leucoryx*), 아랍에미리트 아부다비, 시르 바니야스 섬.

역사가 시작된 이래, 우리가 멸종시킨 최초의 동물은 인도양의 모리셔스 섬에 살고 있었다. 16세기 초, 이 섬에 닻을 내린 포르투갈 선원들은 수없이 많은 날지 못하는 거대한 비둘기들을 보고 이 새들을 도도라고 부르기 시작했다. 도도는 '우스꽝스러운' 또는 '바보 같은'이라는 뜻이었다. 느릿느릿 돌아다니는 커다란 새들은 쉬운 사냥감이었기 때문이다. 선원들은 수많은 도도들을 잡아먹었다. 도도 고기는 질기고 맛이 없었다고 전해지지만 뱃사람들은 무엇이든지 신선한 고기면 좋아했다. 곧 여러 국적의 배들이 정기적으로 이 섬에 와서 도도를 사냥하게 되었다. 1690년, 마지막 남은 도도가 죽임을 당했다.

이 무렵에 유럽인들은 아프리카 남쪽 끝에 있는 비옥한 섬들에 이미 정착하기 시작했다. 그들은 광대한 평원을 가득 채운 블라우복이라는 커다란 영양 무리를 발견했다. 얼룩말과 비슷한 동물들도 있었는데 유럽인들은 이들에게 콰가라는 이름을 붙였다. 아마도 이 동물이 짖는 소리에서 따온 이름일 것이다. 콰가의 몸 앞쪽은 얼룩말처럼 줄무늬가 있었고 뒤쪽은 무늬가 없는 갈색이었다. 이주자들은 재미 삼아서 이 두 동물들을 모두 사냥했다. 자신들이 키우는 동물들에게 먹일 풀을 먹어치운다는 이유에서였다. 1883년, 블라우복과 콰가 모두 멸종되었다.

네덜란드인들이 남아프리카에서 커다란 동물들을 사냥하기 시작하던 무렵, 북아메리카에서는 영국인 농부들이 당시에 개체 수가 가장 많다고 여겨지던 여행비둘기들과 싸우고 있었다. 이 새들은 수가 너무 많아서 하늘을 뒤덮고 햇빛을 가렸으며 며칠을 걸어도 이 새 떼의 끝이 보이지 않을 정도였다. 밤이 되어 모두 나무에 내려앉으면 그 무게가 너무 무거워서 가지들이 부러지고는 했다. 사람들이 대량으로 잡아서 죽였지만 아무 영향도 받지 않는 듯했다. 상을 걸고 사냥 대회가 열리기도 했는데 참가자들은 적어도 3만 마리의 새를 쏘아 죽여야 했다. 이 새들은 먹이를 찾아서 멀리까지 돌아다녔고 가끔은 특정한 장소에 몇 년씩 들르지 않기도 했다. 그러던 어느 날, 갑자기 사람들은 이 새들이 몇 년째 돌아오지 않았을 뿐만 아니라 완전히 사라져버렸다는 사실을 깨달았다. 마지막으로 살아남은 마사라는 이름의 여행비둘기 암컷은 1914년, 신시내티 동물원의 새장 안에서 죽었다.

약 100년 전까지만 해도 오스트레일리아에는 커다란 토종 육식동물 1종이 살고 있었다. 생김새는 줄무늬가 있는 개를 닮았지만 캥거루를 비롯한 유대류처럼 주머니 안에 새끼를 넣고 다니는 동물이었다. 과학자들은 '늑대의 머리를 가진 주머니 동물'이라는 뜻의 틸라키누스 키노체팔루스(*Thylacinus cynocephalus*)라는 이름을 붙여주었다. 하지만 대부분의 오스트레일리아인들은 이 동물을 태즈메이니아호랑이라고 부르면서 자신들이 기르는 양을 죽인다는 이유로 집중적으로 사냥했다. 이 동물의 살아 있는 표본은 전 세계로 보내져 전시되면서 과학적 호기심의 대상이 되기도 했다. 그러나 그 수는 점점 줄어들어 결국 호바트 동물원에 한 마리만 남게 되었고 이마저도 1936년에 죽고 말았다. 태즈메이니아의 외딴 지역에서는 몇 마리가 더 오래 살아남았을지도 모른다. 낙관적인 동식물 연구자들은 이들이 한때 살았던 오스트레일리아의 야생 지역을 계속 찾아보았지만 그후로는 한 마리의 흔적도 발견되지 않았다.

이것은 도도 이후 우리가 멸종시킨 동물들 중에서 단지 몇 가지 예에 불과하다. 약 90종의 조류와 36종의 포유류가 직접적으로는 사냥꾼들에 의해서, 간접적으로는 우리가 전 세계로 퍼져 나가면서 데리고 간 포식 동물들에 의해서 멸종되었다.

21세기 초가 되어서야 사람들은 우리가 초래하고 있는 대규모의 피해를 인식하기 시작했다. 역설적이게도 이것을 처음으로 막으려고 했던 사람들 중에 유럽의 대형 동물 사냥꾼들이 있었다. 이 사냥꾼들은 아프리카의 야생 지역을 탐험하면서 특정한 종의 커다란 뿔을 구하기 위해서 서로 경쟁을 벌여왔다. 그러나 과거에 세웠던 기록을 뛰어넘기는커녕 비슷하게 따라잡기조차 불가능해졌다. 아무리 대담하고 숙련된 솜씨로 추적해도, 아무리 강력하고 정밀한 총을 사용해도 소용없었다. 사냥꾼들은 천천히 무슨 일이 일어나고 있는지를 깨달았다. 자신들이 그토록 가치 있게 생각하는 동물들의 씨를 말리고 있었던 것이다. 자연은 무궁무진하지 않았다.

1950년대에 대형 동물 사냥꾼들이 특히 귀하게 여기던 한 종의 동물이 야생에서 거의 완전히 사라졌다. 비할 데 없이 우아하고 근사한 길고 쭉 뻗은 뿔을 자랑하는 아라비아오릭스였다. 그러나 몇몇 동물원들과 유럽, 중동 지역의 개인이 기르는 몇 마리가 아직 살아남아 있었다.

결국 사냥꾼들은 환경보호주의자가 되었다. 사로잡힌 동물들은 모두 애리조나 주의 피닉스 동물원으로 보내졌다. 고향과 비슷한 기후 조건 속에서 이들은 번식을 시작했다. 아라비아의 서로 다른 지역에서 데려온 동물들이었기 때문에 유전적으로 매우 다양했고, 그래서 근친교배의 위험이 적었다. 개체 수는 빠르게 증가하여 1978년, 다시 아라비아로 데려가서 풀어주어도 될 만큼의 수로 늘어났다. 현재는 1,000마리가 넘는 아라비아오릭스가 자신들의 고향에서 살아가고 있다.

환경보호 운동이 시작되었다. 심각한 멸종 위기에 처해 있었던 대왕판다는 이제 환경보호의 긴박한 필요성을 상징하는 동물이 되었다. 유럽과 미국의 동물원에서 이들을 번식시키려던 시도가 실패하자, 이 종은 완전히 멸종할 위기에 처한 듯했다. 그러나 중국의 동물학자들이 연구를 통해서 이 동물의 복잡한 번식주기를 알아냈고, 그 결과 개체 수가 늘어나서 일부는 고향의 대나무 숲으로 돌려보낼 수도 있게 되었다.

조류에게도 긴급한 대책이 필요했다. 뉴질랜드의 날지 못하는 커다란 앵무새인 카카포는 한때 흔한 동물이었다. 그러나 19세기에 유럽인들이 고양이와 개, 담비와 쥐를 데리고 들어오면서 날지 못하는 큰 새는 이들의 만만한 먹잇감이 되었다. 1980년대에 카카포는 멸종 직전까지 갔다. 그러다가 1987년에 살아남은 37마리를 포획하여 육상 포식동물이 전혀 없는 앞바다의 작은 섬 세 곳에 풀어주었다. 워낙 독특한 새인지라 개체 수 회복이 쉽지는 않았다. 이 새는 아무리 좋은 환경에서도 매년 번식을 하지 않으며, 한다고 해도 한 번에 한두 개의 알밖에 낳지 않는다. 따라서 지금도 수가 늘고 있기는 하지만 안심할 수 있는 수준은 아니다.

지구상에 존재했던 동물 중에서 가장 크며, 커다란 공룡보다도 몸무게가 더 나가는 대왕고래 또한 멸종 위기에 처해 있었다. 이 고래의 몸은 극지방의 추위로부터 몸을 보호해주는 풍부한 지방층으로 덮여 있는데, 19세기에 사람들이 이것을 노리고 포경을 시작했다. 처음에는 외해에서 이들을 잡는 것이 쉬운 일이 아니었기 때문에 어느 정도까지는 보호가 되었다. 그러다가 20세기에 노르웨이 포경선들이 어떤 고래도 빠져나가기 힘든 작살 발사포를 도입했다. 20세기 전반에 남극해에서만 33만 마리가 넘는 대왕고래가 죽었다. 1955년, 사태를 인지한 전 세계의 해양 국가들이 모여서 포경을 중지하는 내용의 협약을 맺었다. 현재는 전부까지는 아니더라도 대부분의 종들이 개체 수를 회복하기 시작했다.

그러나 안타깝고도 한층 더 걱정스러운 것은, 현재 자연계가 처한 가장 광범위하면서도 서서히 커져가는 위험은 인간의 고의가 아니라 부주의로 인해서 초래된 결과라는 사실이다. 게다가 이 문제는 쉽게 해결되지도 않는다. 18세기 말, 영국 북부에서는 석탄으로 전력을 생산하여 온갖 종류의 기계를 돌리기 시작했다. 옷을 비롯한 여러 상품들을 만들고, 사람과 화물을 전례 없는 속도로 운송할 수 있는 철로도 놓았다. 전 세계로 퍼져 나간 산업혁명의 시작이었다. 석탄으로 가동하는 기계에서 나오는 연기는 전원을 황폐화했고 공기를 오염시켰다. 이런 연기가 대기의 화학적 성질을 크게 바꾸어서 지구 전체의 기후에 영향을 주리라고는 아무도 생각하지 못했다. 하지만 그 현상은 이미 시작되었고 점점 빠른 속도로 계속 진행되면서 커다란 피해로 이어지고 있다.

바다는 우리가 초래한 기후변화 때문에 점점 따뜻해지고 있다. 또한 우리가 생각 없이 버린 플라스틱과 독성 폐기물에 심각하게 오염되어서 이제는 그 생명력을 잃을 위험에 처했다. 35억 년 전에 생명이 처음 시작된 곳은 바다였다. 약 6억 년 후, 그 생명체가 다세포 생물로 발달하면서 바위에 희미한 흔적들을 남겼다. 그후 점점 더 복잡하고 다양한 생물들이 진화했고 그중에 등뼈를 가진 동물들이 어류, 양서류, 파충류, 조류, 포유류를 출현시켰다.

이렇게 해서 아직 우리가 완전히 분류를 마치지도 못한 수많은 종들이 존재하게 되었다. 이 종들 사이의 연관관계와 의존성의 복잡함은 우리가 이해할 수 있는 수준을 뛰어넘는다. 너무 복잡한 나머지 어느 한 부분에 피해를 입었을 때에 그 효과가 어떨지를 확실하게 예측하기 어려울 정도이다. 그러나 그 복잡성이야말로 우리가 최선을 다해서 지켜내야 하는 것이다. 최악의 피해를 흡수하고 치유할 수 있게 해주는 힘이 바로 그 복잡성에 있기 때문이다.

인류는 이 복잡한 공동체의 일부이다. 우리가 먹는 모든 음식과 호흡하는 모든 공기는 자연이 주는 것이다. 우리의 건강은 자연의 건강에 달려 있다. 우리는 지금까지 지구상에 존재했던 모든 종들 중에서 가장 강력한 종이다. 그 힘에는 커다란 책임이 따른다. 그러므로 이제 지구와 지구상에 살고 있는 다른 생물들을 돌보는 것은 우리의 몫이다.

감사의 말

이 책은 1970년대 후반에 제작된 같은 제목의 13분짜리 텔레비전 시리즈를 기초로 쓴 것이다. 당시 BBC 자연사 팀의 선임 프로듀서였던 크리스토퍼 파슨스와 이야기를 나누다가 나온 아이디어에서 시작된 것이었다. 크리스토퍼가 두 명의 프로듀서, 리처드 브록과 존 스파크스를 기용한 후에 네 명이 함께 각 프로그램의 선체적인 윤곽을 만들어나갔다.

그 작업이 끝난 후에는 자연사를 전문으로 찍는 촬영 기사들을 섭외했다. 우리가 쓴 대본에 묘사된 장면들을 촬영할 수 있는 전문가들이었다. 우리가 선택한 종을 연구하는 과학자들의 도움도 받았다. 그렇게 나온 결과물에서 나도 많은 것들을 배웠다. 어떤 영상은 과학 서적에 쓰인 그대로였고, 어떤 영상은 촬영한 대상을 새로운 시각으로 바라보게 해주었다. 그동안 나는 한두 명의 다른 프로듀서와 몇 명의 스태프들—모리스 피셔, 폴 모리스, 그리고 음향 기사인 린든 버드—과 함께 전 세계를 돌아다녔고, 내가 카메라 앞에 서서 말하는 장면들을 찍었다. 내가 하는 말의 의미가 모호할 때면 서슴없이 말해주던 그 동료들도 이 책의 집필에 기여한 셈이다.

그 시절 이후 동물학자들은 진화 계통수의 일반적 구조에 관해서 더 많은 것들을 알아냈다. 1950년대에 DNA 구조가 밝혀지면서 유전정보를 분석할 수 있게 된 덕분이었다. 다행히도 이렇게 새로 얻은 지식은 진화 계통수의 구조에 대한 우리의 전반적인 이해에는 영향을 미치지 않았다. 다만 개별적인 가지에 관한 세부 사항들이 많이 바뀌고 더욱 확실해졌다. 최신의 과학 지식을 반영하여 원문을 수정하는 데에 도움을 준 맨체스터 대학교의 매슈 코브 교수에게 큰 감사를 표한다. 동물학의 모든 분과에 걸친 연구 동향을 놀랍도록 자세히 파악하고 있는 그는 간단히 설명하려는 나의 시도가 오류로 이어질 때마다 변함없는 인내심을 가지고 정정해주었다. 그에게 진 빚이 실로 크다.

2018년 6월

데이비드 애튼버러

역자 후기

평소 자연 다큐멘터리에 관심이 많았던 독자라면 영국의 방송인이자 동물학자인 데이비드 애튼버러의 목소리를 기억할 것이다. 그는 60년 넘게 「살아 있는 지구(Planet Earth)」, 「블루 플래닛(Blue Planet)」, 「프로즌 플래닛(Frozen Planet)」 등 여러 뛰어난 다큐멘터리에서 자연의 경이로운 면면을 차분하고 신뢰감 있는 음성으로 전 세계의 시청자들에게 소개해왔다. 특히 1979년, BBC에서 방영된 총 13편의 「생명의 위대한 역사(Life on Earth)」 시리즈는 제작진이 몇 년간 세계 곳곳을 돌아다니며 촬영한 생생하고도 진기한 영상들로 많은 이들에게 잊지 못할 경험을 선사했으며, 이후 자연 다큐멘터리 제작의 흐름에도 지대한 영향을 미쳤다. 지금보다 훨씬 더 젊은 모습의 애튼버러 경이 정글과 늪, 동굴, 사막 등을 누비며 들려주는 지구 생명의 기원과 진화에 관한 이야기는 40년이 지난 지금 보아도 여전히 흥미롭다. 같은 제목으로 1979년에 출간된 책 또한 숨 막히게 아름다운 사진들과 텔레비전 시리즈에서보다 더욱 풍부한 내용으로 세계적인 베스트셀러에 올랐는데, 여러분이 들고 있는 이 책은 최신의 과학 지식을 반영하여 많은 내용을 수정하고 추가한 40주년 기념판이다.

애튼버러 경은 400쪽가량의 이 책을 통해서 지구 생명의 기원에서부터 현재 수없이 다양한 생물들로 가득한 생태계로 발전하기까지의 기나긴 역사를 훑어나간다. 그 역사는 인간이 상상하기 버거울 정도로 길다. 그 긴 시간 동안 수많은 생물들이 변화하고, 사라지고, 생겨났다. 세균에서부터 식물, 곤충, 어류, 양서류, 파충류, 포유류, 그리고 인류에 이르기까지 온갖 종류의 생물들이 환경의 변화와 개체 간의 경쟁을 이겨내고 생존하기 위해서 치열하게 싸워온 그 여정을 따라가노라면, 현재 우리가 보고 있는 생태계의 다양성이 '진화'라는 부정할 수 없는 힘의 결과임을 확신하게 된다. 저자의 초점은 과학적 지식을 전달하는 데에 맞춰져 있지 않다. 어려운 용어들도 되도록 쉽게 풀어쓴 덕분에 과학적이라기보다는 오히려 시적으로 느껴지는 부분들도 종종 있다. 때때로 본인이 직접 경험한 흥미로운 일들을 소개하며 글에 생기를 불어넣기도 한다. 대중이 자연과 생명의 무한한 다양성과 경이로움을 생생하게 체험할 수 있도록 도와

주고, 그런 자연을 있는 그대로 존중하며 그 안에서 인간이 차지하는 자리와 역할을 생각하게 만드는 것은 애튼버러 경이 평생 동안 추구해왔던 목표이며, 이 책에서도 그런 의도를 고스란히 느낄 수 있다. 첫 출간 이후 많은 시간이 흐른 만큼 최신의 과학적 지식을 얻을 수 있는 책은 아님에도 자연사 분야의 입문서로서 이 책이 여전히 훌륭한 이유가 바로 여기에 있다.

책의 첫머리에서 저자는 지구 생명의 긴 역사를 1년으로 잡아서 생명 발달의 주요 단계를 설명한다. 하루가 약 1,000만 년에 해당하는 이 달력에서 인간은 12월 31일 저녁이 되어서야 등장한다. 지구의 역사에서 인류가 차지하는 시간은 그 정도로 짧다. 그 짧은 시간 동안 인류가 이루어낸 성과들을 알고 있기 때문에, 수많은 동식물들의 이야기를 거쳐서 책 말미에 이르러서야 두 발로 서서 걸어 다니는 초기 인류가 처음 등장하는 부분은 어쩐지 감동적이기까지 하다. 그러나 저자는 이 책의 마지막 장을 오직 인간의 이야기에 할애하면서도 진화의 동력을 인간의 기준에서 판단하는 것을 경계한다. 마치 모든 생명의 진화가 인류의 출현을 위해서 이루어져온 것처럼 생각해서는 안 된다는 것이다. 우리의 전성기는 너무나 짧았고 그 또한 언제 중단될지 알 수 없다. 그럼에도 불구하고 분명한 것은 인류가 현재 이 지구상에서 가장 강력한 세력이 되었다는 사실이다. 인류는 자연의 일부이지만 동시에 특별한 능력으로 자연에 커다란 영향을 미칠 수 있는 존재이다. 저자의 말대로 이런 큰 힘에는 큰 책임이 따른다. 이 책의 결론 또한 인간에 의해서 멸종된 종들과 환경 파괴, 인류의 반성과 책임의 문제로 마무리된다. 2019년 현재 93세가 된 애튼버러 경은 최근까지도 목소리를 높여서 같은 이야기를 하고 있다. 이 책이 펼쳐놓은 지구 생명의 장대한 여정을 성실하게 따라온 독자 여러분 앞에도 같은 고민과 실천의 과제가 놓여 있음은 물론이다.

홍주연

찾아보기

이미지 출처

2 Cyril Ruoso/naturepl.com; **6** Georgette Douwma/naturepl.com; **8** Melvin Grey/naturepl.com; **11** Dorling Kindersley/UIG/Science Photo Library; **14** Pete Oxford/naturepl.com; **17** Tui De Roy/Minden Pictures/FLPA RM; **18** Sinclair Stammers/naturepl.com; **22** © Dean Fikar/Getty Images; **28** Floris van Breugel/naturepl.com; **32** Dennis Kunkel Microscopy/Science Photo Library; **34** Jurgen Freund/naturepl.com; **37** Jurgen Freund/naturepl.com; **40** Georgette Douwma/naturepl.com; **42** Brandon Cole/naturepl.com; **45** Doug Perrine/naturepl.com; **46** Franco Banfi/naturepl.com; **49** Visuals Unlimited/naturepl.com; **51** B. Borrell Casals/FLPA RM; **52** Alex Mustard/naturepl.com; **54** Jurgen Freund/naturepl.com; **57** Alex Mustard/naturepl.com; **58** Georgette Douwma/Science Photo Library; **59** Andrew J. Martinez/Science Photo Library; **61** Brandon Cole/naturepl.com; **66** Alex Hyde/naturepl.com; **69** Natural History Museum, London/Science Photo Library; **70** Sean Crane/Minden Pictures/FLPA RM; **73** Pete Oxford/naturepl.com; **76** Kerstin Hinze/naturepl.com; **79** Duncan McEwan/naturepl.com; **80** Alex Hyde/naturepl.com; **82** Stephen Dalton/naturepl.com; **84** Alex Hyde/naturepl.com; **86** Visuals Unlimited/naturepl.com; **88** Robert Thompson/naturepl.com; **91** Robert Thompson/naturepl.com; **92** Dr Neil Overy/Science Photo Library; **95** Kirkendall-Spring/naturepl.com; **97** Stephen Dalton/naturepl.com; **98** Nick Upton/naturepl.com; **99** Roger Powell/naturepl.com; **102** Colin Varndell/naturepl.com; **104** Jouan Rius/naturepl.com; **108** Pascal Pittorino/naturepl.com; **112** Visuals Unlimited/naturepl.com; **115** Paul Harcourt Davies/naturepl.com; **117** Imagebroker/Alexandra Laube/Imagebroker/FLPA; **121** Mitsuhiko Imamori/Minden Pictures/FLPA RM; **122** John Downer/naturepl.com; **126** Ingo Arndt/naturepl.com; **130** Sue Daly/naturepl.com; **132** Visuals Unlimited/naturepl.com; **134** Herve Conge, Ism/Science Photo Library; **140** Doug Perrine/naturepl.com; **142** Doug Perrine/naturepl.com; **144** Alex Mustard/naturepl.com; **146** Alex Mustard/naturepl.com; **150** Georgette Douwma/naturepl.com; **152** David Shale/naturepl.com; **154** Reinhard Dirscherl/Science Photo Library; **156** Michel Roggo/naturepl.com; **158** Fletcher & Baylis/Science Photo Library; **160** © Arnaz Mehta; **162** Ken Lucas, Visuals Unlimited/Science Photo Library; **164** Yukihiro Fukuda/naturepl.com; **167** Jane Burton/naturepl.com; **169** Pete Oxford/naturepl.com; **170** Stephen Dalton/naturepl.com; **173** Visuals Unlimited/naturepl.com; **174** Chris Mattison/naturepl.com; **176** Alex Hyde/naturepl.com; **178** Remi Masson/naturepl.com; **180** Paul Hobson/naturepl.com; **181** Konrad Wothe/naturepl.com; **186** Franco Banfi/naturepl.com; **190** Frans Lanting, Mint Images/Science Photo Library; **192** Juan Carlos Munoz/naturepl.com; **197** Charlie Summers/naturepl.com; **200** Alex Hyde/naturepl.com; **202** Stephen Dalton/naturepl.com; **204** Emanuele Biggi/naturepl.com; **206** Tony Phelps/naturepl.com; **210** Martin Shields/Science Photo Library; **213** Flip de Nooyer/Minden Pictures/FLPA RM; **215** Tony Heald/naturepl.com; **216** Nick Garbutt/naturepl.com; **222** Nick Upton/naturepl.com; **226** Andy Parkinson/2020 VISION/naturepl.com; **228** Juan Carlos Munoz/naturepl.com; **230** Gerrit Vyn/naturepl.com; **233** Tim Laman/National Geographic Creative/naturepl.com; **234** Nick Garbutt/naturepl.com; **238** Tim Laman/National Geographic Creative/naturepl.com; **240** Michel Poinsignon/naturepl.com; **242** Ingo Arndt/naturepl.com; **244** Ingo Arndt/naturepl.com; **246** Brent Stephenson/naturepl.com; **250** Dave Watts/naturepl.com; **254** Dave Watts/naturepl.com; **257** John Weinstein/Field Museum Library/Getty Images; **259** Lucas Bustamante/naturepl.com; **260** ARCO/naturepl.com; **264** Visuals Unlimited/naturepl.com; **266** Stephen Dalton/naturepl.com; **269** Jouan Rius/naturepl.com; **271** Aflo/naturepl.com; **276** Rod Williams/naturepl.com; **277** Pete Oxford/naturepl.com; **280** Yashpal Rathore/naturepl.com; **282** Luiz Claudio Marigo/naturepl.com; **284** Nick Garbutt/naturepl.com; **287** Tony Heald/naturepl.com; **288** Dietmar Nill/naturepl.com; **290** Nick Garbutt/naturepl.com; **294** Tony Wu/naturepl.com; **296** Tony Wu/naturepl.com; **302** Tom & Pat Leeson/Science Photo Library; **307** Suzi Eszterhas/naturepl.com; **308** Cyril Ruoso/naturepl.com; **311** Andy Rouse/naturepl.com; **312** Wim van den Heever/naturepl.com; **316** Huw Cordey/naturepl.com; **320** Denis-Huot/naturepl.com; **323** Frans Lanting, Mint Images/Science Photo Library; **326** Paul Williams/naturepl.com; **328** David Pattyn/naturepl.com; **332** David Tipling/naturepl.com; **334** Roland Seitre/naturepl.com; **328** Juan Carlos Munoz/naturepl.com; **343** Cyril Ruoso/naturepl.com; **344** Andy Rouse/naturepl.com; **347** Anup Shah/naturepl.com; **349** Ben Cranke/naturepl.com; **353** New footprints from Laetoli (Tanzania) provide evidence for marked body size variation in early hominins', Fidelis, T. Masao et al., Figure 7, https://doi.org/10.7554/eLife.19568.012. Creative Commons Attribution 4.0 International; **358** John Sparks; **362** Jouan Rius/naturepl.com; **370** Fabian von Poser/Imagebroker/FLPA RF.

장 도입부 이미지

Chapter openers are all from plates and illustrations in Charles Darwin's published works and are reproduced with kind permission from John van Wyhe (ed.), 2002, *The Complete Work of Charles Darwin Online*. (http://darwin-online.org.uk/)

9 Tree frogs (Hyla spp.): Plate 19 (detail), Darwin, C. R. (ed.), 1842. *Reptiles Part 5 No. 2 of The Zoology of the Voyage of H.M.S. Beagle*. By Thomas Bell. Edited and superintended by Charles Darwin. London: Smith Elder and Co.

13 Incrustation deposited on tidal rocks: Page 9, Darwin, C. R., 1845. *Journal of Researches into the Natural History and Geology of the Countries Visited During the Voyage of H.M.S. Beagle Round the World, Under the Command of Capt. Fitz Roy, R.N.* 2nd edition. London: John Murray.

43 Shells: Plate IV (detail), Darwin, C. R., 1876. *Geological Observations on the Volcanic Islands and Parts of South America Visited During the Voyage of H.M.S. Beagle*. 2nd edition. London: Smith Elder and Co.

75 Tree fern: Page 10, Darwin, C. R., *1870. Rejseiagttagelser (1835–6) af C. Darwin. (Tahiti.–Ny-Seland.–Ny-Holland.–Van Diemens Land.–Killing-Øerne.)*. 1st edition. Copenhagen: Gad.

107 *Chlorocoelus Tanana* (from Bates): Page 355, Darwin, C. R., 1871. *The Descent of Man, and Selection in Relation to Sex*. 1st edn. London: John Murray.

131 Galapagos gurnard (*Prionotus miles*): Plate 6, Darwin, C. R. (ed.), 1840. *Fish Part 4 No. 1 of The Zoology of the Voyage of H.M.S. Beagle*. By Leonard Jenyns. Edited and superintended by Charles Darwin. London: Smith Elder and Co.

159 *Uperodon ornatum*: Plate 20 (detail), Darwin, C. R. (ed.), 1843. *Reptiles Part 5 No. 2 of The Zoology of the Voyage of H.M.S. Beagle*. By Thomas Bell. Edited and superintended by Charles Darwin. London: Smith Elder and Co.

185 Bibron's Tree Iguana (*Proctotretus bibronii*): Plate 3 (detail), Darwin, C. R. (ed.), 1842. *Reptiles Part 5 No. 1 of The Zoology of the Voyage of H.M.S. Beagle*. By Thomas Bell. Edited and superintended by Charles Darwin. London: Smith Elder and Co.

209 Peacock feather: Fig. 53, Darwin, C. R., 1871. *The Descent of Man, and Selection in Relation to Sex*. Volume 2. 1st edn. London: John Murray.

249 Platypus (*Ornithorhynchus paradoxus*): Page 528, Darwin, C. R., 1890. *Journal of Researches into the Natural History and Geology of the Various Countries Visited by H.M.S. Beagle etc*. London: Thomas Nelson.

275 Vampire bat (*Desmodus rotundus*): Page 37, Darwin, C. R. 1890. *Journal of Researches into the Natural History and Geology of the Various Countries Visited by H.M.S. Beagle etc*. London: Thomas Nelson.

303 Ethiopian warthog (*Phacochoerus aethiopicus*): Fig. 65, Darwin, C. R. 1871. *The Descent of Man, and Selection in Relation to Sex*. Volume 1. 1st Edn. London: John Murray.

325 Diana monkey (*Cercopithecus diana*): Fig. 76, Darwin, C. R. 1871. *The Descent of Man, and Selection in Relation to Sex*. Volume 2. 1st Edn. London: John Murray.

351 Fuegia Basket, 1833: FitzRoy, R. 1839. Page 324, *Proceedings of the Second Expedition, 1831–36, Under the Command of Captain Robert Fitz-Roy, R.N.* London: Henry Colburn.

371 Top view of the skull of a *Toxodon sp.* (extinct): Fig. III, Darwin, C. R. (ed.). 1838. *Fossil Mammalia Part 1 No. 1 of The Zoology of the Voyage of H.M.S. Beagle*. By Richard Owen. Edited and superintended by Charles Darwin. London: Smith Elder and Co.

375 Galapagos Archipelago: Page 372. Darwin, C. R., 1845. *Journal of Researches into the Natural History and Geology of the Countries Visited During the Voyage of H.M.S. Beagle Round the World, Under the Command of Capt. Fitz Roy, R.N.* London: John Murray.